U0180450

国家出版基金项目
NATIONAL PUBLICATION FOUNDATION

国家出版基金项目
"十四五"时期国家重点出版物出版专项规划项目

中国战略性新兴产业——前沿新材料

# 常温液态金属材料

丛书主编　魏炳波　韩雅芳

编　　著　刘　静

中国铁道出版社有限公司
CHINA RAILWAY PUBLISHING HOUSE CO., LTD.

# 内 容 简 介

本书为"中国战略性新兴产业——前沿新材料"丛书之分册。

常温液态金属、合金及其衍生的复合材料是近年来兴起的新型功能材料,正日益展现出诸多超越传统的新奇物理化学特性。本书系统总结和论述了常温液态金属及其复合材料的典型制备方法和重要属性,涵盖流体学、热学、电学、磁学、声学、光学、力学、化学、生物医学等内容,并剖析了相应领域若干可供探索的途径和新方向。

本书注重解读常温液态金属的基础理论和典型技术,适合材料、物理、化学、生物医学、电子、机械及微/纳米科技等领域的研究人员和工程技术人员参考,也可作为高校相关专业教材或参考书。

**图书在版编目(CIP)数据**

常温液态金属材料/刘静编著. —北京:中国铁道出版社有限公司,2023.7

(中国战略性新兴产业/魏炳波,韩雅芳主编. 前沿新材料)

国家出版基金项目 "十四五"时期国家重点出版物出版专项规划项目

ISBN 978-7-113-29759-6

Ⅰ.①常… Ⅱ.①刘… Ⅲ.①常温-液体金属-金属材料-研究 Ⅳ.①TG14

中国版本图书馆 CIP 数据核字(2022)第 193818 号

书　　名:**常温液态金属材料**

作　　者:刘　静

策　　划:李小军

责任编辑:徐盼欣　　　　　　编辑部电话:(010) 51873132

封面设计:高博越

责任校对:安海燕

责任印制:樊启鹏

出版发行: 中国铁道出版社有限公司 (100054,北京市西城区右安门西街 8 号)

网　　址: http://www.tdpress.com

印　　刷: 北京联兴盛业印刷股份有限公司

版　　次: 2023 年 7 月第 1 版　2023 年 7 月第 1 次印刷

开　　本: 787 mm×1 092 mm 1/16　印张: 24.5　字数: 528 千

书　　号: ISBN 978-7-113-29759-6

定　　价: 158.00 元

# 作者简介

## 魏炳波

中国科学院院士，教授，工学博士，著名材料科学家。现任中国材料研究学会理事长，教育部科技委材料学部副主任，教育部物理学专业教学指导委员会副主任委员。入选首批国家"百千万人才工程"，首批教育部长江学者特聘教授，首批国家杰出青年科学基金获得者，国家基金委创新研究群体基金获得者。曾任国家自然科学基金委金属学科评委、国家"863"计划航天技术领域专家组成员、西北工业大学副校长等职。主要从事空间材料、液态金属深过冷和快速凝固等方面的研究。获 1997 年度国家技术发明奖二等奖、2004 年度国家自然科学奖二等奖和省部级科技进步奖一等奖等。在国际国内知名学术刊物上发表论文 120 余篇。

## 韩雅芳

工学博士，研究员，著名材料科学家。现任国际材料研究学会联盟主席、《自然科学进展：国际材料》（英文期刊）主编。曾任中国航发北京航空材料研究院副院长、科技委主任，中国材料研究学会副理事长、秘书长、执行秘书长等职。主要从事航空发动机材料研究工作。获 1978 年全国科学大会奖、1999 年度国家技术发明奖二等奖和多项部级科技进步奖等。在国际国内知名学术刊物上发表论文 100 余篇，主编公开发行的中、英文论文集 20 余卷，出版专著5 部。

## 刘　静

博士，清华大学教授、中国科学院理化技术研究所研究员。长期从事液态金属、生物医学工程与工程热物理研究。发现液态金属系列全新科学现象与基础效应，开辟液态金属柔性机器人、液态金属生物材料学、液态金属印刷电子学与3D打印以及液态金属芯片冷却等方向，研发的众多液态金属系统、高端肿瘤治疗装备及无线移动健康仪器得到广泛应用。出版专著17部，40余篇液态金属论文入选国际期刊封面或封底故事，获授权发明专利300余项。2003年度国家杰出青年基金获得者；曾获国际传热界"威廉·伯格奖"、全国首届创新争先奖、CCTV年度十大科技创新人物等。

# 序

前沿新材料是指现阶段处在新材料发展尖端,人们在不断地科技创新中研究发现或通过人工设计而得到的具有独特的化学组成及原子或分子微观聚集结构,能提供超出传统理念的颠覆性优异性能和特殊功能的一类新材料。在新一轮科技和工业革命中,材料发展呈现出新的时代发展特征,人类已进入前沿新材料时代,将迅速引领和推动各种现代颠覆性的前沿技术向纵深发展,引发高新技术和新兴产业以至未来社会革命性的变革,实现从基础支撑到前沿颠覆的跨越。

进入 21 世纪以来,前沿新材料得到越来越多的重视,世界发达国家,无不把发展前沿新材料作为优先选择,纷纷出台相关发展战略或规划,争取前沿新材料在高新技术和新兴产业的前沿性突破,以抢占未来科技制高点,促进可持续发展,解决人口、经济、环境等方面的难题。我国也十分重视前沿新材料技术和产业化的发展。2017 年国家发展和改革委员会、工业和信息化部、科技部、财政部联合发布了《新材料产业发展指南》,明确指明了前沿新材料作为重点发展方向之一。我国前沿新材料的发展与世界基本同步,特别是近年来集中了一批著名的高等学校、科研院所,形成了许多强大的研发团队,在研发投入、人力和资源配置、创新和体制改革、成果转化等方面不断加大力度,发展非常迅猛,标志性颠覆技术陆续突破,某些领域已跻身全球强国之列。

"中国战略性新兴产业——前沿新材料"丛书是由中国材料研究学会组织编写,由中国铁道出版社有限公司出版发行的第二套关于材料科学与技术的系列科技专著。丛书从推动发展我国前沿新材料技术和产业的宗旨出发,重点选择了当代前沿新材料各细分领域的有关材料,全面系统论述了发展这些材料的需求背景及其重要意义、全球发展现状及前景;系统地论述了这些前沿新材料的理论基础和核心技术,着重阐明了它们将如何推进高新技术和新兴产业颠覆性的变革和对未来社会产生的深远影响;介绍了我国相关的研究进展及最新研究成果;针对性地提出了我国发展前沿新材料的主要方向和任务,分析了存在的主要问题,提出了相关对策和建议;是我国"十三五"和"十四五"期间在材料领域具有国内领先水平的第二套系列科技著作。

本丛书特别突出了前沿新材料的颠覆性、前瞻性、前沿性特点。丛书的出版,将对我国从事新材料研究、教学、应用和产业化的专家、学者、产业精英、决策咨询机构以及政府职能部门相关领导和人士具有重要的参考价值,对推动我国高新技术和战略性新兴产业可持续发展具有重要的现实意义和指导意义。

本丛书的编著和出版是材料学术领域具有足够影响的一件大事。我们希望,本丛书的出版能对我国新材料特别是前沿新材料技术和产业发展产生较大的助推作用,也热切希望广大材料科技人员、产业精英、决策咨询机构积极投身到发展我国新材料研究和产业化的行列中来,为推动我国材料科学进步和产业化又好又快发展做出更大贡献,也热切希望广大学子、年轻才俊、行业新秀更多地"走近新材料、认知新材料、参与新材料",共同努力,开启未来前沿新材料的新时代。

中国科学院院士、中国材料研究学会理事长

国际材料研究学会联盟主席

2020 年 8 月

# 前　　言

　　"中国战略性新兴产业——前沿新材料"丛书是由国内一流学者著述的材料类科技著作。丛书突出颠覆性、前瞻性、前沿性特点,涵盖了超材料、气凝胶、离子液体、液态金属、多孔金属等 10 多种重点发展的前沿新材料和新技术。本书为《常温液态金属材料》分册。

　　常温液态金属、合金及其衍生的复合材料是近年来兴起的新型功能材料,正日益展现出诸多超越传统的新奇物理化学特性。它们一般在常温下呈液态,具有沸点高、表面张力大、导电性强、热导率高、易于实现固液转换等特性,蕴藏着极为丰富的物理、化学及生物学属性,是一个基础探索与应用实践交相辉映、极具发展前景的重大科学与技术前沿新领域。以往由于这类物质的科学与应用价值未被充分认识到,其诸多属性和用途长期鲜为人知,相应研究在国内外一度处于沉寂。近年来,随着液态金属大量突破性发现及底层技术发明,催生出一系列激动人心的重大应用方向,促成了许多前所未有的新材料的创制,也带动了若干新兴学科领域的建立和发展。

　　本书基于作者团队——中国科学院理化技术研究所、国内首位液态金属研究员刘静团队近 20 年的研究战果,论述液态金属材料各层面的前沿理论知识。实际上,对这些基础特性的认识在前几年还无法想象,更不用说形成体系。如果从 2000 年前后中国科学院理化技术研究所率先在国内外启动对液态金属芯片散热的研究算起,学术界对液态金属奥秘的感悟就用去了约 20 年时间。

　　本世纪初,本书作者之一刘静博士应中国科学院"百人计划"之聘在中国科学院理化技术研究所工作期间,为解决高集成度计算机芯片的极端散热问题,首次提出采用低熔点金属及其合金流体进行冷却的方法,随后获得了这一领域国内外首项发明专利;以后又催生出一系列基础和应用研究,直至将液态金属推向空间探索。发展至今,液态金属芯片热管理已成为业界普遍关注的焦点,中国科学院理化技术研究所先后研发的一批产品如计算机 CPU 散热器、液态金属热界面材料、液态金属固液相变冷却器等也相继进入市场和有关行业,这方面所涉及的理论是金属流体力学、热学及材料物理等范畴。

　　液态金属若仅仅止步于芯片热管理,那么其后续很多发展将无从谈起。事实上,前沿探索往往会带来许多未可预见的基础发现和技术突破,液态金属印刷电子学的提出或许就是对此的一个较好注记。在早期开展液态金属冷却计算机芯片试验时,对液态金属尚无多少经验。例如,中国科学院理化技术研究所科研小组在试验中会不时遇到一些烦恼,其中之一就是金属液滴常常会在不经意间飞溅到桌面的计算机屏幕上,当大家手忙脚乱试图将其擦净时,没想到屏幕越擦越黑。这样的经历多了,科研人员脑海中逐渐产生这样一个念头:既然屏幕上的液态金属擦不掉,何不将其作为导电墨水来印刷电路板?这实际上成为液态金属印刷电子学得以酝酿的开端,此方面涉及的是液态金属电学理论。

　　如果说液态金属印刷电子学的提出有一定偶然性,那么接下来的液态金属生物材料学的创建则完全是主动探索的结果。2008 年 8 月,刘静教授应其母校清华大学邀请,到医学院生物医学工程系任教,他认为液态金属作为一大类新型材料,在生命科学与医疗健康领域必然也是"天生我材必有用"。这一信念促成清华大学和中国科学院理化技术研究所开展了一些初期尝试,其中的一个典型工作就是引入液态金属连接断裂神经,以实现其上下游电信号的传递,继而实现神经再生与修复。由于国内外尚无先例,加之研究需要多学科知识,因此挫折不断。论文完成后投稿过程也并不顺利,最终于 2014 年发布于美国物理学预印本网站。令人鼓舞的是,文章一经发布就在全球范围引发众多顶尖科学新闻和专业网站的持续专题报道,产生重大、广泛的反响,当时国际互联网上对此直接或间接的报道超过 1 200 万条目。以后刘静团队又开展了更多液态金属生物医学材料学研究,直至将此崭新领域明确加以提出。这里,之所以特别提及液态金属连接和修复神经的研究,是因为此项工作导致了另一领域即液态金属可变形机器的萌生,可谓"无心插柳柳成荫"。具体情况是这样的:试验中由于神经处于溶液环境,这就赋予了以后才得以充分认识的液态金属一系列非同寻常的行为。研究发现,溶液中液态金属在电场作用下作为导电体去传输信号时,散落的液滴会诱发出奇妙的自旋现象,这种不经意间的试验观察直接激发了后面千变万化的液态金属可控变形现象乃至更多柔性机器形态的发现。正是因为这些突破性发现的取得,学术界一度认为其预示了柔性机器人新纪元的到来。

总的说来,液态金属已从最初无人问津的冷门,逐步发展成为当今备受国际瞩目的重大科学热点和前沿,其学科体系也从最初的某个侧面发展到向几乎所有的自然科学和工程领域交叉和迈进。但由于这一领域的快速增长性,限于时间和精力,本书未能涵盖所有进展,主要内容来自中国科学院理化技术研究所与清华大学联合团队近20年的研究成果,也部分介绍了国内外同行的一些典型工作。未及详解之处,敬请谅解,若有机会再版,我们将补充更新。

本书由中国科学院理化技术研究所与清华大学联合团队技术人员共同编著。

具体分工如下:

刘静教授编著第1章并负责制订编写提纲、统稿、定稿;盛磊副研究员编著第2章;张旭东博士、丁玉杰博士编著第3章;邓中山研究员编著第4章;王倩副研究员编著第5章;汪鸿章博士编著第6章;饶伟研究员编著第7章;桂林研究员、洪洁硕士编著第8章;崔云涛高级工程师编著第9章;王磊(大)助理研究员编著第10章;王磊(小)副研究员编著第11章;李雷副研究员编著第12章;饶伟研究员编著第13章;李倩助理研究员编著第14章;陈森博士编著第15章。

本书多年来的研究工作先后得到中国科学院前沿项目及院长基金、国家自然科学基金项目及产业界等的资助,谨此致谢。

限于编著者水平,全书不足和挂一漏万之处在所难免,恳请读者批评指正。

编著者
2023年2月

# 目　录

# 第1章　液态金属——无尽的科学与技术前沿

　　常温液态金属及其衍生材料是近年来一大类异军突起的、种类繁多的新兴功能物质,已展现出诸多卓越的新奇物理化学特性。它们一般在常温下呈液态,具有沸点高、导电性强、热导率高、易于实现固液转换等特点。以往,因为这类物质的科学与应用价值未被充分认识到,所以,其诸多属性和用途长期鲜为人知,相应的探索在国内外长期处于沉寂。近年来,随着液态金属大量突破性发现,催生出了一系列激动人心的重大应用方向,促成了许多前所未有的新材料的创制,也带动了若干新兴学科领域的建立和发展。也因如此,液态金属有关成果被认为是人类利用金属的第二次革命,正促成一系列战略性新兴产业的诞生,将有助于推动国家尖端科技水平的提高、全新工业体系的形成,乃至人类社会物质文明的进步。本书扼要总结常温液态金属的各类基础属性,包括但不限于典型常温液态金属及其复合材料制备方法、流体特性、热学性质、电学、磁学、声学、光学、力学、化学、生物医学、纳米材料、直接印刷式二维半导体材料等方面,并剖析若干可供探索的途径和新方向。

## 1.1　常温液态金属物质科学的兴起

　　人们对液态金属的第一印象,大多来自科幻影片和科研论文(见图1-1),其中的很多机器人就是由液态金属制成的。今天,随着科学研究的深入和发展,各类液态金属技术以及由此制成的大量先进装备正一一变成现实。在很大程度上,可以认为液态金属这类独特物质就是介乎机器与人之间的尖端功能材料,蕴藏着大量的科学、技术与应用问题[1]。

　　真实的常温液态金属是一大类物理化学行为十分独特的新兴功能物质,典型代表包括镓基合金、铋基合金及其衍生的复合材料,它们拥有诸多以往从未被认识到的新奇物性(见图1-2),正为大量新出现的科学与技术前沿提供重大启示和极为丰富的研究空间。近年来,得益于国内外学者特别是中国团队在基础探索[1]与工业化实践[2]方面的大量开创性努力和推动,液态金属基础研究与应用已从最初的冷门,发展成当前备受国际瞩目的重大科技前沿和热点[3],影响范围甚广。

　　2011年诺贝尔化学奖获得者、以色列工学院教授Dan Shechtman曾指出:"今天技术的最大限制,主要是来自材料的限制。"液态金属及其衍生材料的出现,打破了许多经典应用技术的瓶颈,促成了一系列颠覆传统的应用。作为国际常温液态金属研究的先行者和拓荒者,中国科学院理化技术研究所(以下简称"中国科学院理化所")与清华大学自21世纪初启动相应研究以来,经过近20年的努力,对这一重大科技前沿的兴起和全新工业体系的创建作出了系统的开创性贡献,率先揭开了液态金属诸多全新的科学现象、基础效应和变革性应用途径[1],在液态金属信息[4,5]、能源[6]、微流体[7]、电子工程学[8]、3D打印及先进制造[9]、生命健康[10]以及柔性智能机器[11]等领域实现了全面突破,促成了若干高新技术产业的形成和发展,直至提出并推动了中国液态金属谷以及液态金属全新工业的创建和发展[2]。近年来,随着液态金属研究逐步进入热潮,全球范围内越来越多的科研机构投身其中,取得一批可喜进展[12-18]。

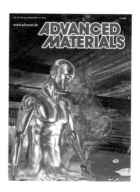

(a)科幻电影中构想的液态金属机器人形象　　　　(b)科研论文中构想的液态金属机器人形象

图1-1　科幻电影与科研论文中构想的液态金属机器人形象

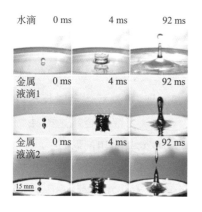

(a)典型的液滴下落现象　　　　(b)运行于服务器CPU冷却管道中的液态金属

图1-2　常温液态金属的新奇物性

发展至今,液态金属研究与应用渐渐步入佳境。比如,对于高端芯片严重受制于"热障"的世界性难题,液态金属芯片冷却方法提供了全新解决途径[6],被誉为第四代先进热管理技术,打破了制约高端光电芯片应用的技术瓶颈;而全新概念的液态金属印刷电子学与金属室温3D打印策略的提出[8,9],则被认为可望改变传统电子及集成电路制造规则,将推动个性化电子制造进入寻常百姓家。此外,液态金属生物材料学的建立,为若干世界性重大医学难题的解决开辟了全新视野。在机器人领域,液态金属促成了许多有着重大科学意义的基础发现,改变了人们对传统材料、流体力学及刚体机器的认识,为研制未来全新一代的柔性智能机器人奠定了理论与技术基础。所有这些,都彰显着一个重大科技与产业领域的形成和快速发展态势。

## 1.2　经典的液态金属材料种类及属性

常温液态金属通常指在室温附近或更高一些常温下呈液态的金属,也称低熔点金属,如镓基金属、铋基金属及其合金。此类材料安全无毒,性能卓越独特,正成为快速得到应用的革命性材料;其他如汞、铯、钠钾合金等虽在常温下也处于液态,但因毒性、放射性及危险性等因素,在应用上受到很大限制。与常温液态金属形成对比的是高熔点金属,通常指高温如数百摄氏度以上呈液态的金属或其合金。高熔点金属系经典冶金材料内容,一百多年来已被广泛研究。与此不同的是,常温液态金属在世界范围内很长一段时间被严重忽略了。近年来取得的一系列颠覆性发现和技术突破,更多体现在对常温液态金属诸多科学现象、基本效应和重大应用途径的揭示上。此类金属在常温下可流动,导电性强,热学特性优异,易于实现固液转换,且沸点高,在高达 2 300 ℃温度时仍处于液相,不会沸腾乃至爆炸。可以说,作为单项材料,常温液态金属将诸多尖端功能材料的优势集于一体(见表 1-1),突破了许多领域传统技术面临的应用瓶颈,由此打开了广阔的应用空间,大大助推了许多颠覆性技术与装备的发展。

表 1-1　典型前沿材料在常温下的功能属性

| 材料种类 | 电学 | 磁学 | 声学 | 光学 | 热学 | 流体 | 化学 | 机械 | 纳米 |
|---|---|---|---|---|---|---|---|---|---|
| 常温液态金属,如镓基、铋基合金 | √ | √ | √ | √ | √ | √ | √ | √ | √ |
| 常规金属,如金、银、铜 | √ | × | √ | √ | √ | × | × | √ | √ |
| 常规液体,如水、酒精 | × | × | √ | × | √ | √ | √ | × | × |
| 石墨烯 | √ | × | √ | √ | √ | × | √ | √ | √ |
| 碳纳米管 | √ | × | √ | √ | √ | × | √ | √ | √ |
| 塑料 | × | × | √ | √ | √ | × | √ | √ | √ |
| 陶瓷 | × | × | √ | √ | √ | × | √ | √ | √ |
| 木材 | × | × | √ | × | √ | × | √ | √ | √ |
| 玻璃 | × | × | √ | √ | √ | × | × | √ | √ |
| 纤维 | × | × | √ | √ | √ | × | √ | √ | √ |

通常,可以直接使用的室温液态金属种类比较有限。人们只要深入了解一下,就会意识到常温液态金属在自然界的存在是令人惊异的。在元素周期表 118 种元素中,非金属只占 22 种,而金属则高达 96 种。然而,在如此众多的金属中,只有零星几类在常温下处于液态(见图 1-3),如31 号元素镓(Ga,熔点为 29.76 ℃)、37 号元素铷(Rb,熔点为 38.89 ℃)、55 号元素铯(Cs,熔点为 28.65 ℃)、80 号元素汞(符号 Hg,熔点为 −38.87 ℃)以及 87 号元素钫

(Fr,熔点为 27 ℃),其余金属熔点多在上百摄氏度乃至更高。在这五种金属中,汞在中国历史上从古至今一直为人所知,其现代最典型应用是基于液态汞的体温计、血压计、电极、旋转镜面天文望远镜,基于气态汞的日光灯,基于合金化的补牙用汞齐等,但由于汞的挥发性较大,在常温下极易弥散出剧毒性蒸气,致使制作和使用存在大的风险,正常人在汞含量超过 1.2 mg/m³ 的环境中会立即中毒,当含汞的废弃物进入生态循环时,会对人和环境造成危害,因而在日常生活中汞正逐步被禁用。铷、铯、钫具有放射性,三者与钠钾合金($K_{78}Na_{22}$,熔点为 −11 ℃)均极为活泼,易于与水甚至冰发生剧烈反应产生爆炸,因而只在特殊场合得到应用。这样看来,镓的安全无毒和综合优势极为罕见,其巨大而广泛的应用价值与自身已有声望并不相符,可以说是被严重忽视的元素之一,今天许多关于液态金属的研究与应用正是从镓开始的。

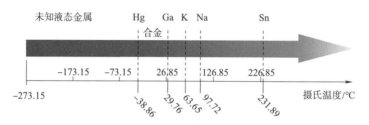

（a）处于不同温区的潜在液态金属

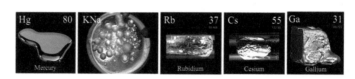

（b）常温液态金属

硬币上标出了该类金属的熔点

（c）液态金属组元

图 1-3　元素周期表中的常温单质液态金属及可组成常温液态合金的金属

作为已在液态金属领域崭露头角的基本元素之一,镓的使用比较安全。虽然这种金属早在 100 多年前就被发现,但其作为液体功能材料却长期没有进入主流。镓的经典应用主要是以化合物方式体现,如氮化镓、砷化镓、磷化镓等均是著名的半导体材料,但因使用总量小,镓的开采量一度远高于需求,对应的镓市场也出现大幅度上下波动。镓真正的研究和普及化用直到近 20 年前由于消费电子类液态金属芯片冷却技术的出现才得以开始。由于使用极为便利,因此,打开了广阔的科技与工业领域,并激发出对更多液态金属的探索。回顾起来,常温液态金属之所以无人知晓,原因之一或许是由于汞一类传统液态金属的毒性和危险性而让人望而却步,另一因素可能与镓等相关材料被归为稀散金属、价格相对昂贵相关。事实上,这类金属在地球上的丰度并不低,性价比极高,足以保障远多于当前的全面应用。

除了单质呈液态的金属外,可供大量使用的液态金属实际上需要从合金中寻找。图 1-3 列举的许多金属如铋、铟、锡、锌等自身熔点虽在 150 ℃ 以上,但通过适当配比,可以制得常温液态合金,且种类可不断得到丰富。进入 21 世纪以来,随着诸多发明的取得,镓基、铋基合金这类以往只被零星研究过或只在相当特殊领域引发注意的常温液态金属日益进入人们眼帘,揭开了许多非凡的物质科学属性,也打开了诸多变革传统的技术大门。与此同时,液态金属一经与各种材料结合,还可促成无数的材料革新。沿此方向,可望不断探明和发现更多的液态金属复合材料,从而满足不断增长的需求。所以说,未来基于液态金属的功能材料一定会因为研究的展开而纷至沓来。

当然,从长远角度看,保障液态金属大规模应用的关键环节之一,无疑在于发掘足够多的可选材料以及深入认识相应材料的物质属性,此方面孕育着一系列崭新的挑战和机遇。在实用层面上,此类材料一般需具备以下特点:①具有优良的物理化学性能,以满足各种实际需求,如应有高的热导率、电导率,低的黏度等;②应当是环境友好的,不会对人或环境造成毒害,非易燃易爆,因此,需具有较低的蒸气压和挥发性,且易于回收利用;③材料的制备成本应尽可能低。正是在考虑到上述因素的基础上,笔者所在实验室于 2013 年提出液态金属材料基因组研究计划[19],旨在通过揭示元素周期表(见图 1-4)中各类元素的多元排列组合规律,以期发现新的液态金属功能材料,进而解决液态金属材料种类短缺乃至性能不足的问题。

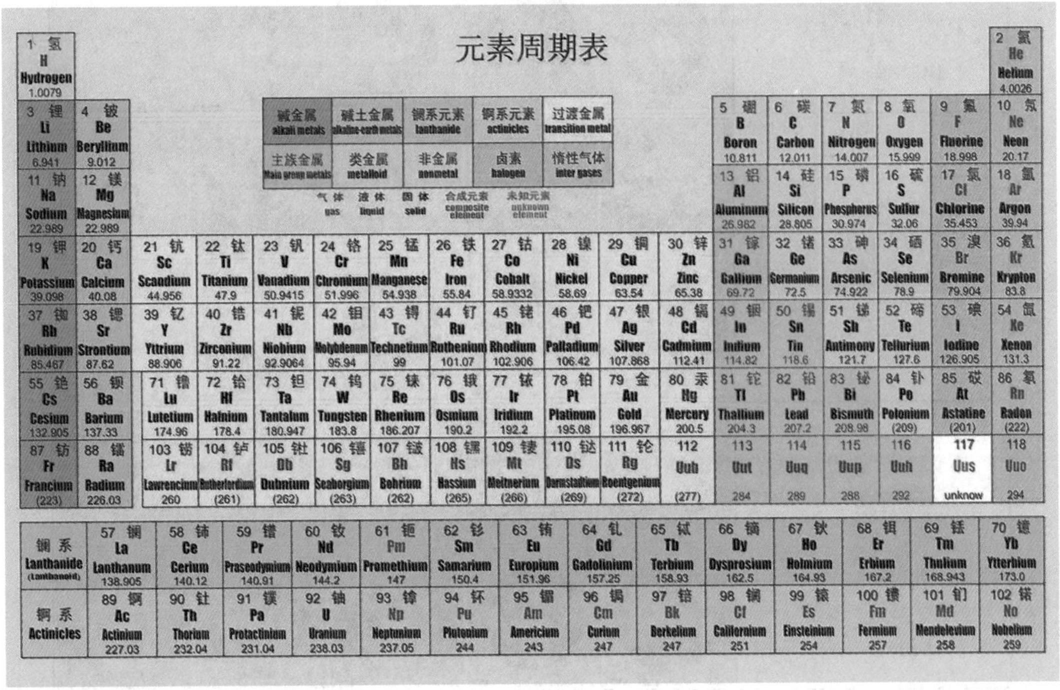

**元素周期表**

图例:
- 碱金属 alkali metals ｜ 碱土金属 alkaline-earth metals ｜ 镧系元素 lanthanide ｜ 锕系元素 actinicles ｜ 过渡金属 transition metal
- 主族金属 Main group metals ｜ 类金属 metalloid ｜ 非金属 nonmetal ｜ 卤素 halogen ｜ 惰性气体 inter gases
- 气体 gas ｜ 液体 liquid ｜ 固体 solid ｜ 合成元素 composite element ｜ 未知元素 unknown element

| 1 | 2 | 3 | 4 | 5 | 6 | 7 | 8 | 9 | 10 | 11 | 12 | 13 | 14 | 15 | 16 | 17 | 18 |
|---|---|---|---|---|---|---|---|---|---|---|---|---|---|---|---|---|---|
| 1 氢 H 1.0079 | | | | | | | | | | | | | | | | | 2 氦 He 4.0026 |
| 3 锂 Li 6.941 | 4 铍 Be 9.012 | | | | | | | | | | | 5 硼 B 10.811 | 6 碳 C 12.011 | 7 氮 N 14.007 | 8 氧 O 15.999 | 9 氟 F 18.998 | 10 氖 Ne 20.17 |
| 11 钠 Na 22.989 | 12 镁 Mg 22.989 | | | | | | | | | | | 13 铝 Al Aluminum | 14 硅 Si Silicon | 15 磷 P Phosphors 30.974 | 16 硫 S Sulfur 32.06 | 17 氯 Cl Chlorine 30.974 | 18 氩 Ar Argon 39.94 |
| 19 钾 K 39.098 | 20 钙 Ca 40.08 | 21 钪 Sc 44.956 | 22 钛 Ti 47.9 | 23 钒 V 50.9415 | 24 铬 Cr 51.996 | 25 锰 Mn 54.938 | 26 铁 Fe 55.84 | 27 钴 Co 58.9332 | 28 镍 Ni 58.69 | 29 铜 Cu 63.54 | 30 锌 Zn 65.38 | 31 镓 Ga 69.72 | 32 锗 Ge 72.5 | 33 砷 As 74.922 | 34 硒 Se 78.9 | 35 溴 Br 79.904 | 36 氪 Kr 83.8 |
| 37 铷 Rb 85.467 | 38 锶 Sr 87.62 | 39 钇 Y 88.906 | 40 锆 Zr 91.22 | 41 铌 Nb 92.9064 | 42 钼 Mo 95.94 | 43 锝 Tc 99 | 44 钌 Ru 101.07 | 45 铑 Rh 102.906 | 46 钯 Pd 106.42 | 47 银 Ag 107.868 | 48 镉 Cd 112.41 | 49 铟 In 114.82 | 50 锡 Sn 118.6 | 51 锑 Sb 121.75 | 52 碲 Te 127.6 | 53 碘 I 126.905 | 54 氙 Xe 131.3 |
| 55 铯 Cs 132.905 | 56 钡 Ba 137.33 | 71 镥 Lu 174.96 | 72 铪 Hf 178.4 | 73 钽 Ta 180.947 | 74 钨 W 183.8 | 75 铼 Re 186.207 | 76 锇 Os 190.2 | 77 铱 Ir 192.2 | 78 铂 Pt 195.08 | 79 金 Au 196.967 | 80 汞 Hg 200.5 | 81 铊 Tl 204.3 | 82 铅 Pb 207.2 | 83 铋 Bi 208.98 | 84 钋 Po (209) | 85 砹 At (201) | 86 氡 Rn (222) |
| 87 钫 Fr (223) | 88 镭 Ra 226.03 | 103 铹 Lr 260 | 104 钅卢 Rf (261) | 105 钅杜 Db (262) | 106 钅喜 Sg (262) | 107 钅波 Bh (265) | 108 钅黑 Hs (266) | 109 钅麦 Mt (266) | 110 钅达 Ds (269) | 111 铹 Rg (272) | 112 Uub (277) | Uut 284 | Uuq 289 | Uup 288 | 116 Uuh 292 | 117 Uus unknow | Uuo 294 |

| 镧系 Lanthanide (lanthanoid) | 57 镧 La 138.905 | 58 铈 Ce 140.12 | 59 镨 Pr 140.91 | 60 钕 Nd 144.2 | 61 钷 Pm 147 | 62 钐 Sm 150.4 | 63 铕 Eu 151.96 | 64 钆 Gd 157.25 | 65 铽 Tb 158.93 | 66 镝 Dy 162.5 | 67 钬 Ho 164.93 | 68 铒 Er 167.2 | 69 铥 Tm 168.943 | 70 镱 Yb 173.0 |
|---|---|---|---|---|---|---|---|---|---|---|---|---|---|---|
| 锕系 Actinicles | 89 锕 Ac 227.03 | 90 钍 Th 232.04 | 91 镤 Pa 231.04 | 92 铀 U 238.03 | 93 镎 Np 237.05 | 94 钚 Pu 244 | 95 镅 Am 243 | 96 锔 Cm 247 | 97 锫 Bk 247 | 98 锎 Cf 251 | 99 锿 Es 254 | 100 镄 Fm 257 | 101 钔 Md 258 | 102 锘 No 259 |

图 1-4　元素周期表

## 1.3 液态金属新材料创制策略

### 1.3.1 基于外界物质强化或改性的液态金属材料

在液态金属新材料创制方面,除采用合金化配制渠道之外,还可利用各种材料的相容性,实现更多功能独特的新材料。近年来,此方面的发展如火如荼。笔者所在实验室发现[20],金属液滴可在溶液环境中借助电场或化学物质的激励作用将周围颗粒吞入体内(见图 1-5),如同细胞生物学界的胞吞效应,效率极高。这一发现开辟了一条构筑高性能液态金属功能材料的快捷途径,由此可根据需要制成物理化学性质各异的物质,如电学、磁学、热学及力学性能可调的高性能液态金属功能材料。研究表明,结合液态金属胞吞效应并采用真空干燥的方法快速排除液态金属混合物中的溶液成分,可得到均匀、稳定的功能物质[21]。通过在液态金属中可控性掺入不同比例的外加物如铜、银颗粒,可研发出一系列物态介于液体和固体之间的金属混合物(见图 1-6)。

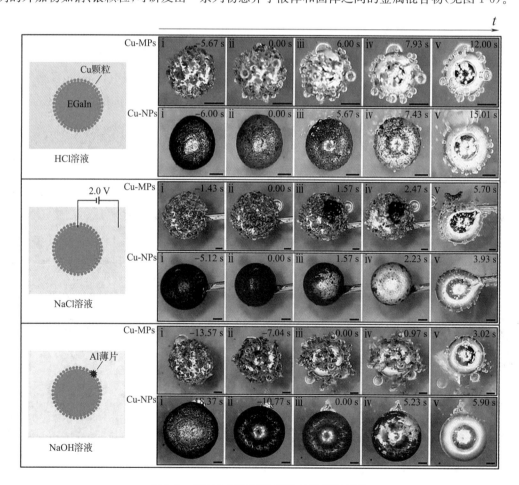

图 1-5 液态金属胞吞效应及材料创制策略

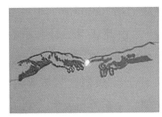

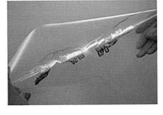

（a）油墨画料　　　　　　　　　　　　（b）电子线路

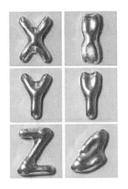
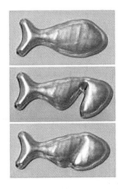

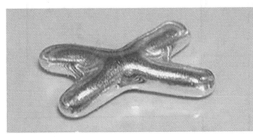

（c）自由塑形

图 1-6　典型高黏附性液态金属材料

　　液态金属胞吞效应具有丰富的科学内涵,其同时对于规模化制备超级液态物质如极高导热率界面材料、高导电性电子墨水以及强磁性液态金属等尤具实际价值。一方面,这一发现使得不同金属颗粒得以高效分散加载到液态金属相中去,由此可以按照设计需求来人为增强或改善液态金属的某些物理化学特性;另一方面,该效应使得液态金属可通过结合特定微/纳米颗粒来获得全新属性。

　　除了在液态金属中引入外来物实现功能材料外,液态金属还可用作添加物对其他材料的功能予以改性。中国科学院理化所 Mei 等[22]率先对此进行了尝试,他们首次提出液态金属添加物(liquid metal filler)的概念。这实际上成为后续大量液态金属复合材料研究的开端[23]，由此获得的材料在不少场合十分有用。比如，对于常温液态金属而言，其电导率高、导热性能优良，十分适合制作高导热的热界面材料。然而，某些液态金属如镓基材料易于腐蚀铝合金基底材料，造成其失效。此方面，液态金属热界面材料必须经过一定的材料改性，达到安全可靠的应用条件。中国科学院理化所为此发展了对应的高导热、电绝缘液态金属材料，将导热、不导电两个属性合二为一，集成到单一材料中[22]。

图1-7(a)所示为液态金属填充型导热硅脂的制备工艺[22]，图中展示了纯液态金属、经氧化后液态金属以及四种配比液态金属填充型复合导热硅脂的微观形貌。在实验过程中，采用液态金属镓基合金 $Ga_{67}In_{20.5}Sn_{12.5}$ 作为导热填料，201-甲基硅油作为基体介质，可制备出新型液态金属填充型复合导热硅脂。图1-7(b)所示为液态金属填充型复合导热硅脂的热导率(理论值与实测值)随着液态金属体积分数的变化情况，反映了所形成材料的高导热性。图1-7(c)所示为液态金属填充型复合导热硅脂的电阻率随着液态金属体积比的变化情况(图中1、2为两个电极，$L$、$D$ 分别为材料样品直径和厚度)，反映了所形成材料的低导电特性。此类材料可有效避免在空气中的氧化性以及对特定基底材料的腐蚀性，因而在电子封装领域比较有用。若将硅油更换成更多目标材料如种类繁多的聚合物(如塑料、橡胶、纤维等)，则可以获得各种液态金属改性复合材料，满足各种需求。

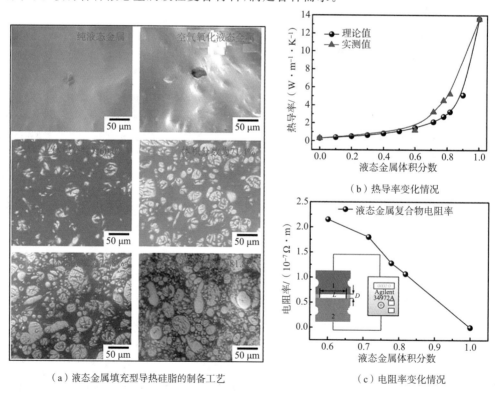

（a）液态金属填充型导热硅脂的制备工艺

（b）热导率变化情况

（c）电阻率变化情况

图1-7　液态金属添加物制备高导热电绝缘材料

### 1.3.2 多孔液态金属材料

迄今制成的液态金属大多呈连续介质形式。笔者所在实验室的偶然发现表明[7],液态金属还可制作成多孔物质,如同生物体的肺组织一般,由此实现更多奇特的功能和行为。Wang 等[24]发表了题为《PLUS-M:基于多孔液态金属的普适性柔性材料》的论文,报道了所发明的基于液态金属(镓铟合金)的柔性多功能材料,其可以响应外界热刺激,具有良好的导电性和磁性,内部会产生气体,生成多孔结构,极限情况下可快速膨胀至原体积的 7 倍以上,膨胀后的多孔金属甚至可携带重物漂浮于水面。此类材料系首次在自然界被创造出来,其制备机理的发现,将液态金属智能材料与装备的研发推向新的高度。

传统的多孔金属材料如泡沫铝大多为刚体结构,因拥有低密度、高强度及良好的隔热、吸声等特性,在建筑、化工及航空等领域有着广泛用途,但经典的固体多孔金属材料不具备变形性,其内部孔隙结构一旦形成就不能改变,这无疑限制了在柔性技术领域的应用。Wang 等[24]的工作首次发现,通过在液态金属内部加载铁纳米颗粒并引入化学反应机制(见图 1-8),可快速制造出柔性多孔金属材料,其孔径大小可灵活调控,且体积膨胀后还可迅速恢复成液体状态,经受加热时能够多次重复膨胀。这些特性为制造新型水下可变形机器、柔性机械臂、外骨骼以及发展柔性智能机器人打开了新的思路。

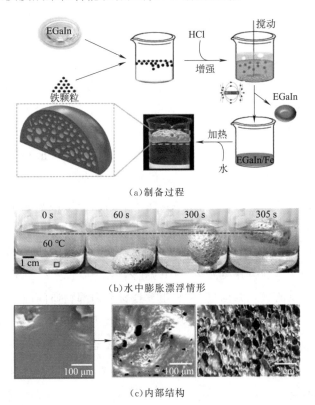

(a)制备过程

(b)水中膨胀漂浮情形

(c)内部结构

图 1-8 PLUS 材料制备过程及其在水中膨胀漂浮情形与内部结构

实验表明,在加热条件下,PLUS 材料可在内部迅速形成孔隙结构,在几分钟内即可膨胀至原先体积的数倍,此种液态金属材料轻量化所带来的效果甚至能将重物携带至溶液表面。在此过程中,材料自身由液体逐渐转变为膏状物,在经过氢氧化钠溶液处理并烘干后,可得到异常坚硬的多孔金属材料。值得注意的是,在此固体材料上再次添加盐酸并搅拌,可使其恢复至液体状态。这种液固转换过程可重复 100 次以上,说明 PLUS 是一种性能优异的可重复使用的柔性多孔金属材料。

PLUS 材料的成因与原电池反应及氧化物的生成有关。镓铟合金与铁颗粒构成了某种原电池,在电解质溶液中会发生反应生成氢气。加热则加快了氧化过程,生成的氧化镓增加了材料的黏度,可包裹内部不断产生的气体形成多孔结构。因为主要反应物镓是两性金属,所以,该反应在酸、碱溶液中均可发生,大大扩展了新材料的应用范围。

### 1.3.3　液态金属基导体-绝缘体转变材料

前面介绍了高导热但电绝缘的液态金属复合材料,将原本相互成正比的导热性与导电性区别开来,这都源于液态金属本身行为及包覆材料的配合所致。进一步,这种看似矛盾的性质不仅仅体现在电学和热学合二为一上,二者还可借助彼此加以调控。

众所周知,铜或银等金属导电性很高,而橡胶或玻璃等绝缘体则不能导电。出现这种导电性差异的本质原因在于物质内部是否拥有可自由移动的带电物质微粒。如能有效地调控物质的微观结构,就可以实现物质在导电与绝缘性质之间的切换,这对于发展未来电子设备应用具有重要意义。另外,在外部刺激下具有两种稳定状态的电子元件是几乎所有计算机的基础。因此,可在导电和绝缘之间转变的材料,长期以来受到了广泛关注。此类材料可被称为导电-绝缘体转变(conductor-insulator transition,CIT)材料。在过去数十年中,一系列CIT 材料陆续被发现,包括莫特绝缘体、二氧化钒等。然而,上述 CIT 材料或多或少均存在一些局限,如化学结构复杂、实现条件苛刻(工作于极高压力)、不够稳定等。原因在于,各种CIT 材料实现导电-绝缘转变通常依靠的是物质微观结构的改变,这需要付出巨大代价且通常很难稳定保持,这也就解释了为什么很多传统方法需要一定的极端条件。此外,当前所实现的 CIT 材料通常情况下都是固态,且其导电-绝缘的温度转变范围较窄。

从完全不同于传统刚体 CIT 材料的思路出发,清华大学与中国科学院联合实验室首次发现了一种基于液态金属制备在宽温区可调的导体-绝缘体转变材料的通用策略[25,26],其原理不再拘泥于改变物质的微观结构,而是利用复合材料内部物质间的相互配合,实现材料的导电-绝缘转变功能。其中的一个典型案例是将具有反常体积膨胀率的液态金属与流动性优异的二甲基硅油相结合,构造出转变温度可调的液态导电-绝缘转变(liquid conductor-insulator transition,LCIT)材料。由此基本原理出发,可借助不同熔点液态金属与协同材料发展出更多可在宽温区内工作的 LCIT 转换材料体系。

LCIT 材料实现导电-绝缘转变依靠的是复合材料内部物质间的相互配合机制。这种

LCIT 材料由液态金属液滴和溶剂混合而成。当温度较高时,液态金属为液态,并被溶剂分隔开,此时复合材料表现为绝缘态。当温度降低时,金属液滴发生凝固,LCIT 材料变为导电态。随着温度的改变,LCIT 材料的电导率可以相差 9 个数量级。LCIT 材料导电-绝缘的转变,主要是液态金属液滴反常的体积膨胀率起到了至关重要的作用。通常,对于同种材料而言,液态时的密度小于固态时的密度,因此,由液态变成固态时,体积会收缩。然而,镓基液态金属凝固时,其体积会变大,这种不同寻常的体积膨胀率在自然界中并不多见。因为镓在固液相变时具有反常的体积膨胀率,所以实现了温控的 LCIT 材料。温度较低时,凝固的体积膨胀的金属液滴实现相互连接,LCIT 材料变成导电态。温度较高时,融化的金属液滴体积发生收缩,导致金属液滴相互分离,LCIT 材料变成绝缘态。这个过程是完全可逆的,并且理论上可以重复无限次。在宽温区具有导体-绝缘体转变特性的液态金属复合材料及其可逆导电-绝缘机理如图 1-9 所示。

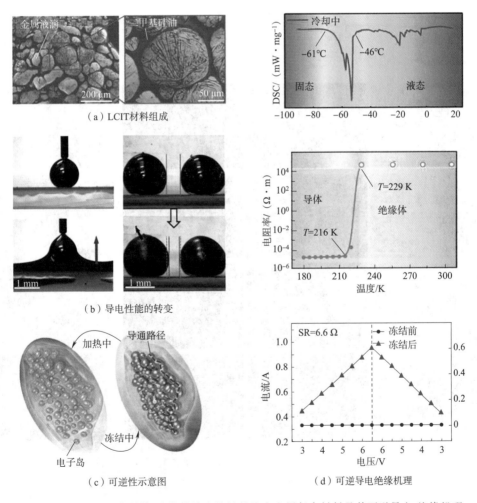

图 1-9　在宽温区具有导体-绝缘体转变特性的液态金属复合材料及其可逆导电-绝缘机理

　　LCIT 材料的转变温度仅取决于液态金属液滴的相变点。因此,可以找到一系列具有不同相变点的液态合金,以获得不同转变点温度,这对于未来应用大有裨益。实验结果证实,铋金属合金同样可以实现这种导电-绝缘转变功能。据此,利用具有反常体积膨胀率的金属和溶剂组合,可建立用以制备具有导电-绝缘转变功能材料的普适性策略。

　　常规的液态金属材料自身密度通常很高,这会给由此制成的器件与装备平添额外质量,造成相应能量消耗,也削弱了使用的灵活性。为改变上述现状,提出旨在制造轻质液态金属的基本思想[27],特别以共晶镓铟合金及中空玻璃微珠为典型代表(见图 1-10),制备出了密度仅为水的一半以至可漂浮于水面的轻量化液态金属复合材料(见图 1-11)。这种材料除保留了纯液态金属良好的导电性、导热性、力学强度及固液相变特性(见图 1-12)外,还拥有可塑性、可变形性乃至磁性,为此设计了系列平面及三维应用场景,并引入不同封装方式实现对材料漂浮行为的调控,展示了水面电路及水中机器人的潜在应用。

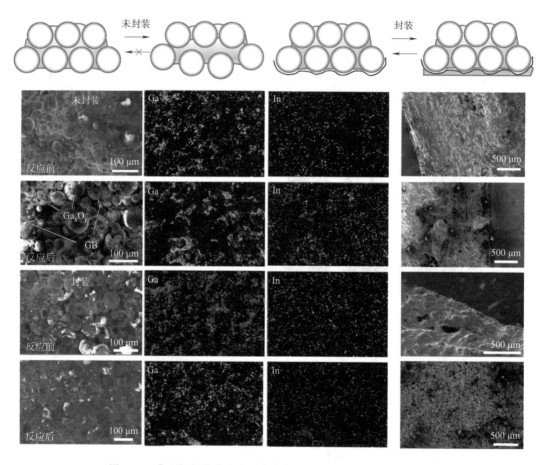

图 1-10　典型轻量化液态金属复合物微观结构的 SEM 与 EDS 图

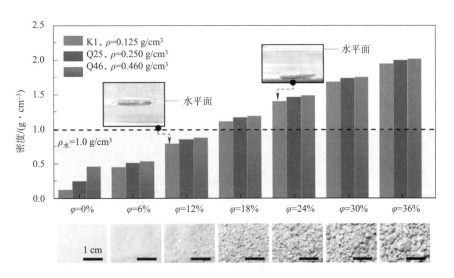

图 1-11  基于液态金属-中空玻璃微珠制成的轻量化复合材料及对应密度

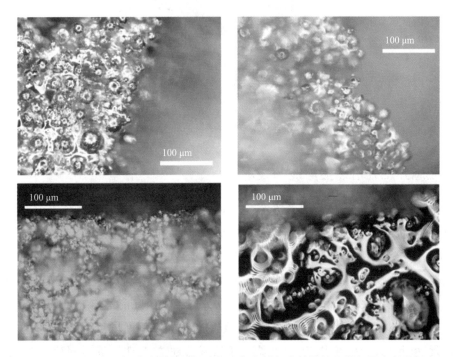

图 1-12  基于 GaIn 与玻璃微珠的轻量化液态金属复合材料的力学与温度断裂行为

　　轻质液态金属物质概念的提出具有基础科学意义和普适应用价值,由此开启了一条制造新型液态金属功能材料的基本途径。原则上,结合各类液态金属与对应的轻质改性物质(如塑料、木材、轻金属以及磁性、光学材料等),可赋予终端材料更多目标功能,从而能以一种材料形式同时将许多尖端材料的功能如电、磁、声、光、热、力学、流体、化学等集于一体,这在许多场合十分有用,如作为印刷电子墨水、3D 打印材料、可注射金属骨骼与牙科修复、血管栓塞剂及造影剂、水中机械电子设备、刚柔相济型可穿戴外骨骼以及可变形柔性机器人等。

## 1.4 液态金属功能材料前沿应用

液态金属物质科学对拉动前沿研究具有重大意义,可以说是美好的科学、美好的技术、美好的材料、美好的工业,正在定义着新的未来[28]。发展至今,液态金属已渗透到几乎所有自然科学与工程技术领域甚至人文学科(见图 1-13)。下面扼要介绍液态金属衍生出的若干典型重大科技与应用领域。

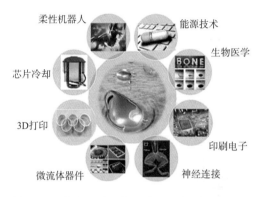

图 1-13 液态金属材料所涉及的典型应用领域

### 1.4.1 液态金属先进热控与能源技术

近年来,随着微纳电子技术的飞速发展[29],高集成度芯片、器件与系统等引发的热障问题成为制约各种高端应用的世界性难题,突破散热瓶颈被提高到前所未有的高度[30]。21 世纪初,中国科学院理化所研究员刘静博士首次在芯片冷却领域引入具有颠覆性意义的通用型低熔点合金散热技术,申请了国内外这一领域的首项发明专利,有关工作随后在国内外学术界和产业界引发重大反响和大量后续研发,成为近年来国际前沿研究热点和较具发展前景的新兴产业方向,且在更广层面极端散热领域的价值还在不断增长。

经过近 20 年的发展,常温液态金属冷却领域已建立相对完备的理论与应用技术体系[4,5],涉及室温液态金属强化传热、相变与流动理论,电磁、热电或虹吸驱动式芯片冷却与热量捕获,微通道液态金属散热,刀片散热,混合流体散热与废热发电,低熔点金属固液相变吸热,以及对无水换热器工业的推动,包括研发自然界导热率最高的液态物质——纳米金属流体及热界面材料等。液态金属技术除了在高功率密度电子芯片、光电器件以及国防领域极端散热上有着重大应用价值外,还被逐步拓展到消费电子、低品位热能利用、光伏发电、能量存储、智能电网、高性能电池、发动机系统以及热电转换等领域。这类从室温至 2 300 ℃

均能保持液相的全新一代热管理技术,在技术理念上打破了传统模式,一批成果已规模化应用于工业和商业领域(见图 1-14)。

(a)计算机 CPU 液态金属散热器

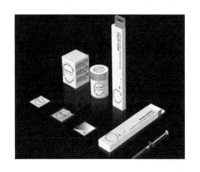

(b)液态金属热界面材料

(c)液态金属固液相变冷却器

(d)高架灯液态金属冷却系统

(e)LED 路灯封装

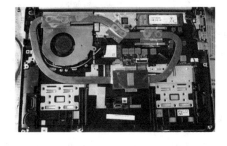

(f)笔记本电脑液态金属散热器

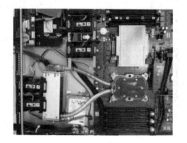

(g)服务器液态金属散热器

图 1-14　系列典型液态金属热管理应用产品情形

液态金属芯片冷却方法自提出以来,不时引发业界关注,有关研究[31]曾获国际电子封装领域旗舰刊物 ASME *Journal of Electronic Packaging* 2010—2011 年度唯一最佳论文奖,著名学者及该刊主编 Sammakia(美国纽约州立大学宾汉顿分校副校长)曾致信称赞:“这是一项重要成就,因该奖每年仅颁发一次,且由全部论文公开竞争产生。”成果还另获多个产业奖项,如中国国际工业博览会创新奖、北京市技术市场金桥奖项目一等奖等。

液态金属芯片热控领域取得的一系列基础进展,正成为发展全新一代冷却技术的重大核心引擎。相应产业化具有巨大的发展潜力和市场空间。作为当今性能最为卓越的热管理解决方案之一,液态金属为对流冷却、热界面材料、相变热控等领域带来了观念和技术上的重大变革,突破了传统冷却原理的技术极限,为大量面临"热障"难题的器件和装备的冷却提供了富有前景的解决方案。未来,随着越来越多持续不断的研究和应用,液态金属冷却技术可望在国防、航空航天、能源系统以及众多民用设备领域的先进冷却与热管理中发挥日益重要的作用。

### 1.4.2 液态金属印刷电子与 3D 打印

电子器件是现代文明的基石。传统的电子制造工艺繁多,涉及从基底材料制备,到形成互连所需的薄膜沉积、刻蚀、封装等环节,需消耗大量原料、水、气及能源。为改变这一现状,笔者所在实验室于国内外首次明确地提出了不同于传统的液态金属印刷电子学[32]与室温金属 3D 打印思想[33],逐步建立了相应的理论与应用技术体系[8,9],发明并研制出一系列全新装备并完成工业化验证(见图 1-15),由此可通过印刷的方式在各种柔性或刚性基材上[34,35]乃至在任意固体表面[36]直接制造出目标电路、元器件、集成电路乃至终端功能器件(见图 1-16),相应突破被认为有望改变传统电子及集成电路制造规则。其所见即所得的电子直写模式为发展普惠型电子应用提供了变革性工具,促成了新兴电子工程学与功能器件 3D 打印技术的出现,将加速个性化电子制造时代的到来。

（a）电子手写笔　　　　　　（b）液态金属手写电子笔　　　　　　（c）电子电路打印机

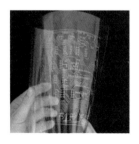

（d）液态金属印刷电子　　　　　　（e）3D 打印设备　　　　　　（f）液态金属 3D 打印

图 1-15　可实现广泛普及应用的液态金属功能电子制造

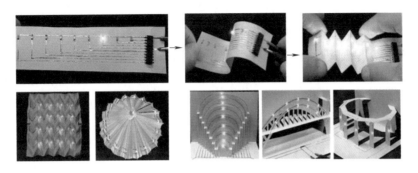

(a)纸上电子

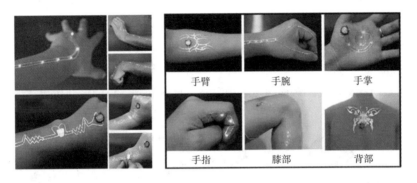

手臂　　手腕　　手掌

手指　　膝部　　背部

(b)皮肤电子

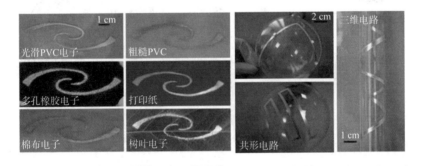

(c)任意表面电子

图 1-16　液态金属印刷电子应用场景[34-36]

　　中国研究团队率先开展了对低熔点液态金属 3D 打印的探索和实践,阐明了系列装备技术路线[9],包括液相 3D 打印、金属/非金属复合 3D 打印、低熔点金属熔融沉积打印、悬浮 3D 打印、生物在体注射式 3D 打印、腐蚀打印、立体电路喷墨打印、液态金属终端功能器件广义性 3D 打印等。当前,全球在液态金属增材制造领域的研究已风生水起,展示出一个极具活力和发展前景的新兴科技前沿。以低熔点液态金属为功能墨水材料的印刷电子与 3D 打印技术,突破了传统电子材料的高温限制,实现了常温下功能器件的完整制造,有助于发挥增材制造技术在智能生产和灵巧制造领域的作用,继而促成生产方式的变革。笔者所在实验室成果于 2014 年促成了国内外第一家液态金属电子增材制造技术企业——北京梦之墨科技有限公司的诞生,一批产品在多个领域逐步得到规模化普及应用,极大推动了普惠电子工程学的进步。而迄今国内外此方面尚无其他商业化企业推出,大多还处于基础研究和装备探索阶段。

增材制造已被普遍认为是"第三次工业革命"的重要引擎,为世界各国密集重视。液态金属印刷电子学与室温 3D 金属打印方法的建立,使得个性化功能器件的快速制造成为可能,打破了制造的不平等,相应普适制造技术可普及推广到学校教育乃至进入寻常百姓家(见图 1-17)。正因如此,有关成果频繁引发业界广泛重视,先后被众多国际知名科学杂志或专业网站如 MIT Technology Review、IEEE Spectrum、ASME Today、Discover、Phys. org、Chemistry World、Fox News、Geek、Asian Scientist、CCTV 等专题评介,被认为打开了极为广阔的应用领域。笔者团队发明并研制的有关装备先后入选美国《大众科学》(中文版) 2016 年 T100 创新奖、2015 中关村十大科技创新成果;入围美国科技界创新奥斯卡奖 2015 R&D 100 Finalist(全球 200 名);入围 2014 两院院士评选中国十大科技进展新闻(全国共 20 名),中国工程院为此专门致函指出:"成果对该领域工程科技发展将起到巨大的推动作用。"

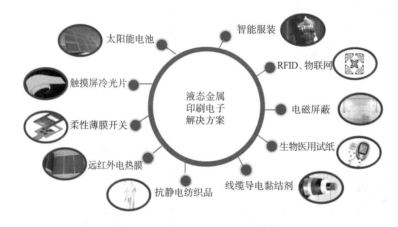

(a)液态金属印刷电子典型工业应用领域

(b)高校师生使用桌上打印电子设备情况

图 1-17　液态金属普惠电子打印产业与应用普及

### 1.4.3 液态金属生物医学与健康技术

液态金属材料具有广泛的适应性,正日益渗透到自然科学与工程技术的多个分支。在生物医学与健康技术领域,独特的液态金属更带来观念性变革。作为先行者,中国研究团队率先将液态金属推进到一系列重大生物医学难题和瓶颈的解决上,直至系统提出并构建了液态金属生物医学材料学领域[10,37],由此带来了相应医学技术的观念性变革,有关成果在国际上持续引发重大反响。其中,中国学者首创出液态金属神经连接与修复调控技术[38],旨在迅速建立切断神经之间的信号通路及生长空间,从而提高神经再生效率并降低肌肉功能丧失的风险,成果被认为是"令人震惊的医学突破"(most amazing medical breakthroughs),此方面衍生出系列神经调控技术[39,40](见图 1-18);创建的液态金属血管造影术[41](见图1-19),在国际上引起广泛反响,被认为"提供了前所未有的细节,采用相对简单的方法解决了无比复杂的问题",相应技术对于探索有关动物器官的复杂血管微细结构较有价值。

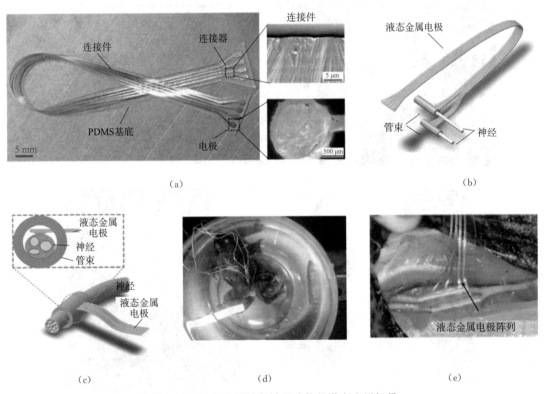

图 1-18 液态金属控制神经功能的潜在应用场景

此外,液态金属栓塞血管治疗肿瘤技术、碱金属流体热化学消融治疗肿瘤法、注射式固液相转换型低熔点金属骨水泥、刚柔相济型液态金属外骨骼、印刷式液态金属柔性防辐射技术、注射式可植入医疗电子技术、植入式医疗电子在体 3D 打印与注射电子,以及液态金属皮肤光热转换与电磁学[42-44](见图 1-20)、液态金属生物医学传感技术[45](见图 1-21)等,也因崭新学术理念和技术突破性,引起业界重视。

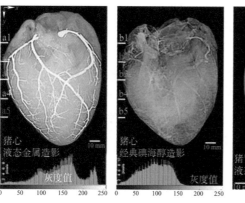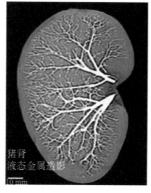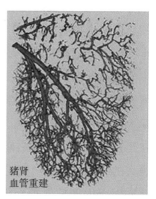

图 1-19　液态金属高分辨血管造影术

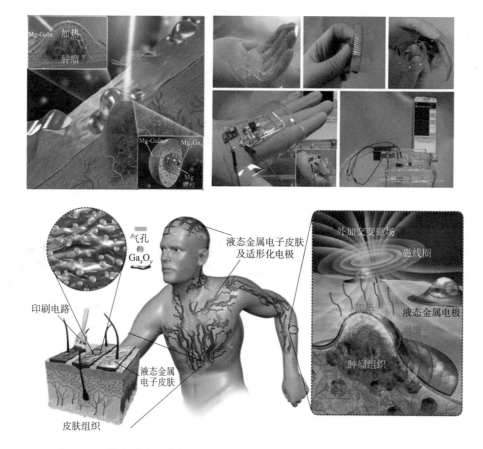

图 1-20　肿瘤治疗用液态金属皮肤光热涂覆材料与柔性生物医学电子应用

迄今,液态金属生物医学方面的大量原创工作被众多国际知名科学杂志、专业网站及电视新闻如 New Scientist、MIT Technology Review、Daily Mail、Discover、News Week、Fox

News、CCTV 等专题报道。其中液态金属神经连接与修复技术在世界范围内的影响尤为深远,论文公布不久通过搜索引擎搜索 liquid metal、nerve、China 就有超出千万条直接或间接报道转引条目。近期,国际上陆续有团队跟进,种种态势预示着液态金属生物医学材料学作为一个全新领域的崛起。这一领域的形成和发展,为一系列重大医学瓶颈的解决提供了富有前景的全新思路和途径,可望催生一些变革性医疗技术体系的建立。

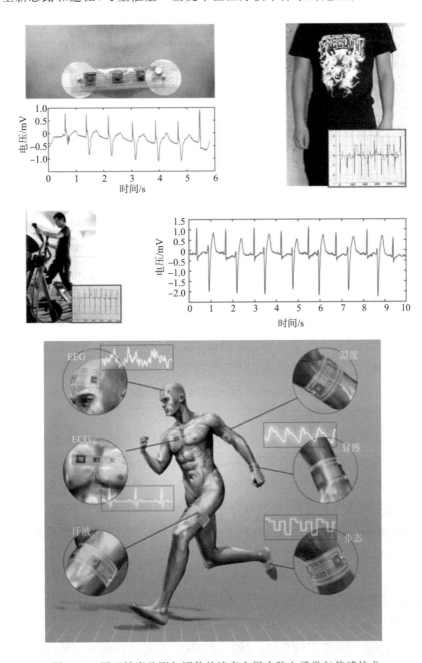

图 1-21　用于健康监测与评估的液态金属皮肤电子学与传感技术

### 1.4.4 液态金属柔性智能机器人

在自然界,设计出能以可控方式在不同形态之间自由转换的机器,并创造出高智能设备代替人类执行更为特殊高级或危险复杂的任务,一直是全球科学界与工程界的梦想。此方面,柔性机器人拥有机动及强度可变等综合特性,可使人类的感知和行动延伸到无法接近且恶劣的环境中,是传统刚性机器人概念和功能上的革新,在实现非结构化环境中开放式任务以及在与包括人类在内的生物体之间接口等方面具有重大优势。比如,在抗震救灾或军事行动中,此类机器人应能根据需要适时变形,以穿过狭小空间并可重新恢复原形以继续执行任务,这种在科幻电影《终结者》中出现的机器人所拥有的超能力,曾一度带给人们无限想象。实际上,在医学实践中,研制出可沿血管包括人体腔道自由运动,以执行各种在体医学任务的柔性机器人,就一直是电子机械与现代医学前沿共同追求的十分现实的重大科学目标,极具临床价值。不难看出,超越了传统模式的可变形机器人所涉及的研究范畴极为生动丰富,覆盖了从生物学、物理学、材料、机械到电子学等广泛领域,应用对象则见于各行各业,研究内涵颇具交叉特色。

纵观当前软体机器人发展水平,无论是结构还是功能仍较为简单,离实际应用还有较大距离。但学术界普遍认为,软体机器人技术一旦突破,必定给高端制造、医疗康复、国防安全等领域带来巨大影响。近十年,各种形态软体机器人技术相继被提出。尽管有关技术层出不穷,但软体机器人无论是材料、制动还是功能等都存在巨大挑战。"软体"是软体机器人最本质的特征之一,而当前软体机器人难以同时实现结构与功能的"软体"特质,特别是在柔性感知能力方面。刚性机器人可结合先进传感技术实现与环境及人直接相互作用,这些传感技术通常带有显著的"刚性"属性。这些先进传感技术一旦嫁接到软体机器系统中,必然会破坏其软体属性。因此,建立一个软体机器人变形与柔性感知能力统一的技术框架,是未来软体机器人技术需要解决的关键难题之一。

基于在液态金属领域多年来的持续研究,笔者所在实验室从全新体系出发,开创性提出了突破传统技术理念的液态金属软体机器人思想[46-54],从材料、器件到系统等方面逐步构建相应的理论与技术体系[11]。首次揭示了电场调控下液态金属呈现出一系列非同寻常的大尺度变形、旋转、定向运动及合并、断裂再合并行为[见图1-22(a)][48],而这正是可编程可变形机器人所必备的基本要素。进一步地揭示出液态金属可在石墨表面以任意形状稳定呈现的自由塑型效应机理,并实现了液态金属逆重力方式的蠕动爬坡运动模式[55],这种超常的尺度变形及爬行特性为可变形机器人研制提供了便捷的条件。然而,液态金属的奇异行为还远不止这些,液态金属具有类似于生物界胞吞效应,即吞噬微/纳尺度金属颗粒的现象。研究团队于世界上首次发现了一种异常独特的现象和机制[49-51],即液态金属通过吞噬微量铝可形成自驱动液态金属机器或马达[见图1-22(b)],速度高达厘米级每秒且运行时间可持续数小时,实现了无须外部电力的自主运动,为研制实用化智能马达、血管机器人、流体泵送系统、柔性执行器乃至更为复杂的液态金属机器人奠定了理论和技术基础。进一步的探索还催生出过渡态机器以及场效应机器的相继发现[52],这种自驱动液态金属分散后形成的微马达群在电场作用下可以实现高速的定向运动,而在磁场作用下则因洛伦兹力作用会呈现出磁陷阱效应,这表明液态金属微马达实际上是一种宏观电子载体,此方面的研究值得进一步全面拓展。此外,液态金属触发刚性材料(如铜棒)运动机制为软体和刚体材料之间搭建了兼容桥梁[52]。通过赋予磁性功能,液态金属机器可实现更多机器形态,包括运动起停、转向和加速的固液组合机器,以及更多磁控机器人[53];而采用电控可变形旋转的"液态金属车轮",还可驱动 3D 打印的微型车辆,实现行进、加速及更多复杂运动。更多的原理性实验表明,液态金属可以呈现出几乎所有形态的变形和运动方式。若将液态机器单元予以分组编程,将为可控型柔性智能机器人的实现建立起现实可行的技术途径(见图 1-23),这将一改传统机器人的面貌[54]。

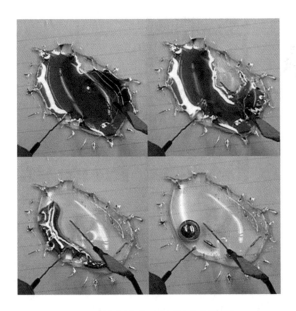

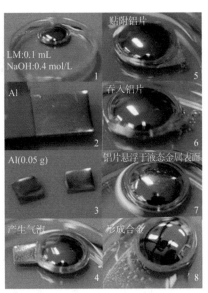

(a)外场调控的可变形液态金属　　　　(b)可自主运动型液态金属柔性机器人

图 1-22　外场调控的可变形液态金属及可自主运动型液态金属柔性机器

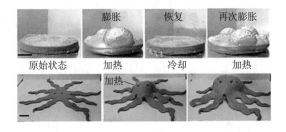

图 1-23　可实现超大尺度膨胀变形的液态金属复合材料

总的说来,液态金属的大量基础发现为可变形体特别是软体机器的设计和制造开辟了全新途径,奠定了新一代可变形机器的理论基础,具有重大的前沿科学意义和深刻的应用前景。基于这些发现的基础突破性和技术价值,有关成果在国际上引起重大反响,有关发现被 *Nature*、*Nature Materials*、*Science News*、*New Scientist*、*Discover*、*Phys. org*、*Chemistry World* 等广泛评介,被认为预示着软体机器人的新时代,液态金属机器人被列为是机器人领域最具发展潜力的十大方向之一。迄今,机器人大多仍以一种刚体机器的形式发挥作用,这与自然界中人或动物有着平滑柔软的外表以及无缝连接方式完全不同,大量构想主要限于科幻电影中(见图 1-24)。液态金属机器的问世引申出了全新的可变形机器概念,将显著提速柔性智能机器的研制进程。当前,全球围绕先进机器人的研发活动正处于如火如荼的阶段。若能充分发挥液态金属所展示出的各种巨大潜力,并结合相关技术,将引发诸多超越传统的机器变革。

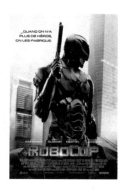

图 1-24　科幻场景中构想的尖端机器人或半生物-半机器组合体

# 1.5　液态金属工业化机遇与挑战

如前所述,液态金属是有着重大应用价值的新兴科技领域,影响范围深远而广泛,其出现打破了许多传统应用技术面临的极限,正促成一个全新工业体系的形成和发展。实际上,早在 2008 年前后,笔者就提出了在北京中关村创建中国液态金属谷的构想,只是当时由于时机和条件尚不成熟而未果。此倡议在数年后由于相关项目在云南的落地得以快速推进。2013 年,中国科学院理化所液态金属热界面材料、电子手写笔项目落地云南宣威,由云南中宣液态金属科技有限公司实施产业化。2014 年,作为云南省"科技入滇"签约重点项目,异军突起的液态金属成果在业界产生影响;与此同时,结合云南有色金属资源优势在当地建设中国液态金属谷的倡议逐渐变得清晰而具体。在此期间,云南中宣液态金属科技有限公司在国内外率先建成了年产 200 t 液态金属原材料及产品生产线,随后向市场推出了液态金属导热片、液态金属导热膏、液态金属电子手写笔、液态金属 3D 手写笔等系列产品;同年,为确保液态金属新兴产业的持续健康发展,在宣威市开发区和有关企业的支持下,云南科威液态金属谷研发中心应运成立。2015 年,由云南宣威举办的首届液态金属产业技术发展高峰论坛更将相应工作推进一大步,确立了宣威作为中国液态金属谷所在地;论坛举办期间,当地建成的国内外首个液态金属科技馆正式对外开放。随后,广东、北京等地液态金属相关企业或入驻液态金属谷,或进入接洽合作阶段。

2016 年,云南靖创液态金属热控技术研发有限公司在曲靖成立,由宣威多家液态金属研发企业提出申请的旨在为液态金属产业服务的省级"五中心一委员会"也相继获得批准,主要包括:云南省液态金属企业重点实验室、云南省科学技术院科威中宣液态金属研发中心、云南省液态金属制备工程研究中心、云南省液态金属企业技术中心、云南省液态金属产品质量监督检验中心;同年 11 月,全国第二届液态金属产业高峰论坛在曲靖举行(见图 1-25),进一步引发国内外业界震动,100 余项前沿技术及装备产品集中亮相,一时之间发展液态金属工业的前瞻性意义和重大价值为业界所广泛认同;论坛期间,我国学者再次阐述建立国家液态金属科学与应用中心的重要意义,并提出实施国家液态金属科学研究计划的倡议。2017 年 2 月,云南液态金属谷建设成果入选 2016 云南十大科技进展,被誉为"揭开了液态金属前沿技术的神秘面纱"。至此,中国液态金属谷的建设基本上从理想变成了现实。

图 1-25 中国第二届液态金属产业技术高峰论坛

近年来,经过多方努力和共同推动,液态金属作为前沿材料陆续被列入国家有关重点部署领域的指南和产业目录中。同时,在云南省各级政府和主管部门的支持下,液态金属产业于 2016 年被列入云南省"十三五"科技发展规划和云南省"十三五"新材料发展规划;

2017 年 1 月，国家工信部、发改委、科技部、财政部联合制定《新材料产业发展指南》，将液态金属列为新材料产业的重点扶持方向之一；2017 年 6 月，液态金属列入国家工信部编制的《重点新材料首批次应用示范指导目录》。液态金属产业科技联合体以行业企业科协为主体，科研院所、学会社团、科技服务机构等单位共同参与；2018 年 5 月，中国科协公布了产学研融合技术创新服务体系建设项目名单，液态金属产业科技联合体（由北京梦之墨科技有限公司、云南中宣液态金属科技有限公司、云南科威液态金属谷研发有限公司、云南靖华液态金属科技有限公司、云南靖创液态金属热控技术研发有限公司等产业主体共同发起）获得批准。

可以看出，在整个液态金属工业的发展过程中，产学研结合十分紧密，充分体现了首都科技优势与地方资源/地缘优势的良好结合和相辅相成。中国室温液态金属的突破性研发起始于中关村，规模化工业则形成于云南。云南作为液态金属全新工业的策源地，在带动新兴行业快速发展的过程中做出了引领性贡献，液态金属产业化由此逐渐在全国范围内得到认同和开展起来。与此同时，产业化反过来又会对科学研究产生积极推动。2017 年 9 月，在中国科协新观点新学说专项支持下，题为"常温液态金属：将如何改变未来"的学术沙龙于北京举办，来自学术界、产业界及战略研究等领域专家学者齐聚一堂，展开了不设限的热烈探讨，各种观点的碰撞激发出了新的思想火花，汇集了专家们在材料学、物理学、化学、热、电子学、生物医学以及柔性机器人等方面交流观点和思考脉络的文集也得以出版[28]，展示了经过深入讨论所凝练出的若干液态金属新概念（如液态金属量子计算机）、新效应（如液态金属类生命现象）、新观点（如液态金属可变形机器人）等。

正是在此次会议上，笔者应邀就"液态金属：无尽的前沿""液态金属：构筑全新的柔性智能机器人""液态金属：变革传统的未来医学技术"三个专题进行了解读，并特别总结了液态金属物质科学面临的十个基础问题：①决定液态金属熔点的要素及固液相变机制；②液态金属软物质特性；③液态金属多相体系奇异流体动力学问题；④液态金属超高表面张力的成因；⑤液态金属空间构象转换机理；⑥液态金属外场作用下的宏微观特性及量子效应；⑦液态金属与其他材料的界面作用机制；⑧液态金属微重力效应；⑨液态金属多材料合金体系组合规律；⑩自驱动液态金属机器效应。笔者还特别用"液态金属：即将爆发的科学"作为结语。事实上，这一结语已完全被最近几年全球范围的液态金属研发态势加以证实，从国际上诸多实验室的纷纷涌入和大量论文在短时间内爆发即可略见一斑，相信今后的发展态势会更远盛于此。总的说来，国际学术界在液态金属的研究上基本进入高潮，正如人类历史文明启示的"一类材料，一个时代"，如果可以像历史上那样用金属去刻画一个时代（见图 1-26），液态金属或可部分用以定义其即将到来的液态金属时代。

诚然，我们应该意识到，任何新生事物的发展并非一帆风顺的，这可从图 1-27 反映的液态金属印刷电子从概念孕育到工业化实践路径[56]中略见一斑，该领域的产业发展必不可少地呈现出波动性和渐进式特点。可以说，这种情况几乎发生在液态金属产业的所有领域,正确的态度是适应波折中的渐进发展。只要坚持研发和持续投入,随着技术的日益成熟和产品化不断验证,各新兴领域总会迎来其辉煌的"高峰期"。值得指出的是,与国际上业已出现的如火如荼态势形成对比的是,国内进入这一新兴领域的研发团队和企业仍然相对有限,不少机构对此尚处于观望态度。对于液态金属这样一个我国在开创性基础发现、应用研究乃至产业推进、工业化验证诸方面均处于世界领先地位的战略性高科技领域,国内对此有着深刻认识的机构和团队还为数不多,这在一定程度上会对今后全国范围内相应工业的发展不利。历史的经验表明,再好的机遇也会稍纵即逝。为此,本书内容的出版有着积极的现实意义,期待本书助力中国乃至国际液态金属研发与应用更好更快地发展。

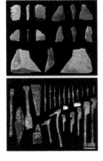

(a)石器时代　　　　(b)青铜器时代　　　　(c)铁器时代　　　　(d)液态金属时代

图 1-26　人类历史上几个经典时代及未来的液态金属时代

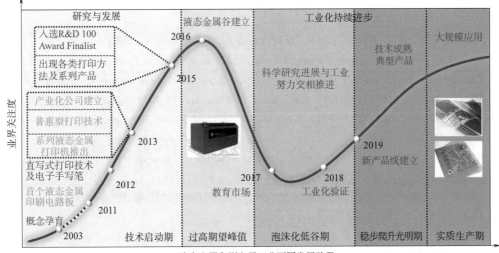

图 1-27　液态金属印刷电子学从概念孕育到工业化发展路径

## 参考文献

[1] 刘静. 液态金属物质科学基础现象与效应[M]. 上海:上海科学技术出版社,2019.

[2] 刘静,杨应宝,邓中山. 一个全新工业的崛起:中国液态金属工业发展战略研究报告[M]. 昆明:云南科技出版社,2018.

[3] 刘静. 液态金属科技与工业的崛起:进展与机遇[J]. 中国工程科学,2020,22(5):93-103.

[4] LIU J. Advanced liquid metal cooling for chip, device and system[M]. Shanghai: Shanghai Science & Technology Press, 2020.

[5] 邓中山,刘静. 液态金属先进芯片散热技术[M]. 上海:上海科学技术出版社,2020.

[6] 刘静. 热学微系统技术[M]. 北京:科学出版社, 2008.

[7] 桂林,高猛,叶子,等. 液态金属微流体学[M]. 上海:上海科学技术出版社,2021.

[8] 刘静,王倩. 液态金属印刷电子学[M]. 上海:上海科学技术出版社,2019.

[9] 刘静,王磊. 液态金属3D打印技术:原理及应用[M]. 上海:上海科学技术出版社,2019.

[10] LIU J,YI L. Liquid metal biomaterials:principles and applications[M]. Berlin:Springer,2018.

[11] LIU J, SHENG L, HE Z Z. Liquid metal soft machines:principles and applications[M]. Berlin: Springer,2018.

[12] DAENEKE T, KHOSHMANESH K,MAHMOOD N,et al. Liquid metals:fundamentals and applications in chemistry[J]. Chem. Soc. Rev. ,2018,47(11):4073-4111.

[13] YAN J J,LU Y,CHEN G J,et al. Advances in liquid metals for biomedical applications[J]. Chem. Soc. Rev. ,2018,47:2518-2533.

[14] REN L,XU X,DU Y,et al. Liquid metals and their hybrids as stimulus-responsive smart materials[J]. Materials Today, 2020,34:92-114.

[15] DING Y, ZENG M, FU L. Surface chemistry of gallium-based liquid metals[J]. Matter,2020,3(5): 1477-1506.

[16] JIANG J, ZHANG S, WANG B,et al. Hydroprinted liquid-alloy-based morphing electronics for fast-growing/tender plants:from physiology monitoring to habit manipulation[J]. Small,2020,16:2003833.

[17] TENG L,YE S, HANDSCHUH-WANG S,et al. Liquid metal-based transient circuits for flexible and recyclable electronics[J]. Advanced Functional Materials,2019,29:1808739.

[18] TANG S Y, KHOSHMANESHA K, SIVANA V,et al. Liquid metal enabled pump[J]. PNAS, 2014,111:3304-3309.

[19] WANG L, LIU J. Liquid metal material genome:initiation of a new research track towards discovery of advanced energy materials[J]. Frontiers in Energy, 2013,7(3):317-332.

[20] TANG J, ZHAO X, LI J, et al. Liquid metal phagocytosis:intermetallic wetting induced particle internalization[J]. Advanced Science,2017,5:1700024.

[21] TANG J B,ZHAO X,LI J,et al. Gallium-based liquid metal amalgams:transitional-state metallic mixtures (TransM2ixes) with enhanced and tunable electrical, thermal, and mechanical properties[J]. ACS Appl. Mater. Interfaces,2017,9(41):35977-35987.

[22] MEI S F,GAO Y X,DENG Z S,et al. Thermally conductive and highly electrically resistive grease through homogeneously dispersing liquid metal droplets inside methyl silicone oil[J]. ASME Journal of Electronic Packaging,2014,136(1):011009.

［23］　CHEN S，WANG H Z，ZHAO R Q，et al. Liquid metal composites［J］. Matter，2020，2（6）：1446-1480.

［24］　WANG H Z，YUAN B，LIANG S T，et al. PLUS-material：porous liquid-metal enabled ubiquitous soft material［J］. Materials Horizons，2018，5：222-229.

［25］　WANG H，YAO Y，HE Z，et al. A highly stretchable liquid metal polymer as reversible transitional insulator and conductor［J］. Advanced Materials，2019，31：1901337.

［26］　CHEN S，WANG H，SUN X，et al. Generalized way to make temperature tunable conductor-insulator transition liquid metal composites in a diverse range［J］. Materials Horizons，2019，6：1854-1861.

［27］　YUAN B，ZHAO C，SUN X，et al. Lightweight liquid metal entity［J］. Advanced Functional Materials，2020，30（14）：1910709.

［28］　中国科协学会学术部,中国科协学会服务中心. 常温液态金属如何改变未来［M］. 北京:中国科学技术出版社，2019.

［29］　刘静. 微米/纳米尺度传热学［M］. 北京:科学出版社，2001.

［30］　MA K Q，LIU J. Liquid metal cooling in thermal management of computer chip［J］. Frontiers of Energy and Power Engineering in China，2007，1（4）：384-402.

［31］　DENG Y G，LIU J. Design of a practical liquid metal cooling device for heat dissipation of high performance CPUs［J］. ASME Journal of Electronic Packaging，2010，132（3）：31009-31014.

［32］　ZHANG Q，ZHENG Y，LIU J. Direct writing of electronics based on alloy and metal（DREAM） ink：a newly emerging area and its impact on energy，environment and health sciences［J］. Frontiers in Energy，2012，6（4）：311-340.

［33］　ZHENG Y，HE Z Z，GAO Y X，et al. Direct desktop Printed-Circuits-on-Paper flexible electronics［J］. Scientific Report，2013，3：1786.

［34］　GUO R，SUN X Y，Yao S Y，et al. Semi-liquid-metal-（Ni-EGaIn）-based ultraconformable electronic tattoo［J］. Advanced Materials Technologies，2019，4（8）：1900183.

［35］　GUO R，TANG J，DONG S，et al. One-step liquid metal transfer printing：towards fabrication of flexible electronics on wide range of substrates［J］. Advanced Materials Technologies，2018，3：1800265.

［36］　ZHANG Q，GAO Y X，LIU J. Atomized spraying of liquid metal droplets on desired substrate surfaces as a generalized way for ubiquitous printed electronics［J］. Applied Physics A，2014，116：1091-1097.

［37］　YI L，LIU J. Liquid metal biomaterials：a newly emerging area to tackle modern biomedical challenges［J］. International Materials Reviews，2017，62：415-440.

［38］　ZHANG J，SHENG L，LIU J. Liquid metal as connecting or functional recovery channel for the transected sciatic nerve［J］. arXiv，2014，1404：5931.

［39］　GUO R，LIU J. Implantable liquid metal-based flexible neural microelectrode array and its application in recovering animal locomotion functions［J］. Micromech. Microeng，2017，27：104002.

［40］　LIU F，YU Y，YI L，et al. Liquid metal as reconnection agent for peripheral nerve injury［J］. Science Bulletin，2016，61（12）：939-947.

［41］　WANG Q，YU Y，PAN K，et al. Liquid metal angiography for mega contrast X-ray visualization of vascular network in reconstructing in-vitro organ anatomy［J］. IEEE Transactions on Biomedical Engineering，2014，61（7）：2161-2166.

［42］　WANG X，YAO W，GUO R，et al. Soft and moldable Mg-doped liquid metal for conformable skin tumor photothermal therapy[J]. Advanced Healthcare Materials,2018,7(14):1800318.

[43] WANG X,FAN L,ZHANG J,et al. Printed conformable liquid metal e-skin enabled spatiotemporally controlled bioelectromagnetics for wireless multisite tumor therapy[J]. Advanced Functional Materials, 2019,29(51):1907063.

[44] WANG Q, YANG Y,YANG J, et al. Fast fabrication of flexible functional circuits based on liquid metal dual-trans printing[J]. Advanced Materials, 2015,27:7109-7116.

[45] GUO R,WANG X,YU W,et al. A highly conductive and stretchable wearable liquid metal electronic skin for long-term conformable health monitoring[J]. Science China Technological Sciences,2018, 61(7):1031-1037.

[46] WANG X,GUO R,LIU J. Liquid metal based soft robotics: materials, designs and applications[J]. Advanced Materials Technologies,2019,4:1800549.

[47] XU S,YUAN B,HOU Y,et al. Self-fueled liquid metal motors[J]. Journal of Physics D: Applied Physics,2019,52:353002.

[48] SHENG L,ZHANG J,LIU J, Diverse transformation effects of liquid metal among different morphologies[J]. Advanced Materials,2014,26:6036-6042.

[49] ZHANG J,YAO Y Y,SHENG L,et al. Self-fueled biomimetic liquid metal mollusk[J]. Advanced Materials, 2015,27:2648-2655.

[50] SHENG L,HE Z,YAO Y,et al. Transient state machine enabled from the colliding and coalescence of a swarm of autonomously running liquid metal motors[J]. Small,2015,11(39):5253-5261.

[51] 刘静. 室温液态金属可变形机器效应与现象的发现:2017 科学发展报告[M]. 北京:科学出版社,2017.

[52] YUAN B,WANG L,YANG X,et al. Liquid metal machine triggered violin-like wire oscillator[J]. Advanced Science,2016,3:1600212.

[53] CAO L,YU D,XIA Z,et al. Ferromagnetic liquid metal plasticine with transformed shape and reconfigurable polarity[J]. Adv. Mater. , 2020,32:2070136.

[54] WANG H Z,YAO Y Y,WANG X J,et al. Large magnitude transformable liquid metal composites[J]. ACS Omega,2019,4(1):2311-2319.

[55] HU L, WANG L, DING Y, et al. Manipulation of liquid metals on a graphite surface[J]. Advanced Materials, 2016, 28(41):9210-9217.

[56] CHEN S, LIU J. Pervasive liquid metal printed electronics: from concept incubation to industry[J]. iScience, 2021, 24:102026.

# 第 2 章 常温液态金属材料简介

在实际应用中,把由 Bi、Pb、Sn、Cd、In、Ga、Zn、Sb 等元素组成的二元、三元及多元合金统称为液态金属。液态金属的熔点范围没有严格的界限。一般认为,熔点低于 232 ℃(Sn 的熔点)的合金可称为液态金属[1]。根据其组成元素的多少可分为二元系液态金属、三元系液态金属及多元系液态金属;根据所含的主要合金元素,可分为铅基合金、铋基合金、镓基合金、锡基合金等;而根据是否具有单一熔点,液态金属又分为共晶合金和非共晶合金[2]。实际工业化应用中的液态金属绝大部分为共晶成分。大多数低熔点合金的硬度为 HB5~22,拉伸强度为 20~100 MPa,延伸率为 0~300%[3]。液态金属有许多独特的特性,如室温下液态顺应性好,表面张力高,导电性能好且无毒。作为中低温相变金属材料,相比于无机盐水合物、石蜡等,低熔点共晶合金通常有较高的热导率、较高的沸点以及在相变过程中具有较低的饱和蒸气压[4]。液态金属的应用价值集中在共晶成分的合金中,而当前对于液态金属的研究也基本集中于低熔点共晶合金系。二元系的共晶合金有相图的支持,且组织结构简单,研究资料较为充分,而关于多元低熔点共晶合金的研究资料则比较缺乏,针对多元低熔点共晶合金系的微观组织和相结构的研究资料较少。本章根据笔者所在实验室及合作机构云南液态金属谷研发中心关于液态金属的前期积累及相关文献,分别论述室温段、常温段、亚高温段液态金属材料及其合金、液态金属复合材料及纳米液态金属材料等多种新型材料的特征、制备及应用。

## 2.1 室温段液态金属及其合金

液态金属有多种,通常熔点在 30 ℃以下的合金可以称为室温液态金属。真正意义上室温下呈液态的金属单质有汞(Hg)、铯(Cs)和镓(Ga)。Hg 是一种常见的液态金属,其蒸气压较高,在常温条件下易蒸发产生汞蒸气,汞蒸气有剧毒,因而严重限制了汞的使用范围。熔点较低的金属单质 Cs 和 Ga 中,Cs 很活泼,遇水剧烈反应,放出 $H_2$ 并发生爆炸,因而其使用也很有限。Ga 熔点低且沸点很高(达 2 204 ℃),在空气中比较稳定,蒸气压很低。液态 Ga 的低蒸气压与宽温度范围的特点使其应用范围日益广泛,相应的研究也越来越多。基于镓的金属合金材料,如镓铟合金、镓铟锡合金等,熔点会比单一成分的金属单质更低,因而可配得室温下呈液态的金属合金。室温下呈液态的金属研究较为广泛与深入,主要集中在基础性质与实际应用两大方面。基础性质方面的相关研究主要集中在液态金属表面的性质及其与溶液相互作用后的表现上[5-20]。实际应用方面的研究主要基于液态金属良好的柔性、高导热性与高导电性展开。利用液态金属热传导率高的特性,液态金属可用于散热以及能量转换与存储[21-25]。利用液态金属的柔性特点,液态金属可用于构造热关节[26]、基于低熔点金属液固相转换的刚柔相济性外骨骼[27]、光阀[28]或泵[29,30]等器件,而其高导电性使之用于直写电路[31-34]或自修复电路[35,36]方面有着极大的优势,大大简化了电路制作过程,与传统固态电路相比更具灵活性。液态金属用于制备新型柔性电极[37-42],尤其是高过氢电位使之制备用于溶液中的电极更有优势[43]。液态金属材料结合柔性材料如 PDMS 被广泛用于可拉伸电子的研究中,而当结合其表面氧化物的相关特性时,可被塑形用于印刷电子或 3D 打印[44-49]。此外,根据其液态特性可将液态金属用于制备新型纳米温度计,代替传统的高毒性液态金属汞温度计。几种常见液态金属材料的基本性质见表 2-1[50]。

表 2-1　几种常见液态金属材料的基本性质

| 液态金属材料 | 熔点/℃ | 沸点/℃ | 密度/<br>($kg \cdot m^{-3}$) | 电导率/<br>($S \cdot m^{-1}$) | 黏度/<br>($m^2 \cdot s^{-1}$) | 表面张力/<br>($N \cdot m^{-1}$) | 声速/<br>($m \cdot s^{-1}$) |
|---|---|---|---|---|---|---|---|
| Hg | −38.9 | 357 | 1 353 | $1.0 \times 10^6$ | $13.5 \times 10^{-7}$ | 0.5 | 1 450 |
| Ga | 29.8 | 2 204 | 6 080 | $3.7 \times 10^6$ | $3.24 \times 10^{-7}$ | 0.7 | 2 860 |
| $Ga_{75.5}In_{24.5}$ | 15.5 | 2 000 | 6 280 | $3.4 \times 10^6$ | $2.7 \times 10^{-7}$ | 0.624 | 2 740 |
| $Ga_{67}In_{20.5}Sn_{12.5}$ | 10.5 | >1 300 | 6 360 | $3.1 \times 10^6$ | $2.98 \times 10^{-7}$ | 0.533 | 2 730 |
| $Ga_{61}In_{25}Sn_{13}Zn_1$ | 7.6 | >900 | 6 500 | $2.8 \times 10^6$ | $7.11 \times 10^{-8}$ | 0.5 | 约 2 700 |

现有的液态金属主要有金属单质镓 Ga,镓铟合金 $Ga_{90}In_{10}$、$Ga_{75.5}In_{24.5}$ 和 $Ga_{75}In_{25}$(简称 EGaIn),镓铟锡合金 $Ga_{68.5}In_{21.5}Sn_{10}$(简称 EGaInSn)。不同的配比在一定程度上会影响液态金属的熔点,但其他物理性质差异不大。因为 Ga 可作为室温段液态金属的基础而进行设计,所以这里分别对 Ga 基的二元、三元合金进行简介。除了 Ga 基的二元、三元合金之外,比较常用的 Ga 基四元合金为 $Ga_{61}In_{25}Sn_{13}Zn_1$,其主要物性参见表 2-1,这里不再单独介绍。

## 2.1.1　二元 Ga 基合金材料

这里给出几类笔者实验室与合作机构云南靖创液态金属热控技术研发有限公司联合测试获得的二元 Ga 基合金材料特性,主要选取了 GaIn、GaSn、GaZn、GaAl、GaCu、GaHg、GaAg 七种合金进行简单介绍。这些合金的熔点较低,合金的相关物性见表 2-2,其熔点均在 0～30 ℃范围内。

表 2-2　二元 Ga 基合金常用组分及熔点

| 合金成分 | 合金组分 | 熔点/℃ |
|---|---|---|
| GaIn | $Ga_{85.8}In_{14.2}$ | 15.4 |
| GaSn | $Ga_{91.7}Sn_{8.3}$ | 21.0 |
| GaZn | $Ga_{96.1}Zn_{3.9}$ | 24.7 |
| GaAl | $Ga_{97.6}Al_{2.4}$ | 25.9 |
| GaCu | $Ga_{99}Cu_1$ | 29.6 |
| GaHg | $Ga_{98}Hg_2$ | 27.0 |
| GaAg | $Ga_{96.4}Ag_{3.6}$ | 26.0 |

同是二元 Ga 基合金,在添加合金配比相近的情况下,不同合金组元对热物性性能影响很大。一般地,合金的性能由元素的热物性决定,如热导率和体积潜热越高的元素,其合金的热导率和潜热也会较高。热导率和潜热存在顺序 In→Sn→Zn→Al→Cu,对于组分相近的合金热导率,一般遵循 GaIn→GaSn→GaZn→GaAl→GaCu 顺序,可根据这个规律对合金加以设计。

## 2.1.2　三元 Ga 基合金材料

Ga 基合金的三元相图中,熔点高于室温的较少。当前 Ga 基三元合金的相图较少,经查阅可找到四种合金相图,即 AlGaSn、AlGaZn、GaInSn、GaSnZn 四种合金,其共晶组分与共晶温度见表 2-3。

表 2-3　三元 Ga 基合金共晶组分与共晶温度

| 合金成分 | 共晶组分 | 共晶温度/℃ |
|---|---|---|
| AlGaSn | $Al_3Ga_{89}Sn_8$ | 19 |
| AlGaZn | $Al_{2.8}Ga_{94}Zn_{3.2}$ | — |
| GaInSn | $Ga_{76.4}In_{14.4}Sn_{9.2}$ | 11 |
| GaSnZn | $Ga_{85.9}Zn_{7.4}Al_{6.7}$ | 17 |

从表 2-3 可知,基于 Ga 基的三元合金的熔点大都低于 20 ℃。在室温 0~30 ℃段,性能比较优异的合金有 GaIn、GaSn、GaZn、GaAl、GaCu、GaHg、GaAg 七种,即热导率与潜热均较大,但属于共晶合金的只有 GaSn、GaZn、GaAl,这些合金没有过冷度,且合金的熔点均较低;GaZn、GaAl 合金为共晶合金,在过冷度为 10 ℃的范围内,可实现成分可调,可根据需要提高性能,其中 GaZn 合金熔点可调范围为 25~35 ℃,GaAl 合金可调范围为 40~50 ℃。

## 2.1.3　钠钾及其合金

钠钾合金最大的特点是按一定比例配比时在常温下是液态,也可以称为液态金属,这种合金具有良好的导热性能,使其在空间技术领域和原子能反应堆上有广泛的应用。钠钾合金在空间技术上主要用于斯特林放射性同位素动力系统和布雷顿核电转换装置上的散热系统的导热剂,在工业上一般用作干燥剂和脱氧剂[51-55]。不同配比的钠钾合金熔化温度会有所变化,当钠钾合金中钾的质量分数为 46%~89%时,钠钾合金的熔点低于或等于室温,也就是说上述钠钾合金在室温下为液态。因此,与金属钠、钾相比,钠钾合金是一种更加理想的传热、载热介质,化学性质更加活泼。

在钠钾合金的应用层面,针对肿瘤治疗,笔者所在实验室提出了具有高强度释热效应且反应残留物易于为人体吸收的碱金属热消融法,能确保只在目标部位定向释放高强度热量,而对周边组织无加热及机械穿刺损伤,从而有效地避免了传统热疗设备中所面临的困难,为今后实现肿瘤的高效低成本治疗提供了较大可能。特别是,碱金属热疗过程的反应产物如钠离子、钾离子均是生物体内正常生理环境下的典型组成元素,易于为组织所吸收,不会对组织造成持续性毒性;而 OH—与肿瘤组织中的蛋白质反应而消耗掉;由反应引起的弱碱性环境,则有助于抑制可能残留的肿瘤细胞增殖[56-59]。从这种意义上讲,碱金属具有热疗和化疗的双重效果,在医疗上是十分有益的。

## 2.2　常温段液态金属及其合金

熔点低于 100 ℃而高于室温 30 ℃的合金,可以称之为常温段液态金属,除了单质金属钠、钾之外,没有单质金属的熔点在这一区间。在二元合金方面,当前这一温度区间的合金比较少,通过调研文献及结合实际,常温段的二元合金有 BiIn 合金,常用的合金组分为 $Bi_{20.8}In_{79.2}$,其熔点为 72.5 ℃。另外,熔点在这一温度区间通常为三元、四元合金,而 Bi 基合金较多,这里分别对 Bi 基的三元、四元合金进行简介。除了 Bi 基的三元、四元合金之外,另外一个比较常用的 Bi 基五元合金为 $Bi_{31.5}Pb_{17.1}Sn_{14.4}Cd_{11.7}In_{25.3}$,常被称为 French's alloy,其熔点为 46.9 ℃,这里不再单独介绍。下面介绍几类由笔者所在实验室与合作机构云南靖创液态金属热控技术研发有限公司联合测试获得的合金材料特性,部分数据也通过调研有关文献获得。

### 2.2.1　三元 Bi 基合金材料

三元 Bi 基合金的种类较多,在常温段的合金较多。同时,Bi 基合金对 Al 不产生腐蚀,可以作为铝质散热器的优选材料。根据相图找出属于三元 Bi 基合金共晶的共晶组分和共晶温度,结果见表 2-4。表中部分合金为临界合金,没有固定熔点,分别以 $E_1$、$E_2$、$E_3$、$E_4$ 表示合金的熔点误差为 ±1 ℃、±2 ℃、±3 ℃、±4 ℃,以下表格中均以这种形式表明误差。

**表 2-4　三元 Bi 基合金共晶组分与共晶温度**

| 合　　金 | 共晶组分 | 共晶温度/℃ |
|---|---|---|
| BiCdIn | $Bi_{34}In_{53}Cd_{13}$ | 78 |
|  | $Bi_{19.6}In_{71.5}Cd_{8.9}$ | 62 |
| BiCdPb | $Bi_{48.1}Cd_{14.1}Pb_{37.8}$ | 93 |
| BiCdSb | $Bi_{40}Cd_{53}Sb_7$ | 100 |
| BiInPb | $Bi_{48.2}In_{31}Pb_{20.8}$ | 70 |
| BiInSn | $Bi_{22}In_{50}Sn_{28}$ | 59($E_2$) |
|  | $Bi_{33}In_{54.5}Sn_{12.5}$ | 57($E_3$) |
|  | $Bi_{43}In_{31}Sn_{26}$ | 78($E_1$) |
|  | $Bi_{20.2}In_{60.3}Sn_{19.5}$ | 55.3($E_4$) |

| 合　金 | 共晶组分 | 共晶温度/℃ |
|---|---|---|
| BiInZn | $Bi_{66.3}In_{33.4}Zn_{0.3}$ | $107.8(E_1)$ |
| | $Bi_{47.4}In_{52.2}Zn_{0.4}$ | $85.7(E_2)$ |
| | $Bi_{32.7}In_{66.9}Zn_{0.4}$ | $67.7(E_3)$ |
| BiPbSn | $Bi_{46.2}Pb_{28.7}Sn_{7.1}$ | 100 |
| BiPbZn | $Bi_{52.5}Pb_{41.4}Zn_{6.1}$ | 124 |
| BiSnZn | $Bi_{35.5}Sn_{60.1}Zn_{4.4}$ | 132 |

三元 Bi 合金较多,且合金中共晶合金均是一个或两个,为便于介绍成分含量或组织对性能的影响,同时在 100 ℃ 以内 BiInSn 合金在应用中研究者选用较多,这里选取 BiInSn 合金进行介绍。BiInSn 合金具有四个共晶成分,相图中的共晶组分及常用成分见表 2-5。

**表 2-5　常用的 BiInSn 合金成分对照表**

| 共晶组分 | 共晶温度/℃ | 常用成分 | 参考熔点/℃ |
|---|---|---|---|
| $Bi_{22}In_{50}Sn_{28}$ | $59(E_2)$ | $Bi_{32.5}In_{51}Sn_{16.5}$ | $60(E_3)$ |
| $Bi_{33}In_{54.5}Sn_{12.5}$ | $57(E_3)$ | $Bi_{31.6}In_{48.8}Sn_{19.6}$ | $60.2(E_3)$ |
| $Bi_{43}In_{31}Sn_{26}$ | $78(E_1)$ | $Bi_{57}In_{26}Sn_{17}$ | $79(E_1)$ |
| $Bi_{20.2}In_{60.3}Sn_{19.5}$ | $55.3(E_4)$ | — | — |

## 2.2.2　四元 Bi 基合金材料

对于四元 Bi 基合金材料,可在三元相图的基础上添加其他元素进一步研究。常用四元 Bi 基合金共晶组分与共晶温度见表 2-6。

**表 2-6　常用四元 Bi 基合金共晶组分与共晶温度**

| 合　金 | 共晶组分 | 共晶温度/℃ |
|---|---|---|
| BiInSnAl | $Bi_{33.6}In_{13}Sn_{48}Al_{5.4}$ | 55.2 |
| BiInSnCu | $Bi_{30.10}In_{46.48}Sn_{18.67}Cu_{4.65}$ | 63.8 |
| BiInSnZn | $Bi_{35}In_{48.6}Sn_{16}Zn_{0.4}$ | 58.3 |
| | $Bi_{33.5}In_{13}Sn_{48.1}Zn_{5.4}$ | 59.1 |
| BiPbZnCd | $Bi_{42.1}Pb_{22.9}Zn_{19.3}Cd_{15.7}$ | 74.0 |
| | $Bi_{41.5}Pb_{20.9}Sn_{18.3}Cd_{19.3}$ | 70.0 |

## 2.2.3　伍德合金

伍德合金指由铋、铅、锡、镉四种金属元素组成的低熔点合金,根据组成搭配的不同,其液相线的温度可在 73~93 ℃ 间波动,而共晶成分合金熔点只有 70 ℃,此即为伍德合金的固相线温度[60]。这种合金是以金属铋为基的一类低熔点液态金属，通常含铋 38%～50%、铅 25%～31%、锡 12.5%～15%、镉 12.5%～16%，熔点低（60～70 ℃）。合金强度不高，室温下仅为 30 MPa，延伸率为 3%。硬度很低，为 HBS25，常用于制作熔丝、汽锅的安全阀等。伍德合金另外一个重要的特点是每添加 1% 的铟，其熔点将降低 1.45 ℃，因而当加入 19.1% 的铟时，伍德合金具有 43 ℃ 的熔点。

## 2.3　亚高温段液态金属及其合金

熔点高于 100 ℃ 而低于 300 ℃ 的合金，可以称为亚高温段液态金属。熔点为这一区间的金属较多，除了单质金属铟、锡、铋之外，常用的铅、锌、铬也可以用于设计这一熔点区间的合金。亚高温段的二元、三元合金较多。锡的熔点为 231.9 ℃，铟的熔点为 156.6 ℃，铟、锡可以作为亚高温段液态金属的基础而进行设计。为了更加清晰地介绍亚高温段的液态金属及其合金，下面主要介绍铟基、锡基的二元、三元合金。这些数据也主要由笔者所在实验室与合作机构云南靖创液态金属热控技术研发有限公司联合测试获得，部分数据则来自有关文献[60-62]。

### 2.3.1　二元亚高温段合金材料

二元亚高温段合金材料主要有 In 基、Sn 基、Pb 基等合金。常用二元亚高温段合金材料组分及熔点见表 2-7。可以根据合金的成分改变合金组成，获得不同性质的亚高温合金，这个温度区间的合金材料常用于金属相变储热或其他热控领域，同时在低温焊料领域也主要用这一温度区间的合金材料。

表 2-7　常用二元亚高温段合金材料组分及熔点

| 合金成分 | 组分 A/% | 组分 B/% | 熔点/℃ |
|---|---|---|---|
| In/Cd | 74.0 | 26.0 | 120.5 |
| In/Zn | 96.2 | 3.8 | 143.7 |
| In/Ag | 96.7 | 3.3 | 144.0 |
| Sn/Pb | 74.9 | 25.1 | 185.1 |
| Sn/Bi | 60.9 | 39.1 | 138.3 |
| Sn/Tl | 56.6 | 43.4 | 170.2 |
| Sn/Cd | 70.6 | 29.4 | 176.2 |
| Sn/Zn | 85.2 | 14.8 | 199.0 |
| Sn/Ag | 97.0 | 3.0 | 220.5 |
| Sn/Au | 94.3 | 5.7 | 211.3 |

续表

| 合金成分 | 组分 A/% | 组分 B/% | 熔点/℃ |
|---|---|---|---|
| Sn/Cu | 94.7 | 5.3 | 226.9 |
| Sn/Ni | 99.7 | 0.3 | 231.2 |
| Pb/Sb | 88.8 | 11.3 | 253.0 |
| Pb/Au | 84.6 | 15.4 | 215.0 |
| Pb/Cd | 71.5 | 28.5 | 247.7 |
| Bi/Cd | 45.4 | 54.6 | 146.0 |

## 2.3.2　合金成分含量对材料性能的影响

合金成分含量对材料性能的影响可以分两类,一类是只涉及成分含量进行比较,另一类需考察共晶合金组织结构对材料性能的影响。因为这一温度区间的合金主要用于相变控温,这里选取 BiIn、BiSn 合金介绍合金的成分对热导率、潜热的影响。BiIn 合金的共晶成分较多,$w(\mathrm{Bi})$ 为 46.8% 为共晶合金,熔点为 110 ℃。BiSn 合金在 139 ℃ 为共晶点,13.1%≤ $w(\mathrm{Bi})$≤43% 为亚共晶合金,43%≤$w(\mathrm{Bi})$≤99.8% 为过共晶合金。

## 2.3.3　三元亚高温段合金材料

三元亚高温段合金材料主要有 In 基、Sn 基、Pb 基等合金。常用三元亚高温段合金材料组分及熔点见表 2-8。可以根据合金的成分改变合金的组分,获得不同性质的亚高温合金。

表 2-8　常用三元亚高温段合金材料组分及熔点

| 合金 | 组分 | 熔点/℃ |
|---|---|---|
| BiPbSn | $Bi_{52.2}Pb_{37.8}Sn_{10}$ | 105 |
|  | $Bi_{57}Pb_{28.5}Sn_{14.5}$ | 105 |
|  | $Bi_{55}Pb_{44}Sn_1$ | 120 |
|  | $Bi_{37}Pb_{38}Sn_{25}$ | 127 |
|  | $Bi_{21}Pb_{42}Sn_{37}$ | 152 |
|  | $Bi_{16}Pb_{36}Sn_{48}$ | 162 |
|  | $Bi_{25.5}Pb_{14.5}Sn_{60}$ | 180 |
|  | $Bi_{4.0}Pb_{55.5}Sn_{40.5}$ | 197 |
| InPbAg | $In_{80}Pb_{15}Ag_5$ | 154 |
|  | $In_{58}Pb_{39}Ag_3$ | 195 |
|  | $In_5Pb_{90}Ag_5$ | 310 |
|  | $In_5Pb_{92.5}Ag_{2.5}$ | 310 |

续表

| 合金 | 组分 | 熔点/℃ |
|---|---|---|
| SnPbAg | $Sn_{62.5}Pb_{36.1}Ag_{1.4}$ | 179 |
| | $Sn_{62.6}Pb_{37.0}Ag_{0.4}$ | 182 |
| | $Sn_{37}Pb_{60}Ag_3$ | 232 |
| | $Sn_{27}Pb_{70}Ag_3$ | 253 |
| | $Sn_{10}Pb_{88}Ag_2$ | 290 |
| | $Sn_5Pb_{90}Ag_5$ | 292 |
| SnPbSb | $Sn_{50.0}Pb_{49.5}Sb_{0.5}$ | 216 |
| | $Sn_{40}Pb_{58}Sb_{2.0}$ | 231 |
| | $Sn_{35}Pb_{63.2}Sb_{1.8}$ | 243 |
| | $Sn_{30}Pb_{68.4}Sb_{1.6}$ | 250 |
| | $Sn_5Pb_{85}Sb_{10}$ | 255 |
| | $Sn_{25.0}Pb_{73.7}Sb_{1.3}$ | 263 |
| SnPbCd | $Pb_{33.4}Sn_{33.3}Cd_{33.3}$ | 95~142.8 |
| | $Sn_{51.5}Pb_{30.5}Cd_{18}$ | 142 |
| | $Sn_{51.2}Pb_{30.6}Cd_{18.2}$ | 145 |
| | $Sn_{50}Pb_{25}Cd_{25}$ | 160 |

从表 2-8 中可以看出,亚高温段合金材料较多,因为应用较为广泛,所以在这一温度区间的合金研究得较多。

## 2.4 典型液态金属复合材料

液态金属是一类新兴的功能性材料,因其本身兼具金属的高导热性、导电性和良好的流动性,在电子电路印刷、高功率密度散热、柔性电极、可变性天线、3D 打印等领域备受人们的关注。随着对液态金属性能需求的提高,利用材料复合技术和微纳米技术制备液态金属复合材料逐渐成为热点研究,同时,也为液态金属复合材料的推广和产业化应用带来了契机。本节介绍液态金属导电浆料、液态金属碳基复合材料、液态金属高性能热界面材料及最新研发的全新的可编程超大尺度可变形液态金属复合材料。

### 2.4.1 液态金属导电浆料

可以快速涂刷的导电油墨或者导电墨水的市场需求一直存在。能涂写于各种表面上的导电油墨或涂料相较传统的导电线材有许多优点。导电涂料将完全贴合被涂刷的表面,并且线条形状、粗细等均可根据需要即时设计,这使应用具有极佳的灵活性。广义来说,普通的铅笔也可以视为此类产品,铅笔芯所使用的石墨也是一种导电体。然而,现有的商业化产品均有电导率不足的缺点。以导电银浆为例,相对于铜、铝线材而言,导电银浆的电导率仅为后者的千分之一甚至数万分之一。电导率是导电材料的关键参数,电导率低下限制了导电油墨的使用。传统的导电油墨是将导电颗粒分散在不导电的油性或者水性介质中制成,其中导电成分的连续性差是油墨导电性不佳的主要原因。液态金属导电浆料很好地规避了这一点,从而成为了一种导电性达到金属级别的高导电油墨。镓基合金在常温下呈液态,本身即被作为一种电子打印油墨,但是,其流动性比较好,只对特定基底有足够的黏附性,虽然导电性好但涂刷效果不佳。通过在导电的镓基合金介质中混入粉末(导电或非导电粉末),镓基合金转变成一种涂刷性能良好的高导电非牛顿流体,这里称其为液态金属导电浆料。在这个体系中,介质本身是导电的,因此保证了导电成分的连续性。从某种意义上来说,液态金属导电浆料能很好地满足某些市场需求。液态金属导电浆料不仅能构成电路,通过大面积涂覆,也可以作为一种涂层。图 2-1 所示为利用液态金属导电浆料绘制的电路及图案[63-66]。

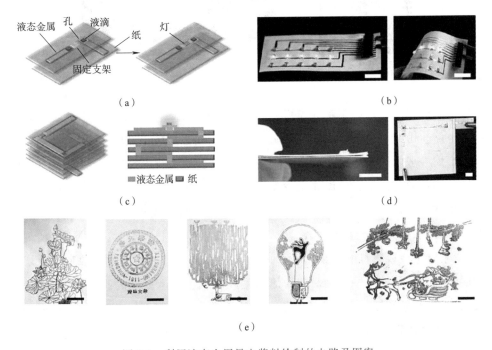

图 2-1　利用液态金属导电浆料绘制的电路及图案

　　工业上,可以根据需要研发、制造不同性能的液态金属导电浆料。液态金属可以通过掺杂不同种类的颗粒从而获得更佳的磁、核辐射屏蔽效能,或者使导电性相较纯液态金属进一步提高。掺杂的颗粒的粒径、形状、比例会显著影响到浆料流变学特性。掺杂低密度的颗粒可以降低浆料的密度。因而,可以研发并生产一系列不同性能的液态金属浆料,如磁性液态金属浆料、高导电液态金属浆料、高导热液态金属浆料、低密度液态金属浆料。此外,对于一些成功性尚未可知的领域,也可以展开研发和尝试,如彩色液态金属浆料。通常,改变一个流体的颜色的惯用方法是在其中掺杂有颜色的颗粒,但这种手段成功的前提是通常水性和油性介质往往是透明的,如何改变液态金属这种不透明介质的颜色是一个技术上还需解决的问题。一旦能够改变导电浆料的颜色[67],就能满足更多视觉审美和辐射特性方面的需求。图 2-2 所示为液态金属变色图案及可伪装变色的柔性机器展示。更进一步,能耐受更低温度以及耐腐蚀性能更好的液态金属浆料也能大大拓宽应用范围。

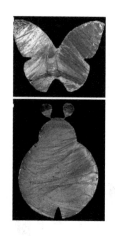

图 2-2　液态金属变色图案及可伪装变色的柔性机器展示

可以简单地把液态金属浆料的应用分成两个方面。第一个方面是将液态金属在各种表面上涂成电路。由此可以细分成液态金属一般电路、液态金属柔性电路、液态金属精细电路等。液态金属一般电路指的是在普通基底上涂刷液态金属制成的尺寸比较大的电路;液态金属柔性电路指的是液态金属涂在柔性基底上制成的电路,电路在工作时往往要经受较大程度的弯折和拉伸;液态金属精细电路是指单条电路宽度低至微米甚至纳米级别的液态金属电路,主要应用在微电子领域。第二个方面,液态金属浆料可以作为一种涂层实现大面积涂覆,涂覆了液态金属浆料的非金属表面其传热特性、电磁性能均会发生改变。涂层可分为超薄涂层、厚涂层、柔性涂层三种。超薄涂层是厚度低至纳米级别的涂层;厚涂层是微米至毫米级别的涂层;柔性涂层是指液态金属浆料涂覆在柔性基底上,在产品的生命周期内经常要承受较大程度的弯折和拉伸。

## 2.4.2　液态金属碳基复合材料

碳基材料是当前应用较多的一种多功能材料,种类众多,包括炭黑、活性炭、石墨、碳纳米管和石墨烯等,其应用领域涵盖了航天、汽车、建筑、医疗等众多方面。对于传统金属材料,如铁、铝和镁等,以及贵金属,如金、银和铂等材料与碳基材料结合,制备复合功能材料,人们已经开展了大量的研究工作,碳基材料的引入可以有效地提高复合材料的性能。另外,碳基材料的来源广泛,材料轻质,价格低廉,使得碳基复合材料具有良好的经济性和量产性。

利用液态金属与碳基材料各自突出的优势,制备液态金属碳基复合材料,能够提升液态金属的导热、导电等性能,同时,液态金属能够更好地实现碳基材料电通路的导通,以及提升碳基材料的柔性。基于液态金属碳基复合材料性能的提升,将有望在电子电路印刷、柔性电极材料、电池、储能等方面实现广泛的应用。笔者所在实验室制备出具有高热导率的液态金属复合材料,并通过热驱动实现内含乙醇液滴相变诱导的体积快速变化,实现了超大尺度自由变形和恢复[68]。在实际应用方面,将石墨烯或碳纳米管等导热系数、导电系数高的碳基材料有效地与液态金属进行复合,制备液态或膏状材料,可以提升液态金属的热导率和电导率。

液态复合材料可以作为可靠的散热工质,在高热流密度散热方面有很大的应用前景。膏状复合材料可以作为有效的热界面材料,降低热源与散热器之间的接触热阻。在液态金属表面用碳基材料进行修饰,可以有效地改善液态金属的电化学性能,在电极的应用和电化学检测方面,将有很大的应用空间。将液态金属或液态金属氧化物嵌入石墨烯等碳基材料,可以有效地利用液态金属或液态金属氧化物对紫外光的高效吸收,并利用石墨烯等碳基材料的高导电性,促进复合材料光催化性能的提升,将有望应用于污染物的光催化分解和化学催化等领域。

将液态金属填充至碳基材料的孔隙中,利用碳基材料的多孔性,扩展液态金属的表面积,同时,液态金属与碳基材料之间形成良好的电通路,将这样的液态金属碳基复合材料应用于电池的负极,可以用于制备液态金属柔性电池,开发出室温应用、无危险的充放电电池。液态金属的流动性可以避免负极产生枝晶生长,可以延长电池使用寿命。液态金属柔性电池可以实现全柔性和微型化,可用于人体生理信号检测装置的供电电源。将液态金属与碳基材料形成一层层的复合涂层,可以制备出多层电磁屏蔽材料。利用液态金属与碳基材料的电导率,以及层与层之间的反射,可以实现高效的电磁屏蔽效果,可以作为电磁屏蔽材料。同时,利用碳基材料的轻便性,可使得复合材料整体质量减小,便于携带。

相对于铁、铝和铜等金属,液态金属的储量较少,且分布较零散,对于液态金属的回收利用是液态金属碳基复合材料产业化和市场化的有效保证。对于废旧的液态金属碳基复合材料,可以利用液态金属与碳基材料自身性质的差异实现有效分离。比如,利用碳基材料的高温分解特性,将廉价的碳基材料高温分解处理,将得到的液态金属材料进行回收利用;利用液态金属与碳基材料之间明显的密度差异,在溶液内利用重力或离心力实现材料分离与回收。对于低价回收的液态金属,可以送往液态金属材料研制工厂进行去杂质、提纯和再使用。

## 2.4.3　液态金属高性能热界面材料

热界面材料是指黏结两个固体表面,能提高热传导效率的高导热材料。这一简单的定义透露出三层含义:第一,该材料本身必须具有非常优良的传热性能;第二,该材料能够连接两个固体表面,其应具有优异的浸润性,能够使得固体界面之间的空气最少化;第三,使用热界面材料的目的在于提高两个固体表面之间的热传导。典型的热界面材料大略可以分为如下几类：导热硅脂（导热膏）、导热凝胶（导热弹性胶）、相变材料、颗粒填充的高分子基复合热界面材料和金属热界面材料等。

导热硅脂通常又称导热膏，是一种传统的散热材料，通常是具有一定流动性的液体或膏状黏稠液体，使用时一般需要施加一定的压力。导热硅脂也具有很明显的缺点。如硅脂非常容易溢出，污染电路板，进而引起短路等故障；容易发生相分离，改变其原有特性，尤其是经过多次冷热循环后会流失、变干，反而增加热阻；清洗较麻烦，在制造或者使用过程中非常容易污染环境。导热凝胶又称导热弹性胶，通常是在具有较好弹性或塑性的基体中添加具有高热导率的颗粒，并经过固化交联反应制备而成。与导热膏相比，导热凝胶在使用时不存在溢出或相分离的情况，也不会污染电路板和环境。导热凝胶的缺点是需要增加固化交联反应步骤；另外，因为其与固体表面是通过力的作用接触在一起的，所以相互之间的黏结力较弱。

相变热界面材料既能吸收集成电路工作时产生的热量，也能像其他热界面材料一样促进固体界面之间的热传导。传统的相变热界面材料主要是指那些熔融温度为 50～80 ℃ 的热塑性树脂，如石蜡、聚烯烃、低聚酯等。因为这些热塑性树脂本身的热导率非常低，所以通常还需要通过添加高导热的颗粒来提高导热性能。另一类相变热界面材料——液态金属[69]实现散热的方式与传统的热塑性树脂相变热界面材料一样，其更进一步的优势在于具有更好的导热能力，形成的是金属热输运通道，不需要添加其他颗粒。图 2-3 所示为液态金属界面材料及相关产品。金属热界面材料主要有各种低熔点的焊料、低熔点金属及其复合材料，以及金属纳米颗粒等。

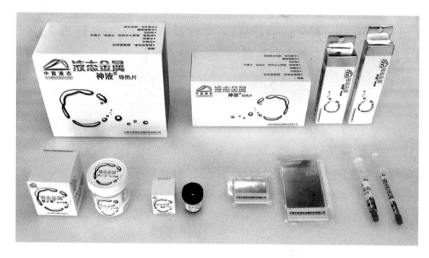

图 2-3　液态金属热界面材料及相关产品

金属通常具有较高的热导率，是一类非常值得关注的新兴热界面材料。传统的镓基和铋基合金制备得到的液态金属导热膏热导率不高，一般为 20 W/（m·K），尤其是熔点低于

100 ℃的高热导率低熔点合金材料更是缺乏。可适当掺入铜粉,增大热导率、增大黏度,制备得到的导热膏、导热片新型高性能热界面材料,热导率超过 30 W/(m·K),熔融状态下不流淌,高温下氧化程度小,相对于传统的硅脂热界面材料极大地提高了热导率,有望在各行各业中得到应用,在热传递、热管理、能源利用等方面实现应有价值。

### 2.4.4　液态金属薄膜材料

　　笔者所在实验室利用自组装沉积法制备出了一种电学各向异性的柔性液态金属薄膜[70]。利用纳米镓铟共晶合金(EGaIn)在纳米纤维素-聚乙烯醇溶液中的密度差和自然蒸发,可成功制备 1~49 μm 的超薄 Janus 膜。这种膜在正常情况下双面均不导电;而在垂直集中应力或者剪切摩擦力作用下,薄膜下层液态纳米 EGaIn 颗粒则可实现有效导通,从而传递电信号。值得一提的是,纳米液态金属导通响应时间只需 2 ns。利用纳米 EGaIn 与纳米纤维素-聚乙烯醇复合物制备的深度传感器,不仅具有灵敏的深度探测能力,而且可通过可视化显示灯在第一时间获取深度信息。

　　作为一种全新的电子纸,这种液态金属薄膜为制造智能微尺度传感器的多层复杂电路提供了简便、快速的制造和响应平台。进一步,研究团队发现这种液态金属薄膜两面对光的反射效果以及导热性能也有显著性差异,这种特性使其有可能被用作光转化开关和温度调节器。这样一种同时具有电学、光学和热学三种特性的两面各异性薄膜,在制备的过程中不需要任何复杂的工艺及精密仪器的辅助,不仅制备过程简单易行,而且不需要耗费太多时间。

## 2.5　纳米液态金属材料

　　纳米科学技术是介于微观与宏观之间的介观物理,是量子力学在实践应用上的延伸。纳米材料是指范围在 0.1~100 nm 尺度范围内的材料,这类材料具有颗粒尺寸小、比表面积大、表面能高等特点,这类物理特性导致纳米材料具备独特的量子尺寸效应、小尺寸效应、表面效应及宏观量子隧道效应,其电、磁、声、光、热及超导特性与常规材料有显著不同。纳米材料的另一个重要应用方向是将纳米材料加载到各种基液或固体材料中形成既定功能的物质,以改善传统材料的物理化学乃至生物学特性,有望打破传统材料技术面临的桎梏。

　　1995 年,美国国家实验室的 Choi[71]首次提出纳米流体概念,即将 1~100 nm 的金属或者非金属颗粒悬浮在基液中形成稳定悬浮液。自从这一创新性思想提出以来,此方面的研究逐渐成为一个热点,并在许多领域得到拓展。传统的纳米流体以水、乙二醇等作为基液,加入纳米颗粒可以增大其有效导热系数至 40%~150%[72],一定程度上可以强化换热。但水、乙二醇等基液的导热系数很低,即使有所增加其效果也很有限;特别是,纳米颗粒在传统的基液中易于发生沉降,这一缺点限制了纳米流体中所添加纳米颗粒的份额。

考虑到金属具有很高的导热系数,在芯片散热方面,刘静[73]等首次提出了以液态金属或液态金属作为传热介质来冷却计算机芯片。此后,因意识到常规液态金属仍然存在着导热率有限的不足,又进一步提出了纳米金属流体的概念[74],采用液态金属或液态金属作为基液,在其中加载纳米颗粒形成纳米金属流体或半液态物质,由此建立了研制自然界导热性最强的终极冷却剂以及热界面材料的工程学途径,相应技术如今在业界已得到应用。随着研究的开展,中国科学院理化所实验室发现,液态金属既可作为基液,其本身也可作为非常独特的添加物用于改良其他材料,如实现高导热但电绝缘材料,这在电子封装领域非常有用,该研究促成了液态金属添加物概念和技术的提出[75]。从此基本思路出发,研制各种各样的液态金属复合材料成为近期研究热点[76]。

值得指出的是,发展至今,纳米液态金属已衍生出数量广泛的材料类型,应用层面也从最初的散热领域扩展到能源、生物医学、电子技术、柔性传感等方面[77,78]。不难看出,当纳米技术与液态金属相遇时[79],越来越多的材料革新和应用得以被激发出来,从而促成新兴科学与技术的不断进步。关于纳米液态金属材料更为全面系统的介绍,本书有专章进行阐述,这里不再赘述。

## 2.6 液态金属焊接纳米颗粒构成的网状材料

功能化粒子在材料化学、胶体制造、光子学及生物医学中具有重要价值,而将粒子组成更高层次的结构一直是一个重大挑战。金属颗粒代表了另一组重要的颗粒材料,它们提供了许多可编辑的特性,这些特性来源于金属的多样性及其分级尺寸效应。高熔点金属颗粒只能通过激光或电子束辅助添加剂采用液相烧结等方法在极高的温度下制造成型。尽管高能方法能够制造大型高强度物体,但由于精度限制和对高能量源的要求,它们在微/纳米尺度制造中不易实现。在低温制备金属纳米结构方面,流体界面辅助制备仍然是为数不多的,甚至是唯一可用的制备多尺度结构方法。然而,界面金属颗粒固有的高熔点金属特性,使其不能在中温范围内烧结。将包裹有金属纳米颗粒的液态金属小球置于碱性溶液中时,原本分散的颗粒会以自组织方式被连接成纳米多孔网状结构且易于剥离下来。究其原因,是在碱性溶液中,液态金属界面呈还原性,而铜纳米颗粒表面会由于氧化形成氧化物;二者在溶液中电化学势不同,体系于是发生电化学反应,由此造成纳米颗粒表面的氧化物被还原,进而导致新生成的金属铜将周围铜颗粒牢牢黏结到一起[80]。这一过程如同经典的金属焊接一般,因此,被命名为"液态金属焊接纳米颗粒效应",如图 2-4 所示。

颗粒网状物具有良好的机械强度,由此可将其从液态金属表面剥离开来并转移到其他基底上。通过测量这一类特殊的由金属颗粒组成的薄膜多孔材料的导电性,发现其与普通金属导电材料不同:体系中存在一种由电场导致的电阻降低特性;当电压过高时,测试电阻会突然增大数个量级,说明过高电压会导致颗粒网的导电性失效。深入研究揭示,造成电阻降低的原因在于外加电场下静电作用会使部分分开的颗粒网连接到一起增加导电通路;而电阻骤升的原因则是大电流下电迁移作用增强,使得颗粒连接断开而失去导电能力。这些发现促成了利用液态金属编织微米厚度多孔导电颗粒网方法的建立,由此获得的新材料具有良好的机械强度和独特的电学性能。

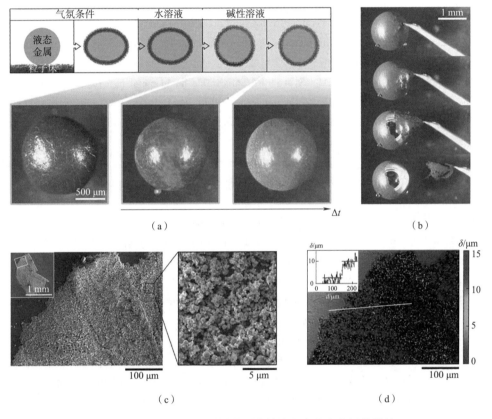

图 2-4　由液态金属焊接纳米颗粒效应生成的多孔网状材料

**参考文献**

[1]　FENTON A E. Soldering manual[Z]. American Welding Society,1964.

[2]　沈国勇. 低熔点合金的性能、用途和发展[J]. 机械工程材料,1981,4:29-33.

[3]　武希哲,李运康. 低熔点合金[J]. 稀有金属材料与工程,1984,1:53.

[4]　LIU T Y,SEN P,KIN C J. Characterization of nontoxic liquid-metal alloy galinstan for applications in microdevices[J]. J. Microelectromech. S. ,2012,21:443-450.

[5]　KARCHER C,MINCHENYA V. Control of free-surface instabilities during electromagnetic shaping of liquid metals[J]. Magnetohydrodynamics,2009,45:511-518.

[6]　REGAN M J,TOSTMANN H,PERSHAN P S. X-ray study of the oxidation of liquid-gallium surfaces[J].

Phys. Rev. B,1997,55:10786-10790.

[7]  ZHANG W,OU J Z,TANG S Y,et al. Liquid metal/metal oxide frameworks[J]. Adv. Funct. Mater. , 2014,24:3799-3807.

[8]  DOUDRICK K,LIU S,MUTUNGA E M,et al. Different shades of oxide: from nanoscale wetting mechanisms to contact printing of Gallium-based liquid metals[J]. Langmuir,2014,30:6867-6877.

[9]  SCHARMANN F,CHERKASHININ G, BRETERNITZ V,et al. Viscosity effect on GaInSn studied by XPS[J]. Surf. Interface Anal. ,2004,36:981-985.

[10]  KIM D,THISSEN P, VINER G,et al. Recovery of nonwetting characteristics by surface modification of Gallium-based liquid metal droplets using hydrochloric acid vapor[J]. ACS Appl. Mater. Inter. , 2013,5:179-185.

[11]  WANG J,LIU S,GURUSWAMY S,et al. Reconfigurable liquid metal based terahertz metamaterials via selective erasure and refilling to the unit cell level[J]. Appl. Phys. Lett. ,2013,103:221116.

[12]  ZHAO X,XU S,LIU J, Surface tension of liquid metal:role, mechanism and application[J]. Frontiers in Energy,2017,11(4):535-567.

[13]  HUTTER T,BAUER W C,ELLIOTT S R,et al. Formation of spherical and non-spherical eutectic Gallium-Indium liquid-metal microdroplets in microfluidic channels at room temperature[J]. Adv. Funct. Mater. ,2012,22:2624-2631.

[14]  ZHANG X D,SUN Y,CHEN S,et al. Unconventional hydrodynamics of hybrid fluid made of liquid metals and aqueous solution under applied fields[J]. Frontiers in Energy, 2018,12(2):276-296.

[15]  YU Y,WANG Q,YI L,et al. Channelless fabrication for large-scale preparation of room temperature liquid metal droplets[J]. Adv. Eng. Mater. ,2014,16:255-262.

[16]  TANG S Y,JOSHIPURA I D,LIN Y,et al. Liquid-metal microdroplets formed dynamically with electrical control of size and rate[J]. Adv. Mater. ,2016,28:604-609.

[17]  FU J H,LIU T Y,CUI Y T,et al. Interfacial engineering of room temperature liquid metals[J]. Advanced Materials Interfaces,2021,8(6):2001936.

[18]  KRAMER R K,BOLER J W,STONE H A,et al. Effect of microtextured surface topography on the wetting behavior of eutectic Gallium-Indium alloys[J]. Langmuir,2014,30:533-539.

[19]  XU S,YUAN B,HOU Y,et al. Self-fueled liquid metal motors[J]. Journal of Physics D: Applied Physics,2019,52:353002.

[20]  SIVAN V,TANG S Y,O'MULLANE A P,et al. Liquid metal marbles[J]. Adv. Funct. Mater. , 2013,23:144-152.

[21]  MA K,LIU J. Liquid metal cooling in thermal management of computer chips[J]. Front Energy, 2007,1:384-402.

[22]  MA K,LIU J. Heat-driven liquid metal cooling device for the thermal management of a computer chip[J]. J Phys. D-Appl. Phys. ,2007,40:4722-4729.

[23]  LI H,LIU J. Revolutionizing heat transport enhancement with liquid metals: proposal of a new industry of water-free heat exchangers[J]. Front Energy,2011,5:20-42.

[24]  DENG Y,LIU J. A liquid metal cooling system for the thermal management of high power LEDs[J]. Int Commun HeatMass,2010,37:788-791.

[25]  李海燕,周远,刘静.基于液态金属的可印刷式热电发生器及其性能评估[J]. 中国科学 E 辑,2014,

44(4):407-416.

[26] DENG Y G,LIU J. An experimental investigation of liquid metal thermal joint[J]. Energy Conversion and Management,2012,56:152-156.

[27] DENG Y G,LIU J. Flexible mechanical joint as human exoskeleton using low-melting-point alloy[J]. ASME Journal of Medical Devices,2014,8:044506.

[28] TSAI J T,HO C M,WANG F C,et al. Ultrahigh contrast light valve driven by electrocapillarity of liquid gallium[J]. Appl. Phys. Lett. ,2009,95:251110.

[29] GAO M,GUI L. A handy liquid metal based electroosmotic flow pump[J]. Lab Chip,2014,14:1866-1872.

[30] LIU J,ZHOU Y X,LV Y G,et al. Liquid metal based miniaturized chip-cooling device driven by electromagnetic pump[Z]. 2005 ASME International Mechanical Engineering Congress and RD&D Expo,2005-11-(5-11),Orlando, Florida.

[31] GAO Y X,LI H Y,LIU J. Direct writing of flexible electronics through room temperature liquid metal ink[J]. PLoS One,2012,7(9):e45485.

[32] ZHENG Y,HE Z,GAO Y,et al. Direct desktop printed-circuits-on-paper flexible electronics[J]. Sci Rep,2013,3:1786.

[33] ZHANG Q,ZHENG Y,LIU J. Direct writing of electronics based on alloy and metal (DREAM) ink: a newly emerging area and its impact on energy, environment and health sciences[J]. Frontiers in Energy,2012,6(4):311-340.

[34] GAO Y, LI H, LIU J. Directly writing resistor, inductor and capacitor to composite functional circuits: a super-simple way for alternative electronics[J]. PLoS ONE,2013,8:e69761.

[35] LIU Y,GAO M,MEI S F,et al. Ultra-compliant liquid metal electrodes with in-plane self-healing capability for dielectric elastomer actuators[J]. Applied Physics Letters,2013,102:064101.

[36] BLAIZIK B J,KRAMER S L,GRADY M E,et al. Autonomic restoration of electrical conductivity[J]. Adv. Mater. ,2012,24:398-401.

[37] PALLEAU E,REECE S, DESAI S C,et al. Self-healing stretchable wires for reconfigurable circuit wiring and 3D microfluidics[J]. Adv. Funct. Mater. , 2013,25:1589-1592.

[38] LIU R,YANG X Y,JIN C Y,et al. Development of three-dimension microelectrode array for bioelectric measurement using the liquid metal-micromolding technique [J]. Applied Physics Letters,2013,103:193701-1-4.

[39] JIN C,ZHANG J,LI X,et al. Injectable 3-D fabrication of medical electronics at the target biological tissues[J]. Sci Rep,2013,3:3442.

[40] YU Y,ZHANG J,LIU J. Biomedical implementation of liquid metal ink as drawable ECG electrode and skin circuit[J]. PLoS ONE,2013,8(3): e58771-1-6.

[41] GUO R,LIU J. Implantable liquid metal-based flexible neural microelectrode array and its application in recovering animal locomotion functions[J]. J. Micromech. Microeng. ,2017,27:104002.

[42] TANG S Y,ZHU J,SIVAN V, et al. Creation of liquid metal 3D microstructures using dielectrophoresis[J]. Adv. Funct. Mater. ,2015,25:4445-4452.

[43] SUN X,YUAN B,RAO W,et al. Amorphous liquid metal electrodes enabled conformable electrochemical therapy of tumors[J]. Biomaterials, 2017,146:156-167.

[44] WANG X L,LIU J. Recent advancements in liquid metal flexible printed electronics: Properties, technologies, and applications[J]. Micromachines, 2016,7:206.

[45] BOLEY J W,WHITE E L,CHIU G T C,et al. Direct writing of gallium-indium alloy for stretchable electronics[J]. Adv. Funct. Mater., 2014,24:3501-3507.

[46] WANG L, LIU J. Liquid metal inks for flexible electronics and 3D printing:a review[C]//Proceedings of the ASME 2014 International Mechanical Engineering Congress and Exposition,2014-11-(14-20), Montreal, Quebec, Canada.

[47] CHEN S,RYDBERG A,HJORT K, et al. Liquid metal stretchable unbalanced loop antenna[J]. Appl. Phys. Lett.,2009,94:144103.

[48] WANG L,LIU J. Compatible hybrid 3D printing of metal and nonmetal inks for direct manufacture of end functional devices[J]. Science China Technological Sciences,2014,57(11):2089-2095.

[49] YU Y,LIU F,ZHANG R,et al. Suspension 3D printing of liquid metal into self-healing hydrogel[J]. Adv. Mater. Technol., 2017:1700173.

[50] MORLEY N B,BURRIS J,CADWALLADER L C,et al. GaInSn usage in the research laboratory[J]. Rev. Sci. Instrum.,2008,79:056107.

[51] HARDY S C. The surface tension of liquid gallium[J]. Journal of Crystal Growth,1985,71(3): 602-606.

[52] GROVER G M,COTTER T P,ERICKSON G F, et al. Structures of very high thermal conductance [J]. Journal of Applied Physics,1964,35(6):1990-1991.

[53] CHEN J C,BISHOP A A. Liquid-metal heat transfer and fluid dynamics[Z]. ASME Winter Annual Meeting,New York, USA, 1970.

[54] FOUST O J. Sodium-NaK engineering handbook[M]. London:Gordon and Breach Science Publishers,1976.

[55] JACKSON C B. Liquid metals handbook[Z]. Atomic Energy Commission,1955.

[56] RAO W,LIU J. Injectable liquid alkali alloy based-tumor thermal ablation therapy[J]. Minimally Invasive Therapy & Allied Technologies,2009,18(1):30-35.

[57] LIU J, YI L. Liquid alkali alloy for chemothermal therapy of tumor[J]. Liquid Metal Biomaterials, 2018, 10:417-428.

[58] RAO W,LIU J,ZHOU Y,et al. Anti-tumor effect of sodium-induced thermochemical ablation therapy[J]. International Journal of Hyperthermia,2008,24(8):675-681.

[59] GUO Z,ZHANG Q,LI X,et al. Thermochemical ablation therapy of VX2tumor using a permeable oil-packed liquid alkali metal[J]. PLoS One,2015,10(4):e0123196.

[60] GLASGOW G P. The safety of low melting point bismuth/lead alloys: a review[J]. Medical Dosimetry,1991, 16(1):13-18.

[61] MASALSKI B T. Binary alloy phase diagrams,second edition plus updates[Z]. ASM International, the Materials Information Society, 1996.

[62] HANSEN M,ANDERKO K. Constitution of Binary Alloys[M]. New York:McGraw-Hill,1985.

[63] GUO R,TANG J,DONG S,et al. One-step liquid metal transfer printing: toward fabrication of flexible electronics on wide range of substrates[J]. Advanced Materials Technologies,2018,3(12):1800265.

[64] GUO R,YAO S,SUN X,et al. Semi-liquid metal and adhesion-selection enabled rolling and transfer (SMART) printing:a general method towards fast fabrication of flexible electronics[J]. Sci. China

Mater. ,2019,62:982-994.

[65] GUO R, WANG H, DUAN M, et al. Stretchable electronicsbased on nano-Fe GaIn amalgams for smart flexible pneumatic actuator[J]. Smart Materials and Structures,2018,27(8):085022.

[66] GUO R, WANG X L, YU W Z, et al. A highly conductive and stretchable wearable liquid metal electronic skin for long-term conformable health monitoring [J]. Science China Technological Sciences,2018,61(7):1031-1037.

[67] HOU Y, HNCAG H, SONG K,et al. Coloration ofliquid-metal soft robots:from silver-white to iridescent[J]. ACS Applied Materials & Interfaces,2018,10(48):41627-41636.

[68] WANG H, YAO Y, WANG X, et al. Large-magnitude transformable liquid-metal composites[J]. ACS Omega,2019,4(1):2311-2319.

[69] TANG J, ZHAO X,LI J,et al. Thin,porous, and conductive networks of metal nanoparticles through electrochemical welding on a liquid metal template [J]. Advanced Materials Interfaces, 2018, 5(19):1800406.

[70] ZHANG P J,WANG Q,LIU J,et al. Self-assemblyultrathin film of CNC/PVA-liquid metal composite as multifunctional Janus material[J]. Materials Horizons,2019,6:1643-1653.

[71] CHOI S U S. Enhancingthermal conductivity of fluids with nanoparticles[J]. ASME,1995,66: 99-105.

[72] 刘静. 微米/纳米尺度传热学[M]. 北京:科学出版社, 2001.

[73] 刘静，周一欣. 以低熔点金属或其合金作为流动工质的芯片散热用散热装置:CN02131419. 5 [P]. 2004-04-14.

[74] MA K Q, LIU J. Nano liquid-metal fluid as ultimate coolant[J]. Physics Letters A,2007,361: 252-256.

[75] MEI S F,GAO Y X,DENG Z S,et al. Thermally conductive and highly electrically resistive grease through homogeneously dispersing liquid metal droplets inside methyl silicone oil[J]. ASME Journal of Electronic Packaging,2014,136(1):011009.

[76] CHEN S, WANG H Z, ZHAO R Q, et al. Liquid metal composites[J]. Matter, 2020,2(6): 1446-1480.

[77] ZHANG Q,LIU J. Nano liquid metal as an emerging functional material in energy management, conversion and storage[J]. Nano Energy,2013,2:863-872.

[78] ZHANG M, YAO S,RAO W,et al. Transformable soft liquid metal micro/nanomaterials[J]. Materials Science & Engineering R: Reports, 2019,138:1-35.

[79] LIU J. Nano liquid metal materials:when nanotechnology meets with liquid metal[J]. Nanotech Insights,2016,7(4):2-6.

[80] TANG J, ZHAO X, LI J,et al. Thin, porous, and conductive networks of metal nanoparticles through electrochemical welding on a liquid metal template[J]. Advanced Materials Interfaces,2018, 5(19):1800406.

# 第3章 液态金属流体特性

常温液态金属一个最为重要的特性是易于在固体和液体之间切换。金属固体是由许多晶粒组成的,液体则由原子集团所组成,在原子集团内保持固体的排列特征,而在原子集团之间的结合处则受到很大破坏。这种仅在原子集团内的有序排列称为近程有序排列。液体中存在的能量起伏造成每个原子集团内具有较大动能的原子能克服邻近原子的束缚,除了在集团内产生很强的热运动外,还能成簇地脱离原有集团而加入别的原子集团中,或组成新的原子集团。因此,液态金属所有原子集团都处于瞬息万变的状态,时而长大时而变小,时而产生时而消失,此起彼落,犹如在不停顿地游动。这种结构的瞬息变化称为结构起伏。这种原子微观结构决定了液态金属具有良好的流动性。与水和有机物为代表的传统液体材料相比,液态金属在运动黏度、表面张力、浸润性等流动属性方面呈现出较大的差别。并且,得益于良好的导电性,液态金属可以在电磁力的作用下流动。此外,随着近年来对液态金属物理化学特性的深入研究,研究人员发现液态金属与酸碱盐溶液、固体等多种体系之间存在众多奇异界面现象。流体属性是液态金属材料应用的基础,因此对其流体材料属性予以总结归纳十分必要。

## 3.1　液态金属流体种类

为了改善液态金属的物理性质,许多金属或非金属粉末被加入液态金属纯流体,形成了新的流体类型,丰富了液态金属流体种类。例如,在液态金属中加入纳米铜粉,配制超高热导率的纳米流体;将液态金属与黏性有机物进行混合制备液态金属软物质;液态金属与二氧化硅混炼形成浆体。此外,液态金属在溶液环境中能够展现出丰富的流体力学性质,如运动、变形、铺展、振荡、导航等。根据黏度及流体形态不同,液态金属流体可分为液态金属纯流体、液态金属纳米流体、液态金属浆体、液态金属多相混合流等。

### 3.1.1　液态金属纯流体

在室温下呈现流体状态的金属主要包括汞、钠钾合金、铯、镓及镓基合金等。其中,铯在常温下为流体,但是,其具有放射性,价格昂贵,一般很少使用。汞是人们最为熟知的液态金属,业界利用汞受热膨胀这一特性来测量温度,但是,汞蒸气具有剧毒性,在使用时应进行严格安全防护。钠钾合金熔点约为$-12\ ℃$,常用作核反应堆中的载热介质,但是,其化学性质活泼,与空气中的水、二氧化碳、氧气容易发生反应,一般用于密闭空间,使用时要防止泄露。镓的熔点为$29.8\ ℃$,黏度与水接近,生物相容性良好,并且在空气、水中能稳定存在。为了进一步降低熔点,研究者开发出了一系列镓基化合物,熔点最低为$3\ ℃$。常见液态金属及其熔点见表 3-1。

**表 3-1　常见液态金属及其熔点**

| 合　　金 | 熔点/℃ | 合金 | 熔点/℃ |
|---|---|---|---|
| Hg | −38.9 | $GaSn_{12}$ | 7 |
| NaK | −12.6 | $GaZn_5$ | 25 |
| Cs | 28.6 | $GaIn_{20}Sn_{12}$ | 10.7 |
| Ga | 29.8 | $GaIn_{12}Zn_{16}$ | 17 |
| $GaIn_{24.5}$ | 15.5 | $GaIn_{15}Sn_{13}Zn_1$ | 3 |

## 3.1.2　液态金属纳米流体

液态金属纳米流体[1]是以室温液体金属作为基液,添加其他高导热系数金属纳米颗粒或非金属纳米颗粒形成的[2]。纳米金属流体中纳米颗粒与液态金属以合金、部分合金或独自的颗粒形式存在(见图 3-1)。纳米金属流体能起到纯液态金属或其合金的作用,并在导热、导电特性方面体现出一定优势,特别是由于纳米颗粒或微颗粒可用普通金属如铜铝等廉价金属制备,可大大节约成本。

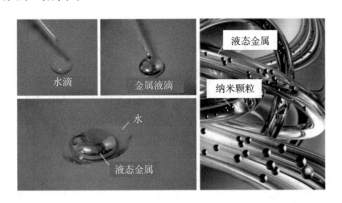

图 3-1　水滴和液态金属合金的存在形式

因为液体金属密度较大,所以可以允许添加较大份额的纳米颗粒。这有助于显著提升纳米流体的有效导热系数。所添加的纳米材料可以是碳纳米管、金属(金、银、铜)纳米颗粒等,由此调控纳米金属流体的物性。采用液态金属或低熔点合金作为基液,减小了纳米颗粒的沉降,也就降低了微细通道中纳米流体发生堵塞的可能性。纳米金属流体概念的提出[1],拓展了传统纳米流体的研究范畴,也为发展高性能芯片冷却技术开辟了一条新的途径,除了作为对流冷却介质外,这种材料还可充当用以降低界面热阻的高导热材料。

当前市场上的纳米颗粒主要有碳纳米管、纳米金属颗粒和其他非金属纳米颗粒。对于碳纳米管和非金属纳米颗粒,在液态金属中溶解度有限,为增大纳米颗粒的溶解份额,常常需要对其表面进行金属表面镀膜或表面修饰;而对于纳米金属颗粒,常常因为其表面氧化也不能顺利加入液态金属中,需要采取一定的方法去掉其表面氧化层。而且,许多金属颗粒溶于液态金属,为避免形成合金,需要对部分金属颗粒进行表面处理。

一些纳米金属流体制作过程如下:作为溶质的纳米颗粒若为非金属颗粒,如导热系数很高的 BeO、AlN 等,需要对纳米颗粒进行表面改性修饰,以使纳米颗粒表面具有金属性。表面改性修饰可采用化学镀覆法、物理气相沉积法、水热氢还原法、光还原法、溶胶凝胶法、喷雾干燥法等方法。无论是金属纳米颗粒还是经修饰后的非金属纳米颗粒,若颗粒表面的金属层被氧化,都需要根据表面金属和其氧化物的性质,去除颗粒表面的氧化层。可根据表面金属和其氧化物的性质采用不同的处理方法,通常采用的方法是酸洗或者碱洗。酸可以是盐酸、硫酸、硝酸、磷酸、碳酸等;碱可以是氢氧化钠、氢氧化钾、氢氧化钙、氨水、碳酸氢钠、碳酸氢钾等。

如果纳米金属颗粒材料与液态金属混溶,如纳米铝颗粒、纳米铟颗粒,则需要对其表面进行镀层处理,以防纳米颗粒与液态金属或液态金属合金形成新的合金。然后再对经上述处理的纳米颗粒进行超声数分钟,用去离子水进行水洗至中性,离心,真空干燥,得到具有金属表面的纳米颗粒。通过加热使作为溶剂的液态金属如镓、铟或其合金成液态。将纳米颗粒和溶剂液体按需要的比例掺混后,经机械搅拌或超声分散,使纳米颗粒均匀分散,最后得到纳米金属流体。

通过把较低价格的纳米颗粒添加到液态金属,可大大降低单独用液态金属或其合金作为散热材料的成本。此外,通过改变纳米金属流体组分和配比,可实现对纳米金属流体的表面张力、黏度、比热容、导热系数、熔点和沸点等参数的调控。同时,此纳米金属流体较之常规金属流体其导热性能有了较大的提高,也避免了普通流体作为冷却剂时易造成泄漏,以及现有的纳米冷却剂易出现沉积的问题。

### 3.1.3 液态金属浆体

在液态金属中添加大量粉体或纳米颗粒,能够显著降低其流动性,形成泥浆态物质。此外,利用金属镓在空气中能够发生氧化这一特性,通过长时间搅拌,不断增加液态金属中氧化物的比例,也可以制备液态金属浆体,这种方式制备的液态金属浆体内部无颗粒感,使用过程非常顺滑。通过控制掺杂比例或氧化时间,能够制备不同黏度的液态金属浆体[2]。

液态金属浆体具有较大的黏性和有限流动性,使得液态金属能够黏附在原本无法黏附的材料上,如木材、塑料、纸张、玻璃,甚至金属基底上等。液态金属与不同材料的黏附特性决定了液态金属在不同材料表面打印的质量,而液态金属浆体可以作为一种良好导电墨水,打印于各种基底上时,由此制造出柔性电子电路;此外,镍基液态金属浆体可作为电磁屏蔽涂料,用以提升电磁屏蔽效能和制造速度;膏状液态金属可用作热界面材料,填充空气间隙,提高导热性能。

### 3.1.4 液态金属多相混合流

作为当前已知的表面张力最大的室温流体,液态金属拥有优异的变形能力,特别是浸没在电解质溶液中的液态金属,在外加电场作用下呈现出丰富的流体形态。液态金属-溶液混合流在一系列新兴领域展现出广阔的应用前景,如芯片冷却、软体机器、生物医学、电子打印等。在这其中,液态金属-水混合流的流体力学特性在设计和操纵液态金属中有着基础性作用。

不同于自然界中已经存在的经典混合流体,如油/水混合流体、泥石流等,液态金属-水混合流的独特之处在于以下几个方面:

(1)浸没在溶液中的液态金属在不接触的电磁力的作用下可以移动和变形,甚至氧化还原反应引起的力也能使液态金属发生运动和变形,这种行为明显有别于传统的接触力;

(2)液态金属具有良好的流动特性和大的表面张力,其大尺度的变形和运动更易发生,这导致液态金属与溶液的边界处发生了明显的变化;

(3)因为液态金属和水的密度之间存在巨大差异,所以液态金属总是沉入底部的容器;

(4)在液态金属-水混合流研究中,一个重要的性质是表面张力,所以液态金属的表面张力几乎是水的 10 倍;

(5)液态金属的导电性比水高 7 个数量级;

(6)镓及其氧化物之间的相互转化等化学反应对液态金属的运动和变形有着重要的影响[3]。

## 3.2 液态金属黏度特性

影响黏度的因素主要有如下几个方面。①温度:一般而言,温度不太高时,温度升高,黏度下降;②化学成分:难熔化合物黏度较高,共晶成分合金黏度较低;③非金属夹杂物:液态金属中非金属夹杂物使黏度增加。

液体黏度测量的方法有很多种,但是,对液态金属而言,因为它们的运动黏度低、熔点高、化学活性强,所以能用于黏度测量的方法主要是毛细管法、振荡容器法、旋转法和振荡片法。对于熔点在室温附近的液态金属而言,毛细管法无疑是最简单的方法[4]。

一定体积的液体在恒压下流经一个毛细管所需要的时间取决于液体的黏度。在毛细管法中,就是通过测量这个时间来求得液体的黏度。毛细管黏度计的结构如图 3-2 所示。黏度与液体流动时间之间的关系可以用修正的 Poiseuille 公式(也称 Hagen-Poiseuille 公式)给出,即

$$\mu = \frac{\pi r^4 \rho g h t}{8V(l+nr)} - \frac{m\rho V}{8\pi(l+nr)t} \tag{3-1}$$

式中,$\mu$ 为动力黏度;$r$ 为毛细管半径;$l$ 为毛细管长度;$h$ 为左右两侧液面的高度差;$\rho$ 为液体密度;$V$ 为 $t$ 时间内流过的液体体积($m_1$、$m_2$ 为刻度值,以 $m_1$、$m_2$ 之差为基准测量球的体积);$m$、$n$ 为常数,$m=1.1\sim1.2$,$n=0\sim0.6$;$nr$ 为端部修正项。

对于一个给定的黏度计来说,$r$、$l$、$h$ 以及 $V$ 都是定值,由此式(3-1)可以简化为

$$\frac{\mu}{\rho}=\nu=c_1 t-\frac{c_2}{t} \tag{3-2}$$

$$c_1=\frac{\pi r^4 gh}{8V(l+nr)}; \quad c_2=\frac{mV}{8\pi(l+nr)} \tag{3-3}$$

式中,$c_1$、$c_2$ 均为常数。

用标准黏度试样可以很容易地测得 $c_1$、$c_2$ 的值。在用毛细管测量液态金属的黏度时,毛细管既要很细($r<0.15\sim0.2$ mm)又要足够长($l>70\sim80$ mm),才能够确保流体做线性流动。

为了保证测量的精度,以及测量过程中不会堵塞黏度计的毛细管部分,在测量开始之前需要对被测的液态金属镓以及镓铟锡合金($Ga_{68}In_{20}Sn_{12}$)进行去氧化膜的处理。可以采用质量分数为 30% NaOH 溶液去氧化。将体积比约为 2∶1 的液态金属和 NaOH 溶液倒入烧杯中,再用磁力搅拌器搅拌 30 min,则可完全去除液态金属表面的氧化层。由于镓及镓基合金与水和 NaOH 溶液完全不互溶,且其密度远大于水和 NaOH 溶液,因此,搅拌后液态金属与 NaOH 溶液自动分层,而在上层的 NaOH 溶液能够起到对液态金属的液封作用,可防止液态金属被氧化[4]。

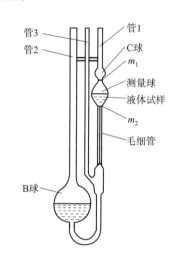

图 3-2 毛细管黏度计的结构示意图

管3
管2
管1
C球
$m_1$
测量球
液体试样
$m_2$
毛细管
B球

如图 3-2 所示,将毛细管黏度计竖直固定于恒温水浴槽中,使水浴槽内水面位置高于球 C。取约 10 mL 的待测液体沿洁净、干燥的毛细管黏度计的管 2 内壁注入球 B 中。将管口 1、3 各接一根乳胶管,用夹子夹住连接管 3 的软管,自管口 1 处抽气,使待测液体的液面在大气压力的作用下缓缓上升直至球 C 的中部。接着,依次放开管 3 与管 1,使被测液体在重力的作用下自由下落,用秒表准确记录液面自测定线 $m_1$ 下降至测定线 $m_2$ 处的流出时间。重复测定五次,任意两次测定值相差不得超过 5 s,取五次测量的平均值为被测液体的流出时间 $t$,再根据生产厂商提供的黏度计参数 $c$,即可得到被测液体的运动黏度值 $\nu$。

镓铟锡合金及镓黏度的测量结果见表 3-2 和表 3-3。使用毛细管法测量低熔点液态金属的黏度具有很好的重复性。

表 3-2 毛细管黏度计对镓铟锡合金的黏度测量结果[4]

| 序号 | 1号黏度计 | | 序号 | 2号黏度计 | |
| --- | --- | --- | --- | --- | --- |
| | 温度/℃ | 黏度/(mm² · s⁻¹) | | 温度/℃ | 黏度/(mm² · s⁻¹) |
| 1 | 21.5 | 0.413 7 | 1 | 21 | 0.400 6 |
| 2 | 21.7 | 0.421 8 | 2 | 21 | 0.402 3 |
| 3 | 21.8 | 0.416 7 | 3 | 21 | 0.414 4 |
| 4 | 21.8 | 0.418 7 | 4 | 21 | 0.414 4 |
| 5 | 22.3 | 0.419 7 | 5 | 21 | 0.391 7 |
| 平均值 | 21.8 | 0.392 8 | 平均值 | 21 | 0.405 8 |
| 参考值* | 22.2 | 0.353 6 | 参考值① | 22.2 | 0.353 6 |
| 修正值** | 21.8 | 0.354 4 | 修正值② | 21.2 | 0.355 7 |
| 误差 | — | 10.88% | 误差 | — | 14.14% |

注:①为文献中测得的值;②为根据实验的平均温度对文献值修正后的值。

表 3-3 毛细管黏度计对镓的黏度测量结果[4]

| 序号 | 1号黏度计 | | 序号 | 2号黏度计 | |
| --- | --- | --- | --- | --- | --- |
| | 温度/℃ | 黏度/(mm² · s⁻¹) | | 温度/℃ | 黏度/(mm² · s⁻¹) |
| 1 | 41.5 | 0.394 3 | 1 | 51 | 0.268 4 |
| 2 | 41.7 | 0.383 6 | 2 | 49.5 | 0.366 3 |
| 3 | 41.1 | 0.372 9 | 3 | 49.2 | 0.389 9 |
| 4 | 41.1 | 0.387 1 | 4 | 49 | 0.347 7 |
| 5 | 41.1 | 0.372 9 | 5 | 48.7 | 0.330 8 |
| 平均值 | 41.3 | 0.378 6 | 平均值 | 49.48 | 0.340 6 |
| 参考值* | 41.3 | 0.329 6 | 参考值① | 52.9 | 0.311 5 |
| 修正值** | 41.3 | 0.329 6 | 修正值② | 48.48 | 0.319 2 |
| 误差 | — | 14.84% | 误差 | — | 11.23% |

注:①为文献中测得的值;②为根据实验的平均温度对文献值修正后的值。

## 3.3　液态金属界面特性

液态金属的界面张力是其基础参数之一。确定液态金属在不同介质中的界面张力,对于理解液态金属流体动力学行为有着非常重要的意义。由于液态金属流体的特殊性,针对常见的非金属流体开发的实验方法常常无法适用。因此本节讨论对镓基液态金属 $GaIn_{24.5}$ 合金的界面张力进行测量的问题[5]。

液态金属双流体中的相界面是两相共存的区域,当引入气相时,就会出现三相共存的区域三相接触线。当三相线处的表面张力不平衡时,就会导致三相线移动,使一种液体沿着基底液体扩散或收缩。尤其是对于黏度比较低的流体,其运动主要由惯性力和表面张力控制。

改变液态之间润湿特性的方法有很多,如化学反应[6]、表面活性剂浓度[7]、温度[8]等。在界面特性改变的前提下,可以实现液滴的驱动。因此,相比于固体表面的润湿问题,液体表面具有更高的复杂度,会涉及许多新的现象。本节将介绍液态金属表面的独特润湿现象,包括碱性液滴在液态金属表面的振荡运动、液态金属-溶液界面的呼吸振荡行为以及复合液态金属液滴撞击固体壁面的动力学行为。

### 3.3.1 液态金属在不同浓度碱性溶液中的界面张力

实验中采用图 3-3(a)所示的接触角测量仪(POWEREACH,JC2000D3),测量了室温(25 ℃)下 GaIn$_{24.5}$ 合金在空气、无水乙醇(分析纯,>99.7%)、甘油(分析纯)、去离子水,以及不同浓度 NaOH 溶液(分析纯,≥96%)中的表界面张力。采用的针头为毛细玻璃管(内径为 0.5 mm,外径为 0.61 mm),以防止金属针头与液态金属在电解质溶液中形成原电池。第一滴液滴通常可以忽略,以排除干扰因素,而且可用于预估针头上能形成的最大液滴体积。悬滴法的测量精度依赖于所采用的液滴体积大小,使用最接近临界分离体积的液滴能够得到最精确的测量。Berry 等[9]引入了一个新的无量纲参数——Worthington 数来描述这种体积效应:$Wo=V_d/V_{max}$,其中 $V_d$ 为液滴体积,$V_{max}$ 为理论最大体积,即液滴脱离针头时的体积。$Wo$ 的范围在 0~1 之间,越接近 1,则测量精度越高。本实验中[5]测量的液滴的 $Wo$ 均大于 0.5,提供了足够高的精度。通过接触角测量仪上的摄像机以及相应软件,可以拍摄 25 帧/s 的液滴视频,从中截取不同时间段的轮廓图像,如图 3-3(b)所示。

(a)实验装置图          (b)拍摄的液滴图像

图 3-3 悬滴法测量液态金属表面张力

镓基液态金属合金在不同介质中,具有不同的界面特性。含氧环境中,如大气环境或者溶解了氧气的液体环境中,液态金属界面的特别之处在于表面的固体氧化膜,使得液态金属表面处于固体与液体混合的钝化状态,显著地改变了液态金属的表面性质。如图 3-4(a)所示,金属镓被氧化后主要生成三价的氧化镓(Ⅲ)Ga$_2$O$_3$ 和一价的氧化亚镓(Ⅰ)Ga$_2$O[10]。其中 Ga$_2$O$_3$ 较为稳定,而 Ga$_2$O 有可能与氧气继续反应生成 Ga$_2$O$_3$,也可能与其他物质发生反应进一步被氧化。在液态金属表面,金属铟的氧化物则非常少见,几乎可以视为不存在。

在溶液环境中,镓基液态金属表面将发生多种反应。在碱性溶液中,镓基液态金属表面发生的反应为[11]

$$Ga + 3OH^- - 3e^- \longrightarrow Ga(OH)_3 \tag{3-4}$$

式中,$Ga(OH)_3$ 为白色沉淀。液态金属长时间放置在水溶液环境中,其表面将逐渐被该沉淀物覆盖。以上反应是由多个分步反应组成的:

$$Ga + 2OH^- - e^- \longrightarrow GaO^- + H_2O \tag{3-5}$$

$$GaO^- + OH^- - e^- \longrightarrow GaO(OH) \tag{3-6}$$

$$GaO(OH) + H_2O \longrightarrow Ga(OH)_3 \tag{3-7}$$

式中,$GaO^-$ 与 $GaO(OH)$ 均为中间产物。在溶液的 $pH > 12$ 的强碱溶液中,$Ga(OH)_3$ 会与 $OH^-$ 结合生成可溶性的 $Ga(OH)_4^-$ [11,12]:

$$Ga(OH)_3 + OH^- \longrightarrow Ga(OH)_4^- \tag{3-8}$$

该 $Ga(OH)_4^-$ 离子会吸附在液态金属表面形成双电层,直到表面的 $Ga(OH)_4^-$ 离子浓度达到饱和。

在酸性溶液中,镓基液态金属表面将生成三价的镓离子[13,14]:

$$Ga - 3e^- \longrightarrow Ga^{3+} \tag{3-9}$$

以上两种溶液环境中的氧化反应所对应的还原反应均为

$$H_2O + e^- \longrightarrow OH^- + \frac{1}{2}H_2 \uparrow \tag{3-10}$$

即碱性与酸性条件下,镓基液态金属都会与溶液反应产生氢气。

图 3-4(c)所示为电双层微观结构的详细示意图。液态金属在碱性溶液中生成的阴离子 $Ga(OH)_4^-$ 吸附在液态金属表面形成紧密层。溶液的溶质形成的水合离子处于不断的热运动中,非特定吸附在外侧表面形成扩散层。

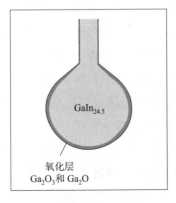
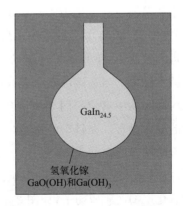

(a)与空气的界面示意图　　　　(b)与去离子水的界面示意图

图 3-4　镓基液态金属界面示意图和化学示意图

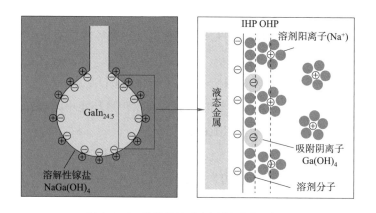

(c) 与 NaOH 溶液的界面示意图和化学示意图

图 3-4 镓基液态金属界面示意图和化学示意图(续)

关于液态金属的诸多应用都是在大气环境中进行的,所以大气环境中液态金属的表面张力变化具有重要的实用价值。只要环境中的氧气含量超过 1 ppm(0.000 1%),镓基液态金属合金的表面就会发生氧化[15]。尽管表面氧化层的厚度仅有 0.5~2.5 nm,但是对于液态金属的表面性质有巨大影响。严格来说,此时液态金属表面已经不再是一个纯液体表面,而是固体氧化物与液体共存的固液混合物,此时"表面张力"的概念已经不再适用。通常采用等效表面张力来进行刻画,即认为氧化膜为金属表面提供了一个额外的应力,所以等效表面张力 $\gamma_{\text{eff}}$ 是氧化膜的屈服应力(yield stress)$\tau_y$ 和纯液态金属表面张力 $\gamma_0$ 的线性相加的结果[18]:

$$\gamma_{\text{eff}} = \frac{\tau_y l}{4} + \gamma_0 \tag{3-11}$$

式中,$l$ 为液态金属表面的特征直径,此处即为液滴直径。

该式表明氧化膜的应力是尺寸依赖的。

图 3-5(a)中的液滴轮廓分别为 1 min、5 min、13 min 与 17 min 时刻的拍摄结果。可以看到,在挤出一定体积($W_0 > 0.5$)的液滴之后,由于液态金属密度较大,在自身重力作用下,仍不断有液体进入液滴中,使其体积逐渐增大。从原理上来说,只要液滴不要过小,液滴体积并不会影响测量结果。当一滴液态金属从针头上落下之后,可以认为随后挤出的第二滴液态金属的表面尚未发生氧化。图 3-5(b)给出了液态金属液滴在空气中(25 ℃)的等效表面张力随时间的变化过程。在挤出的初始时刻,$GaIn_{24.5}$ 的表面张力值为 764.12 mN/m。之后表面张力随着时间呈线性增大,经过 10 min 后开始稳定。虽然随着时间的进行,表面张力仍有继续增加的趋势,但是基本处于(850±7)mN/m。通过液态金属等效表面张力,可以计算不同时间氧化层的屈服应力值,如图 3-5(c)所示。随着氧化程度的增加,氧化层的屈服应力逐渐增大,之后稳定在(120±7)Pa。这是因为表面的氧化层阻止了氧气与内部金属继续反应,起到了一定程度的保护作用。

(a)体积

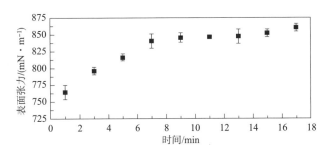

(b)等效表面张力

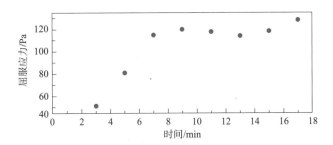

(c)表面氧化层屈服应力

图 3-5　空气环境中液态金属液滴的体积、等效表面张力
及表面氧化层屈服应力随时间的变化

图 3-6 展示了不同浓度的 NaOH 溶液中镓铟合金 EGaIn 的界面张力,并绘出了文献[12]中测量的镓铟锡合金的界面张力作为对比。横轴为 NaOH 溶液浓度。随着 NaOH 溶液浓度的增大,镓铟合金与镓铟锡合金的界面张力都逐渐减小,趋势非常接近。但是前者始终比后者的界面张力高出许多。文献[12]中对于 NaOH 溶液中 Galinstan 的界面张力 $\gamma$ 并未给出拟合关系式,仅仅给出了碘化钾酸性溶液中的界面张力变化 $\Delta\gamma(\mathrm{mN/m})$ 与浓度 $c$（mol/L）的经验关系式:

$$\Delta\gamma = 103.7\ln(c+1) \tag{3-12}$$

而且该式在浓度高于 1 mol/L 的情况下不再适用。

考虑 Randles 等[19]给出的界面张力与浓度的关系式,对于稀溶液而言,该关系式可以写为

$$\gamma^E = \gamma_1^E + \frac{RT}{A_i}(\ln c_i^\sigma - \ln c_i^s) \tag{3-13}$$

这里只关心自腐蚀电位 $E_0$ 下的界面张力,不需要整个电毛细曲线的值。当前,中间相 $\sigma$ 中组分 $i$ 的摩尔表面积 $A_i$ 及浓度 $c_i^\sigma$ 是未知的,而且难以通过实验进行测量。但是,根据实验结果可知,界面张力随着溶液浓度的增大单调递减,因此中间相浓度 $c_i^\sigma$ 总是小于溶液相浓度 $c_i^s$。通过对实验数据与文献中的数据双曲线拟合,分别得到镓铟合金 EGaIn 与镓铟锡合金 EGaInSn 在 NaOH 溶液中的界面张力为

$$\gamma_{\text{EGaIn}} = 493.8 - 11.24\ln c \tag{3-14}$$

$$\gamma_{\text{EGaInSn}} = 410.9 - 8.67\ln c \tag{3-15}$$

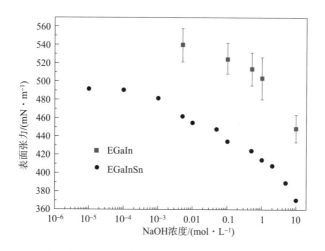

图 3-6　不同浓度的 NaOH 溶液中镓铟合金与镓铟锡合金的界面张力

### 3.3.2　溶液液滴在液态金属表面的动力学行为

图 3-7 所示为浓度为 1 mol/L 的 NaOH 液滴在液态金属 $\text{GaIn}_{24.5}$ 表面的自振荡过程,该现象为笔者所在实验室首次发现[5],具有一定的普遍性,所涉及的溶液种类乃至液态金属可以有很多不同组合。根据液滴-液态金属-空气三相接触线的运动状态,整个过程大致可以分为五个阶段,对应图中 5×4 的布局。在初始的润湿阶段,当液滴被放置在液态金属表面,经过短暂的铺展与稳定后(约 2 s),接触线迅速开始剧烈的收缩与振荡运动。此时的润湿面积与液滴自然铺展的润湿面积接近。之后液滴进入了第二阶段,运动趋于稳定,在一个较为固定的区域内运动。围绕在液滴周围的白色痕迹是液滴运动范围的边界,也是 NaOH 液滴润湿过的无氧化区域的边界。此区域以外,液态金属表面已经开始氧化,在表面生成一层氧化膜。经过 3 min 后进入第三阶段,液滴的运动范围开始扩大,不断突破之前的边界,但是,振荡频率逐渐降低,可能是由于液滴内的 NaOH 与镓的氧化物发生反应而逐渐消耗。在第四阶段,液滴运动的速度越来越慢,边缘开始破碎出许多小液滴,残留在运动区域边界上。从液滴表面的反光程度也可以推断,铺展液滴的高度开始下降。在最后阶段,运动区域中心的大液滴逐渐蒸发,体积不断减小,直到最后剩下很小一部分液滴,与周围的小液滴一起变干,

留下白色的痕迹。该白色反应物的主要成分是 $Ga(OH)_3$。

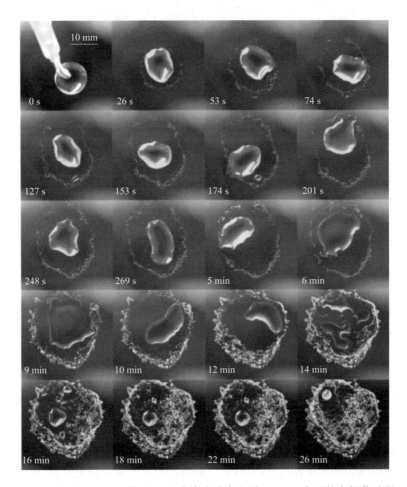

图 3-7　浓度 1 mol/L 的 NaOH 液滴在液态金属 $GaIn_{24.5}$ 表面的自振荡过程

作为对比,观察去离子水液滴在液态金属表面的润湿状态。如图 3-8 所示,同样体积的去离子水液滴在液态金属表面能够部分铺展,之后接触线没有出现振荡运动。其蒸发过程与固体表面常见的水滴蒸发过程相近,为混合模式(mixed model),即在蒸发的初期遵循常接触半径(constant contact radius,CCR)模式,亦称常接触面积(constant contact area,CCA)模式,之后转变为常接触角(constant contact angle,CCA)模式[20]。

通过对比可以确认,三相接触线的振荡是由于 NaOH 与液态金属表面发生反应导致的,液滴的蒸发对振荡运动没有明显影响。较低浓度的 NaOH 溶液的液滴在液态金属表面也会呈现类似的运动模式,但是运动的时间和空间尺度都有所不同。

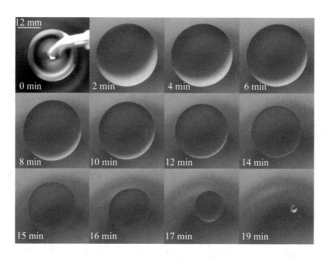

图 3-8 去离子水液滴在液态金属 $GaIn_{24.5}$ 表面的蒸发过程

### 3.3.3 半浸没液态金属液滴表面的接触线振荡

暴露在空气中的液态金属液滴的球冠面积,在不需要任何外部能源的情况下,在 NaOH 溶液中能够自发地、周期性地增大和收缩[21],连续振荡持续 100 s 后溶液逐渐平静下来。在规律性运动前后,界面溶液沿金属液滴表面向一个方向旋转。为了定量研究时间与外露球冠直径的关系,可从振荡中选取几个稳定周期进行分析[见图 3-9(a),图中红色箭头表示暴露的球冠区域的直径。蓝色虚线是根据暴露球冠面积的最大直径标记的,用于比较不同时间的尺寸变化,见图 3-9(b)]。当外露部分最小直径时刻设置为 0 s 时,外露部分直径在 5.2 s 内扩展到最大,在 1.2 s 内迅速收缩到最小。然后从视频中提取六个运动循环来明确运动模式[见图 3-9(c)]。这表明,在这六个周期内,暴露部分的尺寸可以恢复到原来的大小。而外露部分的最大直径几乎是最小直径的 1.5 倍。这六个周期对应的振荡周期为 $(6.095\pm0.335)$ s $[T_{expand}=(4.930\pm0.262)s,T_{shrink}=(1.165\pm0.106)s]$,证明这种变化是相当规律的,以一个固定的频率脉动。众所周知,镓基合金表面暴露在空气中容易被氧化,从而在合金表面形成一层薄薄的固体膜。对于这里的镓铟合金,镓的含量占主导地位。因此其氧化膜的主要成分是 $Ga_2O_3$。该氧化膜在氢氧化钠溶液中可有效溶解,但在水或 NaCl 溶液中不能溶解。

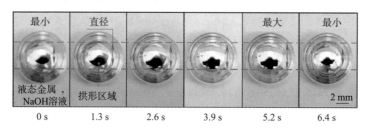

(a)半浸没的液体金属液滴周围溶液的周期性振荡

图 3-9 液体金属液滴表面的三相线运动特性

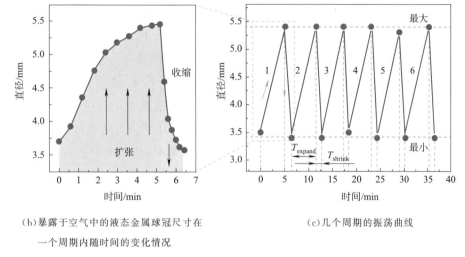

（b）暴露于空气中的液态金属球冠尺寸在
一个周期内随时间的变化情况

（c）几个周期的振荡曲线

图 3-9　液体金属液滴表面的三相线运动特性（续）

## 3.3.4　液态金属-水溶液复合液滴包裹特性

用一个注射器产生一个水滴，并悬挂在点胶针头的顶端，液态金属被缓慢地泵送到水滴内部，直到两相液滴将要坠落。最终，液态金属被完全包裹在水滴中，并悬挂在针尖顶部。通过这种方法，就可以制备一个复合液态金属液滴。在下落的过程中，水会自发地包裹液态金属液滴，形成一层均匀的水膜[5]。液滴的封装是由表面张力的平衡提供的。图 3-10(a)展示了空气中两种不互溶液体之间的接触状态。在三种表面张力竞争的地方形成一条接触线。这些张力的平衡决定了复合系统的接触角。在空气/液态金属界面上的张力 $\gamma_{am}$ 大于其他两个张力的总和（气/水界面 $\gamma_{aw}$ 和液态金属/水界面 $\gamma_{mw}$）的条件下，水膜才可能自发地包裹在液态金属表面[见图 3-10(b)]，即

$$|\gamma_{am}| > |\gamma_{aw} + \gamma_{mw}| \tag{3-16}$$

否则水膜无法稳定地包裹在液态金属表面。考虑到空气中液态金属的表面张力 764.12 mN/m 大于空气-水界面张力 72.75 mN/m 和液态金属-水界面张力 558.22 mN/m 之和，水滴能够包裹液态金属液滴。反之，液态金属则不能包裹水滴。

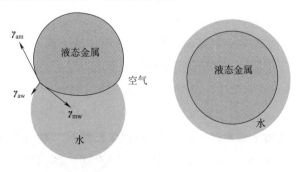

（a）三种张力在三相接触线处竞争　　（b）液态金属被水包裹

图 3-10　空气中双流体液滴示意图

再来关注针头顶端上的复合液滴。根据以上分析可以知道,在针头上液态金属液滴应该被水包裹,并形成两条不同的接触线。然而,在平面基底上的润湿行为与在圆柱针头顶端的润湿行为有显著的不同。首先,由于水滴体积的不同,水滴在针头顶端上有可能完全包裹液态金属液滴并与针头接触,形成两条接触线,如图 3-11(a)所示;也有可能水滴不完全包裹液滴,从而脱离针头,使液态金属上表面裸露出来,仅剩下液态金属的接触线,如图 3-11(b)所示;还有可能水膜不完全包裹,部分液态金属表面裸露在空气中,但是,针头处仍然残留有水,形成两条接触线,如图 3-11(c)所示。水包裹液态金属时,内接触线是液态金属、水和基底的边界线,特征接触角是 $\theta_1$,外接触线是空气、水和基底的交汇处,特征接触角是 $\alpha_w$,水未完全包裹液态金属时,只有一条接触线(空气、液态金属与基底的交汇处),其形成的接触角 $\beta_1$。其次,针头的直径也会影响系统的几何形状。这两个因素决定了双流体液滴自身的特征。

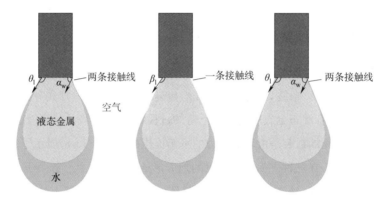

(a)两条三相接触线的状态　(b)一条三相接触线的状态　(c)第二种两条接触线状态

图 3-11　针头上悬挂的复合液滴

因为水是透明的,在合成液滴的过程中,不易观察水膜包裹液态金属液滴的详细情况,所以,采用染色剂对水滴进行染色,如图 3-12 所示。为了避免针管中残留的气体进入水滴,应该在滴下一滴液态金属之后,再将水滴放到点胶针头上。当液态金属开始注入水滴时,由于表面张力的作用,水滴包裹在液态金属周围。液态金属核心呈对称椭球状,上表面周围有一层薄薄的水膜,大部分水都在金属液滴下部。在双流体液滴落下之前,该体系的构造过程可以分为两个阶段:第一个阶段,液态金属的体积逐渐增大,在水滴中所占的体积分数越来越大,但是,水滴的形状还没有发生明显变形,如图 3-12(a)中 0～0.08 s 与图 3-12(b)中 0～0.52 s 所示;第二个阶段,当液态金属液滴达到一定体积时,水滴大部分体积都被挤到液态金属液滴的下部,液态金属上表面的水膜非常薄,肉眼已经难以看到,如图 3-12(a)中 0.24～0.56 s 与图 3-12(b)中 2.20～3.16 s 所示。随着液态金属的体积继续增大,最终发生颈缩,复合液滴落下了针头。

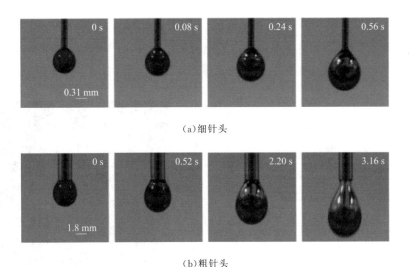

（a）细针头

（b）粗针头

图 3-12　红墨水示踪的复合液滴形成过程

## 3.4　液态金属流体相互作用特性

### 3.4.1　外加电场下液态金属-溶液界面的运动

利用液态金属进行电毛细研究的历史由来已久,而且液态金属电极是一种重要的电化学实验技术,如滴汞电极、旋转圆盘电极等[22]。但是,通常采用的实验材料是汞,因为汞的化学性质比较稳定,在空气中与溶液中都不容易发生化学反应。但是,汞的毒性限制了其在许多领域的应用。近年来,研究者开始采用更为安全的镓基液态金属进行实验。

Tang 等[23]利用电化学反应特性实现了镓铟锡液态金属液滴的驱动,如图 3-13 所示。研究者在一个充满碱性溶液的流道两端布置了石墨电极,加上直流电压之后,液态金属液滴向正极方向运动。研究者认为液态金属表面由于 $Ga(OH)_4^-$ 的存在而带有负电荷。外加电场会导致表面电荷分布不均匀,当产生足够大表面张力差时,就可以克服溶液的黏性阻力和基底的摩擦阻力,驱动液滴运动。基于液态金属液滴在电场中的运动,Tang 等[24]提出了液态金属泵,利用液态金属表面流动,带动周围的电解质流动,实现泵送与混合的功能。通过 CFD 仿真得到的涡流,与高速摄影机拍摄的颗粒轨迹一致。

Sheng 等[25]首次发现了一个具有普遍意义的基础科学现象和效应,即处于溶液中的液态金属在外加电场作用下可呈现出各种各样的多变形现象,相应工作被学术界认为“预示着柔性机器人新纪元的到来”,这一发现也成为研发液态金属柔性机器人的开端。试验中,通过引入外加电场,可易于实现液态金属在 NaOH 溶液中的大尺度变形,涉及结构化收缩、自旋、分形、融合、分解离散与定向驱动等方面,据此提出了液体机器以及可编程液态金属的概念,并指出在太空微重力条件下相应调控更加便捷,这一观点也引发后来的系列模拟试验研究。图 3-14

显示在表面张力梯度的驱动下,液态金属能从一个铺满培养皿的液膜变为一个液滴,面积变化率超过 1 000 倍。此外,还演示了电场下金属液滴的结构化定向驱动以及更多复杂运动模式。通过示踪粒子可以看到,液态金属的表面流动带动周围的溶液,形成了明显的涡流。

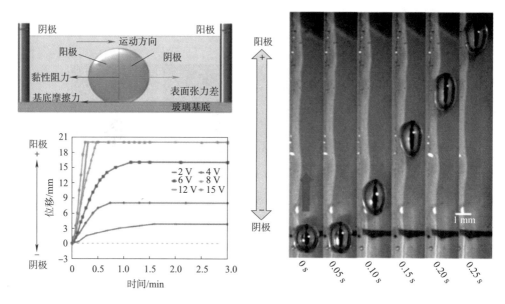

图 3-13　碱性溶液中镓铟锡合金液滴的电驱动[23]

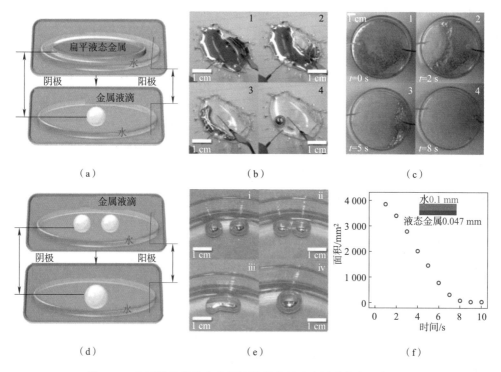

图 3-14　电场诱导的液态金属液滴的合并及金属膜的大尺度变形

除了流道中的金属液滴,在毛细管等受限空间中也可以驱动液态金属/溶液界面的运动。Fang 等[26]发现,将容器中液态金属通过毛细管与溶液连通外,并加直流电压,可在很低的电压下形成液态金属射流(见图 3-15)。笔者团队研究了这一 Plateau-Rayleigh 不稳定性问题的各种影响因素,总体上,射流速度与外加电压成正比,射流形成液滴的大小则取决于毛细管直径相应成果对于液态金属液滴以及固体颗粒的高效制造有重要意义。

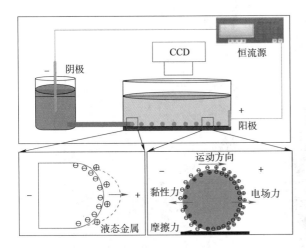
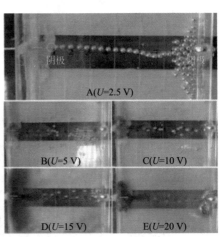

图 3-15 电驱动的液态金属射流[26]

## 3.4.2 液态金属自主运动

由于液态金属本身可以作为一个电极,如果在液态金属/溶液体系中引入另一种金属,两者中比较活泼的金属会被氧化,此时无须外加电场,该体系自身就是一个短路原电池。因为两种金属仅有局部发生接触,所以电化学反应集中在局部表面。表面的非均匀反应会使液态金属界面上产生较大的张力梯度,从而驱动其运动。

Zhang 等[27]首次发现了液态金属吞食铝后在碱性电解质溶液中实现自驱动的现象,这是液态金属最为令人匪夷所思的行为之一,在很多方面均有重要启示意义。如图 3-16 所示,镓基液态金属在溶解了少量铝之后,可以在 NaOH 溶液中长时间自发运动。当大量溶解有铝箔的液态金属被注入碱性溶液中时,由于表面反应的随机性,这些液滴会在溶液中自发随机运动,笔者所在实验室将其命名为宏观布朗运动模式[28]。铝的自腐蚀电位较低,因此,比镓基合金更为活泼,发生失电子的阳极反应。溶液中的 $H^+$ 得电子后产生氢气 $H_2$,因此液滴会在溶液中留下一连串的气泡轨迹。

除了铝以外,铜也可以与液态金属形成腐蚀原电池。当铜以颗粒的形式添加到液态金属/溶液体系中时,由于铜颗粒的扩散与运动,液态金属界面将表现出较为复杂的运动[29]。如图 3-17(a)所示,随机添加在液态金属表面的铜颗粒,导致其表面张力的随机变化,从而在溶液中不断变化形状。Tan 等[30]对这种电化学腐蚀导致的液态金属表面 Marangoni 流动进行了系统研究。通过连接到电位计上的饱和甘汞电极,测量了酸性溶液中距离铜电极不同位置处的液态金属表面电极电位,如图 3-17(b)所示。据此确定了液态金属表面不同位置的 Marangoni 应力,可以此作为边界条件,对液态金属的内部流场进行模拟计算。

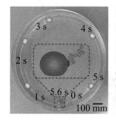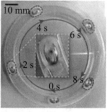

（a）培养皿中液态金属运动的俯视图

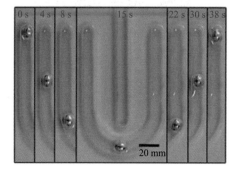

（b）V形槽道中液态金属的自驱动运动　　　（c）U形槽道中液态金属的自驱动运动

图 3-16　氢氧化钠溶液环境中含铝液态金属柔性液滴沿着不同的
几何形状进行自适应变形的自驱动运动

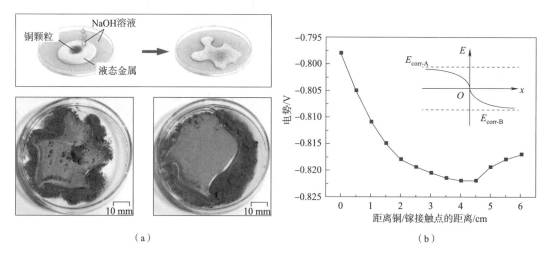

（a）　　　　　　　　　　　　　　　　（b）

图 3-17　电化学腐蚀引起的液态金属表面电极电位的变化

### 3.4.3  温度梯度驱动的液态金属界面运动

液体的表面张力随着温度的升高而下降。温度梯度引起表面张力梯度,从而导致液体的 Marangoni 流动,亦称热毛细运动。以往关于液态金属的热毛细流动研究,主要集中在冶金、焊接等高温金属领域。铸造过程中,金属内部的气泡运动对于铸件质量有重要影响[31]。研究焊点处的热毛细流动也有助于提高焊接质量[32]。对于低熔点液态金属,在热源温度不高的情况下,金属的高热导率会很快使整体的温度达到均匀,因此热毛细的影响并不明显。Tan 等[30]基于图 3-18(横坐标为沿着正向流动方向,液态金属和 HCl 溶液的位置坐标)的实验装置,对温度梯度引起的液态金属热毛细流动现象进行了研究。基于 Boussinesq 假设计算,可得到在 23 ℃温差下的最大表面流速为 8 mm/s。

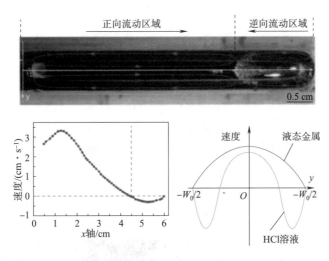

图 3-18  温度梯度引起的液态金属 Marangoni 流动

### 3.4.4  pH 梯度驱动的液态金属界面运动

溶液的 pH 会影响液态金属双电层电荷量,从而影响液态金属表面张力。通常在溶液中,离子的扩散难以人为控制,pH 对于液态金属/溶液界面张力的影响不易确定。Zavabeti 等[33]利用图 3-19 所示的流道结构研究了不同 pH 环境下的液态金属界面张力梯度。通过改变离子浓度的不平衡,实现了液态金属的自驱动。

### 3.4.5  压力梯度驱动的液态金属流动

低熔点液态金属处于流体状态时,最为简单的驱动方式之一就是通过外在压力泵送。图 3-20 展示了液态金属被注入表面活性剂水溶液中时形成的射流[34]。实验研究了注射速度、注射针的孔径大小、液体的密度、黏度和表面活性剂等因素对射流的影响。该方法可供用于制造颗粒及金属线,Yu 等[34]归纳给出了试验得出的对应的各种液态金属射流及射线结构。总的说来,射流破碎产生液滴的原理是由于毛细不稳定性,若控制好相应流体参数,可以获得从点到不规则棒状乃至线型各种结构。当两种密度不同的液体以不同的相对运动时,在惯性力与表面张力的控制下,射流会发生颈缩并破裂成液滴[35]。该原理常被用于微流控系统中,在设计好的流道中生成特定尺寸的液滴[36]。

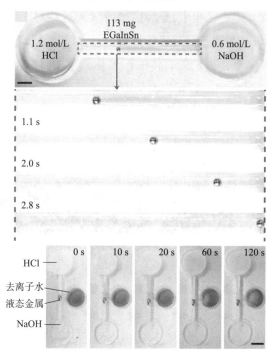

图 3-19　离子不平衡引起液态金属的自驱动

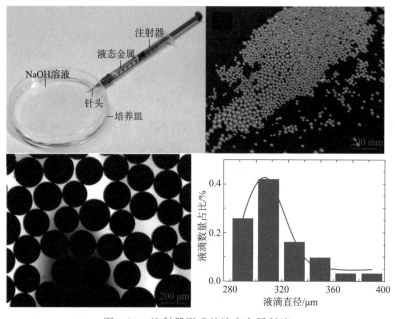

图 3-20　注射器形成的液态金属射流

### 3.4.6　液态金属双流体热驱动

相是指物质的存在状态,一般物质可分为气相、液相、固相、等离子相四种相态。因此,以上研究中涉及的问题,准确来说是单相双组分流体的流动与传热问题,不存在相变过程。为了简便起见,可将两种不同的流体也称为两相。于是当热流密度足以使水相流体沸腾时,将产生气相,形成气-液-液三相界面的运动与传热。

Tang 等[37]利用液态金属-异戊烷双流体工质,制作了热气动液态金属磁流体发电装置(见图 3-21)。由于巨大的密度差,液态金属与异戊烷在底部容器中静置分层。从底部进行加热,低沸点工质异戊烷发生相变,导致底部容器内压力增大,将底层的液态金属以液塞的形式泵送至上层容器,冷却后重新回到底部容器。通过两侧流道的高度差,实现混合工质的单向循环。

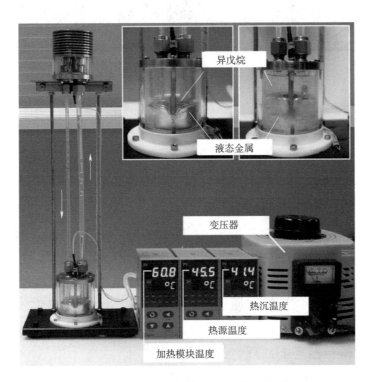

图 3-21　热气动液态金属磁流体发电装置[37]

Yang 等[38]开展了液态金属-溶液双流体的池沸腾实验。当水相溶液在烧杯中被加热至沸腾时,杯底产生的气泡将被液态金属聚集。气泡长大后将金属顶起,直到突破其表面。大量产生的气泡将产生强烈的扰动,将金属不断打碎,直到成为小液滴(图 3-22,图中 LM 代表液态金属)。此项工作还发现,在一定的高温下,液态金属表面产生的氧化物容易与周围溶液反应而被降解掉,因而实际上更有利于制造纯的液滴。

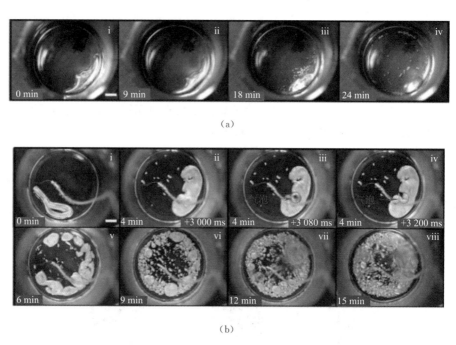

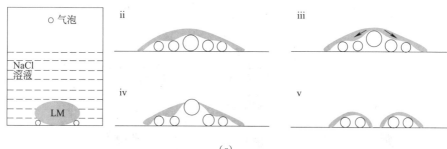

图 3-22　液态金属在沸腾溶液中的破碎过程

# 3.5　液态金属与固体界面相互作用特性

## 3.5.1　液态金属机器与铜丝耦合的自激振荡

Yuan 等[39]首次发现铜丝在预先吞食有铝材料的液态金属机器内部会出现周期性的自激振荡，这种振荡现象实现了液态金属和固体之间的耦合。如图 3-23 所示，当把铜丝接触到吞噬铝的液态金属液滴（$GaIn_{10}$）时，铜丝会被浸润然后被液态金属液滴吞噬。略微停顿一会儿，铜丝开始在液态金属内部水平摆动，周期性的振荡现象得以发生。此外，用不锈钢丝触碰液态金属，还可对铜丝的振荡行为加以调频调幅操控。其背后的主要机制在于，铝与碱溶液反应引发液态金属与铜丝两端出现浸润力差异，这为未来的柔性机器研制打开了新的思路。

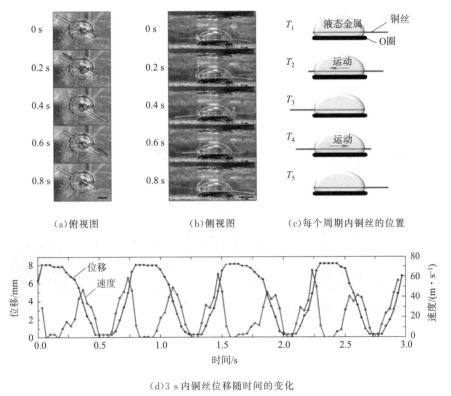

(a)俯视图          (b)侧视图          (c)每个周期内铜丝的位置

(d)3 s 内铜丝位移随时间的变化

图 3-23  铜丝在液态金属内部的自激振荡现象

## 3.5.2  石墨表面的液态金属自由塑形效应

在不使用电场的情况下,研究者发现了一种液态金属塑形的新方法[40]。试验表明,在碱性电解液中,放置于石墨表面的液态金属液滴可以转变成暗淡的圆饼状。并且,通过液态金属与石墨之间的内在相互作用,可以将石墨上的液态金属在半开放空间内操纵成各种稳定的形状,这是一种简单可行的塑造液态金属形状的方法(见图 3-24)。其主要机理在于,液态金属和石墨之间形成原电池,在这个过程中,液态金属作为负极被氧化,从而实现了无电场作用下的任意塑形。

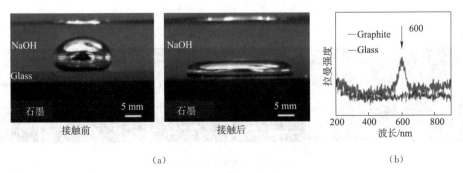

(a)                                    (b)

图 3-24  浸没在电解液中的液态金属在石墨板上的塑形

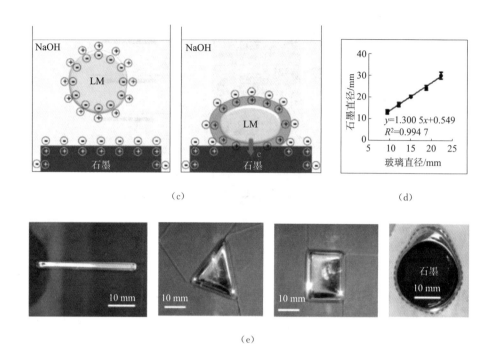

(c)

(d)

(e)

图 3-24 浸没在电解液中的液态金属在石墨板上的塑形[40]（续）

　　进一步地，研究者发现，在碱性电解液中，将液态金属和铝混合后形成的混合体系置于石墨基体上时，液态金属可以展现出不同寻常的类阿米巴仿生行为[41]。并且，实验发现含有不同铝含量的液态金属表现出不同的行为。含铝量越少的液态金属其运动起来更易形成类阿米巴运动（见图 3-25）。这个现象的机理主要在于表面张力梯度的影响。这里，表面张力梯度来源于铝反应导致的还原效应和石墨氧化导致的氧化效应。

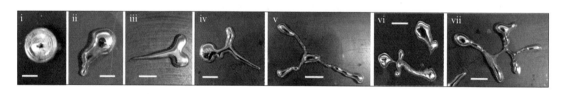

（a）碱性溶液中含铝液态金属在石墨板上的类阿米巴变形运动

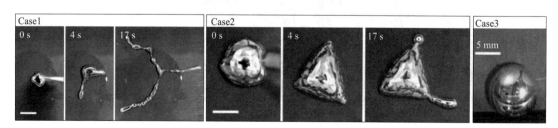

（b）三种典型的含铝液态金属的变形行为

图 3-25 含铝液态金属的变形行为

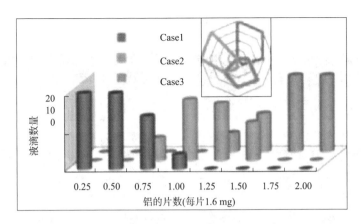

（c）展现出不同变形行为的含有不同铝含量的液态金属的分类统计表[41]

图 3-25　含铝液态金属的变形行为（续）

### 3.5.3　复合液滴撞击固体壁面行为

为了评估复合液态金属弹珠在自由落体撞击之后的动力学特性，将一个没有包裹的液态金属液滴与复合液态金属弹珠进行了对比。图 3-26（a）与图 3-26（b）分别展示了表面氧化了的液态金属液滴与复合液态金属弹珠在室温下大气环境中撞击不锈钢板的动态过程。如图 3-26（a）所示，在液态金属液滴尾部，始终有一个尾巴，直到撞击之后发生变形。这是因为下落过程中，氧化层阻止了液滴表面能的释放[42]。根据液滴直径随时间的变化，液态金属液滴的动态过程可以划分为初始阶段、铺展阶段、后退阶段与振荡阶段四个过程。在液滴撞击的初始阶段，由于表面张力的作用，液滴能始终维持部分球形。随着液滴继续向下运动，撞击压力使液滴的速度由垂直方向迅速转变为径向方向。因此产生了壁面射流。在随后的铺展阶段中，由于 Rayleigh-Taylor 不稳定性的作用[43]，在液滴边缘形成了指状突出。随着铺展直径的增大，指状突出逐渐增大，液滴逐渐变成一个圆盘，直到在 $t = 6.97$ ms 达到其最大铺展直径。之后，表面张力与黏性力克服了惯性力，流体聚集在圆盘边缘，并开始后退。黏性耗散最终导致液滴达到稳定，并形成了一个圆液膜（$t = 124.83$ ms）。

液态金属作为一种特殊的流体材料，兼具金属与流体的双重特性，在一系列领域展现出广阔的应用前景，如芯片冷却、软体机器、生物医学、电子打印等。而液态金属流体力学特性在设计和操纵液态金属中有着基础性作用。未来，液态金属流体特性研究可以从更多方面开展。

首先是液态金属双流体的界面物理化学特性。常规流体的界面性质已经得到了广泛的研究，但是，液态金属作为一种金属流体，与常规的有机或无机流体具有很大差异。许多关于金属-溶液体系的重要参数，都需要从理论上或实验上进行确定。其次，传统的宏观热力学与电化学方法，在应用于液态金属双流体的研究时有诸多不足。许多界面力学与电化学性质，无法从宏观上精确描述。物性参数的测量也存在诸多困难。因此，需要开发新的实验手段与合适的理论方法,对其进行定量的研究。

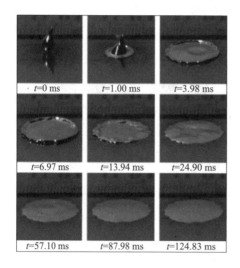

(a)4.77 mm 的液态金属液滴

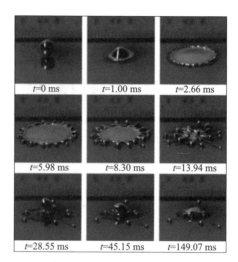

(b)5.38 mm 的复合液态金属弹珠

(c)图(a)的侧视图

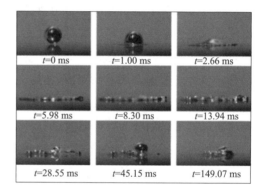

(d)图(b)的侧视图

图 3-26　液态金属液滴在 1.90 m/s 速度下的撞击过程

　　液态金属表面上,水相溶液的蒸发与沸腾等相变过程具有不同于固体表面的特殊性,关于该问题的研究相对缺乏。如果涉及受限空间,如管道中或腔体中,问题将变得更加复杂。界面的变形与滑移对于相变过程具有怎样的影响仍然是未知的。

　　液态金属与水溶液、金属结构材料的相容性,对于散热、印刷电子、生物医学等领域的应用都非常关键,甚至会影响液态金属技术的产业化进程。如何避免液态金属与溶液或其他金属发生反应,使其能保持稳定安全的状态,涉及表面防护、材料改性等方面的技术。

　　液态金属与微通道技术相结合,是一种重要的热管理技术方向。液态金属双流体在微小通道中,无相变和有相变状态下的对流换热规律,对于散热性能的提高具有重要意义。实验方面,需要积累更多的数据,对不同工况下的双流体流动压降与换热系数进行测量。数值计算需要开发简洁高效的数值方法,对系统整体进行有效快速的优化。

## 参考文献

[1]　MA K Q,LIU J. Nano liquid-metal fluid as ultimate coolant[J]. Physics Letters A,2007,3:252-256.

[2]　LIU J. Nano liquid metal materials：When nanotechnology meets with liquid metal[J]. Nanotech Insights,2016,7(4):2-6.

[3]　ZHANG X D,SUN Y,CHEN S,et al. Unconventional hydrodynamics of hybrid fluid made of liquid metals and aqueous solution under applied fields[J]. Frontiers in Energy,2018,12(2):276-296.

[4]　张珊珊. 镓基液态金属热物性的测量研究[D]. 北京:中国科学院理化技术研究所，2013.

[5]　丁玉杰. 液态金属双流体的流动与传热特性研究[D]. 北京:中国科学院理化技术研究所，2019.

[6]　ICHIMURA K,OHS K, NAKAGAWA  M. Light-driven motion of liquids on a photoresponsive surface[J]. Science,2000,288(5471):1624-1626.

[7]　PIMIENTA V,BROST M,KOVALCHUK N,et al. Complex shapes and dynamics of dissolving drops of dichloromethane[J]. Angewandte Chemie International Edition,2011,50(45):10728-10731.

[8]　YAKHSHI E,CHO H J,KUMAR R. Droplet actuation on a liquid layer due to thermocapillary motion：shape effect[J]. Applied Physics Letters,2010,96(26):264101.

[9]　BERRY J D,NEESON M J,DAGASTINE R R,et al. Measurement of surface and interfacial tension using pendant drop tensiometry[J]. Journal of Colloid and Interface science,2015,454:226-237.

[10]　SCHARMANN F,CHERKASHININ G,BRETERNITZ V,et al. Viscosity effect on GaInSn studied by XPS，surface and interface analysis:an international journal devoted to the development and application of techniques for the analysis of surfaces[J]. Interfaces and Thin Films,2004,36(8):981-985.

[11]　BOCKRIS J M,ENYO M. Electrodeposition of gallium on liquid and solid gallium electrodes in alkaline solutions[J]. Journal of the Electrochemical Society,1962,109(1):48-54.

[12]　HANDSCHUH-WANG S, CHEN Y,ZHU L,et al. Electric actuation of liquid metal droplets in acidified aqueous electrolyte[J]. Langmuir, 2018,35(2):372-381.

[13]　POURBAIX M. Atlas of electrochemical equilibria in aqueous solutions[Z]. NACA, 1984,

[14]　CHUNG Y,LEE C W. Electrochemistry of gallium[J]. Journal of Electrochemical Science and Technology，2013,4(1):1-18.

[15]　LIU T, SEN P,KIM C J. Characterization of nontoxic liquid-metal alloy galinstan for applications in microdevices[J]. Journal of Microelectromechanical Systems,2012,21(2):443-450.

[16]　REGAN M,PERSHAN P S,MAGNUSSEN O,et al. X-ray reflectivity studies of liquid metal and alloy surfaces[J]. Physical Review B,1997,55(23):15874.

[17]　REGAN M,TOSTMANN H, PERSHAN P S,et al. X-ray study of the oxidation of liquid-gallium surfaces[J]. Physical Review B,1997,55(16):10786.

[18]　XU Q,OUDALOV N,GUO Q,et al. Effect of oxidation on the mechanical properties of liquid gallium and eutectic gallium-indium[J]. Physics of Fluids,2012,24(6):063101.

[19]　RANDLES J,BEHR B,BORKOWSKA Z. Adsorption at fluid interfaces Ⅱ. Surface tension at the interface between a binary liquid mixture and an ideal polarized mercury electrode[J]. Journal of Electroanalytical Chemistry and Interfacial Electrochemistry,1975,65(2):775-797.

[20]　PARSA M,HARMAND S,SEFIANE K. Mechanisms of pattern formation from dried sessile drops[J]. Advances in Colloid and Interface Science，2018,254:22-47.

[21]  YI L, DING Y, YUAN B, et al. Breathing to harvest energy as a mechanism towards making a liquid metal beating heart[J]. RSC Advances, 2016, 6(97): 94692-94698.

[22]  BARD A J, FAULKNER L R, LEDDY J. Electrochemical methods: fundamentals and applications [M]. New York: Wiley, 1980.

[23]  TANG S Y, SIVAN V, KHOSHMANESH K. Electrochemically induced actuation of liquid metal marbles[J]. Nanoscale, 2013, 5(13): 5949-5957.

[24]  TANG S Y, KHOSHMANESH K, SIVAN V, et al. Liquid metal enabled pump[J]. Proceedings of the National Academy of Sciences, 2014, 111(9): 3304-9.

[25]  SHENG L, ZHANG J, LIU J. Diverse transformations of liquid metals between different morphologies[J]. Advanced Materials, 2014, 26(34): 6036-6042.

[26]  FANG W Q, HE Z Z, LIU J. Electro-hydrodynamic shooting phenomenon of liquid metal stream[J]. Applied Physics Letters, 2014, 105(13): 134104.

[27]  ZHANG J, YAO Y, SHENG L, et al. Self-fueled biomimetic liquid metal mollusk[J]. Advanced Materials, 2015, 27(16): 2648-2655.

[28]  YUAN B, TAN S, ZHOU Y, et al. Self-powered macroscopic brownian motion of spontaneously running liquid metal motors[J]. Science bulletin, 2015, 60(13): 1203-1210.

[29]  TANG J, ZHAO X, ZHOU Y, et al. Triggering and tracing electro-hydrodynamic liquid-metal surface convection with a particle raft[J]. Advanced Materials Interfaces, 2017, 4(22): 1700939.

[30]  TAN S, YANG X H, DING H Y J, et al. Galvanic corrosion couple-induced marangoni flow of liquid metal[J]. Soft Matter, 2017, 13(12): 2309-2314.

[31]  YIN H, EMI T. Marangoni flow at the gas/melt interface of steel[J]. Metallurgical and Materials Transactions B, 2003, 34(5): 483-493.

[32]  ZHANG W G, ROY B, ELMER J, et al. Modeling of heat transfer and fluid flow during gas tungsten arc spot welding of low carbon steel[J]. Journal of Applied Physics, 2003, 93(5): 3022-3033.

[33]  ZAVABETI A, DAENEKE T, CHRIMES A F, et al. Ionic imbalance induced self-propulsion of liquid metals[J]. Nature Communications, 2016, 7: 12402.

[34]  YU Y, WANG Q, YI L, et al. Channelless fabrication for large-scale preparation of room temperature liquid metal droplets[J]. Advanced Engineering Materials, 2014, 16(2): 255-262.

[35]  BAROUD C N, GALLAIRE F, DANGLA R. Dynamics of microfluidic droplets[J]. Lab on a Chip, 2010, 10(16): 2032-2045.

[36]  DOLLET B, HOEVE W V, RANEN J P, et al. Role of the channel geometry on the bubble pinch-off in flow-focusing devices[J]. Physical Review Letters, 2008, 100(3): 034504.

[37]  TANG J, WANG J, LIU J, et al. A volatile fluid assisted thermo-pneumatic liquid metal energy harvester[J]. Applied Physics Letters, 2016, 108(2): 023903.

[38]  YANG L, ZHAO X, XU S, et al. Oxide transformation and break-up of liquid metal in boiling solutions[J]. Science China Technological Sciences, 2019(1-8).

[39]  YUAN B, WANG L, YANG X, et al. Liquid metal machine triggered violin-like wire oscillator[J]. Advanced Science, 2016, 3(10): 1600212.

[40]  HU L, WANG L, DING Y, et al. Manipulation of liquid metals on a graphite surface[J]. Advanced Materials, 2016, 28(41): 9210-9217.

［41］ HU L，YUAN B，LIU J. Liquid metal amoeba with spontaneous pseudopodia formation and motion capability［J］. Scientific Reports，2017，7(1)：7256.

［42］ LI H，MEI S，WANG L，et al. Splashing phenomena of room temperature liquid metal droplet striking on the pool of the same liquid under ambient air environment［J］. International Journal of Heat and Fluid Flow，2014，47：1-8.

［43］ PASANDIDEH M，BHOLA R，CHANDRA S. Deposition of tin droplets on a steel plate：simulations and experiments［J］. International Journal of Heat and Mass Transfer，1998，41(19)：2929-2945.

# 第4章  液态金属热学特性

液态金属作为一种兼具流动性、高导热性、高体积相变潜热的材料，为先进热管理技术的发展带来了颠覆性变革。例如，将液态金属通过浸润性改性后制备的热界面材料的热阻远低于现有硅脂基热界面材料；将液态金属作为流体散热介质，其换热系数远高于现有液冷技术；将液态金属（低熔点合金）作为相变热控材料，则具有单位体积相变潜热大、相变材料内温度梯度小、相变前后体积变化小等显著优势[1,2]。发展液态金属热学材料与应用技术不仅具有重大的科学研究价值，还将为各类先进光电芯片及高功率密度器件的可持续发展提供关键支撑。液态金属材料优异的热学性质是其作为先进热控材料的核心之处。本章将重点论述液态金属热学材料及其性质，主要包括熔点特性、相变及潜热特性、导热特性与导热增强特性，以及其作为热界面材料的典型应用。

## 4.1  液态金属熔点特性

如前所述，液态金属是一大类金属及合金材料，在常温下即可呈液态。与其他金属材料相比，液态金属具有流动性好的显著特征，同时还具备其他金属材料所没有的低熔点特性，熔融状态下可以非常方便地作为热界面材料的基材，还可以作为高性能流体散热材料。下面针对几类典型的低熔点液态金属分别进行论述。

### 4.1.1  单质液态金属

常温常压（<30 ℃，约 0.1 MPa）条件下以液态存在的金属单质有汞、铯和镓三种，其热学性质见表 4-1。

**表 4-1  单质液态金属的热学性质[3]**

| 液态金属 | 熔点/℃ | 沸点/℃ | 蒸气压/Pa | 比热容/ (kJ·kg$^{-1}$·K$^{-1}$) | 密度/ (kg·m$^{-3}$) | 热导率/ (W·m$^{-1}$·℃$^{-1}$) |
|---|---|---|---|---|---|---|
| 汞 | −38.87 | 356.65 | 0.224(a) | 0.139① | 13 546(a) | 8.34(a) |
| 铯 | 28.65 | 2 023.84 | 1.333×10$^{-4}$(b) | 0.236② | 1 796(b) | 17.4(b) |
| 镓 | 29.8 | 2 204.8 | 1.333×10$^{-10}$ | 0.37③ | 5 907(c) | 29.4(c) |

注：①指 25 ℃；②指 100 ℃；③指 50 ℃。

不同于汞和铯[4-6]，金属镓既没有毒性，也没有危险性，是一种十分安全的金属材料。然而，以往应用中绝大多数利用的是其化合物形态，镓的金属特性尤其是低熔点特性长期被忽视。除其低熔点特性外，金属镓（液态）还有显著的过冷现象，其过冷度甚至可以达到 80 ℃

以上[7]，也就是说，在一定条件下即使到－50 ℃，液态镓也不会凝固。在纳米尺度下，封装在碳纳米管内的金属镓在－80 ℃仍然可以保持液态[8]。通常所说的凝固温度，是指十分缓慢凝固条件下材料凝固的温度。但实际中当材料从高温快速冷却到凝固点时，材料并不会马上凝固，需要冷却到比凝固点更低的温度材料才会迅速凝固，这个更低一点的温度与材料的熔点之间的温度差称为过冷度。

## 4.1.2 碱金属合金

碱金属合金也是一大类低熔点液态金属。碱金属一般都是银白色的金属，具有密度小、熔点和沸点都比较低的共同特点。不同碱金属之间形成的合金，其熔点可以达到更低温度。典型碱金属合金及其熔点见表 4-2。碱金属合金除了大家所熟知的钠钾合金之外，还包括 Cs-K、Cs-Na、K-Rb、Cs-Rb、Na-Rb 等五类二元合金体系，以及更为复杂的三元合金与多元合金体系。其中，Na-K 是最典型的二元碱金属合金体系，含钾 40%～90%（质量分数）的钠钾合金均具有低于室温的熔点[9]。

表 4-2　典型碱金属合金及其熔点[9]

| 合金组分 | 熔点/℃ | 共晶合金 |
| --- | --- | --- |
| $Cs_{73.71}K_{22.14}Na_{4.14}$ | −78.2 | 是 |
| $Cs_{77}K_{23}$ | −37.5 | 否 |
| $Cs_{94.6}Na_{5.4}$ | −31.8 | 是 |
| $K_{76.7}Na_{23.3}$ | −12.6 | 是 |
| $K_{78}Na_{22}$ | −11 | 否 |
| $Na_{6.2}Rb_{93.8}$ | −4.5 | 是 |

以钠钾合金为例，其相图如图 4-1 所示，$K_{76.7}Na_{23.3}$ 为共晶合金组分，其熔点仅为 −12.6 ℃。共晶合金是指处于共晶点成分，凝固组织全部由共晶体组成的合金。对于共晶合金来说，有固定的熔点，通俗来讲像纯金属一样。共晶合金一般具有该合金体系中最低的熔点，$Cs_{73.71}K_{22.14}Na_{4.14}$ 共晶合金的熔点就低至 −78.2 ℃，是当前已知的最低熔点合金。尽管碱金属都能与水和空气发生

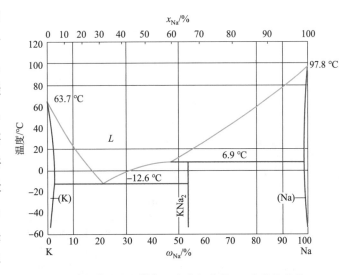

图 4-1　钠钾合金相图[10]（$x$ 为摩尔分数，$w$ 为质量分数）

剧烈的化学反应,属于危险物,但碱金属合金朝着低温区极大地拓展了低熔点合金的熔点范围,为科学研究及实际应用提供了更多选择。寻找具有更低熔点的合金将是液态金属研究领域的重要方向之一,尤其是熔点小于 120 K(−152.15 ℃)的低温液态金属若能有所突破,将对物质科学及前沿应用技术产生重大影响,这方面碱金属基合金是最有可能实现的。

### 4.1.3　镓基合金

在冶金行业,合金化是降低金属熔点最有效的方法,镓与铟、锡、铋、锌等均可形成熔点更低的稳定合金。

图 4-2 所示为典型镓基二元合金(Ga-In 合金)相图,相图的横坐标为铟原子的占比。因为少量的镓原子可以溶入铟基体的晶格中形成金属固溶体,而铟原子很难溶入镓基体的晶格中,所以,图中右端存在固溶线而左端没有。Ga-In 合金的共晶温度为 15.8 ℃,共晶成分中 In 的浓度为 14.2%,折算成质量分数是 21.42%。Ga-In 合金相变潜热为 5 738.0 J/mol,即 75.4 J/g,在共晶点的结晶和熔化相变为

$$液相 \underset{共熔}{\overset{结晶}{\rightleftharpoons}} A11 + A6 \tag{4-1}$$

式中,A11 为 α-Ga 晶体;A6 为铟基体中溶有镓原子的固溶体。A6 的成分为 98.18% In(原子浓度),折算成质量分数是 98.89%。根据杠杆定律,Ga-In 合金发生共晶相变时,所生成两种晶体的质量分数分别为

$$w_{A11} = \frac{98.89 - 21.42}{98.89 - 0} \times 100\% = 78.34\% \tag{4-2}$$

$$w_{A6} = \frac{21.42 - 0}{98.89 - 0} \times 100\% = 21.66\% \tag{4-3}$$

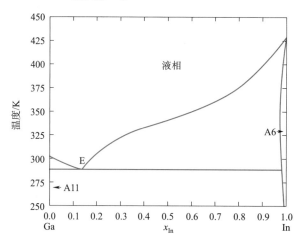

图 4-2　Ga-In 合金相图 [11]

当前诸多文献对镓基合金熔点的记录不多,并且比较分散,甚至存在明显矛盾。高云霞及邓月光等[9,12]系统总结了低熔点镓基合金配比,并对其进行了实验验证,部分典型镓基合金及其熔点见表 4-3。

表 4-3　部分典型镓基合金及其熔点

| 镓基合金 | 熔点/℃ | 镓基合金 | 熔点/℃ |
|---|---|---|---|
| $Ga_{61}In_{15}Sn_{13}Zn_1$ | 8 | $Ga_{30}In_{60}Sn_{10}$ | 12 |
| $Ga_{66.4}In_{20.9}Sn_{9.7}Zn_3$ | 8.5 | $Ga_{67}In_{29}Zn_4$ | 13 |
| $Ga_{68}In_{21}Sn_{9.5}Bi_{0.75}Zn_{0.75}$ | 9 | $Ga_{75}In_{25}$ | 16 |
| $Ga_{66}In_{20.5}Sn_{13.5}$ | 10 | $Ga_{72}In_{12}Zn_{16}$ | 17 |
| $Ga_{69.8}In_{17.6}Sn_{12.6}$ | 10.8 | $Ga_{92}Sn_8$ | 20 |
| $Ga_{68}In_{21}Sn_{9.5}Bi_{1.5}$ | 11 | $Ga_{95}Zn_5$ | 25 |

从表 4-3 可以看出,已知的镓基合金熔点最低为 8 ℃。其中,$Ga_{66}In_{20.5}Sn_{13.5}$(商品名:Galinstan)在部分文献中描述其熔点为 −19 ℃[13],但利用 DSC 测试其熔化曲线,实际结果为 10 ℃。值得一提的是,与金属镓类似,镓基合金一般也存在较大的过冷度。这意味着降温过程中即使温度低于其熔点,液态镓基合金仍然可能不凝固。部分文献中报道的数据与实际结果的较大出入应该就是过冷造成的。从这个角度看,镓基合金自身也存在一定的抗低温能力,这对某些场合的应用是有利的。

# 4.2　液态金属相变特性

## 4.2.1　概　述

相变通常是指物质在固、液、气三种相态之间转变,常见的有固-液相变(熔化或凝固)、液-气相变(汽化或凝结),也有固-气之间的相转变(升华或凝华),还有固-固相变(晶体结构的变化)。相变在储热及热控等领域有非常重要的应用。在相变储热和相变热控技术中,都涉及一个核心的工作介质,也就是相变材料。所谓相变材料,是指在一定温度或温度范围内发生固液相转变的一类材料。在相变过程中,相变材料与周围环境交换大量热量,同时其温度几乎保持不变。一般而言,材料处于液相时其分子(或原子)间距较大,分子间相互作用势能较小;而处于固相时,分子排布更加规律和紧凑,分子间作用势能较大。在固液相变过程中,材料需要吸收(或释放)大量热量以补充(或释放)分子间的作用势能,这部分热量称为相变潜热,也称熔化潜热。

相变潜热最大的特点在于,这部分热量的吸收或释放并不会引起相变材料温度的改变。以金属镓的熔化过程为例,将一小块固态镓置于 32 ℃ 环境当中,金属镓吸热并开始熔化。在镓块熔化过程中,其固液混合物的温度始终保持在其熔点,直到其完全熔化。与熔化(或凝固)过程相对应的相变潜热称为熔化潜热,与汽化(或凝结)过程相对应的相变潜热称为汽化潜热。下文中所提到的相变潜热均默认为是熔化潜热。

金属相变材料包括纯金属和合金,其熔点覆盖范围较广,从室温附近到成百上千度高温都有。金属类相变材料最大的特点在于其热导率高,相比有机和无机相变材料高出两个数量级。高的热导率意味着优良的传热性能和高的储热效率,正因如此,金属相变材料近年来备受关注。熔点在室温附近的金属也称低熔点金属或液态金属,其相变潜热一般在 100 kJ/kg 以内,以镓、镓基合金以及铋基合金为主。对液态金属而言,通常是利用其由固相到液相的吸热特性来进行热量的存储或对芯片及光电器件进行热控。

与潜热不同的是,显热的吸收或释放会导致材料温度的变化。下面以一个典型的加热及冷却过程为例来说明二者的差别。图 4-3 为液态金属相变材料的熔化及凝固过程示意图。液态金属初始时处于固体状态,对其进行加热,首先吸收显热而温度升高。当其温度到达熔点时,继续加热,液态金属开始熔化并且温度保持不变,直到完全变为液态。液态金属在液相下继续吸收显热,温度持续升高。在冷却过程中,液态金属先释放先热,温度下降。由于液态金属具有显著的过冷效应,一般在冷却过程中可以观察到明显的过冷。过冷到其过冷度所处温度后,液态金属开始凝固,凝固过程中,温度维持在熔点不变,完全凝固后,继续释放显热,其温度持续下降,直至与冷源达到平衡。一般而言,相变材料的潜热要远大于其显热。

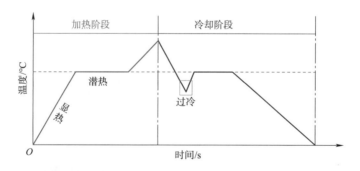

图 4-3　液态金属相变材料的熔化及凝固过程示意图

液态金属类相变材料一般密度较大,这既是一个优势,又是一个不足。密度大意味着单位体积的相变潜热大,也就是储能密度大,结构紧凑。但同时,密度大意味着单位体积的质量大,这在一些对质量敏感的应用场合(如飞行及航天设备)是不利的。此外,液态金属相变材料一般价格较高,这也在一定程度上限制了其普及应用,特别是在用量较大的场合更是如此。至于在用量较小的芯片热控领域及一些对价格不敏感的特殊场合,则不会受到这一限制。液态金属相变材料也可以与其他传统相变材料(如石蜡等)或多孔材料(如膨胀石墨等)进行复合,制备成液态金属复合相变材料,从而做到扬长避短。图 4-4 所示为一款液态金属复合相变材料及其性能标准,其相变温度在 50～80 ℃ 范围内随不同配比可调,单位质量相变潜热相比液态金属而言有显著的提升,而单位体积相变潜热及热导率则充分发挥了液态金属的优势,显著高于传统相变材料。此外,这种新型液态金属复合相变材料还具有相变后不流动的特点。值得一提的是,金属镓在由固到液的相变过程中体积会收缩,这与大多数相变材料相反,利用这一特性可以通过合金化及复合材料等手段实现相变材料更小的热膨胀率,理想情况下甚至可能实现零膨胀。

| 参数 | 性能标准 |
|---|---|
| 相变温度 | 50~80 ℃可调 |
| 相变潜热 | ≥100 J/g |
|  | ≥200 J/cm³ |
| 热导率 | ≥5 W/(m · ℃) |
| 热膨胀率 | <3% |

图 4-4　液态金属复合相变材料及性能标准

如上所述,镓及其合金的熔点一般在 30 ℃以下。而在芯片热控领域,芯片工作温度往往会超出这一温度范围,一般需要 60 ℃左右熔点的相变材料进行热控。在这一领域,铋基合金可以较好地满足相关需求(铋基合金的熔点一般在 60 ℃及以上)。熔点在 30～60 ℃的金属相变材料一般含铅、镉等重金属元素。熔点在 58 ℃附近的几种代表性铋基合金及其熔点、相变潜热见表 4-4。熔点在 30～60 ℃的无毒环保金属相变材料当前研究还相对较少,而这一温区又是电子设备热管理常用温区,因此寻找这一温区的合金材料是当前非常值得深入探索的研究方向。更宽熔点范围的金属相变材料及其热物性见表 4-5。

**表 4-4　熔点在 58 ℃附近的几种代表性铋基合金及其熔点、相变潜热[14]**

| 合金成分 | 熔点/℃ | 相变潜热/(J · g$^{-1}$) |
|---|---|---|
| $Bi_{35}In_{48.6}Sn_{15.9}$ | 60 | 29.88 |
| $Bi_{49.1}In_{20.6}Sn_{11.6}Pb_{17.9}Cd_{5.3}$ | 54 | 27.22 |
| $Bi_{49.1}In_{20.6}Sn_{11.6}Pb_{17.9}Ga_{0.5}$ | 56 | 28 |
| $Bi_{49}In_{21}Sn_{12}Pb_{18}$ | 57.6 | 27.3 |
| $Bi_{35}In_{48.6}Sn_{15.9}Zn_{0.4}$ | 59.1 | 28.81 |

**表 4-5　更宽熔点范围的金属相变材料及其热物性**

| 金属或合金 | 熔点/℃ | 潜热/(kJ · kg$^{-1}$) | 密度/(kg · m$^{-3}$) | 比热容/(kJ · kg$^{-1}$ · K$^{-1}$) | 热导率/(W · m$^{-1}$ · K$^{-1}$) |
|---|---|---|---|---|---|
| Hg | −38.87 | 11.4 | 13 546(l) | 0.139(l) | 8.34(l) |
| Cs | 28.65 | 16.4 | 1 796(l) | 0.236(l) | 17.4(l) |
| Ga | 29.76 | 80.16 | 5 904(s)/6 095(l) | 0.372(s)/0.398(l) | 33.49(s)/33.68(l) |
| Rb | 38.89 | 25.74 | 1 470 | 0.363 | 29.3 |
| $Bi_{44.7}Pb_{22.6}In_{19.1}Sn_{8.3}Cd_{5.3}$ | 47 | 36.8 | 9 160 | 0.197 | 15 |
| $Bi_{49}In_{21}Pb_{18}Sn_{12}$ | 58.2 | 23.4 | 9 307(s) | 0.213(s)/0.211(l) | 7.143(s)/10.1(l) |

续表

| 金属或合金 | 熔点/℃ | 潜热/(kJ·kg$^{-1}$) | 密度/(kg·m$^{-3}$) | 比热容/(kJ·kg$^{-1}$·K$^{-1}$) | 热导率/(W·m$^{-1}$·K$^{-1}$) |
|---|---|---|---|---|---|
| Bi$_{31.6}$In$_{48.8}$Sn$_{19.6}$ | 60.2 | 27.9 | 8 043 | 0.270(s)/0.297(l) | 19.2(s)/14.5(l) |
| K | 63.2 | 59.59 | 664 | 0.78 | 54 |
| Bi$_{50}$Pb$_{26.7}$Sn$_{13.3}$Cd$_{10}$ | 70 | 39.8 | 9 580 | 0.184 | 18 |
| Bi$_{52}$Pb$_{30}$Sn$_{18}$ | 96 | 34.7 | 9 600 | 0.167 | 24 |
| Na | 97.83 | 113.23 | 926.9(l) | 1.38(l) | 86.9(l) |
| Bi$_{58}$Sn$_{42}$ | 138 | 44.8 | 8 560 | 0.201 | 44.8 |
| In | 156.6 | 28.59 | 7 030 | 0.23(l) | 36.4(l) |
| Li | 186 | 433.78 | 515(l) | 4.389(l) | 41.3 |
| Sn$_{91}$Zn$_9$ | 199 | 32.5 | 7 270 | 0.272 | 61 |
| Sn | 232 | 60.5 | 7 300(s) | 0.221 | 15.08(s) |
| Bi | 271.4 | 53.5 | 9 790 | 0.122 | 8.1 |
| Zn$_{52}$Mg$_{48}$ | 340 | 180 | — | — | |
| Al$_{59}$Mg$_{35}$Zn$_6$ | 443 | 310 | 2 380 | 1.63(s)/1.46(l) | |
| Al$_{65}$Cu$_{30}$Si$_5$ | 571 | 422 | 2 730 | 1.3(s)/1.2(l) | |
| Zn$_{49}$Cu$_{45}$Mg$_6$ | 703 | 176 | 8 670 | 0.42(s) | |
| Cu$_{80}$Si$_{20}$ | 803 | 197 | 6 600 | 0.5(s) | — |
| Si$_{56}$Mg$_{44}$ | 946 | 757 | 1 900 | 0.79(s) | — |

注:s 为 solid,即固相;l 为 liquid,即液相。

需要注意的是,作为一类典型的液态金属相变材料,镓及其合金对常用的结构材料铝及铝合金具有很强的腐蚀性,因此在实际使用中应尽量避免两者直接接触。比较方便的解决方案是对这类结构材料表面进行镀层(如镀镍)或表面氧化处理,这样就可以起到较好的防腐作用[18]。

## 4.2.2 液态金属相变材料热控性能

图 4-5 为液态金属相变热控实验系统,用于验证液态金属作为相变材料的热控性能。实验中,通过直流电源给模拟热源供电,在模拟热源中产生约 3 W 的发热功率。在外壳容器的表面均匀布置四个精度为±0.5 ℃的 T 形热电偶记录其温度响应情况。实验使用的模拟热源和外壳容器的三维尺寸分别为 26.2 mm×20.2 mm×5 mm 及 40 mm×40 mm×3.5 mm,容器的壁厚为 0.5 mm。容器内填充的相变材料分别为金属镓 20.167 g、正二十烷2.68 g、石蜡 3.105 g、十水硫酸钠 5.057 g(所填充相变材料的体积相同)。

图 4-6 给出了在热源的加热下填充相变材料容器外表面的升温曲线。从图中可以看出,金属镓在相同条件下,具有显著优于石蜡、正二十烷及十水硫酸钠的控温性能。这里定义衡量相变材料热控性能的指标(温度控制时间)为温度从初始温度上升到 45 ℃所经历的时间。图 4-7 给出了这四种相变材料的温度控制时间。实验结果显示温度控制时间分别为

石蜡 510 s、正二十烷 640 s、十水硫酸钠 760 s、金属镓 930 s。从图 4-6 及图 4-7 均可看出,液态金属(镓)作为相变热控材料的温度控制时间较其他三种传统相变材料更长,因此具有更为优异的热控性能。

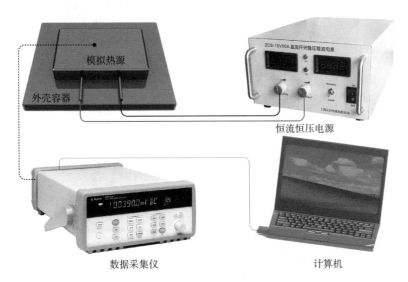

图 4-5　液态金属相变热控实验系统

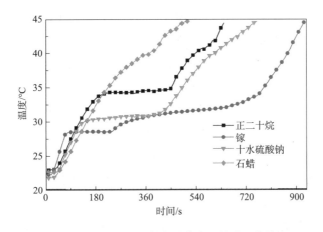

图 4-6　填充相变材料容器外表面的升温曲线

在相变热控应用领域,相变材料经历升温熔化后完成一次热控任务后,对于需要重复工作的器件而言,相变材料在工作间隙需尽快恢复到固态。如前所述,降温过程中,液态金属有显著的过冷现象,这不利于相变热控器件工作能力的快速恢复。在实际应用中,可以通过向液态金属中添加微纳米颗粒(如二氧化硅粉、碳纳米管、金刚石粉等)作为成核剂来降低其过冷度,促使液态金属在降温过程中快速凝固[19]。

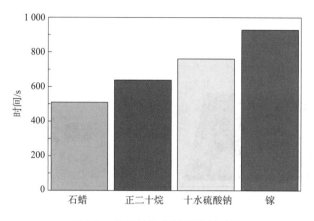

图 4-7 相变材料的温度控制时间

### 4.2.3 应对极端热冲击的液态金属相变热控技术

光电器件或功率设备的相变热控是液态金属相变材料的一个重要应用领域,特别是针对传统相变材料难以应对的极端热冲击情形,液态金属(低熔点合金)有望发挥不可替代的关键作用[20]。

**1. 合金选择及其热物性**

铋基合金(典型的包括铋锡合金、铋铟锡合金、铋铟锡铅合金等)的熔点一般比镓基合金高一些,更适合应用于电子器件相变热控领域。比如,$Bi_{44.7}Pb_{22.6}In_{19.1}Sn_{8.3}Cd_{5.3}$ 的熔点为 47 ℃,$Bi_{49}In_{21}Pb_{18}Sn_{12}$ 的熔点为 58.2 ℃。考虑到这两种合金中含有有毒重金属元素镉和铅,其实际应用会受到一些限制。这里,选择铋铟锡合金来作为相变热控材料。对于合金而言,其共晶点合金的熔点是最低的,铋铟锡共晶合金的配比为 $Bi_{31.6}In_{48.8}Sn_{19.6}$(E-BiInSn),其熔点约为 60 ℃,适合作为常规电子器件的相变温控材料。在其他配比下,铋铟锡合金的熔点会更高,有可能难以对器件起到有效的热保护作用。

相变材料 E-BiInSn 和结构材料的主要热物性见表 4-6。可以看出,相变材料 E-BiInSn 和十八醇之间存在非常明显的差别。密度方面,前者高达 8 043 kg/m³,是后者的 9 倍。熔化潜热方面,E-BiInSn 的质量潜热为 27.9 kJ/kg,远小于十八醇的 239.7 kJ/kg。但从体积潜热值来看,E-BiInSn 的为 224.6 MJ/m³,略高于十八醇的 214.3 MJ/m³。比热容方面,E-BiInSn 的比热容明显偏低,固液相比热容分别为 0.270 kJ/(kg·K)和0.297 kJ/(kg·K),而十八醇的分别为 2.053 kJ/(kg·K)和 2.732 kJ/(kg·K)。热导率方面,E-BiInSn 的优势十分明显,其固液相的热导率分别为 19.2 W/(m·K)(25 ℃)和 14.5 W/(m·K)(80 ℃);而十八醇的则分别为 0.273 W/(m·K)和 0.175 W/(m·K),比 E-BiInSn 低两个数量级。

表 4-6　相变材料 E-BiInSn 和结构材料主要热物性[16]

| 材料 | 密度 (kg・m⁻³) | 熔点/℃ | 潜热 (kJ・kg⁻¹) | 体积潜热/ (MJ・m⁻³) | 比热容 (kJ・kg⁻¹・K⁻¹) | | 热导率/ (W・m⁻¹・K⁻¹) | |
|---|---|---|---|---|---|---|---|---|
| | | | | | 固相 | 液相 | 固相 | 液相 |
| E-BiInSn | 8043±39 | 60.2±0.1 | 27.9±0.1 | 224.6 | 0.270±0.015 | 0.297±0.003 | 19.2±1.1[①] | 14.5±0.5[②] |
| 十八醇 | 894 | 55.6 | 239.7 | 214.3 | 2.053 | 2.732 | 0.273 | 0.175 |
| 铝 | 2 719 | — | — | — | 0.871 | — | 202.4 | — |
| 铜 | 8 978 | — | — | — | 0.381 | — | 387.6 | — |

注：①指 25 ℃下；②指 80 ℃下。

### 2. E-BiInSn 热沉实验测试及结果

图 4-8 为 E-BiInSn 热沉的热性能测试平台示意图[16]。热沉模块结构材料采用 6063 铝 (T6)，其外围尺寸为 80 mm×80 mm×30 mm，内部腔体尺寸为 72 mm×72 mm×25 mm。为了说明内部翅片对热沉性能的影响，这里设计了三种热沉结构，也就是图 4-8 所示的无翅片结构(♯1)、1×1 交叉翅片结构(♯2)和 2×2 交叉翅片结构(♯3)。翅片结构中，翅片的厚度均为 2 mm。插有四根加热棒的铜块(60 mm×60 mm×20 mm)用作模拟热源，加热棒 (∅6 mm×60 mm)的标称功率为 100 W(标称电压：AC 220 V)，其实际加热功率可以用变压器进行调节。在实验中，通过测量串接电阻($R = 0.10$ Ω)两端的电压 $V_{1-2}$ 和加热棒两端的电压 $V_{2-3}$ 即可获得加热棒的加热功率。

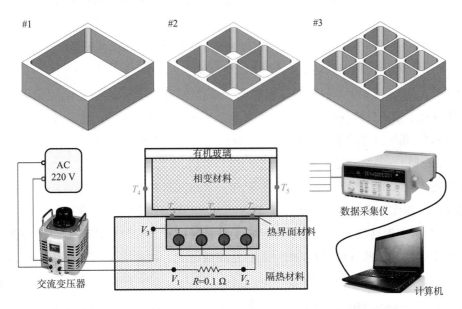

图 4-8　相变热沉热测试平台示意图

热沉模块放置于加热块上方，两者之间涂抹导热膏以减小接触热阻。模拟热源周围用海绵进行包覆以隔热。在热沉底部用线切割方式加工有截面为 0.5 mm×0.5 mm 的槽口，并布置有三个 T 形热电偶,这里取三者的平均值作为热沉底部温度来进行分析。温度信号和电压信号均通过数据采集仪进行采集,其采样频率设置为 0.25 Hz。最终,所有采集到的数据信号均输入计算机以进行存储和后处理。

这里,有三种不同的热沉结构(♯1、♯2、♯3);对每种结构,有三种填充方式:①无填充;②填充十八烷作为相变材料;③填充 E-BiInSn 作为相变材料。为了对比十八烷和 E-BiInSn 的热控性能差别,在不同的结构中,两者的填充量保持相等,均为 100 mL(液相)。对于每种热沉结构和填充方式,对其测试三种热功率下的热响应曲线,测试功率分别为 80 W、200 W、320 W。也就是说,在这里一共要测试 27 组数据进行对比分析。在所有测试中,环境温度基本保持稳定,为(24 ± 1) ℃。

热沉底部温度是反映热沉热控性能的重要评价指标,这里有三个热电偶对其进行监测,其平均值作为热沉底部温度值。图 4-9 展示了三种热沉结构在三种填充方式和三种热功率下的实时温度响应曲线,为了对整个热过程有一个全局的认识,这里一直监测到温度达到 140 ℃时停止测试。

在图 4-9(a)中,采用的是较小的加热功率(80 W)。对于没有相变材料的热沉,其温度随时间快速上升。添加内部翅片可以略微降低其温升速率,这主要是因为热沉质量增加导致其显热热容增加。当使用相变材料热沉时,底部温升会在相变点后明显减慢。E-BiInSn 的温度抑制效果明显优于十八醇,且内部翅片越多,抑制效果越好。两者的抑制作用持续的时间是相近的,这主要是因为它们的体积潜热是相近的,因而在相同体积下总储热量是接近的。

在图 4-9(b)及图 4-9(c)中,当热功率增加到 200 W 和 320 W 时,九种热沉配置的热过程与 80 W 时十分相似。可以看到,对于十八醇相变热沉而言,即使在其相变过程中,仍然很难抑制热沉的温升。此外,随着十八醇相变过程的进行,热沉温升速率会逐渐减小,这是因为其液相自然对流强化了相变材料内部的传热过程,从而实现更好的温控效果。对于 E-BiInSn 而言,在其相变过程中,热沉温度几乎保持线性增加,且热功率越大,增加速率越快。相比于十八醇而言,E-BiInSn 热沉在其相变过程中可以有效抑制热源温升。

为定量评价相变材料的热控性能,这里定义了相变材料工作时间 $t_w$。$t_w$ 是指相变材料能够维持热沉温度在某一临界温度以下的时间,这里将临界温度设定为 80 ℃。此外,在循环工作中,热沉的温度通常保持在略低于相变材料凝固点和临界温度点之间。为此定义相变材料工作时间 $t_w$ 为热沉温度在 60～80 ℃之间的时间。将没有翅片没有相变材料的热沉的工作时间设为 $t_0$,并以此为基准参考值。其他热沉的工作时间与 $t_0$ 的比值记为热沉的性能强化因子(enhancement factor,EF),即

$$EF = \frac{t_w}{t_0} \tag{4-4}$$

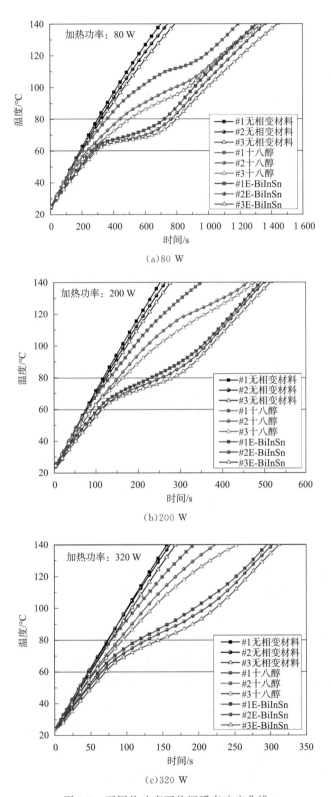

图 4-9　不同热功率下热沉瞬态响应曲线

　　图 4-10 展示了所测试的几种热沉的性能强化因子。十八醇相变热沉的强化因子在 1.2～2.3 之间,而 E-BiInSn 的强化因子在 2.1～4.5 之间,是十八醇的两倍左右。热功率越小时,强化因子越大。内部翅片的使用可以增加热沉的强化因子。比如,对于十八醇,在 80 W 加热功率下,♯2 和♯3 热沉的强化因子相比于♯1 分别增加了 32％和 60％。而对于 E-BiInSn 而言,在 80 W 加热功率下,内部翅片的使用对强化因子的提升并不是很大,♯2 和♯3 热沉相对于♯1 分别增加了 6.4％和 10.8％。而当加热功率增加时,内部翅片的作用更加明显。在 320 W 时,♯2 和 ♯3E-BiInSn 热沉的强化因子相对于♯1 分别增加 20％和 35％。

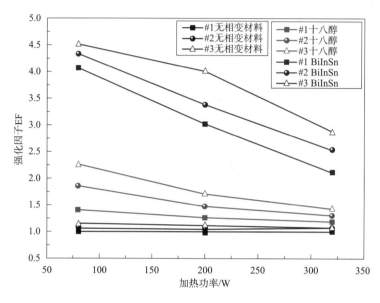

图 4-10　热沉性能强化因子

　　图 4-11 展示了♯3 热沉在 200 W 加热功率下的温升和之后的自然冷却过程,没有相变材料的热沉冷却过程会更快,这主要是因为其在加热过程中吸收的热量更少。对于十八醇和 E-BiInSn 做相变材料的热沉,两者的自然冷却时间比较接近,其最大的不同发生在相变材料凝固阶段。对十八醇而言,在其凝固过程中,热沉温度仍会继续下降。而对于 E-BiInSn热沉,在其凝固过程中,整个热沉温度几乎保持在 60 ℃附近不变,这主要是由于 E-BiInSn热导率较高(热扩散系数较高),可以有效地将整个热沉的温度扯平。

　　此外,值得一提的是,在 E-BiInSn 凝固过程中,出现了轻微的过冷(约 1 ℃)。过冷度的存在对于相变材料的应用显然是非常不利的,这有可能导致其在冷却阶段无法凝固而失去抵抗下一次热冲击的能力。因此,在实际使用中,应尽量减小或避免相变材料的过冷度。这里,E-BiInSn 出现 1 ℃左右的过冷度是比较小的,也是完全可以接受的。

　　实际使用中,相变热沉往往会面临循环热冲击。这里,对♯3 E-BiInSn 热沉在 200 W 循环热冲击下的热性能进行了测试。实验中,先对热沉加热到 60 ℃,然后,采取 2 min 加热10.5 min 冷却的循环热冲击模式。在冷却过程中,为了加速冷凝过程,使用风扇强制对流空冷。共进行了六次热冲击测试,结果如图 4-12 所示。可以看到,在 200 W 循环热冲击下,♯3 E-BiInSn 可以有效将热沉温度控制在 80 ℃以下。并且,在其冷却凝固过程中,没有出现明显的过冷现象,这是因为在加热过程中 E-BiInSn 并没有完全熔化,剩余的固相 E-BiInSn 可以在冷凝过程中有效促进液相 E-BiInSn 的成核和结晶。消除过冷现象显然是有利于保证相变材料循环热控效果的,因此,在实际使用中,可以适当增加相变材料的用量以保证其在热冲击过程中不完全熔化,从而促进其凝固的发生以消除过冷度带来的不利影响。

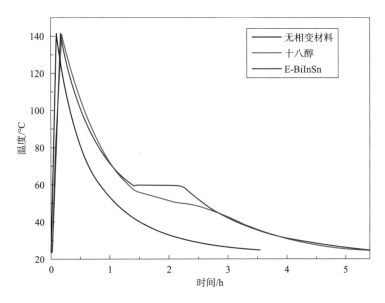

图 4-11　♯3 热沉升温(200 W 热冲击)和自然冷却过程

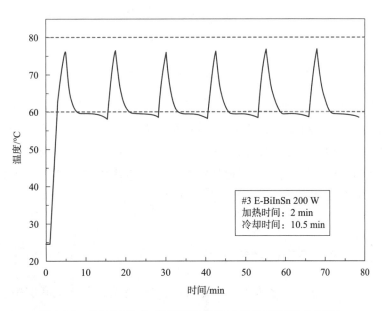

图 4-12　♯3 E-BiInSn 热沉循环热测试(200 W 间歇性加热)

# 4.3 液态金属导热特性

液态金属在散热及热控领域已显示出极为广泛的应用价值,随着大量高功率密度器件技术的飞速发展,液态金属作为一种独特而高效的导热、流动散热及相变热控介质的重要性正日益凸显。无疑,不断增长的应用对这类低熔点金属及合金的导热特性,无论是在数据的准确度方面,还是参数范围的广度方面,学术界和工业界均不断提出更高的要求。然而遗憾的是,当前所能获得的低熔点金属或合金的导热特性数据仍然偏少,尤其是随温度的变化数据十分缺乏,即使已有一些零散数据,不同文献给出的数据也可能完全不同,有时会差别很大。下面主要从液态金属热导率的理论预测及实验测量两方面对液态金属导热特性进行论述。

## 4.3.1 液态金属导热系数的预测

这里以二元合金为例进行介绍。液态金属的热导率可表示为

$$\lambda = \lambda_L + \lambda_e \qquad (4-5)$$

式中,$\lambda_L$ 为声子对合金热导率的贡献;$\lambda_e$ 为电子对合金热导率的贡献。对许多金属或者合金来说,电子对热导率的贡献处于支配地位,因此,可以忽略声子对热导率的贡献,即假设 $\lambda = \lambda_e$。根据 Wiedemann-Franz-Lorenz(WFL)定律[21],可得

$$\frac{\lambda\rho}{T} = \frac{\pi^2 k^2}{3e^2} - \alpha^2 = L \qquad (4-6)$$

式中,$\rho$ 为电阻率;$T$ 为温度;$k$ 为玻尔兹曼常数;$e$ 为电子电荷;$\alpha$ 为 Seebeck 系数;$L$ 为洛伦兹数。对非半导体材料而言,同 $\frac{\pi^2 k^2}{3e^2}$ 相比,$\alpha^2$ 的值比较小因而可以忽略。因此,对大多数液态金属而言[22]

$$\frac{\lambda\rho}{T} = L = \frac{\pi^2 k^2}{3e^2} = 2.45 \times 10^{-8} (\text{W} \cdot \Omega \cdot \text{K}^{-2}) \qquad (4-7)$$

从定量上看,这种关系是基于这样一个事实:在液态金属中,热量传递和电子传递均与自由电子密切相关。热导率随电子平均运动速度的增加而增加,因为电子直接进行了能量传输。而电导率却随电子平均运动速度的增加而减少,因为粒子间相互碰撞改变了电子运动的方向。热导率和电导率的这种相关性表明,在液态金属中,自由电子既充当了导电的载体,又充当了导热的载体。因为电阻率测试热导率测试容易得多,所以根据电阻率来预测热导率是一个可行的方法。

## 4.3.2 液态金属热导率实验测量数据

液态金属热导率随温度变化的数据十分缺乏,这里将给出基于笔者实验室测量获得的液态金属热导率部分代表性数据[23,24]。

1. GaIn 合金热导率

图 4-13～图 4-17 是二元镓基合金 GaIn$_5$、GaIn$_{10}$、GaIn$_{15}$、GaIn$_{20}$、GaIn$_{25}$ 的热导率测量结果。

（1）GaIn$_5$ 的热导率。GaIn$_5$ 合金热导率测试结果如图 4-13 所示。

进行线性拟合，可以得到合金 GaIn$_5$ 的热导率与温度的关系为

$$\lambda = 22.41128 + 0.12914T \tag{4-8}$$

式中，$T$ 为温度，℃；其条件为 $T > T_m$（$T_m$ 为熔点），下同。

（2）GaIn$_{10}$ 的热导率。GaIn$_{10}$ 合金热导率测试结果如图 4-14 所示。

进行线性拟合，可以得到合金 GaIn$_{10}$ 的热导率与温度的关系为

$$\lambda = 24.37778 + 0.07605T \tag{4-9}$$

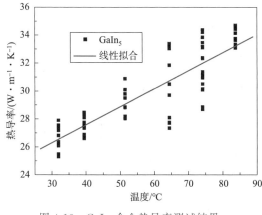

图 4-13　GaIn$_5$ 合金热导率测试结果

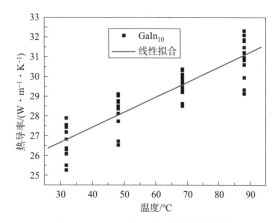

图 4-14　GaIn$_{10}$ 合金热导率测试结果

（3）GaIn$_{15}$ 的热导率。GaIn$_{15}$ 合金热导率测试结果如图 4-15 所示。

进行线性拟合，可得到合金 GaIn$_{15}$ 的热导率与温度的关系为

$$\lambda = 21.91715 + 0.08897T \tag{4-10}$$

（4）GaIn$_{20}$ 的热导率。GaIn$_{20}$ 合金热导率测试结果如图 4-16 所示。

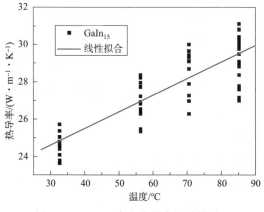

图 4-15　GaIn$_{15}$ 合金热导率测试结果

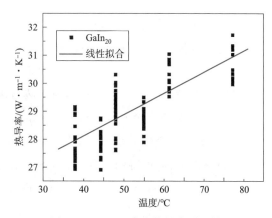

图 4-16　GaIn$_{20}$ 合金热导率测试结果

进行线性拟合，可得到合金 GaIn$_{20}$ 的热导率与温度的关系为

$$\lambda = 25.063\ 15 + 0.075\ 8\ T \tag{4-11}$$

（5）GaIn$_{25}$ 的热导率。GaIn$_{25}$ 合金热导率测试结果如图 4-17 所示。

进行线性拟合，可得到合金 GaIn$_{25}$ 的热导率与温度的关系为

$$\lambda = 25.029\ 05 + 0.071\ 74\ T \tag{4-12}$$

从图 4-13～图 4-17 可以看出，对于液态镓铟合金，其热导率均随温度的升高而增大。

2. GaSn 合金热导率

考虑到镓和铟的市场价格相对而言比较昂贵，而镓锡合金也具有熔点低、导热性能较好的特点，锡的价格远远低于镓或铟的价格。这里也给出了两种镓锡合金的热导率，这两种合金中锡的质量含量分别为 6% 和 15%。

（1）GaSn$_6$ 的热导率。GaSn$_6$ 合金热导率测试结果如图 4-18 所示。

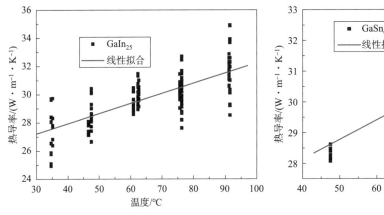
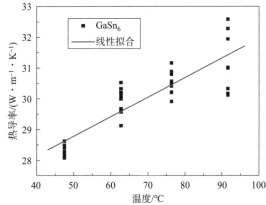

图 4-17　GaIn$_{25}$ 合金热导率测试结果　　　　图 4-18　GaSn$_6$ 合金热导率测试结果

进行线性拟合，可得到合金 GaSn$_6$ 的热导率与温度的关系为

$$\lambda = 25.577\ 48 + 0.063\ 64T \tag{4-13}$$

（2）GaSn$_{15}$ 的热导率。GaSn$_{15}$ 合金热导率测试结果如图 4-19 所示。

进行线性拟合，可得到合金 GaSn$_{15}$ 的热导率与温度的关系为

$$\lambda = 21.295\ 94 + 0.100\ 83T \tag{4-14}$$

从图 4-18 和图 4-19 可以看出，对于液态镓锡合金，其热导率也随着温度的升高而增大。

3. 三元低熔点合金 GaIn$_{25}$Sn$_{13}$ 的热导率

GaIn$_{25}$Sn$_{13}$ 合金热导率测量结果如图 4-20 所示。

进行线性拟合，可得到合金 GaIn$_{25}$Sn$_{13}$ 的热导率与温度的关系为

$$\lambda = 21.613\ 83 + 0.072\ 81T \tag{4-15}$$

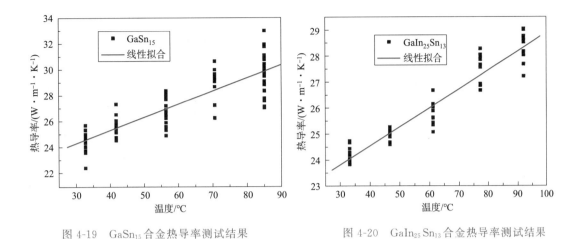

图 4-19　GaSn₁₅ 合金热导率测试结果　　　　图 4-20　GaIn₂₅Sn₁₃ 合金热导率测试结果

4. GaIn₂₀ 固液两相的热导率

在实际应用中,当环境温度较低时,液态金属也可能发生凝固。对液态金属发生相变时的热导率变化规律进行研究也具有非常重要的价值。GaIn₂₀ 在固液相变前后热导率随温度的变化曲线,如图 4-21 所示。

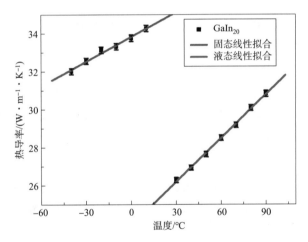

图 4-21　GaIn₂₀ 在固液相变前后热导率随温度的变化曲线

进行线性拟合,可以得到:

固态:　　　　　$\lambda = 33.806\,1 + 0.043\,03\,T, \quad -40\ ℃ < T < 10\ ℃$　　　　(4-16)

液态:　　　　　$\lambda = 23.903\,4 + 0.076\,56\,T, \quad 30\ ℃ < T < 90\ ℃$　　　　(4-17)

从图 4-21 的结果可以看出:无论是在固相还是液相,随着温度的增加,GaIn₂₀ 的热导率均随温度呈线性增长。需要指出的是,尽管式(4-16)和式(4-17)给出的 GaIn₂₀ 液相热导率的线性拟合式有所区别,但计算得出的数值均在误差范围内。此外,对于液态金属而言,固态时的热导率要显著高于液态时,并且在熔点附近的相变处,热导率的值有一个突变,这与热导率的相关理论是一致的。

# 4.4 液态金属导热增强特性

液态金属具有远高于传统流体(典型代表为水及水溶液)的热导率。在此基础上,笔者所在实验室首次提出纳米金属流体的概念[25],以进一步增强液态金属的导热性,这实际上建立了研制自然界导热率最高的液体工质的工程学途径。此类工质不仅有别于传统的纳米流体,同时相对于纯的液态金属流体而言具有更优良的导热特性(见图 4-22),理论热导率可达 60~80W/(m·K)[25],是一种十分理想的终极冷却剂,也可以在此基础上进行表面改性,制作具有超高热导率的热界面材料。

传统纳米流体以水、乙二醇等作为基液,加入纳米颗粒可以增大其有效导热系数,一定程度上可以强化换热。但众所周知,水、乙二醇等基液的导热系数本身很低,即使有所增加,其效果也十分有限;特别是,纳米颗粒在传统的基液中易于发生沉降,这一缺点限制了纳米流体中所添加纳米颗粒的份额。根据一些已有的计算纳米流体有效导热系数模型知道,有效导热系数与纳米颗粒的份额存在紧密联系。一般说来,对相同的基液和相同的纳米颗粒,体积份额越大,有效导热系数越高,但在传统纳米流体中,增加纳米颗粒份额极易导致微细通道中发生沉降、堵塞等问题。传统纳米流体中纳米颗粒的体积份额一般小于10%,而以液态金属为基液,纳米颗粒可添加的体积份额显著高于传统纳米流体(可高达20%以上)[25]。

几种用于预测纳米流体有效导热系数的代表性模型见表 4-7。表中变量含义如下:$\lambda_{eff}$ 为纳米流体有效导热系数,$\lambda_f$ 为基液导热系数,$\alpha = \lambda_p / \lambda_f$,$\lambda_p$ 为纳米颗粒导热系数,$\beta = (\alpha - 1)/(\alpha + 2)$,$n$ 为颗粒形状因子,$v$ 为颗粒体积份额。尽管这些模型与实验值有或多或少的偏差,但至少从理论上来说是预测纳米流体有效导热系数的一种手段。迄今,还没有专门的模型来预测纳米金属流体的有效导热系数。图 4-23 为采用表 4-7 中四种不同模型的预测结果。从图中可以看出,Maxwell 模型与 Hamilton-Crossor 模型预测的结果基本一样,与 Lu-Lin模型预测结果差别不大,而与 Bruggeman 模型在纳米颗粒体积份额较大的情况下则存在较大偏差。

表 4-7 纳米流体导热系数预测模型[23]

| 理论模型 | 表 达 式 | 说 明 |
|---|---|---|
| Maxwell | $\dfrac{\lambda_{eff}}{\lambda_f} = 1 + \dfrac{3(\alpha-1)v}{(\alpha+2)-(\alpha+1)v}$ | 球形颗粒 |
| Hamilton-Crossor | $\dfrac{\lambda_{eff}}{\lambda_f} = \dfrac{\alpha+(n-1)-(n-1)(1-\alpha)v}{\alpha+(n-1)+(1-\alpha)v}$ | 球形或非球形颗粒。球形 $\alpha=3$;圆柱形 $\alpha=6$ |
| Jeffrey | $\dfrac{\lambda_{eff}}{\lambda_f} = 1 + 3\beta v + \left(\dfrac{15}{4}\beta^2 + \dfrac{9}{16}\beta^3\dfrac{\alpha+2}{2\alpha+3} + \cdots\right)v^2$ | 高阶项表示考虑了弥散颗粒的相互作用势 |
| Davis | $\dfrac{\lambda_{eff}}{\lambda_f} = 1 + \dfrac{3(\alpha-1)}{(\alpha+2)-(\alpha+1)v}[v + f(\alpha)v^2 + o(v^3)]$ | 同上,而对 $\alpha=10, f(\alpha)=2.5$;$\alpha=\infty, f(\alpha)=0.5$ |

续表

| 理论模型 | 表 达 式 | 说 明 |
|---|---|---|
| Lu-Lin | $\dfrac{\lambda_{\text{eff}}}{\lambda_{\text{f}}} = 1 + av + bv^2$ | 球形或非球形颗粒 |
| Bruggeman | $\lambda_{\text{eff}} = (3v-1)\lambda_{\text{p}} + (2-3v)\lambda_{\text{f}} + \sqrt{\Delta}$<br>$\Delta = (3v-1)^2\lambda_{\text{p}}^2 + [2-3v]^2\lambda_{\text{f}}^2 + 2[2+9v(1-v)]\lambda_{\text{p}}\lambda_{\text{f}}$ | 考虑纳米颗粒团聚和表面吸收 |
| Bonnecaze-Brady | 数值模拟 | 考虑多个颗粒之间的近场作用和远场作用 |

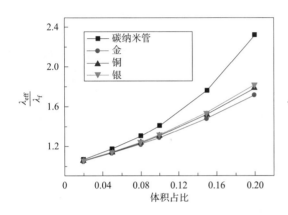

图 4-22  理论预测的典型纳米颗粒加入
液态镓中引起热导率变化情况[24]
（$\lambda_{\text{eff}}$ 为有效导热系数，$\lambda_{\text{f}}$ 为基液导热系数）

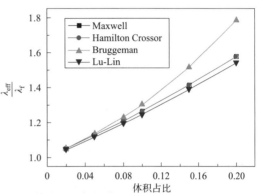

图 4-23  采用不同模型预测纳米
金属流体的导热系数
（以金属镓为基液添加铜纳米颗粒）

## 4.5  液态金属热界面材料

热界面材料又称导热界面材料或者界面导热材料，是一种普遍用于 IC 封装和电子散热的材料。热界面材料可以填补两个固体表面接触时产生的微孔隙以及表面凹凸不平产生的空洞，从而增加固体表面间的接触面积，由此提升电子器件的散热性能。热流通过界面的难易程度（界面热阻 $R_{\text{TIM}}$）是评价热界面材料最为关键的因素，可以由界面间温度差（$\Delta T$）来计算，即

$$R_{\text{TIM}} = \frac{Q}{\Delta T} \tag{4-18}$$

式中，$Q$ 为热流密度。从式(4-18)可以看出，在热流密度一定的条件，界面热阻的大小与传热温差正相关。因此，发展热界面材料的目标就是降低界面热阻 $R_{\text{TIM}}$。界面热阻还可定义为

$$R_{\text{TIM}} = R_{\text{e}} + R_{\text{bulk}} + R_{\text{c}} \tag{4-19}$$

式中，$R_{\text{e}}$ 为上端基板与热界面材料形成的界面接触热阻；$R_{\text{bulk}}$ 为热界面材料的自身热阻，$R_{\text{c}}$

为下端基板与热界面材料形成的界面接触热阻。

理想的热界面材料应具有以下特性:①高导热性,可以减少热界面材料自身的热阻;②可与芯片及散热器表面充分接触,从而保证热界面材料在较低的安装压力条件下填充满芯片与散热器接触表面间的空隙,若为液态或膏状材料,则需与上述表面具有较好的润湿性能。众所周知,金属的热导率远远高于非金属材料,若能将液态金属作为热界面材料,其导热性能将远优于常规的热界面材料。高云霞等[26]首次提出微量氧化法用于制备液态金属热界面材料,有效克服了液态金属因表面张力大而引起的界面润湿性差的问题,显著提高了其与各种材料的润湿性能,使其可以像导热硅脂一样,均匀地涂抹于芯片与散热器件之间,填充更加方便有效,界面热阻显著减小,较之常规硅脂基热界面材料,其导热性能有了大幅提高。

为实现不同领域或条件下的散热需求,液态金属热界面材料可以制作成具有不同形态的产品形式,如热界面材料垫、管式封装热界面材料等。图4-24(a)所示为镓基液态金属热界面材料垫,使用时可按照实际需求将其裁剪成不同的形状;图4-24(b)所示为采用管式封装的镓基液态金属热界面材料,其使用方法与导热硅脂相同,按照实际需求将其均匀涂抹于发热芯片表面即可。

(a)液态金属热界面材料垫

(b)管式封装液态金属热界面材料

图4-24　镓基液态金属热界面材料产品形式

在上述工作基础上,已有云南中宣液态金属科技有限公司开发出系列液态金属热界面材料产品,如液态金属导热膏(以镓基液态金属为主,熔点约8 ℃)、液态金属导热片(以铋基合金为主,熔点约60 ℃),并将其推广应用到 CPU、IGBT、LED 等光电芯片的散热领域。

图 4-25所示为当前市场上液态金属热界面材料的代表性产品。

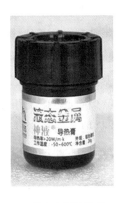

（a）液态金属导热膏　　　　（b）液态金属导热片　　　　（c）系列化不同熔点液态金属导热片

图 4-25　液态金属热界面材料的代表性产品

液态金属热界面材料具有优良的导热性能以及润湿性能，在芯片及光电器件的散热方面已发挥重要作用。图 4-26 所示为液态金属热界面材料应用于 LED 路灯产品，功率为 200 W，使用液态金属热界面材料后，界面热阻小，稳定工作状态基底对环境温升约 35 ℃，比传统导热硅脂降低约 5 ℃，且无导热硅脂的挥发变性等问题，性能更为稳定。

图 4-26　液态金属热界面材料用于 LED 路灯产品

低熔点液态金属作为一种新型的热界面材料，其热物理性质与传统热界面材料有着非常显著的差异，无论在计算机芯片以及各种大功率军民用电子设备、光电器件以及近年来发展迅速的微/纳电子机械系统（MEMS/NEMS）等先进设备中，都有望发挥其独特而高效的性能，从而保障这些设备稳定而高效的工作。此外，液态金属还可与其他热界面材料进行复合，如传统导热硅脂等[27]，包括发展出高导热性但电学绝缘的热界面材料[28]，电子封装领域对此类材料的需求十分迫切。在消费类电子产品如笔记本电脑、游戏机、手机等行业，上述液态金属热界面产品均已有成功的市场应用，并在国际上逐渐普及开来。

液态金属作为热管理领域异军突起的崭新材料和解决方案，引发了近年来业界持续增长的兴趣，国内外围绕液态金属材料热学性质的研究及应用已呈蓬勃发展态势。基于其优异的热学特性（包括低熔点、高热导率、高相变潜热以及可与不同导热或散热材料进行复合等),液态金属材料极大地提升了人们解决高功率密度器件散热难题的能力。在流体散热领域,液态金属天然拥有显著优于传统流动工质的对流换热能力。而作为一种高导热性、高顺应性的材料,液态金属及其复合材料是制作成高性能热界面材料的理想选择,在应对日益严峻的发热芯片或器件与散热器之间增长的高界面热阻上已然不可或缺。而作为常温下易于在固相和液相之间切换的吸热或放热材料,液态金属开辟了崭新的相变热控领域,液态金属因其高导热系数、高单位体积相变潜热和低热膨胀系数,可以作为相变材料应对传统相变材料无法解决的热控难题。可以预计,作为一种同时兼有高效导热、相变热控和对流散热特性的材料,液态金属有望成为未来一代最为理想的超高功率密度散热材料之一,并推动构建面向 5G、6G 时代热管理需求的技术体系。总之,液态金属材料的兴起及液态金属散热技术的发展,不仅为相关领域的科学研究注入了新的活力,也为相关产业的发展与变革带来了新的希望。

## 参考文献

[1] LIU J. Advanced liquid metal cooling for chip, eevice and system[M]. Shanghai: Shanghai Scientific & Technical Publishers, 2020.

[2] 邓中山, 刘静. 液态金属先进芯片散热技术[M]. 上海: 上海科学技术出版社, 2020.

[3] LI H Y, LIU J. Revolutionizing heat transport enhancement with liquid metals: proposal of a new industry of water-free heat exchangers[J]. Frontiers in Energy, 2011, 5: 20-42.

[4] 《化工百科全书》编辑委员会. 化工百科全书(8)[M]. 北京: 化学工业出版社, 1994.

[5] 中国有色金属工业协会. 中国锂、铷、铯[M]. 北京: 冶金工业出版社, 2013.

[6] 翟秀静, 吕子剑. 镓冶金[M]. 北京: 冶金工业出版社, 2010.

[7] 刘静. 液态金属物质科学基础现象与效应[M]. 上海: 上海科学技术出版社, 2019.

[8] LIU Z, BANDO Y, MITOME M, et al. Unusual freezing and melting of gallium encapsulated in carbon nanotubes[J]. Phys. Rev. Lett., 2004, 93: 095504.

[9] GAO Y X, WANG L, LI H Y, et al. Cryogenic liquid metal as energy transportation medium or coolant under harsh environment with temperature below zero centigrade[J]. Frontiers in Energy, 2014, 8(1): 49-61.

[10] 戴永年. 二元合金相图集[M]. 北京: 科学出版社, 2009.

[11] ANDERSON T J, ANSARA I. The Ga-In (gallium-indium) system[J]. Journal of Phase Equilibria, 1991, 12(1): 64. 72.

[12] 邓月光. 高性能液态金属 CPU 散热器的理论与实验研究[D]. 北京: 中国科学院研究生院, 2012.

[13] KNOBLAUCH M, HIBBERD J M, GRAY J C, et al. A galinstan expansion femtosyringe for microinjection of eukaryotic organelles and prokaryotes[J]. Nature Biotechnology, 1999, 9: 906-909.

[14] GE H S, LI H Y, MEI S F, et al. Low melting point liquid metal as a new class of phase change material: an emerging frontier in energy area[J]. Renewable and Sustainable Energy Reviews, 2013, 21: 331-346.

[15] YANG X H, TAN S C, LIU J, Numerical investigation of the phase change process of low melting point metal[J]. International Journal of Heat and Mass Transfer, 2016, 100: 899-907.

［16］ 杨小虎.低熔点金属相变材料传热特性研究及其应用［D］.北京:中国科学院大学,2019.

［17］ 李元元,程晓敏.低熔点合金传热储热材料的研究与应用［J］.储能科学与技术,2013,2(3):189-198.

［18］ DENG Y G,LIU J. Corrosion development between liquid gallium and four typical metal substrates used in chip cooling device［J］. Applied Physics A,2009,95(3):907-915.

［19］ 葛浩山.低熔点金属相变传热方法的研究与应用［D］.北京:中国科学院大学,2014.

［20］ YANG X H,TAN S C,HE Z Z, et al. Finned heat pipe assisted low melting point metal PCM heat sink against extremely high power thermal shock［J］. Energy Conversion and Management，2018，160:467-476.

［21］ FABER T E. An introduction to the theory of liquid metals［M］. Cambridge：Cambridge University Press，1972.

［22］ 谢开旺,马坤全,刘静,等.二元室温金属流体热导率的理论计算与实验研究［J］.工程热物理学报,2009,30(10):1763-1766.

［23］ 马坤全.液态金属芯片散热方法的研究［D］.北京:中国科学院研究生院,2008.

［24］ 张珊珊.镓基液态金属热物性的测量研究［D］.北京:中国科学院大学,2013.

［25］ MA K Q,LIU J. Nano liquid-metal fluid as ultimate coolant［J］. Physics Letters A,2007,361:252-256.

［26］ GAO Y X,LIU J. Gallium-based thermal interface material with high compliance and wettability［J］. Appl. Phys. A,2012,107(3):701-708.

［27］ 梅生福.高功率密度 LED 液态金属强化散热方法研究［D］.北京：中国科学院大学,2014.

［28］ MEI S F,GAO Y X,DENG Z S, et al. Thermally conductive and highly electrically resistive grease through homogeneously dispersing liquid metal droplets inside methyl silicone oil［J］. ASME Journal of Electronic Packaging,2014,136(1):011009.

# 第 5 章　液态金属电学特性

液态金属具有优良的导电性,其电阻率远远低于一些碳导电材料和有机导电材料。由液态金属制备的导电墨水,在室温下可流动,并可在许多基底上直接印刷。笔者所在实验室从有别于国内外的学术思想出发,通过引入由低熔点液态金属或其合金制成的导电墨水,首次提出了完全不同于传统印刷电子技术原理的液态金属直写电子技术[1],并建立了相应理论与应用技术体系[2],先后研发出一系列实用化装备和系统并实现工业化应用[3-7]。这种技术克服了传统印刷电子技术的诸多技术瓶颈,如墨水电导率低、合成复杂、需要烧结等,使得电路制备过程更加简单。根据墨水的成分,该方法也被命名为"基于金属及合金墨水的直写电子"(direct printing of electronics based on alloy and metal ink,DREAM ink)技术,业界也将其称为"梦之墨"技术。通过液态金属电子墨水直接快速制造出电子电路及终端功能器件,这种策略完全改变了传统电子工程学的制造理念,其所见即所得的电子打印模式为发展普惠型电子制造技术、重塑传统电子及集成电路制造规则提供了现实途径,且快速、绿色、节省、低成本。近几年,各种以液态金属为原材料的导电材料也是层出不穷。本章分类论述不同种类液态金属材料的电学特性及其作为导电墨水材料在印刷电子领域的进展情况,包括镓基液态金属、铋基液态金属两种不同熔点范围的液态金属材料,以及混合了金属微纳米颗粒或者高分子聚合物的液态金属复合材料,并重点介绍液态金属复合材料的导电-绝缘转换特性和自修复特性。

## 5.1　镓基液态金属电学特性

### 5.1.1　电导率

一般来说,金属的电学性能要大大优于非金属物质的电学性能。不同金属元素和配比的镓基液态金属合金具有不同的电导率,EGaIn($Ga_{75.5}In_{24.5}$)是最常用的镓基导电墨水,电导率为 $3.4 \times 10^{6}$ S/m,导电性逊于固体金属金($2.2~\mu\Omega \cdot cm$)、银($1.6~\mu\Omega \cdot cm$)、铜($1.7~\mu\Omega \cdot cm$),但优于其他液态金属如汞($95.8~\mu\Omega \cdot cm$)。传统的导电墨水,不论是导电高分子系、纳米金属、有机金属导电墨水,还是碳材料类导电墨水,自身均不具备导电性,在打印后需要经过一定的后处理工艺(如烧结、退火),将导电墨水中的溶剂、分散剂、稳定剂等去除,使导电材料形成连续的薄膜后,才具备导电性。不论是进行墨水的配制,还是后处理工艺,都较为复杂。除此之外,采用纳米金、银墨水在进行大面积打印时成本较高,而纳米铜粒子容易氧化。与传统导电墨水相比,液态金属墨水材料的配制相对简单,在打印后无须进行后处理即具备导电性,而且电导率相对较高,是一种理想的导电墨水。几种典型导电墨水电导率的比较见表 5-1。可以看出,EGaIn 合金的性能远优于导电高分子墨水和碳系导电墨水。

表 5-1　几种典型导电墨水电导率的比较[8-13]

| 墨水类型 | 墨水组分 | 电导率/(S·m⁻¹) | 后处理 |
|---|---|---|---|
| 导电高分子墨水 | PEDOT:PSS(质量分数 1.3%) | $8.25×10^3$ | 150 ℃ /20 min |
| 纳米银墨水 | Ag-DDA | $3.45×10^7$ | 140 ℃ /60min |
|  | Ag-PVP | $6.25×10^6$ | 260 ℃ /3min |
| 碳系导电墨水 | 炭(Carbon) | $1.8×10^3$ | — |
|  | 碳纳米管(CNT)(质量分数 1.3%) | $(5.03±0.05)×10^3$ | — |
| 液态金属墨水 | EGaIn | $3.4×10^6$ | — |

　　无论是作为电极还是柔性电路导线,镓基液态金属的电阻抗都是影响其性能和应用前景的重要指标。将 EGaIn 液态金属充灌于内径为 1 mm、长度 40 cm 的硅胶管中,如图 5-1(a)所示,使用动态信号分析仪测量 EGaIn 室温下的电阻抗。设置扫描频率的范围为 1 Hz～10 kHz,扫频点数为 200 等各项参数,开始扫描,记录数据并保存。结果如图 5-1(b)所示,EGaIn 电阻平均值为 0.225 Ω,计算得室温下 EGaIn 电阻率为 44.1 $\mu\Omega$·cm[14]。

(a)将液态金属充灌于硅胶管

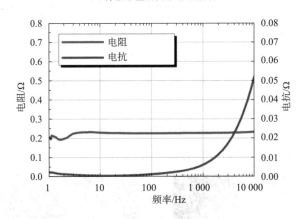

(b)液态金属的电阻和电抗曲线

图 5-1　EGaIn 液态金属阻抗谱的测量[14]

　　此外,当镓基液态金属暴露在空气中时,其表面会迅速生成一层"氧化镓皮肤",正常情况下该氧化层足够薄,仅为 3～5 nm,对其电学特性几乎没有影响。但是,如果不断搅拌镓基液态金属,氧化程度会增加,氧化物的存在会影响其导电性[15,16]。图 5-2(a)所示为液态金属油墨($Ga_{90}In_{10}$)中氧化物含量和导电性的对应关系。从中可知,随着氧含量的增加(从 0 mg 增加到 68.6 mg),其电阻率从 29.0 $\mu\Omega$·cm 增加到 43.3 $\mu\Omega$·cm。因此,在黏附性尚可的条件下,应尽可能选择氧化物含量较少的油墨,已确保其良好的导电性。图 5-2(b)所示为微量氧化的镓基液态金属电阻率随温度的变化曲线,其变化趋势与传统金属材料一致,随着温度增加,电阻率增加,即电导率减小。

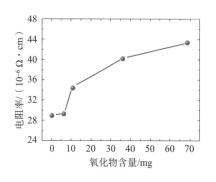

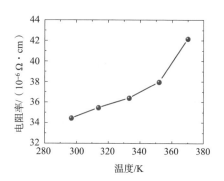

(a)液态金属 $GaIn_{10}$ 油墨氧化物含量
与其导电性的对应关系

(b)含有 $0.026\%$ 氧含量的液态金属油墨的
导电性随温度的变化关系

图 5-2　液态金属油墨电学性能[15]

## 5.1.2　电迁移现象

电迁移现象是指导体中的导电电子在做定向运动时与原子实之间发生碰撞而交换动量,进而引起原子实移动的现象。电迁移过程会在材料中形成隆起或空穴,从而导致电路的失效。由于液态金属具有流动性,电迁移现象有更加明显。

研究发现[17],当液态镓薄膜在承载高电流密度的时候,它们会在电迁移现象的作用下发生断裂。如图 5-3(a)所示,通过直写方式在玻璃基底上,制备了一个均匀的液态镓薄膜,薄膜末端的宽度为 7.07 mm,中部的宽度为 2.32 mm。因而,薄膜中部的电流密度比薄膜末端的电流要大三倍。这保证了薄膜会在中部断裂,从而方便在光学显微镜下进行观测。通过观测薄膜截面的 SEM 照片可知薄膜的厚度为 0.012 mm[见图 5-3(b)]。

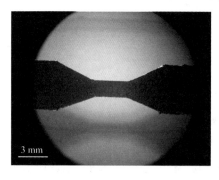

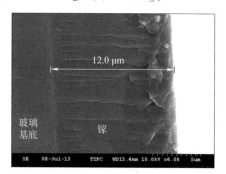

（a）正面几何形状

（b）横截面 SEM 图像

图 5-3　测试用的液态镓薄膜样品[17]

薄膜形态变化结果如图 5-4 所示。图 5-4(a)为未加电流前薄膜中部(断裂前)的照片。之后,薄膜的中部开始断裂,如图 5-4(b)所示。图 5-4(c)显示,当电流增至 $j=114.9$ A/mm$^2$(电流为 3.2 A),薄膜完全断裂,且在薄膜上可以清楚地看到一条裂纹。

(a)断裂前的薄膜　　　　　　(b)薄膜开始断裂　　　　　　(c)断裂后的薄膜

图 5-4　由电迁移现象引起的液态镓薄膜断裂过程[17]

电迁移过程中的电流密度 $j(t)$、温度 $T(t)$,以及电阻 $R(t)$ 随时间变化的结果如图 5-5 所示。从曲线中可以看出,薄膜中的电流密度 $j(t)$ 在 $t=23.0$ s 时开始增加。给样品施加一个恒定的电压后,在 $t=26.5$ s 时,$j(t)$ 增至 114.9 A/mm$^2$(电流 3.2 A)。紧接着 $j(t)$ 开始急剧地下降,并最终在 $t=27.5$ s 时降为零,此时对应的现象是电迁移引起的液态金属断裂。此外,薄膜中部的温度 $T(t)$ 在 $t<23.0$ s 时(断裂前)显示为 38.0 ℃ 左右。这保证了测量时液态金属保持液态,而不是凝固为固态。随着电流密度 $j(t)$ 的增加,焦耳热也增加,在 $t=26.5$ s 时温度增至最大值 $T(t)=44.9$ ℃。测量的这段液态金属薄膜初始电阻 $R(t)$ 为 0.4 Ω,在 $t=26.5$ s 时增至 0.6 Ω,紧接着在 $t=27.5$ s 时跃升至 97 451.1 Ω(见图 5-5 内插图),这表明液态金属薄膜在 1 s 之内就断裂了。

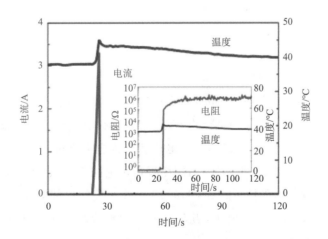

图 5-5　在液态镓薄膜断裂过程中,电流、温度及电阻随时间变化曲线

液态镓薄膜中观测到的断裂现象可以用电迁移理论来解释。在电迁移过程中,离子实受到两个方向相反的力的作用[18,19],导电电子与离子实之间交换动量所引起的电子风力

$\boldsymbol{F}_{w} = Z_{w}e\boldsymbol{E}$($Z_{w}$ 是电迁移过程中与电子风力相关的有效化学价,$e$ 是元电荷,$\boldsymbol{E}$ 是电场),以及外加电场的直接静电力 $\boldsymbol{F}_{d} = Z_{d}e\boldsymbol{E}$($Z_{d}$ 是电迁移过程中与静电力相关的有效化学价)。因而,离子实所受到的合力 $\boldsymbol{F}_{em}=\boldsymbol{F}_{w}+\boldsymbol{F}_{d}=Z^{*}e\boldsymbol{E}=Z^{*}e\rho\boldsymbol{j}$,这里 $Z^{*}=Z_{w}+Z_{d}$ 是合力的有效化学价,$j$ 是电流密度,$\rho$ 是电阻率。

除合力 $\boldsymbol{F}_{em}$ 之外,液态金属中的离子实还受到其他力的作用。所有这些力都会对液态金属中的离子实流 $\boldsymbol{J}$ 产生贡献。因此,液态金属中的离子实的运动将服从修正的连续性方程,即

$$\frac{\partial n}{\partial t}+\nabla \cdot \boldsymbol{J}=0 \tag{5-1}$$

式中,$n$ 为离子实密度;$\boldsymbol{J}$ 为离子实质量流密度,其值为 $\boldsymbol{J}=\boldsymbol{J}_{em}+\boldsymbol{J}_{n}+\boldsymbol{J}_{T}+\boldsymbol{J}_{p}$。$\boldsymbol{J}$ 中各项的意义如下:

$\boldsymbol{J}_{em}=\dfrac{Dn}{kT}Z^{*}e\rho\boldsymbol{j}$ 是由电流密度 $\boldsymbol{j}$ 诱导的离子实质量流密度,$D=\mu kT$ 是扩散系数(液体的 Einstein 关系),$\mu$ 是离子迁移率,$k$ 是 Boltzmann 常数,$T$ 是绝对温度;

$\boldsymbol{J}_{n}=-D\nabla n$ 是由离子密度梯度 $\nabla n$ 诱导的离子实质量流密度;

$\boldsymbol{J}_{T}=-\dfrac{Dn}{kT}\dfrac{Q}{T}\nabla T$ 是由温度梯度 $\nabla T$ 诱导的离子实质量流密度($Q$ 是热扩散的热量);

$\boldsymbol{J}_{p}=\dfrac{Dn}{kT}\Omega\nabla p$ 是由压力梯度 $\nabla p$ 诱导的离子实质量流密度($\Omega$ 是原子体积)。

式(5-1)显示,如果流入一个区域的流密度大于流出该区域的离子流密度 $\partial n/\partial t>0$,那么 $\nabla \cdot \boldsymbol{J}<0$,于是材料就会在这个区域内堆积起来。但是,如果流入一个区域的离子流密度小于流出该区域的离子流密度 $\partial n/\partial t<0$,那么 $\nabla \cdot \boldsymbol{J}>0$,于是这个区域内就会形成空穴。这会引起电路的失效。

### 5.1.3　极化电压

当电极与电解质溶液接触时,在界面上需要对离子电流或电子电流进行转变,从而构成电流回路。在接触面上的电解液与其余电解液之间形成电位差,平衡状态时会在金属和溶液之间形成双电层。当有电流通过时,电极电位从平衡电极电位变为与电流密度有关的电极电位,叫做极化电压。如图 5-6(a)所示,用生理盐水模拟组织液,将一滴 EGaIn 放入与硅胶管中的生理盐水接触[14],采用 Agilent 34970A 数据采集仪记录电压数据。测量电压所用电极是铂电极。结果如图 5-6(b)所示,当 EGaIn 与生理盐水接触时,电压立即从 0 V 降到 $-0.73$ V,之后电压缓慢上升并趋于稳定,约 $-0.5$ V。极化电压幅度最大为 0.73 V,逊于 Ag/AgCl电极(0.1 V)。

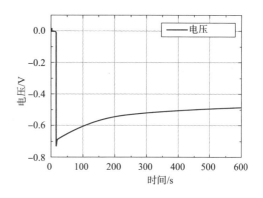

（a）测试装置　　　　　　　　　　　　　（b）测得的电压曲线

图 5-6　测量 EGaIn 合金与生理盐水接触的极化电压测量

## 5.1.4　热损耗

金属的电阻值过大会带来电能的损耗，根据焦耳定律损耗的电能主要转换成了热能，在电流较小的情况下，产生的热量可以及时地散入环境中，并不会造成任何问题。然而当电流很大时，产生热量的功率急剧增大，电阻值的变化也变得相当敏感，进而导致导线的温度快速上升，可能引起外包绝缘层或基底的损坏甚至燃烧。为了测试镓基液态金属导线的热损耗，在镓基液态金属导线施加稳定电流的同时，使用红外摄像机拍摄导线温度的变化。图 5-7 展示了长度为 10 cm、横截面积为 0.39 mm² 的 EGaIn 导线，在持续施加 3.02 A 电流后的温度变化。从图中可以看出，开始阶段温度上升特别快，9 s 的时候温度已经升高到 60 ℃左右，随后温度增长率变小，最后温度稳定在 90 ℃左右，导线的温度分布也不完全一样，表现为两端和中间温度较高[20]。

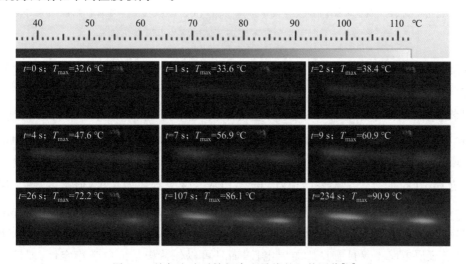

图 5-7　施加电流后镓铟合金导线的红外图像[20]

### 5.1.5　柔性和可拉伸性

因为镓基液态金属熔点低于室温,所以,当这类墨水附着在基底上形成导线时在室温下仍始终保持液态,当基底发生弯折、拉伸等形变时,镓基液态金属导线仍能基于流动性而保持连续和导通,即使重复多次,也不存在其他挠性或柔性电路材料固化后的断裂与疲劳问题。

将 EGaIn 墨水打印在铜版纸上,然后用室温硫化硅橡胶封装,在弯折角度分别为−180°、−90°、0°、90°、180°时,导线的电阻几乎没有变化[见图 5-8(a)],说明液态金属线路具有良好的电学稳定性[21]。需要注意的是,对于镓基液态金属而言,封装层对于电学稳定性的影响是不可忽略的。图 5-8(b)所示为印刷在布料上用 PDMS 封装的液态金属导线,用 PDMS 封装的前后并没有出现明显的电阻值变化。封装前对弯折不同程度的液态金属导线进行电阻测量,发现相对于未弯折时的电阻值而言,增加程度最大可达 35%。但是,在封装后,液态金属导线弯折时电阻值最大的变化程度只有未弯折时阻值的 5%[22]。

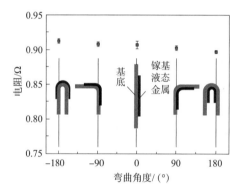

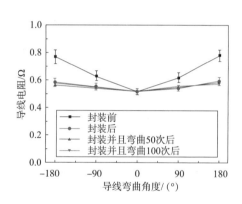

(a)硫化硅橡胶封装的铜版纸上的液态金属导线[21]　　　(b)PDMS 封装前后布料上的液态金属导线[22]

图 5-8　不同弯曲角度下液态金属电路的电阻变化情况

此外,当液态金属印制在可拉伸基底上时,由于液态金属是柔软的,因此它可以随着基底拉伸而拉伸[23-25]。如图 5-9 所示(图中左上角小图表示拉伸方向),沿着轴向和径向多次拉伸封装在可拉伸基底 PDMS 中液态金属导线,待液态金属线恢复到初始长度后,用 Agilent 34420A 纳伏/微欧表测量多次形变之后的电阻变化。实验分为三组:第一组沿轴向拉伸 40%;第二组沿轴线拉伸 20%;第三组沿径向拉伸 20%。可以看出,由于液态金属不同于固体金属,在拉伸过程中会发生流动,虽然 PDMS 恢复到原始长度,但是,液态金属的分布会在拉伸的过程中发生微小变动,从而引起电阻值的不规则变化。另外,从图中电阻值变化的范围,也可以看出电阻值变化范围最大到 40%,对电路的影响在可接受范围之内[25]。因此,液态金属电路不仅具有良好的导电性,而且可以保持极佳的电学稳定性,即使在电路弯折变形状态下,液态金属电路仍能够保持电路连接的稳定性。

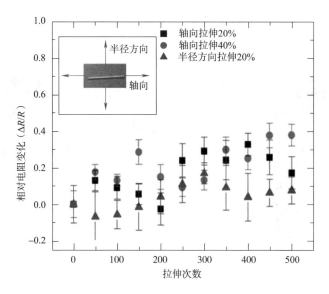

图 5-9　PDMS 基底多次拉伸下镓基液态金属导线的相对电阻变化[25]

## 5.1.6　基于镓基液态金属的印刷电子

几种典型的镓基液态金属与印刷电子相关的物性参数见表 5-2[26]。印刷电子墨水的黏度一般为 0.001～0.01 Pa·s(较好的为 0.001～0.005 Pa·S),相对低黏度的墨水可形成近牛顿流体,不会产生假黏现象,这样有利于墨滴顺利从打印头流出。镓基液态金属在黏度方面符合印刷导电墨水要求。

表 5-2　几种典型的镓基液态金属与印刷电子相关的物性参数[26]

| 化学组分 | 熔点/℃ | 沸点/℃ | 密度/ (kg·m⁻³) | 电导率/ (S·m⁻¹) | 黏度/ (m²·s⁻¹) | 表面张力/ (N·m⁻¹) | 与水的相容性 |
|---|---|---|---|---|---|---|---|
| $Ga$ | 29.8 | 2 204 | 6 080 | $3.7×10^6$ | $3.24×10^{-7}$ | 0.7 | 不容 |
| $Ga_{75.5}In_{24.5}$ | 15.5 | 2 000 | 6 280 | $3.4×10^6$ | $2.7×10^{-7}$ | 0.624 | 不容 |
| $Ga_{67}In_{20.5}Sn_{12.5}$ | 10.5 | >1 300 | 6 360 | $3.1×10^6$ | $2.98×10^{-7}$ | 0.533 | 不容 |
| $Ga_{61}In_{25}Sn_{13}Zn_1$ | 7.6 | >900 | 6 500 | $2.8×10^6$ | $7.11×10^{-8}$ | 0.5 | 不容 |

此外,镓基液态金属墨水的表面张力对印刷质量有着重要影响。如果表面张力过高,墨水很难成形,会直接影响印刷质量。但是,如果表面张力过小,液滴会不稳定,液滴容易呈放射状飞溅。墨水的表面张力大小应该要求其能在基底上稳定附着,并形成所需的电子结构。镓基液态金属的表面张力往往都很高,因此如何有效克服镓基液态金属较大表面张力的影响是液态金属电学材料能够应用在印刷电子领域中的关键问题。

科研人员已提出多种镓基液态金属印刷电路的制备方法,包括直写法、转印法、掩膜法、微接触打印法、印迹法、微流道法等,在不同精度、尺寸及复杂度的镓基液态金属线路成型中各具优势。随着镓基液态金属印刷技术的发展,出现了越来越多的液态金属电子产品,如天线[27]、RFID 标签[28]、电容[29]、电感[30]、温度测量电路[25]、无线功率传输电路[31]、声学器件[32]、应变传感器[33]、压力传感器[34,35]和曲率传感器[36]等,如图 5-10 所示。

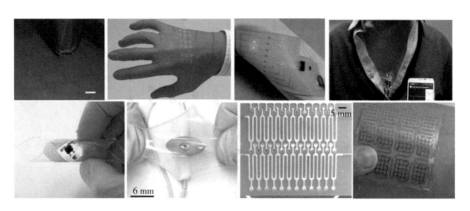

图 5-10　几种典型的镓基液态金属柔性电路

　　为了更加便捷地获取高精度的液态金属印刷电子产品,笔者所在实验室从液态金属手写笔,到液态金属直写式桌面打印机,研制了一系列基于镓基液态金属墨水的打印装置,如图 5-11 所示。图 5-11(a)所示为制作简单、携带方便的液态金属电子手写笔实物,原理及制造的柔性液态金属图案[21]。手写笔由笔芯笔杆和机械传动等部件组成,笔芯是手写笔的主要部件,由球珠、笔头、笔管、液态金属油墨和浮塞五部分组成。书写时球珠由于书写基底的摩擦力而发生滚动,从而带出液态金属形成导电图案。利用手写笔在聚氯乙烯薄膜上可以随意绘制液态金属图案,如柔性导电排线、简易并联 LED 电路以及大小不同的叉式电容器。进一步,为了实现液态金属的机械化打印,陆续研制了几款自动化打印机。图 5-11(b)所示为液态金属气动打印系统,主要由教导盒、压力控制器、气管、油墨针筒、驱动体、可移动玻璃承印平台及高压储气罐等组成,在设置好气体压力并输入所需结构的相应程序后,即可开始打印,打印头包括圆孔针头或者毛刷针头[4]。图 5-11(c)所示为液态金属喷墨打印机的实物、原理示意图和印刷的液态金属图案。喷涂打印是一种批量制造大面积柔性电子器件的有效方法,整个实验装置由喷笔、气泵、掩膜和基底构成[6]。镓基液态金属墨水从喷嘴中喷射而出,在高速气流的剪切作用下离散成小液滴,在掩膜的遮挡下,设计好的线型和性状能够精确地印刷到基底之上。液态金属喷墨打印机适用于多种基底,包括塑料、聚氯乙烯、橡胶、打印纸、棉布、树叶、玻璃等,而且适用于三维曲面结构[6,37]。图 5-11(d)所示为基于滚珠敲击—滚动—转移—黏附—压印复合打印原理研制的液态金属直写式桌面打印机,该打印机主要由运动导轨、装有数控元件的驱动模块、基底走纸滑轮、打印头、设定模块等组成。打印头类似于笔式结构,用于装载液态金属墨水并在承印基底上实现电子图案的快速打印[5]。开始打印后,打印头移动至指定位置,向下敲击打印头促使墨水流出,然后以设定好的速度移动,笔头的滚珠会在基底的摩擦力作用下滚动旋转。液态金属墨水在笔尖滚珠的带动下,以及受自身较大重力及控制机构敲打的共同作用下流出。

当接触到润湿相容性较好的承印基底后,液态金属开始从笔头滚珠转移并黏附在基底材料上。

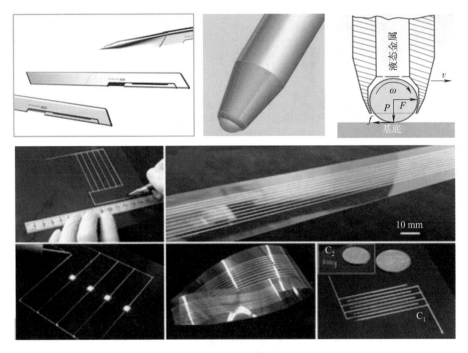

(a)手写笔[21]

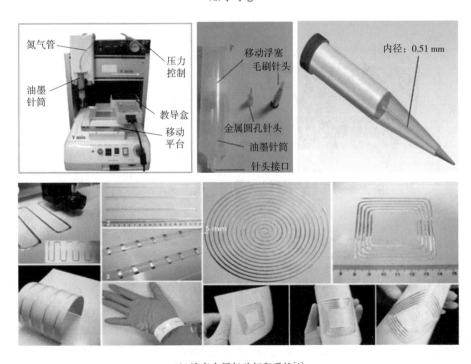

(b)液态金属气动打印系统[4]

图 5-11　镓基液态金属印刷电子打印装置

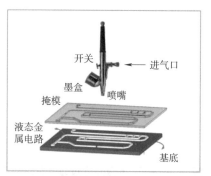

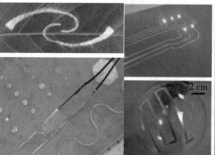

(c)液态金属喷墨打印机[6,37]

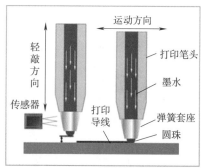

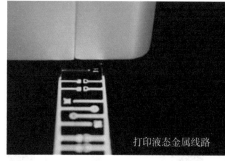

(d)液态金属直写式桌面打印机[5]

图 5-11　镓基液态金属印刷电子打印装置(续)

## 5.2　铋基液态金属电学特性

### 5.2.1　电导率

室温下 $Bi_{35}In_{48.6}Sn_{16}Zn_{0.4}$ 的电导率为 $7.31 \times 10^6$ S/m。$Bi_{35}In_{48.6}Sn_{16}Zn_{0.4}$ 的电导率-温度（$\sigma$-$t$）曲线和热导率-温度（$\lambda$-$t$）曲线是使用物理性质量测系统进行测量的，方法是四探针法，温度区间为 $-140 \sim 36$ ℃，升温速率为 5 ℃/min。测量结果显示于图 5-12(a) 中，可以看出，随着 $t$ 的变大，$\lambda$ 近似呈线性增大，而 $\sigma$ 近似是线性减小，这样相反的变化趋势可以解释如下：固态合金的热导率是传热速率的衡量，它主要取决于晶格振动，而晶格振动又是由原子运动决定的；当合金温度升高时，原子的无规则运动加剧，晶格振动强度增加，合金的热导率也因此增大。另外，振动的晶格阻碍了自由电子的运动，衡量材料的电流传导能力的电导率因此降低[38]。

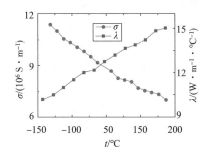

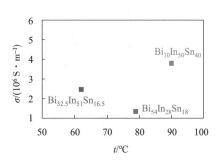

(a) $Bi_{35}In_{48.6}Sn_{16}Zn_{0.4}$ 的电导率-温度和热导率-温度关系曲线[38]　　(b) 不同成分比例的铋基液态金属的电导率[39]

图 5-12　铋基液态金属的电导率性能

### 5.2.2　电学性能稳定性

使用镓基合金作为电子墨水时，由于在常温下处于液态，易于被擦除。若采用熔点更高的铋基液态金属，则可在一定程度上避免此问题。图 5-13 所示的电路板上安装了 64 引脚的 LQFP 芯片，可以看出，芯片的 64 个引脚与印刷的金属线都很好地连接在一起。这在镓基液态金属电路中是很难实现的，因为液体的导线在连接固体芯片时很容易被破坏，芯片一次性放好以后就很难进行微调。

铋基低熔点固体电路中导线与芯片引脚的液固连接强度更高。在基底上采用铋低熔点固体电路印刷方法印制了 40 个圆形焊盘和 40 个矩形焊盘，每个焊盘与导线焊接在一起，然后测量拉伸强度，拉伸过程中，导线与焊盘在拉伸实验过程中一直牢固地连接在一起，实验直到焊盘与基底脱离，测量结果如图 5-14(a) 所示，打印焊盘与基底的黏附强度可以达到 1.5 MPa。另外，测试导线从 $-180°$ 弯曲至 $180°$，电阻变化不超过 2%，如图 5-14(b) 所示。

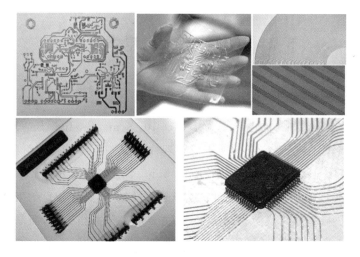

图 5-13　铋基液态金属印刷图案[39]

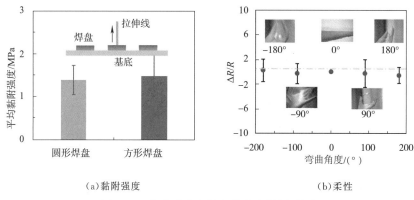

(a)黏附强度　　　　　　　　　　　(b)柔性

图 5-14　铋基液态金属电学稳定性测试[39]

### 5.2.3　基于铋基液态金属的印刷电子

笔者所在实验室以铋基液态金属为墨水,研制了液态金属加热手写笔和固体电路打印机,如图 5-15所示。图 5-15(a)所示为基于加热技术的商用液态金属加热手写笔及其原理和绘制图案[38]。相比于镓基液态金属,BiInSn 合金的熔点略高,例如,通过 DSC 测量 $Bi_{54}In_{28}Sn_{18}$ 熔点为 79.6 ℃,凝固点为 73.2 ℃,因此,装有这种墨水的笔需要先进行加热,笔筒里有加热装置,一般通过缠绕加热丝施加直流电压来进行加热,加热笔的温度由一个 K 型热电偶进行监测并由一个温度控制器进行调节,笔芯尾部的塞子防止金属墨水倒流。为了实现顺利书写,加热笔的温度应当调整在 70～80 ℃,对应的动力黏度范围是 4.1～3.9 mPa·s。图 5-15(b)所示为自动化的固体电路打印机,这里采用 $Bi_{54}In_{28}Sn_{18}$ 合金微球来打印电路[39]。和块状金属相比,微球在打印过程中受热更均匀,熔化更快,更利于打印中墨水的连续输运。相比于镓基液态金属电路,铋基液态金属所绘制的图案会迅速在基底上固化,因此无须封装层保护。

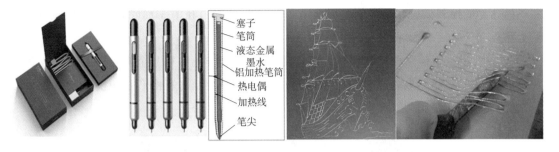

（a）液态金属加热手写笔[38]

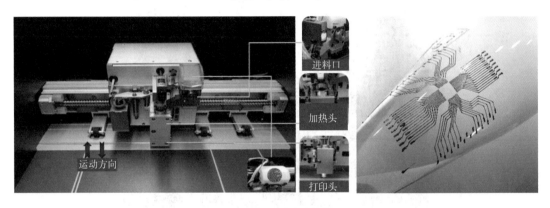

（b）固体电路打印机[39]

图 5-15　铋基金属电子电路制造装置

　　铋基金属大大提升了电路中液固金属的连接强度,因此,提升了低熔点金属电路制备的复杂度,更适合实际应用,也更容易制备双层电路。图 5-16 所示为采用上述电路印刷方法

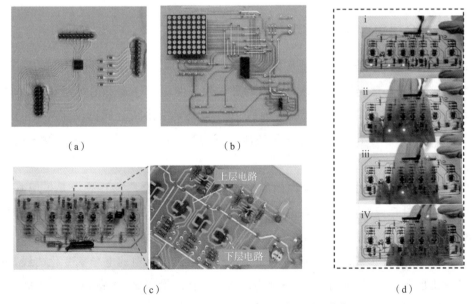

图 5-16　典型的铋基低熔点功能电路板[39]

制备的典型的铋基低熔点功能电路板[39]。其中,图 5-16(c)和图 5-16(d)所示为红外循迹双层电路板。

图 5-17 所示为铋基金属和镓基液态金属的混合打印样品,铋基金属打印的是电桥和电源模块,镓基液态金属制作柔性传感器,贴敷在小人的颈部,用于将形变转换成电阻变化信号,之后转换成电压信号。

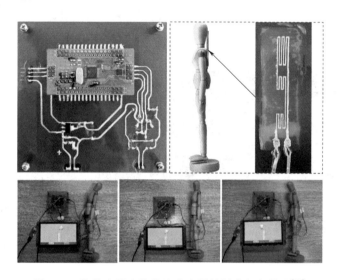

图 5-17　铋基金属和镓基液态金属的混合打印样品[39]

## 5.3　液态金属复合材料电学特性

### 5.3.1　液态金属复合材料简介

液态金属内可以掺杂一些其他金属微纳米材料,如铜[40, 41]、镍[42-45]、铁[46]、镁[47],以此来改善液态金属的黏度、导电性、导热性或者导磁性等性能。笔者所在实验室在 2017 年发现了液态金属胞吞效应,提出了在高表面张力液态金属中掺杂金属微纳米颗粒的有效方法[40],在此基础上,研发出一系列电学等性能可调的高性能液态金属-金属微纳米材料复合材料[41]。

在液态金属中可控性掺入不同比例的铜颗粒,结合液态金属胞吞效应并采用真空干燥的方法,研发出图 5-18 所示的半固态的金属混合物[41]。图 5-18(a)显示随着添加铜颗粒填充比例(质量分数 $\phi=m_{Cu}/m_{GaIn}$)的增加,液态金属-金属微纳米材料复合材料流动性逐渐降低电,可塑性增加。图 5-18(b)所示为不同质量掺比下复合材料的电导率变化曲线,可以看出,质量掺比越高,电导率越高,近似呈抛物线增长。在质量掺比 $20\%(w=0.54)$ 时,复合材料的电导率可提升至 $6\times10^6$ S/m,比纯 EGaIn 合金提升了 $80\%$。图 5-18(c)揭示了固体材料在液态金属中的分散情况，一方面，掺杂的颗粒会使液态金属表面变得粗糙，并产生氧化层褶皱；另一方面，固体颗粒之间通过刚性接触和液体桥的相互作用降低液态金属表面张力和流动性。

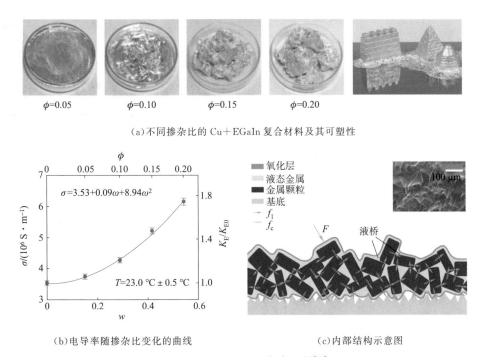

(a)不同掺杂比的 Cu＋EGaIn 复合材料及其可塑性

(b)电导率随掺杂比变化的曲线　　　　(c)内部结构示意图

图 5-18　Cu＋EGaIn 复合材料[41]

镍也一种常见的改善液态金属性能的掺杂金属。图 5-19(a)是通过搅拌在 EGaIn 合金中掺杂了镍粉的复合导电材料，同样流动性减小，可塑性增加。图 5-19(b)所示的 XPS 结果显示所配置的 Ni＋EGaIn 复合材料内部存在大量的 $Ga_2O_3$ 和 $Ga_2O$ 镓氧化物，这说明搅拌过程中主要依靠氧化镓的包裹来克服液态金属的表面张力，如图 5-19(c)所示。液态金属所能均匀掺杂的金属微纳米颗粒比例是有限的，图 5-19(d)显示了添加不同含量的镍粉最终所能获得的复合材料中镍粉的比例，当镍粉数量为 10 g 时，掺杂比例最高，之后增加镍粉，获得的复合材料中的镍粉比例并没有增加。测量不同质量比的液态金属复合材料的电阻率，结果如图 5-19(e)所示。结果表明，同样是 20 mL EGaIn 液态金属，添加 4～12 g 的镍粉最终获得的液态金属复合材料质量比和电阻率没有明显差异，而且电阻率高于纯 EGaIn 合金。这主要是因为单纯依靠搅拌来掺杂金属微纳米颗粒时，容易产生更多的液态金属氧化物，从而降低导电性，所以液态金属复合材料的制备方法对于导电性有非常重要的影响。

颗粒物的掺入显著地提升了材料对各种基底表面的黏附性以及材料自身的可塑性。这些性质的增强和改变，使得液态金属混合材料在印刷电子电路等领域的应用优势更为突出。图 5-20 展示了基于液态金属-金属微纳米材料复合材料制备的柔性电路。图 5-20(a)采用的是 Cu＋EGaIn 墨水,印刷在纸基和硅胶薄膜上的电路[41];图 5-20(b)～(d)使用的是 Ni＋EGaIn 墨水,分别将其印刷在皮肤、硅胶薄膜和纸基上,都可以形成性能良好的柔性电子器件[42-44]。

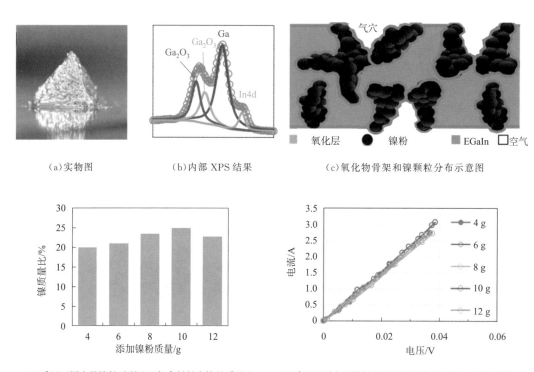

(a)实物图　　　　　(b)内部 XPS 结果　　　　　(c)氧化物骨架和镍颗粒分布示意图

(d)采用不同含量镍粉后所配置复合材料中镍的质量比　　　(e)采用不同含量镍粉后所配置复合材料电流-电压曲线

图 5-19　Ni＋EGaIn 复合材料[42]

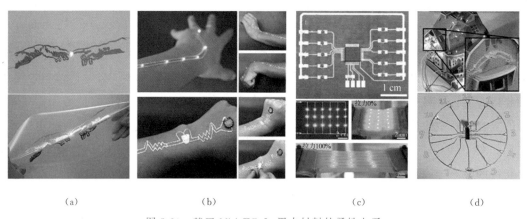

(a)　　　　　　(b)　　　　　　(c)　　　　　　(d)

图 5-20　基于 Ni＋EGaIn 墨水材料的柔性电子

结合可控附着印刷技术,可以实现液态金属复合材料在各种基底的滚动涂覆[43]。基于此原理,笔者所在实验室团队联合梦之墨科技有限公司,研制出了一款电子电路高速印刷系统(见图 5-21),可快速完成原型电路的制作。相比于以往的印刷装置,这款打印机有效提升了单双层电路板印刷速度,10 cm×10 cm 单面电路板印制耗时约 5 min,且工艺步骤更为简化。PEN、PET、FR4、铜版纸、弹力布等多种基材都可以采用这种方法进行单面板、双面板、柔性(可拉伸)板的制作。

图 5-21 基于液态金属复合材料的电子电路高速印刷系统及柔性电路板

### 5.3.2 液态金属-聚合物复合材料电学特性

可以将液态金属和聚合物两种不同性质的材料结合在一起,液态金属微纳米颗粒在混合过程中嵌入有机聚合物的支撑网络中[48]。在当前的研究中,和液态金属均匀混合制备成功能性导电材料的聚合物有 PDMS、Ecoflex、水凝胶、纳米纤维素、聚乙烯醇、硫聚合物等。因为液态金属表面张力大,与非金属材料不相容,所以,直接混合难以制备均匀的液态金属复合材料,往往需要先将液态金属打碎成微纳米球,分散在表面活性剂溶液中,通过羟基与 $Ga^{3+}$ 配位,从而提高液态金属与聚合物的相容性。

笔者所在实验室将液态金属与聚乙烯醇(PVA)、纳米纤维素(CNC)混合,制备成 EGaIn-PVA/CNC 复合薄膜[49]。图 5-22 所示为液态金属基底复合薄膜两面的结构示意图。两面的结构组成差异很大,大部分镓铟合金微纳米颗粒会沉积到膜的底部,相互之间由聚乙烯醇和氧化层隔开,使得这些微纳米颗粒在稳定条件下并不会融合。而纳米纤维素则主要聚集在膜的上部。结构的不同导致性质也有很大的不同。在正常情况下,两面都不导电,但是,如果对镓铟合金微纳米颗粒聚集的那面施加剪切摩擦力,颗粒就会相互融合,从而实现有效导通。通过控制制备过程中镓铟合金的质量,可以得到不同导电厚度的膜,最小可以到 1 $\mu m$。在成膜过程中,纤维素和聚乙烯醇的作用都非常重要。前者影响镓铟合金微纳米球的分布,也就是说会影响膜的均匀性;后者是一种水溶性聚合物,修饰在微纳米球的表面,并相互连接,可以提高最终成膜的柔韧性。此外,刚制备的液态金属聚合物复合材料往往在初始状态下并不导电,需要在复合材料表面施加剪切摩擦力,破坏表面的氧化层,使得液态金属微纳米球在表面张力作用下自发融合。通过控制超声作用的时间,可以得到不同粒径尺寸的液态金属微纳米粒子,从而得到不同线宽的导线。

这种导电材料和基底材料一体的薄膜,可以作为一种全新的电子纸,呈现一种新形态的柔性电路。其导线厚度相比于直写、喷涂等方法印刷小得多,而且内嵌在整个薄膜中,所以,即使对薄膜施加外界干扰,也很难造成线路短路或者断路。图5-23(a)是使用这种EGaIn-PVA/CNC薄膜制备的液态金属柔性电路。对这些电路做导电性能分析,实验结果表明该方法得到的液态金属导线电学特性非常稳定。如图5-23(b)所示,EGaIn-PVA/CNC复合薄膜反复扭转100次,导线电阻变化小于0.4%;弯曲时,电阻变化小于1%;施加不同压力时,电阻变化小于0.5%。

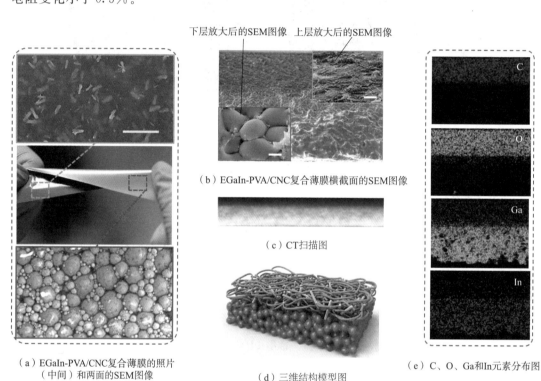

图5-22　EGaIn-PVA/CNC复合薄膜结构示意图[49]

中国科学院青岛能源所李朝旭团队在生物质纳米纤维(纤维素、甲壳素、蚕丝等)的水分散液中超声液态金属,得到稳定分散的液态金属微纳液滴后,常温常压下干燥分散液最终烧结成连续的液体金属导电薄膜[50]。除了固化成薄膜的形态,液态金属与纳米纤维聚合物也可以直接制备成水性导电墨水,李朝旭团队将液态金属在海藻酸盐溶液中超声处理,制备成包覆有海藻酸盐微凝胶的液态金属电子墨水。液态金属微纳液滴组成的电路由于氧化层外壳呈现绝缘状态,可以通过外加压力的方法恢复其导电性($4.8 \times 10^5$ S/m)[51]。东南大学张久洋团队利用单质硫的聚合制备纳米级分散的多功能液态金属硫聚合物复合材料[52]。单质硫的开环聚合提供了大量的多硫化物环和硫醇基团作为有效的结合配体,使得液态金属在聚合物中均匀地分散(液滴平均直径为1 μm),从而克服了通常绝缘的液态金属聚合物共混物的不导电问题,直接获得显著导电性的复合材料。

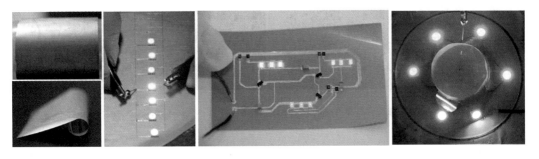

(a) 几种液态金属电路

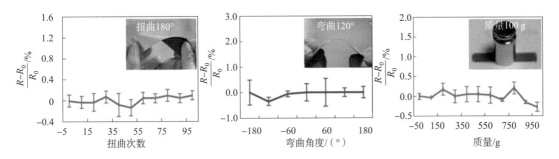

(b) 重复扭转、弯曲、不同质量时擦除路径的电阻变化

图 5-23　EGaIn-PVA/CNC 薄膜制备的液态金属柔性电路[49]

## 5.4　液态金属导电-绝缘转换特性

导体和绝缘体之间的可逆转换是许多领域的研究热点,如智能开关、传感器、半导和电阻随机存取存储器等。在金属氧化物、钙钛矿和有机薄膜中可以观察到典型的导电-绝缘跃迁现象。然而,这些电子元件大多是刚性的,不能拉伸,不适合一些需要弯曲、拉伸和变形的应用场合,如可穿戴电子。液态金属同时具有流动性和导电性,被制备成若干柔性甚至可拉伸的复合材料,2018 年笔者所在实验室设计了一种具有导电-绝缘可逆转换的特种材料[53]。

图 5-24(a) 所示(图中比例尺为 2 cm)为由液态金属微球和有机硅聚合物(如 PDMS)组成的一种温度诱导的导电-绝缘转换复合材料(TIC)。其在常温下呈绝缘特性($R > 2 \times 10^8$ Ω),然而当该材料遇到低温触发后,可从绝缘态转变为导体,TIC 材料电阻大大降低($R = 0.05$ Ω),此时与 TIC 材料连成通路的 LED 被点亮。当恢复到常温时,TIC 材料恢复绝缘状态,LED 熄灭,重新冷冻后可以再次变成导体。图 5-24(b) 表示 TIC 材料电阻率随温度的变化规律,在温度低于 212 K 时,TIC 电阻率值是无限大,当温度超过 212 K 时,电阻率急剧下降,变为 $1.78 \times 10^{-5}$ Ω·m。值得注意的是,相应转变不仅可逆,且能重复 100 次以上而无明显结构破坏和电学性能降低,最大拉伸幅度可至原长的 780%,如图 5-24(c) 所示。

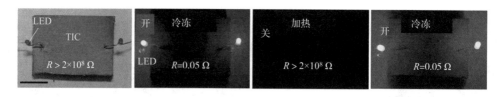

（a）液氮冷却后导电（$R = 0.05\ \Omega$），恢复到常温后绝缘（$R>2\times10^8\ \Omega$）

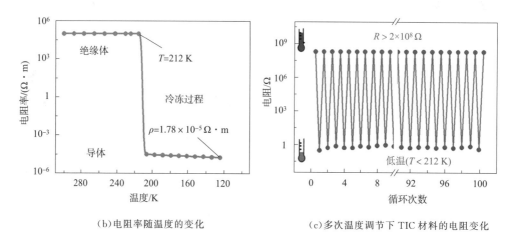

（b）电阻率随温度的变化

（c）多次温度调节下 TIC 材料的电阻变化

图 5-24　温度诱导的液态金属导电-绝缘转换复合材料及其电学特性

图 5-25 所示为温度变化时 TIC 的导电-绝缘转换工作机理。常温下，液态金属微球分散在 PDMS 中，每个液态金属液滴外都包裹有 PDMS 外壳，由于外壳的阻碍而相互之间隔绝，其最初呈绝缘特性。在低温作用下，液态金属微球发生相变凝固，体积快速膨胀，与此相反，PDMS 壳收缩，变得非常薄，因此，液态金属被挤出硅胶膜从而形成互相连通，由此呈现出导电特性。复温后，液态金属熔化成液态而导致体积缩小，而 PDMS 恢复柔软弹性，并在此将液态金属微球包裹在内部，破坏导电路径，导致

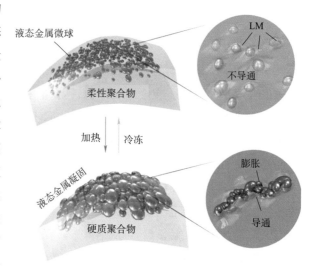

图 5-25　温度变化时 TIC 的导电-绝缘转换工作机理[53]

绝缘状态。影响 TIC 材料导电-绝缘转换性能的因素有很多，包括 PDMS 的黏度和固化时间、液态金属在复合物中占据的质量比、搅拌后液态金属形成的液滴大小等。

这种材料制备工艺简单，可以 3D 打印，对于发展未来柔性可拉伸半导体器件、温度开关、智能可穿戴设备乃至外太空等极端环境探测用传感器具有重要意义。图 5-26 展示了利

用 TIC 材料作为温度传感器的例子(1 表示低温,0 表示高温),结合单片机和蓝牙设备,利用 TIC 材料可通过环境温度改变实现不同图案显示。

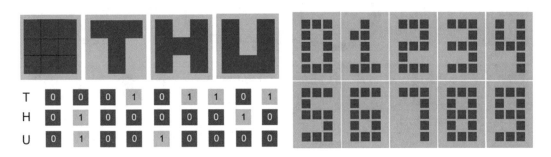

(a)3×3 像素阵列　　　　　　　　　　　(b)5×3 像素阵列

图 5-26　基于 TIC 材料的 TIC 显示器[53]

　　进一步,笔者所在实验室提出了一种基于液态金属制备在宽温区内可调的导体-绝缘体转变材料的通用策略[54],其原理区别于传统的研究思路,不再拘泥于改变物质的微观结构,而是利用复合材料内部物质间的相互配合,实现材料的导电-绝缘转变功能。其中的一个典型案例是将具有反常体积膨胀率的镓基液态金属与流动性优异的二甲基硅油相结合,构造出转变温度可调的液态导电-绝缘转变(LCIT)材料,借助不同熔点液态金属与协同材料发展出更多可在宽温区内工作的 LCIT 转换材料。研究系统性地计算了金属的体积膨胀率,结果表明,只有镓和铋金属在固液相变时拥有反常的体积膨胀率。实验结果也证实,除上述镓基金属,铋金属合金同样可以实现这种导电-绝缘转变功能。利用 LCIT 材料固有的优异特性,实验展示了一系列典型应用,如可视化电路[见图 5-27(a)]、光控电路[见图 5-27(b)]、可重置电路[见图 5-27(c)]等。

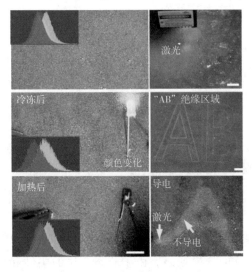

(a)可视化电路　　　　　　　　　　　(b)光控电路

图 5-27　LCIT 材料随温度的变色效应及其典型应用

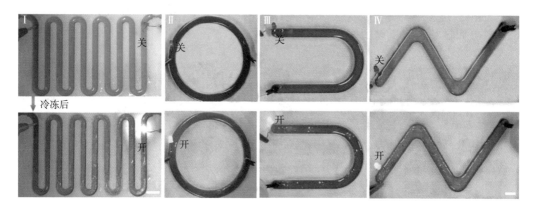

（c）可重置电路

图 5-27　LCIT 材料随温度的变色效应及其典型应用（续）

对于导电-绝缘转变材料而言，其导电转变点的温度是影响应用前景的重要因素。LCIT 材料的转变温度仅取决于液态金属液滴的相变点。而根据先前的计算，镓和铋是满足条件的金属，可以用于制备 LCIT 材料。因此，可以找到一系列具有不同相变点的镓基合金和铋基合金（见图 5-28），从而显著提高转变点的温度，这对于未来应用大有裨益。

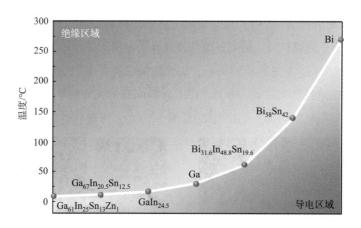

图 5-28　基于不同熔点金属配置的 LCIT 材料的导电和绝缘区域[54]

## 5.5　液态金属电路的自修复特性

液态金属是一种新型的柔性自修复导电材料。柔性有机材料主要有自愈有机聚合物、弹性体等类型。当这些非导电的柔性材料表面黏附或者内部包裹液态金属时，得益于液态金属的流动性和高导电性，柔性材料也拥有了连续的导电通路。由于液态金属的柔性和可变形性，这些导电通路能在拉伸、弯曲或受外力的情况下保持连续性和稳定。即使材料本身磨损或者遭到外力破坏,液态金属也能够修补或者重组连接通路来实现结构上或者功能上的自我修复。

相较于其他类型的可修复的柔性导电材料,如半导体高分子材料、导电高分子网络材料、离子导体等,液态金属柔性可修复材料具有诸多优点。例如,其自修复往往不要任何的外加场,仅仅依靠液态金属的自身重力和表面张力来填补裂痕,实现结构性自愈。这种优势是依靠外加电场才能修复的导电聚合物难以企及的。再如,对于以弹性体为基底材料的液态金属柔性导电复合材料而言,功能修复几乎都是在瞬间完成的,换言之,导电通路在破坏和修复的过程中畅通连续。此外,液态金属优良的生物相容性能够让液态金属柔性导电复合材料有更广的应用领域。

2012 年,美国伊利诺伊大学香槟分校的研究人员用 EGaIn 作为愈合剂,将其封装在具有壳核结构的尿素-甲醛聚合物微胶囊中[55]。一旦嵌入微胶囊的导线遭受损坏,液态金属的微胶囊随之破裂,将液态金属释放到损坏的电路区域,损坏后的电路能在不到 1 ms 的时间内恢复约 99% 的电导率,如图 5-29 所示。在此基础上,2018 年,韩国三星高新技术研究院改善了微胶囊粒度不均匀的情况,将胶囊尺寸减小到微米级,制备了更轻薄的液态金属导电薄膜,用于提高钙钛矿太阳能电池电路系统的可靠性和使用寿命。

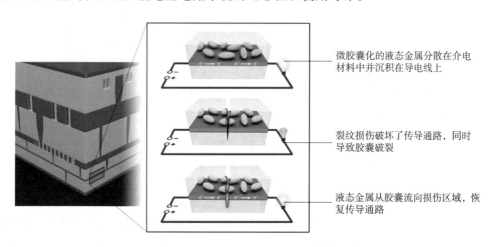

微胶囊化的液态金属分散在介电材料中并沉积在导电线上

裂纹损伤破坏了传导通路,同时导致胶囊破裂

液态金属从胶囊流向损伤区域,恢复传导通路

图 5-29　液态金属微胶囊修复受损电路示意图[55]

2013 年,美国北卡罗来纳州立大学的研究人员提出液态金属注入具有自修复能力的聚合物微通道导线中[56],能同时实现在机械和电气上的自愈,并保持金属导电性(约 $3 \times 10^4$ S/cm),实验证明重新连接导线能恢复导电性,但连接完全切断的导线需要手动对齐,极大地考验了操作人员的手眼协调能力。2016 年,卡耐基梅隆大学的研究人员通过将液态金属液滴加入预制的弹性体(聚二甲基硅氧烷)微通道中,创造了具有优良电弹性能的可拉伸柔性系统,介电常数和弹性模量分别提高了 4 倍和 3 倍[57]。该团队的最新研究结果表明将微米级的 EGaIn 颗粒掺杂进弹性体后,通过施加局部压力使液态金属液滴破裂和聚结能够形成具有高导电

性的通路,这种机械控制的响应机制使得电路能够在损坏的瞬间在原位形成新的电通路而自主修复,如图 5-30 所示。

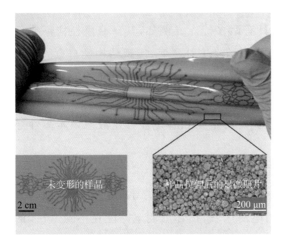

(a)一种具有复杂的导电结构的液态金属弹性体复合材料

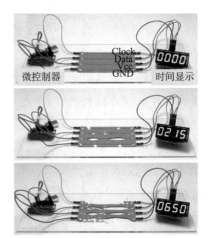

(b)可修复弹性复合体在电路中的应用例子

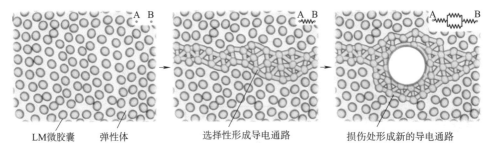

(c)复合材料自修复机制的示意图

图 5-30 一种液态金属弹性复合体及其自修复机制示意图[57]

2013 年,清华大学实验室证实直接印刷式高导电性和高柔性的电极[58],能帮助介电弹性体在相对较低的电压下产生最大的静电力-应变,驱动变形性能显著优于银浆、碳纳米管等电极,且易于借助电场实现自修复,这种由柔性电极和介电弹性体耦合制成的驱动器在人造肌肉、柔性电子元器件和可穿戴智能设备等领域具有重要价值。基于此,可望建立一种概念性的创新方法,利用共晶镓铟锡合金电极和介电弹性体构建的致动器,能在施加激发电压后随弹性体迅速膨胀重新连接起损伤位点两侧破裂的电极之间的信号电路,可实现电极在二维平面内的自我修复,并且不需要人工干预,显著提高了电极可靠性并延长了柔性致动器的使用寿命。

磁性液态金属作为一种印刷电子导电墨水,在外界磁场作用下,分布在磁性液态金属中的铁颗粒可以被聚集以及跟随磁场运动,并且由于毛细作用,带动部分液态金属发生位移。基于此,受外界机械力切断的液态金属电路可以通过一块永磁体非接触地将受损部位重新连接。图 5-31 展示了笔者所在实验室发展的磁性液态金属(Fe-EGaIn)电路,可用于可重构天线以及机器人电路的修复[59]。

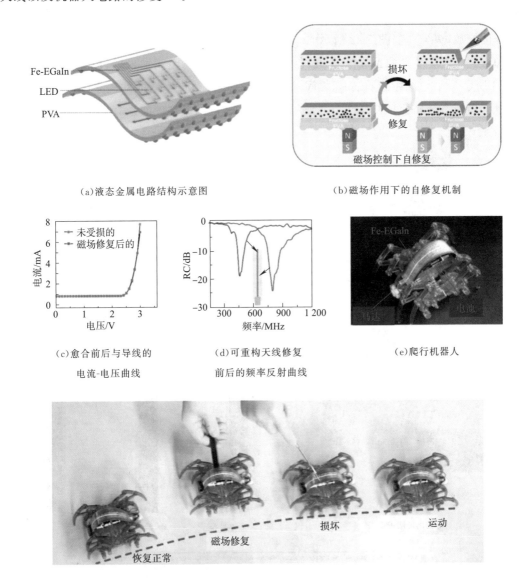

(a)液态金属电路结构示意图　　　　　(b)磁场作用下的自修复机制

(c)愈合前后与导线的　　　(d)可重构天线修复　　　(e)爬行机器人
电流-电压曲线　　　　　前后的频率反射曲线

(f)反复破坏和修复的爬行机器人

图 5-31　磁性作用机制下的液态金属电路自修复[59]

近年来,液态金属自修复材料逐渐引入高稳定性电池的研发中,如将液态金属负载在导电碳或者碳纳米管上制作电池。2017 年,美国威斯康星大学采用液态金属作为阳极材料,基于其出色的流动性和表面张力建立了具有自修复能力的纳米结构电极。用该方法制备的锂离子电池阳极在保持高容量(775 Ah/kg)、高电流密度(200 mA/g)的同时,也展示了出色的循环寿命和安全性能(在 4 000 次循环内保持接近 100%的容量),克服了锂离子储能技术能量密度与循环稳定性不匹配的难题。2018 年,南方科大研究人员设计了一种由液体金属和 Si 纳米颗粒组成无导电添加剂的纳米复合负极,其中两种组分协同产生优异的电化学和机械性能,包括超长的循环稳定性、高的初始库仑效率以及长周期后具有非常好的容量保持率和高的充放电倍率,如图 5-32 所示[60]。2019 年,美国威斯康星大学研究员采用同轴静电纺丝和炭化法制备了自愈型导电芯-壳纤维材料,内芯是液态金属纳米球,包壳是导电碳,如图 5-33 所示[61]。该纤维材料芯-壳之间的空隙可以用作锂合金电池的独立阳极,具有大电容容量。而液态金属的自修复能力保证了电极高度稳定的循环性能。

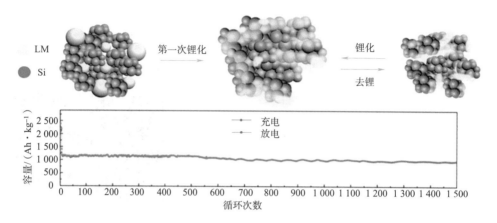

图 5-32  由液态金属和 Si 纳米颗粒组成无导电添加剂的纳米复合负极及其循环稳定性曲线[60]

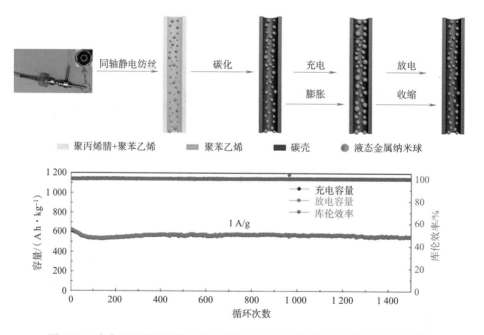

图 5-33  液态金属材料制作的自愈型导电芯-壳纤维材料循环稳定性曲线[61]

液态金属是一种在低温下呈流动状态的金属材料,具有金属材料所应具有的高导电性,同时由于其优异的可塑性,在应用中表现出其他固体材料所不具有的性质。本章主要梳理了镓基室温液态金属、铋基低熔点金属、液态金属与金属纳米材料复合材料、液态金属与聚合物复合材料的电学性质,以及液态金属特种材料所表现出来的导电-绝缘转化特性及可修复特性。具体包括以下五个方面:

(1)液态金属具有出色的导电性,远优于一些碳导电材料和有机导电材料。合金中金属配比不同,添加物含量不同也会导致合金的电导率不同。镓基液态金属同时兼具高导电性和流动性,可以随基底变形而发生形变。

(2)铋基金属的电导率随温度增加而几乎线性减少。使用镓基合金作为电子墨水时,由于在常温下处于液态,易于被擦除。BiInSn 合金的熔点略高,相比于镓基液态金属,墨水所绘制的图案会迅速在基底上固化,因此,无须后续封装层的保护,铋基合金电子墨水印制的电路稳定性更高。

(3)作为一种功能载体,液态金属可以掺入其他各种金属纳米材料,如镍、铜、铁、银等,从而改善液态金属的黏度、导电性或者磁性等。液态金属与聚合物的复合导电材料是将液态金属微纳米颗粒嵌入有机聚合物的支撑网络中,从而产生具有导电性的机械弹性材料。

(4)液态金属在冷却发生相变时体积膨胀,反之缩小,基于此性质,液态金属微球与绝缘材料的混合物可以制备成具有导电-绝缘可逆转换的特种材料,表现为温度高于熔点时导电,低于熔点时绝缘。对于导电-绝缘转变材料而言,其导电转变点的温度是影响应用前景的重要因素,该温度取决于液态金属液滴的相变点。一系列具有不同相变点的镓基合金和铋基合金都有望加工成导电-绝缘可逆转换材料。

(5)液态金属也是一种新型的柔性自修复导电材料,可以依靠液态金属的自身重力和表面张力来填补裂痕,从而实现结构性自愈,而且功能修复几乎瞬间完成的。这一特性使得液态金属材料可以用于可修复电路和高稳定性电池的研发中。

## 参考文献

[1] ZHANG Q,ZHENG Y,LIU J. Direct writing of electronics based on alloy and metal (DREAM) ink:a newly emerging area and its impact on energy,environment and health sciences[J]. Frontiers in Energy,2012,4:311-340.

[2] WANG X L,LIU J. Recent advancements in liquid metal flexible printed electronics:properties,technologies,and applications[J]. Micromachines,2016,7:206.

[3] LI H Y,Y YANG,LIU J. Printable tiny thermocouple by liquid metal gallium and its matching metal[J]. Applied Physics Letters,2012,101:073511.

[4] ZHENG Y,HE Z Z,YANG J,et al. Direct desktop Printed-Circuits-on-Paper flexible electronics[J]. Scientific Reports,2013,3:1786.

[5]  ZHENG Y, HE Z Z, YANG J, et al. Personal electronics printing via tapping mode composite liquid metal ink delivery and adhesion mechanism[J]. Scientific Reports, 2014, 4:4588.

[6]  ZHANG Q, GAO Y X, LIU J. Atomized spraying of liquid metal droplets on desired substrate surfaces as a generalized way for ubiquitous printed electronics[J]. Applied Physics A-Materials Science & Processing, 2014, 116(3):1091-1097.

[7]  YANG J, YANG Y, HE Z Z, et al. A personal desktop liquid-metal printer as a pervasive electronics manufacturing tool for society in the near future[J]. Engineering, 2015, 1(4):506-512.

[8]  LI H Y, LIU J, Revolutionizing heat transport enhancement with liquid metals: proposal of a new industry of water-free heat exchangers[J]. Frontiers in Energy, 2011, 5:20-42.

[9]  GLATZEL S, SCHNEPP Z, GIORDANO C. From paper to structured carbon electrodes by inkjet printing[J]. Angew Chem Int Edit, 2013, 52(8):2355-2358.

[10]  PIDCOCK G C, PANHUIS M I H, Extrusion printing of flexible electrically conducting carbon nanotube networks[J]. Advanced Functional Materials, 2012, 22(22):4790-4800.

[11]  XIONG Z T, LIU C Q. Optimization of inkjet printed PEDOT:PSS thin films through annealing processes[J]. Org Electron, 2012, 13(9):1532-1540.

[12]  MO L X, LIU D Z, LI W, et al. Effects of dodecylamine and dodecanethiol on the conductive properties of nano-Ag films[J]. Appl Surf Sci, 2011, 257(13):5746-5753.

[13]  LEE H H, CHOU K S, HUANG K C. Inkjet printing of nanosized silver colloids[J]. Nanotechnology, 2005, 16(10):2436-2441.

[14]  YU Y, ZHANG J, LIU J. Biomedical implementation of liquid metal ink as drawable ECG electrode and skin circuit[J]. PLoS one, 2013, 8(3):e58771.

[15]  GAO Y X, LIU J. Gallium-based thermal interface material with high compliance and wettability[J]. Appl Phys A-Mater, 2012, 107(3):701-708.

[16]  GAO Y X, LI H Y, LIU J. Direct writing of flexible electronics through room temperature liquid metal ink[J]. PLoS One, 2012, 7(9).

[17]  MA R C, GUO C R, ZHOU Y X, et al. Electromigration induced break-up phenomena in liquid metal printed thin films[J]. Journal of Electronic Materials, 2014, 43(11):4255-4261.

[18]  SORBELLO R S. Theory of the direct force in electromigration[J]. Phys. Rev. B, 1985, 31(2): 798-804.

[19]  RIMBEY P R, SORBELLO R S. Strong-coupling theory for the driving force in electromigration[J]. Phys. Rev. B, 1980, 21(6):2150-2161.

[20]  杨骏. 液态金属个人电子电路打印机机理及应用研究[D]. 北京:中国科学院理化技术研究所, 2015.

[21]  ZHENG Y, ZHANG Q, LIU J. Pervasive liquid metal based direct writing electronics with roller-ball pen[J]. AIP Adv., 2013, 3(11):112117.

[22]  GUI H, TAN S C, WANG Q, et al. Spraying printing of liquid metal electronics on various clothes to compose wearable functional device[J]. Sci. China Technol. Sci., 2017, 60(2):306-316.

[23]  GUO R, TANG J B, DONG S J, et al. One-step liquid metal transfer printing: toward fabrication of flexible electronics on wide range of substrates[J]. Advanced Materials Technologies, 2018, 3(12).

[24]  MOHAMMED M G, KRAMER R. All-printed flexible and stretchable electronics[J]. Advanced Materials, 2017, 29(19).

WANG Q, YU Y, YANG J, et al. Fast fabrication of flexible functional circuits based on liquid metal dual-trans printing[J]. Advanced Materials, 2015, 27(44):7109-7116.

WANG Q, YU Y, LIU J. Preparations, characteristics and applications of the functional liquid metal materials[J]. Advanced Engineering Materials, 2018, 20(5).

WANG L, LIU J. Pressured liquid metal screen printing for rapid manufacture of high resolution electronic patterns[J]. RSC Advnces, 2015, 5:57686-57691.

GAO Y X, LIU R, WANG X P, et al. Flexible RFID tag inductor printed by liquid metal ink printer and its characterization[J]. Journal of Electronic Packaging, 2016, 138:031007.

[9] ZHOU X, ZHANG R, LI L, et al. A liquid metal based capacitive soft pressure microsensor[J]. Lab on Chip, 2019, 19:807-814.

[30] FASSLER A, MAJIDI C. Soft-matter capacitors and inductors for hyperelastic strain sensing and stretchable electronics[J]. Smart Materials and Structures, 2013, 22(5):055023.

[31] JEONG S H, HJORT K, WU Z G, Tape transfer atomization patterning of liquid alloys for microfluidic stretchable wireless power transfer[J]. Scientific Reports, 2015, 5:8419.

[32] JIN S W, PARK J, HONG S Y, et al. Stretchable loudspeaker using liquid metal microchannel[J]. Scientific Reports, 2015, 5:11695.

[33] CHENG S, WU Z, A microfluidic, reversibly stretchable, large-area wireless strain sensor[J]. Advanced Functional Materials, 2011, 21(12):2282-2290.

[34] PARK Y L, MAJIDI C, KRAMER R, et al. Hyperelastic pressure sensing with a liquid-embedded elastomer[J]. Journal of Micromechanics and Microengineering, 2010, 20:125029.

[35] JUNG T, YANG S. Highly stable liquid metal-based pressure sensor integrated with a microfluidic channel[J]. Sensors, 2015, 15:11823-11835.

[36] MAJIDI C, KRAMER R, WOOD R J, A non-differential elastomer curvature sensor for softer-than-skin electronics[J]. Smart Materials and Structures, 2011, 20:105017.

[37] WANG L, LIU J. Ink spraying based liquid metal printed electronics for directly making smart home appliances[J]. ECS J. Solid State. Sc. , 2015, 4(4):3057-3062.

[38] WANG L, LIU J. Printing low-melting-point alloy ink to directly make a solidified circuit or functional device with a heating pen[J]. P. Roy. Soc. a-Math. Phy. , 2014, 470(2172):20140609.

[39] ZHANG P J, YU Y , CHEN B W, et al. Fast fabrication of double-layer printed circuits using bismuth-based low-melting alloy beads[J]. Journal of Materials Chemistry C, 2020, 8:8028-8035.

[40] TANG J B, ZHAO X, LI J, et al. Liquid metal phagocytosis: intermetallic wetting induced particle internalization[J]. Advanced Science, 2017, 4(5).

[41] TANG J B, ZHAO X, LI J, et al. Gallium-based liquid metal amalgams: transitional-state metallic mixtures (TransM2ixes) with enhanced and tunable electrical, thermal, and mechanical properties[J]. ACS Applied Materials Interfaces, 2017, 9(41):35977-35987.

[42] CHANG H, GUO R, SUN Z Q, et al. Direct writing and repairable paper flexible electronics using nickel-liquid metal ink[J]. Advanced Materials Interfaces, 2018, 5(20):1800571.

[43] GUO R, YAO S Y, SUN X Y, et al. Semi-liquid metal and adhesion-selection enabled rolling and transfer (SMART) printing: a general method towards fast fabrication of flexible electronics[J]. Science China Materials, 2019, 62(7):982-994.

［44］ GUO R，WANG X L，CHANG H，et al. Ni-GaIn amalgams enabled rapid and customizable fabrication of wearable and wireless healthcare electronics[J]. Advanced Engineering Materials，2018，20(10)：1800054.

［45］ ZHANG J，GUO R，LIU R J. Self-propelled liquid metal motors steered by a magnetic or electrical field for drug delivery[J]. Journal of Materials Chemistry B，2016，4(32)：5349-5357.

［46］ CAO L X，YU D H，XIA Z，et al. Ferromagnetic liquid metal plasticine with transformed shape and reconfigurable polarity[J]. Advanced Materials，2020，32(17)：2000827.

［47］ WANG X L，YAO W，GUO R，et al. Soft and moldable Mg-doped liquid metal for conformable skin tumor photothermal therapy[J]. Advanced Healthcare Materials，2018，7(14)：1800318.

［48］ WANG H Z，YUAN B，LIANG S T，et al. PLUS-M：a porous liquid-metal enabled ubiquitous soft material[J]. Materials Horizons，2018，5(2)：222-229.

［49］ ZHANG P，WANG Q，GUO R，et al. Self-assembled ultrathin film of CNC/PVA-liquid metal composite as a multifunctional janus material[J]. Materials Horizons，2019，6(8)：1643-1653.

［50］ LI X，LI M，XU J，et al. Evaporation-induced sintering of liquid metal droplets with biological nanofibrils for flexible conductivity and responsive actuation[J]. Nature Communications，2019，10：3514.

［51］ LI X，LI M，ZONG L，et al. Liquid metal droplets wrapped with polysaccharide microgel as biocompatible aqueous ink for flexible conductive devices[J]. Advanced Functional MaterialsVolume，2018，28(39)：1804197.

［52］ XIN Y M，PENG H，XU J，et al. Ultrauniform embedded liquid Metal in sulfur polymers for recyclable，donductive，and self-Healable materials[J]. Advanced Functional Materials，2019，29(17)：1808989.

［53］ WANG H Z，YAO Y Y，HE Z Z，et al. A highly stretchable liquid metal polymer as reversible transitional insulator and conductor[J]. Advanced Materials，2019，31(23).

［54］ CHEN S，WANG H Z，SUN X Y，et al. Generalized way to make temperature tunable conductor-insulator transition liquid metal composites in a diverse range[J]. Materials Horizons，2019，6(9)：1854-1861.

［55］ BLAISZIK B J，KRAMER S L B，GRADY M E，et al. Autonomic restoration of electrical conductivity[J]. Advanced Materials，2012，24(3)：398-401.

［56］ PALLEAU E，REECE S，DESAI S C，et al. Self-healing stretchable wires for reconfigurable circuit wiring and 3D microfluidics[J]. Advanced Materials，2013，25(11)：1589-1592.

［57］ MARKVICKA E J，BARTLETT M D，HUANG X N，et al. An autonomously electrically self-healing liquid metal-elastomer composite for robust soft-matter robotics and electronics[J]. Nature Materials，2018，17(7)：618-624.

［58］ LIU Y，GAO M，MEI S F，et al. Ultra-compliant liquid metal electrodes with in-plane self-healing capability for dielectric elastomer actuators[J]. Applied Physics Letters，2013，102：064101.

［59］ GUO R，SUN X Y，YUAN B，et al. Magnetic liquid metal (Fe-EGaIn) based multifunctional electronics for remote self-healing materials，degradable electronics，and thermal transfer printing[J]. Advanced Science，2019，6(20).

［60］ HAN B，YANG Y，SHI X B，et al. Spontaneous repairing liquid metal/Si nanocomposite as a smart conductive-additive-free anode for lithium-ion battery[J]. Nano Energy，2018，50：359-366.

［61］ ZHU J H，WU Y P，HUANG X K，et al. Self-healing liquid metal nanoparticles encapsulated in hollow carbon fibers as a free-standing anode for lithium-ion batteries[J]. Nano Energy，2019，62：883-889.

# 第6章  液态金属磁性材料

物质可根据在外磁场中呈现的磁性特征而分为以下几类：抗磁性物质、顺磁性物质、铁磁性物质、反铁磁性物质和亚铁磁性物质[1]。其中，铁磁性物质一般是指铁、钴、镍元素及其合金，稀土元素及其合金等[2]。室温液态金属作为一种新材料，不仅具有金属的良好导电性、导热性和化学活泼性，同时还具有液体的流动性，因此展示出很多独特的应用潜力。这种材料的流动性为其变形提供了得天独厚的条件，在微纳机电系统、微流体、生物医学以及机器人等领域有巨大的应用前景，但是，和很多液体一样，如何有效控制液态金属流动性具有一定的困难[3]。笔者所在实验室发现，在氢氧化钠溶液中的液态金属可以由电场控制驱动，这是由于在溶液中发生的电化学反应引起液态金属不均匀氧化，形成表面张力差异，从而产生运动和变形行为[4]。另外，将液态金属浸入硫酸铜溶液和盐酸混合溶液中也能够产生离散型变形和运动行为[5]。但是，当前大部分液态金属的驱动和变形都是在液体环境下通过其表面张力的改变作为驱动力，这一点限制了其在非溶液环境下的运动变形。磁场控制是一种具有精准性、无须接触、操作方便等优势的控制技术。如果能够实现磁场控制液态金属在非溶液环境下运动和变形，这将为液态金属机器人驱动研究提供新的方向。但液态金属的基本材料如镓、铟、锡、铋等在宏观上几乎不显示磁性。为了提升镓基液态金属的驱动能力，学术界尝试通过结合铁磁性物质赋予镓基液态金属磁响应特性并探索其应用。本章论述制备磁性液态金属的方法如金属胞吞法、搅拌氧化法、电镀磁性层法，介绍磁响应液态金属材料特性及其代表性应用。

## 6.1  磁性液态金属制备方法及原理

当前的一大类液态金属材料主要是以镓为基础的合金材料。常见的如镓铟合金、镓铟锡合金，这类材料的特点是熔点较低，安全无毒，但不具备磁响应特征。通过将液态金属和磁性材料结合的方式赋予液态金属磁性，将拓展液态金属的驱动能力和更广泛应用。传统磁流体（magnetic fluids，MF）主要是指在基液中添加铁磁或者亚铁磁微型颗粒，进而混合均匀形成的磁性流体[6]。无外磁场作用下，磁流体可展示出流体的特征；当施加磁场时，磁流体又会呈现磁性。磁流体可以被磁场驱动运动和变形[7]。传统的磁流体已被广泛应用于润滑、密封、分选、印刷等领域[8,9]。磁流体最常用的基液为有机物液体，为了获得一些不同的属性如高热导率和电导率，液态金属汞被作为一种基液，但是汞的毒性限制了它的广泛应用。而低熔点金属镓及其合金亦可作为一种无毒、安全、高电导率、高导热率的基液制备多功能液态金属磁流体。当前已报道的制备磁性液态金属的方法有金属胞吞法、搅拌氧化法、电镀磁性层法等。每一种方法都有其特点，其中金属胞吞法会引入化学试剂，制备后的磁流体流动性较好,但升温后易氧化;搅拌氧化法操作简单,但会增加磁流体的黏度,降低流动性;电镀磁性层法会在液态金属外侧引入一层固态壳。

### 6.1.1 金属胞吞法

镓、铟、锡等金属对磁场几乎不响应,由这些元素组成的液态金属无法被磁场操控。为了赋予液态金属以磁响应的能力,可将磁性金属颗粒在盐酸的辅助下融入镓铟合金中。液态金属表面张力较大,同时表面会生成一层氧化膜,这些特点会阻止磁性颗粒进入。采用高浓度盐酸可以去除液态金属表面氧化膜和磁性颗粒表面杂质,进而液态金属可将紧密接触在表面的金属颗粒吞入体内,形成磁性液态金属[10,11]。

金属胞吞法制备磁性液态金属流程如图 6-1 所示,先将约 5 g 微米(或纳米)还原铁粉和 20 g 的液态金属放入 50 mL 烧杯中,加入足量盐酸,用玻璃棒快速搅拌,会有大量气泡产生,直到不产生气泡为止,反应后的溶液由浑浊变为澄清,用磁铁吸引液态金属并放入烧杯中清洗,即可得到磁性液态金属。如需要增加磁性,则在此磁性液态金属中再放入铁粉,加入盐酸重复上述操作。类似地,钴粉和镍粉也可以在盐酸的作用下进入液态金属内部形成磁性液态金属,但是,镍粉融入后容易生成镍镓化合物,使得液态金属变得坚硬,不具备液体的流动性。因此,采用铁粉或钴粉颗粒与液态金属混合,在一定条件下制备出磁性液态金属。需要指出的是,液态金属中铁粉含量不宜过高,否则会氧化严重,并形成多孔结构,影响其流动性。

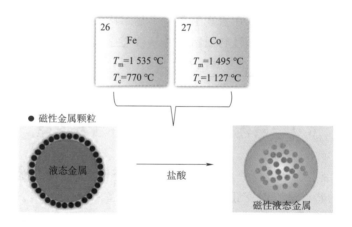

图 6-1 金属胞吞法制备磁性液态金属流程

实验发现,采用高浓度盐酸更利于制备出磁性液态金属,盐酸的浓度较高时,铁粉颗粒才能够进入镓铟合金内部。这可能与液态金属和盐酸表面氧化膜去除程度有关系,强酸可以去除更多的表面氧化膜,有利于液态金属胞吞磁性颗粒。为了从实验层面验证假设,测量液态金属和铁片之间在不同盐酸浓度下的接触角。结果表明,随着盐酸浓度的增加,液态金属和铁片的接触角减小,说明二者的润湿性增加,这也解释了高浓度的盐酸环境中会更容易发生液态金属胞吞磁性颗粒现象[12]。

　　用去离子水反复清洗磁性液态金属,除去表面杂质,采用 XPS 去检测磁性液态金属表面元素,结果显示磁性液态金属表面含有二价镓、三价镓和氧元素,可推测是形成了氧化镓和氧化亚镓。检测结果显示表面不含有铁元素,但磁铁吸引实验表明液态金属具有磁性,可知铁粉进入了液态金属的内部,而不是分布在液态金属表面。所形成的磁性液态金属稳定性好,利用不同强度的磁场靠近磁性液态金属,并未出现铁粉和液态金属的分离。磁性液态金属在强酸和强碱环境中的稳定性测试表明,在 2 mol/L 的盐酸和 2 mol/L 的氢氧化钠溶液中铁粉和液态金属也不会分离。在盐酸溶液中,液态金属和铁颗粒表面的氧化膜均被去除,两者得以紧密接触,利用金属间反应性润湿,液态金属会胞吞周围金属,因此,铁颗粒能够进入液态金属,形成稳定磁流体[13]。

　　为了探究液态金属的磁学特性,实验测试了磁性液态金属的磁滞回线,因为仪器无法检测液体,所以采用熔点高于室温的纯镓作为原材料制备出磁性液态金属作为样品。由图 6-2 可知,随着磁场的增加,纯镓的磁化强度几乎为零,为顺磁性。而磁性液态金属可以对磁场产生较大响应,随着磁场增减,磁化强度增加,当磁场增加至 10 000 Oe(1 Oe＝1 000/4π A/m)时,磁化强度达到饱和,约为 25 A·m²/kg。当磁场减小时,磁感应强度也随之减小[13]。

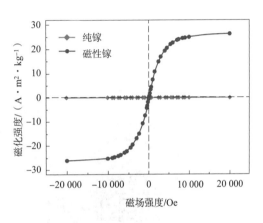

图 6-2　磁性液态金属镓和纯镓磁滞回线对比

## 6.1.2　搅拌氧化法

　　镓基液态金属接触空气后,表面可迅速形成一层氧化镓薄膜,这层薄膜可以黏附在不同的物体表面。将液态金属和不同的微纳米磁性颗粒充分搅拌,液态金属氧化膜会将磁性颗粒包裹[14],最终形成具有磁性的半液态金属。笔者所在实验室基于对此现象的发现提出了一种合成镓基磁流体的搅拌氧化法,包括预处理和搅拌分散过程,即纳米颗粒的预处理和在液态金属中的分散。为了更好地分散磁性颗粒,在分散之前还可如文献[15]所述,根据需要对纳米颗粒进行必要的预处理,如在铁磁性颗粒外层包覆 $SiO_2$ 之后,颗粒能够很均匀地分散在液态镓中。

　　笔者所在实验室选择了比较常用的正硅酸乙酯(tetraethyl orthosilicate,TEOS)水解反应来实现。TEOS 在碱性条件下发生水解产生 $SiO_2$,$NH_4·OH$ 为水解反应的催化剂,反应的方程式为[16]

$$Si(OC_2H_5)_4 + 4H_2 = Si(OH)_4 + 4C_2H_5OH \tag{6-1}$$

$$Si(OH)_4 = SiO_2 + 2H_2O \tag{6-2}$$

当二氧化硅浓度达到一定值后便在纳米颗粒外表面凝结,从而形成一层均匀的二氧化硅包覆薄层。图 6-3 所示为纳米颗粒表面包覆过程示意图[16]。

图 6-3 纳米颗粒表面包覆过程示意图

将处理过的磁性颗粒与液态金属混合搅拌。图 6-4 所示为 10 mL 纯镓和 1 mL 包覆之后的 Ni 纳米颗粒在掺杂前后的对比[14]。可以看到,黑色的镍颗粒已经完全混合进入液态金属镓中。

（a）掺杂前　　　　　　　　　　　　　（b）掺杂后

图 6-4 掺杂磁性颗粒前后对比

为了验证得到的金属磁纳米流体液滴的磁性,用一块磁场强度为 0.2 T 的圆柱形磁铁在液滴上方移动,如图 6-5 所示。当磁铁靠近液滴时,液滴中的液滴会向磁铁方向聚集,使得液滴凸起。当磁铁继续靠近时,液滴甚至会被吸至磁铁上。这说明制备的磁流体兼具流动性和磁性[16]。

传统的液态金属磁性材料选取的都是铁、钴、镍等软磁材料,在磁场撤去之后,磁性会立即消失。液态金属与钕铁硼颗粒等硬磁材料充分搅拌混合,利用氧化膜将钕铁硼颗粒包裹在一起[17],然后对其进行充磁,这种液态金属膏体能够保持磁性不消失,如图 6-6 所示。该材料的磁滞回线显示其具有较高的矫顽力和剩磁。这是首次制备出具有永磁特性的液态金属材料,结合液态金属柔性特点,可以将其应用于可重构形状的永磁性半液态金属机器。

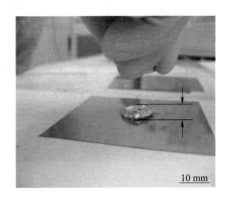
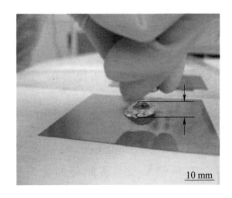

图 6-5　磁铁对液态金属磁流体液滴的吸引

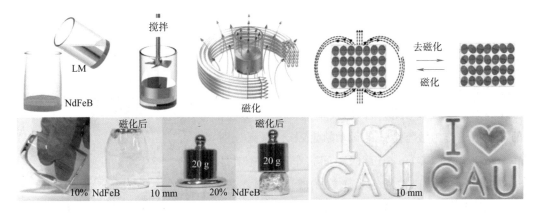

图 6-6　永磁性液态金属

## 6.1.3　电镀磁性层法

　　液态金属表面容易形成一层薄薄的固体氧化膜,而氧化膜一般采用化学溶解的方法去除,否则难以与液态金属间剥离,同时,氧化膜并未影响液态金属的柔性。这表明,将液态金属表面镀上一层其他薄层物质时,其与液态金属间有一定的结合力,而当薄层物质厚度较小时,液态金属仍可保持其流动性。因而,采用电化学方法可以将液态金属表面电镀一层铁磁性材料[18],使之与液态金属成为一个整体,并具备响应外磁场的能力。

　　常用电镀技术使用的铁磁性材料为 Ni、NiFe、NiC 等。其中,Ni 为最常用的铁磁性材料之一,镀镍液容易配制,电镀条件容易控制,因而被广泛采用。笔者所在实验室采用电镀方法在液态金属表面镀一层镍的薄层,制备出含镍的磁性液态金属。因为所镀镍层较薄,所以,可以用注射器向液态金属部分再次注入一定量的液态金属,或者用剪刀修整镍层的形状,继而调节 Ni/EGaIn 球总体大小及镍层在液态金属表面的覆盖面积[18]。

所制备的液态金属微球具备良好可控性,设计简单易行,更为重要的是选用的材料具有柔性、流动性及适形化特点。笔者所在实验室验证了所沉积的镍与液态金属间的黏附力以及 Ni/EGaIn 球在磁场下的引导作用,此处用一个圆柱形钕铁硼(NdFeB)永磁铁(磁铁尺寸直径×高度为 $\phi20$ mm×10 mm,磁感应强度为 350 mT)来引导 Ni/EGaIn 进行运动。实验结果表明所制备的含镍液态金属具有良好的磁响应特性,如图 6-7 所示[19]。

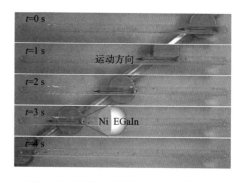

图 6.7　磁控 Ni/Al/EGaIn 机器人自驱动运动

# 6.2　液态金属磁响应特性

## 6.2.1　磁驱动液态金属水平运动和变形

结合液态金属的流动性和磁性,研究者通过实验证明磁控液态金属运动变形和自修复能力。采用 3D 打印的矩形槽道作为液态金属的运动轨道,长、宽、高分别是 10 cm、1 cm、0.5 cm,槽道的中间狭窄部分宽度是 3 mm。将制备好的磁性液态金属放在槽道右侧,液态金属的宽度近似 1 cm,磁铁放置在底部引导液态金属向左侧移动,如图 6-8 所示[20],磁性液态金属随着磁铁的移动而运动。当液态金属运动至中间狭窄部分,可以发生变形减小自身宽度至小于 3 mm,以便能够通过狭缝。此时液态金属的长度可伸长至原来的近 4 倍,而不

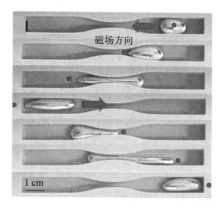

图 6-8　磁驱动液态金属运动和变形

发生断裂。当磁性液态金属全部通过狭长部分到达槽道左端后,液态金属可恢复成原来的形状,在磁场的引导下,液态金属又可以运动至右侧。该实验证明了磁场操控液态金属的运动和变形能力,摆脱了传统电驱动溶液环境的束缚。液态金属高表面张力会阻碍液态金属的变形,但是,液态金属镓表面会迅速生成氧化膜,降低表面张力,从而有利于变形行为的产生。根据杨-拉普拉斯方程,曲面表面张力可以表示为

$$\Delta p = \gamma\left(\frac{1}{R_1} + \frac{1}{R_2}\right) \tag{6-3}$$

式中,$p$ 为曲面压力;$\gamma$ 为曲面表面张力;$R$ 为曲率半径。

可以得出,随着表面张力的降低,曲面的压力也将减小,易在外界刺激下产生变形行为。这种磁性液态金属还具有运输物体、卸载物体的功能,这在未来的救灾领域具有广泛的应用价值。

## 6.2.2 磁驱动液态金属逆重力运动和变形

在磁场作用下,磁性液态金属可沿竖直方向逆重力运动和变形。采用电磁铁可实现快速可控驱动液态金属。电磁铁中心位置产生磁场大小随着电压变化规律如图 6-9 所示,磁场强度和电压成线性相关,当施加额定电压 24 V 时,可以产生超过 40 mT 的磁场。将电磁铁放置在磁性液态金属上方 1 cm 处,通过直流电源连接电磁铁,产生阶跃电压:0~5 s,电压为 0 V;5~10 s,电压为 6 V;10~15 s,电压为 12 V;15~20 s,电压为 18 V;20~25 s,电压为 24 V。实验发现,随着电压增加至 12 V,磁性液态金属会有部分隆起,被顶端磁场所吸引,随着电压的继续升高,磁性液态金属隆起的高度逐渐增加。电压恒定时,磁性液态金属隆起的高度可以保持不变;当电压降低时,液态金属高度下降,因此可通过改变电压的大小控制液态金属的变形高度。

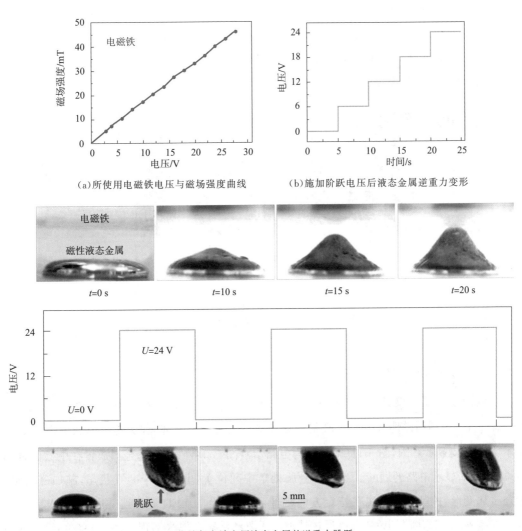

(a)所使用电磁铁电压与磁场强度曲线　　　　(b)施加阶跃电压后液态金属逆重力变形

(c)施加方波电压液态金属的逆重力跳跃

图 6-9　液态金属在电磁场作用下逆重力变形规律

实验进一步证明了液态金属在空间上的跳跃行为,采用少量的强磁性液态金属作为实验对象,通过直流电源对电磁铁施加方波电压,低电压为 0 V,高电压为 24 V,顶端磁场约为 40 mT。实验结果如图 6-9(c)所示,在低电压 0 V 时,液态金属处于底端,呈现椭球形,当施加高电压时,液态金属瞬间跳跃至顶端,形状也发生改变,电压降低为零后,液态金属坠落,恢复原来的状态。这种跳跃和坠落可以重复多次,该实验证明了液态金属的磁控跳跃行为,为其实现更多的功能提供了基础[13]。

### 6.2.3 磁驱动漂浮液态金属

含铁镓铟合金加热会形成多孔磁性液态金属,其密度极低,甚至可漂浮在水面。运动阻力较小,微弱磁场就可以驱动其运动。如图 6-10 所示,将多孔磁性液态金属放置在盛有水的烧杯中,液态金属可漂浮在水面,将烧杯放置在磁力搅拌器中央,启动磁力搅拌器,可观察到轻量化液态金属能够在液面旋转。通过调节磁力搅拌的速度可以调节液态金属转动的快慢。多孔磁性液态金属还可以被底部的强磁场吸引,向烧杯底部运动,当增加磁场强度时,液态金属继续下降,当撤去磁场时,液态金属上浮[12]。

图 6-10 磁控液态金属在水面旋转

## 6.3 磁性液态金属应用

### 6.3.1 磁驱动电路开关

磁性液态金属不仅具有良好的流动变形特点,而且具备金属的超高导电性,其导电性为 $3 \times 10^6$ S/m,可利用磁性液态金属研制出磁场操控的可变形导体,作为电路开关。图 6-11(a)所示为实验装置示意图,图 6-11(b)所示为电路示意图[21],将磁性液态金属放置在中心位置,通过 LED 灯来显示电路的通断。当液态金属处于中间位置,电极处于断开状态,施加磁场驱动液态金属变形,控制液态金属在特定方向延伸,当延伸至与 LED 灯相连的电极时,电路导通,LED 灯点亮。如需断开电路,则可通过外加磁场驱动液态金属来实现。图 6-11(c)展示了磁性液态金属可以同时连通多个 LED 灯,LED 灯可由磁场操控亮灭。图中 1-1、1-2、1-4 分别是磁性液态金属仅连接负极，LED 等处于暗灭状态。而 1-4、1-5、1-6 分别对应磁驱动连通电路正负极后，电路导通，LED 变为明亮状态。

在磁场作用下，磁性液态金属也可以逆重力运动变形从而连通电路[21]。图 6-12 所示为电路示意图，3D 打印一个长方体封闭槽道，上下两端各留一个细孔，电源两端通过导线连通两个电极，正电极穿过电路装置上方细孔，而负极穿过电路装置的下方细孔。取一定量磁性液态金属（镓）置于容器中间，由于重力作用，液态金属停留在底端，整个电路处于断开状态。施加磁铁控制液态金属上移，部分液态金属仍然在底端，与负极接触。直到液态金属运动到顶端与正极接触，而上移的液态金属与底端液态金属并未分离，因此，正负极通过液态金属连通，LED 灯被点亮。液态金属的体积并没有改变，但是，磁控作用下的变形使得液态金属在不同方向的长度发生改变，而传统的不可变形的磁性导体无法实现在某一方向扩展延伸进而连接电路。液态金属磁控电路能够连通的原理，是其运动和变形两个方面的协同作用。

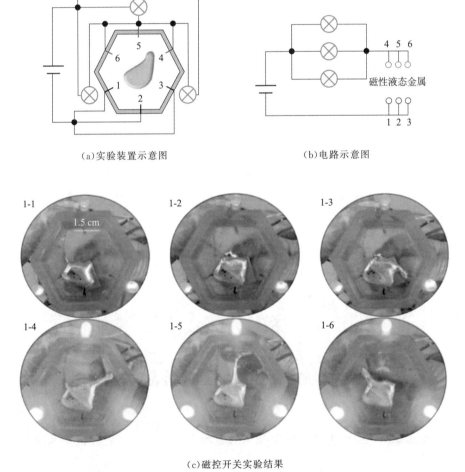

（a）实验装置示意图　　　　　　（b）电路示意图

（c）磁控开关实验结果

图 6-11　磁控液态金属可变形开关

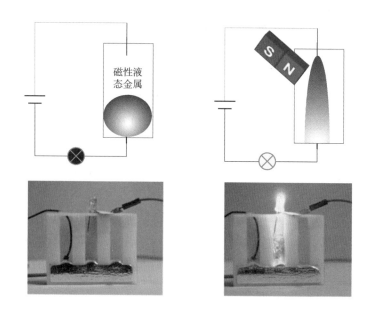

图 6-12 磁控液态金属逆重力变形连通电路

### 6.3.2 磁驱动硬度改变液态金属电极

在磁场作用下,磁性液态金属的硬度会发生改变,随着施加磁场强度的增大,磁性液态金属可由液体转变为一定硬度的膏状物,当强磁场撤去后,磁性液态金属又可恢复成液体状态。尤其在强磁场的作用下,磁性液态金属表面会形成刺状的凸起结构,如图 6-13 所示。这种凸起的结构具有一定的硬度,可以起到一定的支撑作用。这是由于磁性液态金属内部的磁性颗粒会沿着磁感线排列分布,形成刺状结构。与磁流体类似,弹性模量 $G$ 与磁场强度 $H$ 的关系可以表示为[22]

$$G = \sqrt{6}\, w \mu_0 M_S^{\frac{1}{2}} H^{\frac{3}{2}} \qquad (6-4)$$

式中,$w$ 为磁性颗粒质量分数;$\mu_0$ 为空间磁导率;$M_S$ 为饱和磁化强度;$H$ 为施加磁场强度。

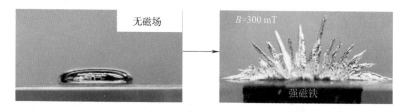

图 6-13 磁性液态金属施加强磁场后表面变化

可通过改变磁性颗粒的质量分数以及施加磁场大小进而调节磁性液态金属的硬度,如图 6-14 所示[20]。

未加磁场时,磁性液态金属为流动性良好的液体;当施加强磁场后,液态金属可以形成针刺状固体结构[23]。

图 6-14　磁控液态金属硬度改变[23]

区别于传统的磁流体,液态金属的导电性好,生物相容性良好,可作为可变刚度植入式电极材料。当前治疗神经退行性疾病的一个主要手段是通过植入式电极进行深部脑刺激,但金属电极的弹性模量超过 100 GPa,与大脑软组织模量不匹配,长期植入会引起脑组织创伤。新兴的柔性电极能够在脑组织中进行长期检测,但是,柔性电极需要其他设备辅助增加硬度才可植入脑组织中,并且有机物柔性电极的导电性并不理想。利用液态金属可制备出硬度可调节的植入电极[23,24]。在强磁场作用下,坚硬的液态金属电极植入脑组织,植入完成之后,撤去磁场,液态金属电极恢复柔性状态,柔性电极可达到减小对柔软脑组织的创伤、实现长期检测的目的,图 6-15 为此功能示意图。

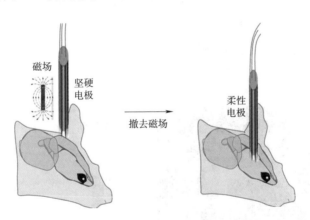

图 6-15　硬度可调植入式电极示意图

实验采用 PDMS 与液态金属混合实现对电极的封装,探究硬度可调节电极的植入过程,由于凝胶与大脑组织有着相似的弹性模量,该实验采用凝胶作为被植入对象。结果表明,柔软的磁性液态金属复合电极无法植入凝胶,但在电极末端加磁铁后,电极很容易地植入了凝胶内部,撤去磁场,电极恢复柔软状态。这也间接证实了利用磁场调节电极硬度的可行性。

## 6.3.3　基于磁性半液态金属的智能印刷电路

将液态金属和铁颗粒在空气中充分搅拌,利用液态金属表面不断形成的氧化膜将磁性颗粒包裹,由于氧化物的增加,材料的黏度急剧增加,最终研制出高黏度半液态磁性金属浆料。前期研究发现通过掺杂固态金属颗粒的半液态金属在不同基底材料上具有不同的黏附力。图 6-16 展示了液态金属浆料可以很好地黏附在纸张上[25]。液态金属磁性浆料不仅容易塑形和印刷,还可对外磁场产生响应。在磁场作用下,磁性液态金属可被转印到涂覆有果糖胶水的 PVA 薄膜表面[26],从而快速制备出柔性可修复电路。

图 6-16　在纸基底上涂刷磁性液态金属

纯液态金属具有超高的表面张力,对利用传统印刷或打印的方式实现图案化具有极大挑战性。结合镍基磁性液态金属对基底良好的黏附性,东南大学刘宏课题组研发了液态金属图案化电路[27]。首先,利用搅拌氧化法可以将镍粉颗粒均匀地混合进入液态金属,形成半液态磁性材料。磁场增强了微粒聚集体和液态金属的黏附特性,磁铁移动的过程中,聚集的磁微粒牵引着液态金属在基底移动,所经过之处便形成了液态金属图案,如图 6-17 所示。该技术为简单高效地制备液态金属基功能性器件提供了一种新的方法和思路[28]。

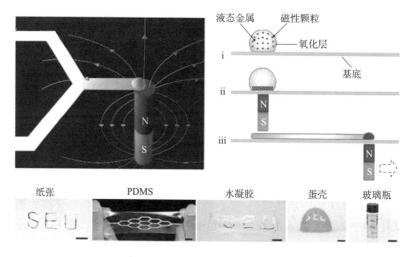

图 6-17　利用磁场实现液态金属图案化[27]

### 6.3.4　液态金属磁性抓手

　　磁场作为一种非接触式、实时、精准、灵活的控制手段被广泛应用于军事、工业抓手、机器人驱动、医疗辅助等众多领域。然而,玻璃、木头、纸张、铜、铝等非磁性物体却难以通过磁场进行操控。如何通过磁场可逆操控非磁性物体具有重大的科学研究意义和工业应用价值。

　　笔者所在实验室首次实现了一种基于磁性液态金属相变实现磁场操控非磁性物体策略[20]。这是基于一种可快速相变的金属磁流体衍生技术。大部分磁性材料如铁、钴、镍等金属是难以变形的固态,虽然有机磁流体可以变形,但是难以维持稳定的结构。在此项工作中,高浓度盐酸环境诱发液态金属"胞吞"磁性金属颗粒,从而形成具有稳定磁性的过渡态磁流体(transitional ferrofluid,TF),其熔点稍高于室温。如图 6-18 所示,液态 TF 可被磁场控制运动和变形,从而钻过比自身体积狭小的缝隙。液态 TF 亦可在磁场下产生针刺结构,而当撤去磁场后,不同于传统磁流体的刺状结构迅速消失,TF 在室温下可快速固化,针刺结构可以稳定维持,固态 TF 弹性模量超过 3.6 GPa。

图 6-18　液态 TF 可以流动和变形,固化后可以稳定维持瞬态结构

　　值得强调的是,TF 固化后可对接触物体产生很强的黏附力。实验表明,固化后的 TF 可以逆重力牢牢黏附在光滑玻璃表面,还可对包裹的砝码产生机械锁定力,当受热熔化后黏附力(锁定力)消失,TF 与物体分离。图 6-19 展示了基于 TF 相变实现磁控非磁性物体的原理。首先,液态 TF 接触目标物体,在室温($T=25$ ℃)下 TF 快速固化并黏附在物体表面,无须外界能量供应。此时,整个物体即可响应外界磁场。磁场操控结束后,稍微加热即可熔化 TF,黏附力下降,TF 与物体分离。

　　较为独特的是,TF 可通过表面黏附或液态包裹的方式"抓取"物体,不会破坏物体结构,甚至可以黏附抓取鸡蛋等脆性物体;全液态的 TF 对待抓取物体的形状没有限制,理论上可控制任意形状和尺寸的物体。实验发现,仅使用 10 g TF,固化可产生的最大锁定力超过

1 100 N,而熔化后的锁定力小于 0.01 N;TF 相变可在较小的温度范围内实现,并且完全可逆,因此 TF 抓手能多次重复使用。基于过渡态金属磁流体,磁场可以操控鸡蛋、苹果、玻璃烧杯、培养皿等非磁性材料,以及控制输液橡胶管完成选择性输送药物的目标。这一发现可为手术机器人、工业抓取、农业采摘、转印等领域提供新的操控策略。

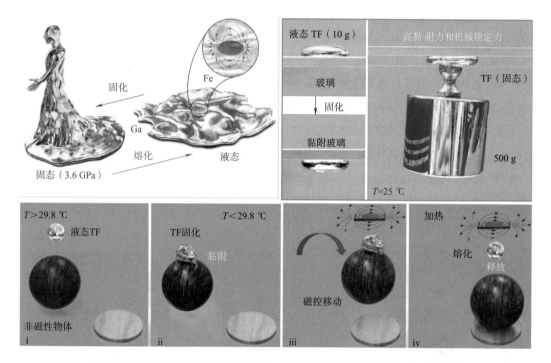

图 6-19　过渡态磁流体相变过程黏附力改变,结合其磁性实现磁场操控任意形状的非磁性物体

## 6.3.5　液态金属复合材料磁感知功能

为了开发更多的功能,有研究者在液态金属和磁性颗粒之外继续添加其他材料,形成复合材料[29]。例如,将液态金属小球和微米磁性颗粒(铁颗粒和镍颗粒)与 PDMS 进行机械混合,在 70 ℃下固化 6 h 得到复合弹性材料,制备方法如图 6-20 所示。这种液态金属、磁粉、PDMS 复合材料除了具有超高拉伸特性之外,还具有磁响应阻变特性。

在不同的磁感应强度,复合材料的电阻会发生变化。开始阶段,复合材料的电阻变化不明显,当磁场到达 200 mT 的时候,电阻降低至初始值的 48.7%。然而,磁场对于镍基复合材料的电阻影响较小,因为 Ni 的导磁率比 Fe 要小很多。在磁场环境下电阻的循环测试中,以 Fe 磁粉复合材料为例,未施加磁场时,电阻为 15 MΩ,当磁场增加至 300 mT 时,电阻降为 6 MΩ,如图 6-21 所示。变化机理存在两个方面:在磁场中铁粉会沿着磁感线方向排列,降低了颗粒之间的空隙,提高了整体电导率;材料在磁场中,因为磁致伸缩效应变形,应变导致材料阻变,这种磁场导致电阻变化是可逆且可重复的,可以用来研发磁传感器[30]。

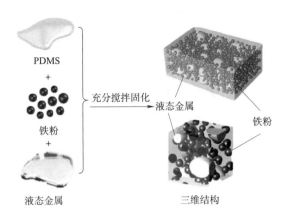

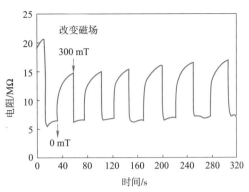

图 6-20　液态金属复合磁性材料制备和表征[29]　　　图 6-21　不同磁场对复合材料电阻的影响

　　另外,液态金属吞入铝之后的复合材料还具有一类有趣的磁阱效应(见图 6-22):对于微米级别的液态金属马达群,会在磁场所形成的隐形边界处反弹。这一发现提供了一条控制液态金属微型机器人行为的重要途径[31]。

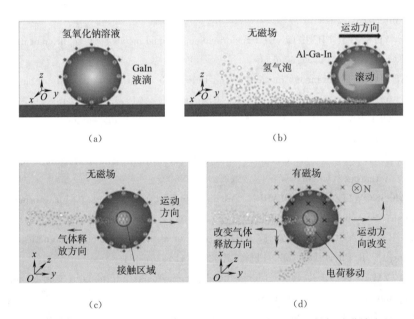

图 6-22　磁场作用下铝质驱动液态金属马达的运动机制与磁阱效应

## 6.4　液态金属磁热效应及应用

　　由法拉第电磁感应定律可知,导体在交变的磁场下会产生涡流,可引起导体产生焦耳热。由于磁场对人体无害且没有组织穿透深度限制,磁热治疗肿瘤已经成为一种极具优势的肿瘤治疗方法。最新研究发现,半液态金属作为一种柔性导体可以适形化贴附在皮肤表面,在交变磁场作用下,可产生大量热量,用于表皮的肿瘤热疗[32,33]。首先将液态金属充分搅拌氧化,获得高黏度的氧化液态金属。接着将氧化液态金属贴附在肿瘤组织附近,施加交变磁场,液态金属内部产生涡流和焦耳热,进而对肿瘤组织进行加热,达到杀伤肿瘤的目的[32]。结合液态金属打印电子与电磁感应的治疗技术,该方法可实现对肿瘤组织大面积加热,以及对不同区域同时加热,有望成为便捷式全身性热疗及多位点肿瘤治疗领域的一项重要治疗手段[33,34]。

## 参考文献

[1] 兵器工业无损检测人员技术资格鉴定考核委员会. 常用钢材磁特性曲线速查手册[M]. 北京:机械工业出版社,2003.

[2] 木塔力普·吐尔洪. 脉冲激光沉积法制备 FeGa 薄膜与其磁性能研究[D]. 上海:上海师范大学,2018.

[3] CHEN R,XIONG Q,SONG R,et al. Magneticallycontrollable liquid metal marbles[J]. Advanced Materials Interfaces,2019,6(20):1901057.

[4] SHENG L,ZHANG J,LIU J. Diverse transformations of liquid metals between different morphologies[J]. Advanced Materials,2014,26:6036-6042.

[5] CHEN S,LIU J. Spontaneous dispersion and large-scale deformation of gallium-based liquid metal induced by ferric ions[J]. Journal of Physical Chemistry B,2019,123(10):2439-2447.

[6] ITO R,DODBIBA G,FUJITA T. Mr fluid of liquid gallium dispersing magnetic particles[J]. International Journal of Modern Physics B,2005,19:1430-1436.

[7] HARTSHORNE H,BACKHOUSE C J,LEE W E. Ferrofluid-based microchip pump and valve[J]. Sensors & Actuators B Chemical,2004,99(2/3):592-600.

[8] RAJ K,MOSKOWITZ B,CASCIARI R. Advances in ferrofluid technology[J]. Journal of Magnetism & Magnetic Materials,1995,149:174-180.

[9] PANKHURST Q A,CONNOLLY J,JONES S K,et al. Applications of magnetic nanoparticles in biomedicine[J]. J. Phys. D. Appl. Phys. ,2003,36(13):167-181.

[10] TANG J,ZHAO X,LI J,et al. Liquid metal phagocytosis:intermetallic wetting induced particle internalization[J]. Advanced Science,2017,5:1700024.

[11] CARLE F,BA I K,CASARA J,et al. Development of magnetic liquid metal suspensions for magnetohydrodynamics[J]. Phys. Rev. Fluids,2017,2(1).

[12] WANG H Z,YUAN B,LIANG S T,et al. PLUS-material:porous liquid-metal enabled ubiquitous soft material[J]. Materials Horizons,2018,5:222-229.

[13] 汪鸿章. 基于液态金属多功能材料的软体机器人基础技术研究[D]. 北京:清华大学,2021.

[14] XIONG M F,GAO Y X,LIU J. Fabrication of magnetic nano liquid metal fluid through loading of Ni nanoparticles into gallium or its alloy[J]. Journal of Magnetism and Magnetic Materials,2013,354:279-283.

[15] PARK H S,CAO L F,DODBIBA G,et al. Preparation and properties of silica-coated ferromagnetic

nano particles dispersed in a liquid gallium based magnetic fluid[Z]. The 11th International Conference on Electrorheological Fluids and Magnetorheological Suspensions. Dresden，Germany，2008.

[16] 熊铭烽. 镓基低熔点金属的电磁特性改性研究[D]. 北京：中国科学院大学，2013.

[17] CAO L，YU D，XIA Z，et al. Ferromagnetic liquid metal plasticine with transformed shape and reconfigurable polarity[J]. Advanced Materials，2020，32(17)：2000827.

[18] 张洁. 基于室温液态金属的微型医疗机器人研究[D]. 北京：清华大学，2016.

[19] ZHANG J，GUO R，LIU J. Self-propelled liquid metal motors steered by a magnetic or electrical field for drug delivery[J]. J. Mater. Chem. B，2016，4：5349-5357.

[20] WANG H，CHEN S，LI H，et al. A liquid gripper based on phase transitional metallic ferrofluid[J]. Advanced Functional Materials，2021，5：2100274.

[21] HU L，WANG H，WANG X，et al. Magnetic liquid metals manipulated in the three-dimensional free space[J]. ACS Appl. Mater. Interfaces，2019，11(8)：8685-8692.

[22] VICENTE J D，KLINGENBERG D J，HIDALGO-ALVAREZ R. Magnetorheological fluids：a review[J]. Soft Matter，2011，7(8)：3701-3710.

[23] REN L，SUN S，GILBERTO C G，et al. A liquid-metal-based magnetoactive slurry for stimuli-responsive mechanically adaptive electrodes[J]. Advanced Materials，2018，30(35)：1802595.

[24] WEN X，WANG B，HUANG S，et al. Flexible，multifunctional neural probe with liquid metal enabled，ultra-large tunable stiffness for deep-brain chemical sensing and agent delivery[J]. Biosensors and Bioelectronics，2019，131：37-45.

[25] 常皓. 液态金属建筑电路材料的制备及应用基础研究[D]. 北京：北京建筑大学，2019.

[26] GUO R，SUN X，YUAN B，et al. Magnetic liquid metal (Fe-EGaIn) based multifunctional electronics for remote self-healing materials，degradable electronics and thermal transfer printing[J]. Advanced Science，2019，6(20)：1901478.

[27] MA B，XU C，CHI J，et al. A versatile approach for direct patterning of liquid metal using magnetic field[J]. Advanced Functional Materials，2019，29(28)：1901370.

[28] 材料人. 东南大学刘宏教授课题组：液态金属图案化，一颗磁铁就搞定[EB/OL]. https://www.sohu.com/a/307684253_472924.

[29] YUN G，TANG S Y，SUN S，et al. Liquid metal-filled magnetorheological elastomer with positive piezoconductivity[J]. Nature Communications，2019，10(1)：1-9.

[30] ALISA. 液态金属和磁性纳米颗粒玩转的正压电创新材料(OA)[EB/OL]. http://www.cailiaoniu.com/177403.html.

[31] TAN S C，GUI H，YUAN B，et al. Magnetic trap effect to restrict motion of self-powered tiny liquid metal motors[J]. Applied Physics Letters，2015，107：071904.

[32] YU Y，MIYAKO E. Alternating-magnetic-field-mediated wireless manipulations of a liquid metal for therapeutic bioengineering[J]. iScience，2018，3：134-148.

[33] WANG X，FAN L，ZHANG J，et al. Printed conformable liquid metal e-skin enabled spatiotemporally controlled bioelectromagnetics for wireless multisite tumor therapy[J]. Advanced Functional Materials，2019，29(51)：1907063.

[34] ALISA. 清华大学刘静课题组 Adv. Funct. Mater.：电磁场助力液态金属印刷皮肤电子实现多位点，肿瘤治疗[EB/OL]. http://www.cailiaoniu.com/187398.html.

# 第7章 液态金属电磁屏蔽材料

19 世纪之前,电学与磁学是两个相互独立的学科。从奥斯特发现电流磁效应开始,到麦克斯韦推导并总结出麦克斯韦方程组,电学理论与磁学理论才逐渐完善并最终统一。本章分别探讨液态金属材料的电学与磁学性质,其中包括一些液态金属在电场或磁场中的前沿应用。顺应电学与磁学发展的思路,本章着重论述液态金属针对电磁场的作用——电磁波干扰的屏蔽。如今,电磁波几乎渗透到了生产和生活的各个领域,如移动通信[1]、海洋探测[2]、雷达[3]和医疗检测[4]等,这无疑带来了极大的便利。但是,电磁辐射已被世卫组织列为继水源、大气、噪声之后的第四大环境污染源,成为危害人类健康的隐形杀手,长期而过量的电磁辐射会对人体生殖、神经和免疫等系统造成伤害,成为皮肤病、心血管疾病、糖尿病、癌突变的主要诱因。而家用电器、办公电子、手机、计算机等成为电磁波辐射的最大来源[5]。近年来,科研人员一直致力于开发能够保护人和敏感电子设备的电磁屏蔽材料以解决上述问题。传统的结构型电磁屏蔽材料在表面结构复杂的建筑墙体应用时存在刚性强、易出现缝隙等缺点;涂层类电磁屏蔽材料则存在屏蔽效果差、稳定性低及成本高的缺点,无法满足特殊需求的指挥室、会议室、机要室的屏蔽需求。本章将以液态金属材料为核心,总结当前液态金属(主要包括镓,铟和铋的合金或者氧化物)在电磁屏蔽领域的最新进展。需要说明一点,在本章中,如果没有特殊说明,"电磁屏蔽"均是指对于微波波段的电磁波干扰的屏蔽(主要以吉赫兹波段为主)。

## 7.1 背景与屏蔽理论

当具有能量($E_1$)的电磁波撞击材料时,一部分电磁波($E_R$)会因为两种介质之间的阻抗不匹配而被直接反射,另一部分($E_{IR}$)则进入材料内部。部分进入材料内部的电磁波可以通过焦耳效应作为热量消散($E_A$),剩余的电磁波则直达材料的底面。这时又会出现两个新的波:一个穿过材料底面($E_T$),另一个则被材料底面反射($E_R$),此过程连续重复进行,直到满足能量守恒[6],即

$$E_1 = \sum E_R + \sum E_T + \sum E_A \tag{7-1}$$

整个过程如图 7-1 所示,在反射和透射过程中,每个步骤产生的波都可能会导致相长和相消的干扰,干扰的量取决于样品的厚度和频率。在材料的每个平面上的反射过程称为多次反射。通常,穿透的电磁波与入射电磁波能量的对数比称为电磁屏蔽效率(SE),通常被量

化为三个贡献的总和：反射（$SE_R$）、吸收（$SE_A$）和多次反射（$SE_{MR}$）[7]，即

$$SE = SE_R + SE_A + SE_{MR}$$

$$= 20\lg\left(\frac{\eta_0}{4\eta}\right) + 20\lg\left(e^{\frac{d}{\delta}}\right) + 20\lg\left(1 - e^{\frac{-2d}{\delta}}\right) \tag{7-2}$$

式中，$\delta$ 为趋肤深度；$d$ 为材料厚度；$\eta$ 为传播介质和材料之间的阻抗不匹配系数。

通常情况下

$$\delta = (\pi f \mu \sigma)^{-1/2} \tag{7-3}$$

$$\eta_0 = \left(\frac{2\pi f \mu}{\sigma}\right)^{-1/2} \tag{7-4}$$

大多数情况下，$SE_{MR}$ 较小可以忽略，因此式（7-2）可以简化为

$$SE = SE_R + SE_A = 20\lg\left(\frac{\sqrt{\mu_0 \sigma}}{4\sqrt{2\pi f \mu \varepsilon_0}}\right) + 8.686 d\sqrt{\pi f \mu \sigma} \tag{7-5}$$

式中，$\varepsilon_0$ 为真空介电常数；$f$ 为电磁波频率；$\mu$ 为磁导率；$\sigma$ 为电导率。

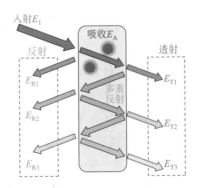

图 7-1　入射电磁辐射的屏蔽机理示意图

电磁屏蔽数据多采用矢量网络分析仪配合波导管法测量得出。在测量过程中，可以通过测量反射和穿透的电磁波功率比对反射（$R$）、吸收（$A$）和多重反射（$T$）进行定义，即

$$R = \frac{P_R}{P_I}; \quad T = \frac{P_T}{P_I}; \quad A = 1 - R - T \tag{7-6}$$

式中，$R$ 为反射系数；$A$ 为吸收系数。

$R$、$T$ 和 $A$ 与 $SE$、$SE_R$ 和 $SE_A$ 存在如下关系：

$$SE = 10\lg\left(\frac{1}{T}\right); \quad SE_R = 10\lg\left(\frac{1}{1-R}\right); \quad SE_A = 10\lg\left(\frac{1-R}{T}\right) \tag{7-7}$$

式（7-7）将实验测量数据与电导率、磁导率等物理量关联起来，为解释屏蔽材料的电磁屏蔽机理铺平了道路。

从式（7-5）可以得出，屏蔽性能主要与材料厚度、电导率和磁导率有关。碳系材料和金属材料成为当前最主要电磁屏蔽材料。但是，碳系材料的载流子迁移率相对较低，使复合材料的导电能力平庸，最终限制了其屏蔽电磁波的能力。为了达到商业要求（30 dB），碳基复

合材料往往需要增加自身的厚度。例如,有研究者利用冻干法制备出一种碳纳米管复合材料,虽然具有轻质和各向异性等特点,但电导率只有 10 S/m 左右,电磁屏蔽能力较弱。厚度增加至 4.5 mm 时,才能提供 50 dB 左右的电磁屏蔽效能。迄今,为了实现优异且可靠的屏蔽保护,金属基材料仍是最优选择。具有高电导率的金属,如银、铜、镍等,已被广泛应用于电磁屏蔽领域。例如,有研究者在皮制品上覆盖一层铜银纳米颗粒制备了一种高导电性的复合材料,并将其应用于电磁屏蔽领域中。当铜和银的体积分数在 5% 时,能实现 90 dB 左右的屏蔽性能,且厚度远远小于碳系复合材料。但是,纯金属的复合材料往往因为硬度较大、柔性较差等缺点,难以满足柔性机器、柔性电子的屏蔽需求。

液态金属是指一类在常温下呈现液态的金属材料,主要包括镓、铟、锡、铋及其合金。作为一种液体材料,液态金属具有极佳的柔性,能够通过自变形适用于各种工况。同时,作为一种金属材料,极高的电导率能够提供良好的屏蔽保护。下面分别介绍镓基材料、铋基材料和液态金属基复合材料在电磁屏蔽中的应用。

# 7.2 镓基液态金属电磁屏蔽材料

室温常压下,镓及镓基合金呈现液态。这种不同于常规金属材料的特点是一把双刃剑:一方面,镓及其合金成了为数不多的高导电性的金属液体,在不牺牲柔性与延展性等前提下,能够提供较高的电导率;另一方面,液体状态不如固体状态稳定,液态金属容易受外应力的影响。因此,在实际应用中,液态金属很难像固体屏蔽材料一样提供稳定的屏蔽保护。

当前,镓基材料在电磁屏蔽领域的应用主要集中在以下几个方向:其一,镓基液态金属应用于特殊工况,如应用于旋转体的屏蔽防护,制备柔软的电磁屏蔽服;其二,改变镓的物理状态,使其"半固体化"而应用于常规工况,如镓铟镍屏蔽涂料。其三,以镓或其合金的颗粒为填充物,制备液态金属基复合材料。本节将主要介绍前两个方向。关于液态金属基复合屏蔽材料,我们将在 7.4 节中展开描述。

## 7.2.1 旋转部件的电磁屏蔽

在旋转结构中,铍铜簧片、导电石墨或导电铜球与导电石墨的组合常被用作电磁屏蔽。然而,铍铜簧片易磨损,在长期使用过程中,结构损伤常导致屏蔽失效而需要经常更换[8]。石墨常被用作润滑剂,因此磨损较小。但是,石墨电导率过低,往往不能满足高屏蔽要求[9]。导电铜球则容易氧化,导致电磁屏蔽性能下降(一般低于 80 dB)[10]。旋转体的转速升高会加速材料磨损和材料氧化,这无疑雪上加霜,最终可能丧失屏蔽性能。此外,上述固态的屏蔽材料具有一旦成型,很难根据旋转体工况变化而调节。

解决上述问题的关键在于寻找一种能够自适应旋转结构且能够提供高电磁屏蔽效率的材料,为此,北京梦之墨公司研发团队首次将液态金属引入到旋转体的屏蔽之中[11]。目前这项技术已经应用于 FAST-500 m 口径球面射电望远镜,成功将 FAST 望远镜本身产生的电磁辐射降至 FAST 接收灵敏度以下,为天眼 FAST 发挥最大功效提供了保障。以常用的旋转件为例,如图 7-2 所示,一个具有开口结构的壳体与旋转轴组成了一个旋转部件,在旋转轴与壳体连接处,以液态金属作为屏蔽材料替代铍铜簧片、导电石墨或导电铜球等常规屏蔽材料。

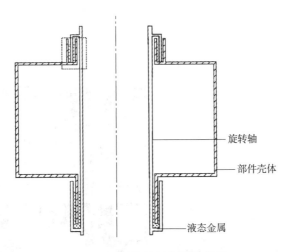

图 7-2  一种旋转部件的示意图

液态金属(以镓铟锡共晶合金为例)的深度为 10 mm 时,在 10 MHz～18 GHz 的频段范围内,液态金属的电磁屏蔽效能均高于 100 dB。液态金属的深度为 20 mm 时,相同频段下的屏蔽性能将高于 120 dB,这是铍铜簧片或导电石墨等传统材料难以企及的。以导电铜球与导电石墨的组合物为例,即使增大旋转结构,使环形凹槽的外环直径与内环直径之差达到 50 mm 以填充更多的混合物,屏蔽性能只有 100 dB 左右且电磁屏蔽效果并不稳定。

选用液态金属时必须注意以下几点。其一,液态金属的熔点必须低于旋转结构工作温度,以使液态金属在工作时保持液态。以工作温度为室温 25 ℃ 为例,可选用的液态金属有镓单质、镓铟合金(共晶合金熔点为 15.9 ℃)、镓锡合金(共晶合金熔点为 20.4 ℃)、镓铟锡合金(共晶合金熔点为 11 ℃)等中的一种或几种。其二,选用合适黏度的液态金属材料。由于液态金属与旋转部件直接接触,为了减少损耗,黏度较低者应被优先选用。需要注意,液态金属在壳体与旋转轴中间,往往也需要起到一定的润滑作用。虽然高热稳定性和导热性以及极高的极压性能决定了液态金属是一种可用的液体润滑剂[12],但是,要选用适当的黏度的液态金属,以取得合适的润滑效果。其三,避免液态金属腐蚀旋转体。液态金属容易与常见金属,如铝、银、金等形成金属键,造成结构损害,因此选材时应尽量避免[13]。

## 7.2.2  半固化镓基屏蔽涂料

镓的电导率不及银、铜、镍等金属,但远优于石墨等非金属材料。根据式(7-5),镓基液态金属能够提供有力的电磁屏蔽保护。但是,与常规金属材料不同,常温常压下,镓基金属是液体,没有固定的形状且具有流动性,应用于常规屏蔽工况时,便暴露出了林林总总的问题。例如,铝箔或者铜网等固体屏蔽材料可以直接置于电子产品外部以切断外部有害的电磁波辐射,但当镓基液态金属置于需要保护的电子器件表面时,高表面张力、高表面能以及与基底较差的浸润性使液态金属的形状趋于液滴状而非均匀铺展在表面上[见图 7-3(a)],这种状态类似于荷叶上的露珠。如何使液态金属"露珠"在任意的材料中铺展,是将镓基材料应用于电磁屏蔽防护的关键之一。铺展开的液态金属,不仅要具有极高的电导率,还要能展现出固态屏蔽材料难以达到的柔性、延展性等,才能够对新一代柔性电子器件提供强有力的保护。

（a）液滴无法铺展

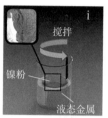

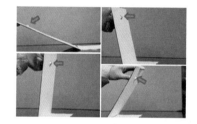

（c）混合物的黏附性

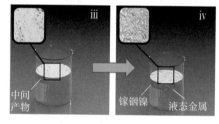

（b）制备液态金属膏状混合物的操作步骤

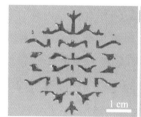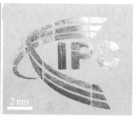

（d）涂刷于各种表面

图 7-3　在液态金属中掺杂纳米颗粒

当前,一种可行的方法是在液态金属中掺杂微纳米颗粒。常皓等[14]将金属或者非金属微纳米颗粒按照一定比例混入镓基液态金属中,并对该混合物进行搅拌,使镓基金属变成一种"半液半固"的膏状涂料[见图 7-3(b),图中以镍粉为例,制备液态金属膏状混合物的操作步骤如下:首先将镍粉放入过量的镓铟合金中,随后进行搅拌直至镍粉与液态金属完全混合,静置后混合物与液态金属分层,取上层,即为镓铟镍混合物]。从物质状态的角度分析,这是将液态金属从单质流体变成一种流/固混合的两相混合物。从流体力学的角度分析,是将镓基液态金属从牛顿流体(准确讲为近似牛顿流体)变成一种剪切变稀的非牛顿流体。这种混合物呈现出与纯液态金属不同的性质,如黏附力的增加。如图 7-3(c)和图 7-3(d)所示,黏附在纸板上的液态金属混合物不仅可以在多种表面铺展,而且不易脱落,即使基底倾斜,附着力也能够与重力平衡而使混合物保持稳定。黏附力的增强得益于混合物内部的微纳米颗粒以及在搅拌过程中产生的氧化镓。这种方式制备的液态金属混合物已经被用于液态金属滚动印刷[15]、可穿戴电子产品[16]、远程自修复材料[16]、电子纹身[17]等方面。国瑞等[18]指出,混合物的电学特性并未受到显著性下降,通常高于 $10^6$ S/m。这些发现与应用为镓基液态金属作为一种涂料应用于电磁屏蔽提供了前期理论支持。

随后,张明宽等[19]将微米级镍粉与镓铟共晶合金混合,制备了一种镓基的具有基底普适性的磁性电磁屏蔽涂料(简称镓铟镍涂料)。如图 7-4(a)和图 7-4(b)所示,镓铟镍涂料能够被轻易涂刷于聚氯乙烯(PVC)、聚碳酸酯板(PC)、聚二甲基硅氧烷(PDMS)、纤维(Fiber)等基底上,即使基底是球面或者直角。

(a)镓铟镍涂料被涂刷于平面基底　　　　　(b)镓铟镍涂料被涂刷于多种曲面基底

图 7-4　镓铟镍涂料涂刷于各种基底

为了测试涂料的屏蔽性能,镓铟镍涂料被分别涂刷于柔性可弯折的 PVC 基底和可拉伸的 Ecoflex 基底上,随后利用四线法测量材料电导率,用波导法分别测量了镓铟镍的相对磁导率和电磁屏蔽效率。如图 7-5(a)和图 7-5(b)所示,镓铟镍的电导率达 $2\times10^6$ S/m,同时,内部的镍粉颗粒赋予镓铟镍一定的磁性,这些使镓铟镍涂料在较宽的频段范围内表现出优异的电磁屏蔽效率。以涂在 Ecoflex 基底上镓铟镍为例,在 100 kHz～1.5 GHz 和 8～12 GHz的频率范围内,涂有镓铟镍的 Ecoflex 屏蔽效能分别达到了 75 dB 左右和 70 dB 左右。当 Ecoflex 受力形变时,镓铟镍涂料的屏蔽性能随着基底拉伸程度的增加略有下降。在

75％的形变下,屏蔽效能依旧能维持在 65 dB(100 kHz～1.5 GHz)和 60 dB(8～12 GHz),均满足了应用的需求[见图 7-5(c)和图 7-5(d)]。在 100 kHz～1.5 GHz 的频段内,即使是 100％～200％形变下,屏蔽效能基本保持恒定,无明显衰减。当 Ecoflex 的形变量达到 300％时,电磁屏蔽性能出现明显下降。相反,在 8～12 GHz 的频段内,屏蔽效能随着拉伸而逐渐递减。但即使材料的形变量为 300％时,屏蔽效能仍可保持 30 dB 以上,可以满足商用电磁屏蔽要求。

耐用性和稳定性也是电磁屏蔽材料的重要特征,尤其是对工作与动态工况下的屏蔽材料。因此,研究人员对涂有镓铟镍的 Ecoflex 进行了 200 次循环拉伸,通过对比前后屏蔽性能的变化来检测材料在拉伸工况下的耐用性。100 次拉伸循环后,100 kHz～1.5 GHz 和 8～12 GHz 屏蔽效能都略微降低。但是,随着拉伸的继续进行,屏蔽效能几乎保持不变[见图 7-5(e)和图 7-5(f)]。总体而言,材料在 300％形变量或 200 个循环周期下都保持了相对恒定且高效的屏蔽效能。显而易见,镓铟镍涂料能够为下一代柔性电子提供强有力的保护。

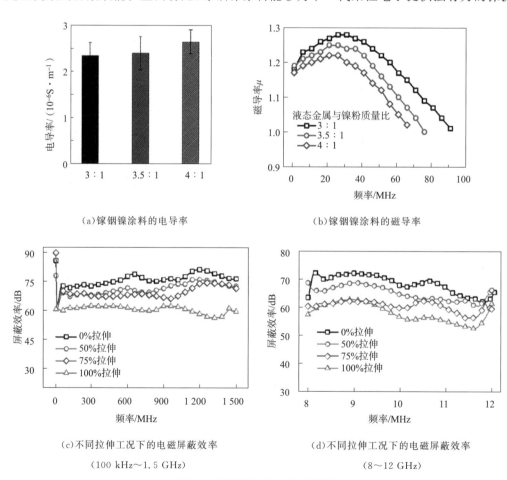

(a)镓铟镍涂料的电导率　　　　　　　(b)镓铟镍涂料的磁导率

(c)不同拉伸工况下的电磁屏蔽效率　　　　(d)不同拉伸工况下的电磁屏蔽效率

(100 kHz～1.5 GHz)　　　　　　　　　(8～12 GHz)

图 7-5　镓铟镍涂料的性能测试

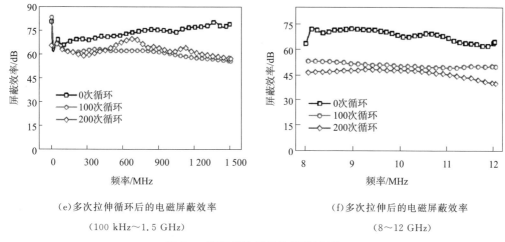

（e）多次拉伸循环后的电磁屏蔽效率
（100 kHz～1.5 GHz）

（f）多次拉伸后的电磁屏蔽效率
（8～12 GHz）

图 7-5　镓铟镍涂料的性能测试（续）

　　笔者所在实验室比较了镓铟镍和其他可拉伸屏蔽材料之间的屏蔽效能。镓铟镍能够从初始状态到 300％形变过程中，始终保持高水平的屏蔽性能，如图 7-6 所示。从图 7-6 中可以看出，镓铟镍材料几乎始终位于图标的最上部，镓铟镍几乎是当前最优的屏蔽材料之一。在 75％形变下，镓铟镍的屏蔽效能几乎达到 60 dB。

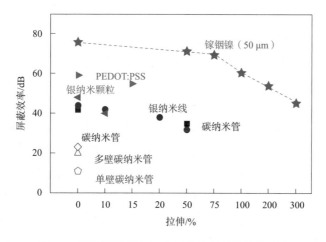

图 7-6　镓铟镍涂料与常见可拉伸材料的性能对比

　　为了探索镓铟镍涂料的屏蔽机理，Zhang 等[20]进一步测试了 100 kHz～1.5 GHz 和 8～12 GHz 下镓铟镍材料对电磁波反射与吸收的占比。在 100 kHz～1.5 GHz 频率范围，尽管随着频率的增加，镓铟镍材料对电磁波的吸收逐渐增加，但反射仍是其最主要的作用机制。结合理论和实验结果，潜在的屏蔽机制可归纳如下：由于镓铟镍表面的大量自由电子，多数电磁波被立即反射。当频率低于 1.5 GHz 时，穿透屏蔽材料的能力很差，大部分入射波被反射。然后，剩余的波穿过镓铟镍的表面并与具有高电子密度的原子结构相互作用，产生电流并最终引起电磁波能量的衰减。该衰减与屏蔽材料的厚度成比例。在 X 波段,镓铟镍具有平行屏蔽原理,但更多的电磁波(37%～43%)被吸收。

需要指出,这种掺混、搅拌以来镓基屏蔽涂料的方法是普适的,掺混物并不局限于镍颗粒。例如,为了获得更高导电性的混合物,铜粉和银粉是一种潜在的选择,理论上讲,这些混合物也具有不逊色于镓铟镍的屏蔽效率。非金属颗粒,如二氧化硅,也是潜在的掺混物,并且镓铟硅体系的结构更加稳定[20]。

从性能上,和传统的银浆等涂料相比,镓基屏蔽涂料往往能获得更优的电磁屏蔽效率,这是因为镓基涂料的基底材料是高导电性的金属而不是导电性差的有机物[21]。从工况方面比较,镓基屏蔽涂料能够适应更复杂的工况,如弯折和拉伸等。但是,镓铟镍也存在两点明显的不足。第一,液态金属可能与内部的填充金属颗粒形成金属键,造成结构失稳。第二,镓基屏蔽材料处于是半液半固的状态,在某些工况下需要封装。这些都会对屏蔽效果产生重要影响,因此在选择时需要谨慎。

### 7.2.3 电磁屏蔽服

电磁屏蔽服通常指"防辐射服装",其应用已有几十年的历史。早期的电磁屏蔽服成本高且效率低,通常只应用在工业领域,但随着民众对防辐射的重视以及电磁屏蔽服技术的发展,1999 年前后开始广泛应用到民用领域[22]。当前市场比较流行的电磁屏蔽服分为金属纤维和银纤维两种[23]。以瀚美阁为例,其中金属纤维电磁屏蔽服所采用的布料是由直径约为0.008 mm 的金属纤维(每根金属线含有八根左右的金属纤维)和棉等混纺织成,但导电纤维混纺的方法形成的导电网络不能遍及纺织品的所有角落,导电均一性较差,整体屏蔽效果一般。

研究者提出一种多层结构的液态金属基的屏蔽织物,以解决现有技术中屏蔽织物的导电均一性较差、整体屏蔽效果一般的问题[24]。该屏蔽织物主要由织物基底层(20～1 000 $\mu m$)、涂覆于织物基底层上的底涂层(5～10 $\mu m$),位于底涂层之上的屏蔽涂层(10～1 000 $\mu m$)和最外层的防水封装层(10～100 $\mu m$)。屏蔽涂层由第一屏蔽涂料和第二屏蔽涂料依次刷涂形成,每层涂层由液态金属和金属颗粒构成。其中一层用于屏蔽 X 射线,可选的金属颗粒包括铋、钨、氧化钨、氧化钡、硫酸钡、稀土金属和稀土金属氧化物,可选择上述一种或几种。另一层涂层则主要用于屏蔽微波波段的电磁波,金属颗粒通常可选银、银包铜、铜、铁、铁氧体、镍和坡莫合金的一种或几种。液态金属通常选择熔点在 300 ℃ 以下的低熔点金属单质、低熔点金属合金或主要成分为低熔点金属单质/低熔点金属合金的导电混合物。液态金属可在一般状态下保持流体状态,不会由于凝固后受到挤压、拉伸、揉搓等变形导致金属断裂、从基材表面剥离等问题影响。作为连接剂,液态金属可使涂层中的金属颗粒之间的导电或导磁效果均匀地连成片,从而保证屏蔽织物整体的屏蔽效果;其次,液态金属作为金属颗粒的承载流体,由于其流体的特性,可达到较好的金属浸润性,使金属颗粒均匀地混合在液态金属中,避免金属与非金属之间容易产生分层的问题,进而进一步避免屏蔽涂层整体的屏蔽效果均匀性差的问题。

当选用涤纶棉涤混纺为织物基底层,有机硅为底涂层,铋铟合金/铁粉/钨粉作为第一层屏蔽材料,镓锡合金/镍粉/铟铜粉作为第二层屏蔽材料,UV 聚氨酯丙烯酸酯作为防水层时,该纺织物在 30 MHz~1 GHz、1~18 GHz 范围内的电磁屏蔽效能分别为 84 dB、87 dB。对于 X 射线的屏蔽效能(也称铅当量,即以铅为参考物衡量材料的屏蔽能力)为 0.65。

## 7.3　铋基液态金属电磁屏蔽材料

铋金属质脆且易碎,具有微弱的放射性。当前少有研究将铋或者铋合金应用于微波波段的电磁屏蔽,有限的注意力也多集中于铋基化合物(氧化铋,$Bi_2O_3$)的研究。近年来研究表明,铋基金属,包括铋的氧化物,能够有效屏蔽 X 射线和伽马射线,可能成为铅的替代品。因此,本节除了介绍铋基金属(主要是氧化铋)对微波的屏蔽外,还介绍铋基金属应用于 X 射线和伽马射线屏蔽防护的研究。

### 7.3.1　伽马射线的屏蔽

伽马射线(γ 射线)又称 γ 粒子流,由原子核能级跃迁退激时释放出,是一种波长短于 0.001 nm 的电磁波。核反应堆中通常会产生大量的 γ 射线。由于 γ 射线有很强的穿透力,工业中也常来探伤或流水线的自动控制[25]。γ 射线对细胞有杀伤力,医疗上也可用来治疗肿瘤[26]。但是,伽马辐射泄漏的危害不容小觑,直接暴露于伽马射线会导致放射病、器官衰竭、遗传损伤等[27]。因此,伽马射线的辐射屏蔽具有重要研究价值。

核反应堆中使用的常规屏蔽材料是价格低廉的混凝土和铅基屏蔽材料。但是,混凝土的屏蔽结构存在诸多不足,例如,长时间使用后会出现裂缝;混凝土中水分会降低密度并降低结构强度;混凝土不易携带,难以运输;混凝土是不透明;等等[28,29]。常用的铅基屏蔽材料也存在高毒性、不透明等问题。而可视化与安全环保已成为当前屏蔽领域的迫切需求,因此,替代混凝土和铅基材料的透明且无毒的屏蔽材料是重要的研究方向之一。

相对于铅而言,铋的有效原子序数大,具有更高的密度,因此可能带来更大的衰减。更可贵的是,铋基金属毒性低,能够避免铅基屏蔽材料带来的二次污染。铋基材料正逐渐成为铅基材料与混凝土的替代品,当前已经衍生出几种技术路线,本节将对其中两种具有代表性的铋基防辐射材料进行介绍:铋基玻璃和铋基聚合物材料。

如果以高透光率为目标,屏蔽玻璃无疑是最优选择。2004 年,Singh 等[30]发现铋基玻璃体系(成分为 $Bi_2O_3$-PbO-$B_2O_3$)的辐射屏蔽性能优于混凝土,其高质量衰减系数值(HVL 值)与混凝土相比更低,表明屏蔽设计所需的体积将小于混凝土。但是,该玻璃体系中仍旧含有毒性较大的铅元素,存在二次污染的风险,这也限制了其应用。后续的研究中,Kaur 等[29]通过熔融淬火技术制备了一种 $Bi_2O_3$-$B_2O_3$-$SiO_2$-$Na_2O$ 玻璃,成功去除了屏蔽玻璃内的铅元素,同时玻璃性能并未衰减。实验结果显示,该玻璃的屏蔽性能与重晶石混凝土相当。

近年来,为了进一步提升无铅透明玻璃的性能,科研人员尝试在玻璃中添加氧化钇或氧化钡等颗粒物。Kaur 等[31] 以 BaO 为掺混物,制备了一种无铅的铋基玻璃(成分为 $Bi_2O_3$-BaO-$B_2O_3$)。研究人员分别从质量衰减系数、平均自由程和 TVL(入射的伽马辐射减小到原始强度的 1/10 时屏蔽层的厚度)和有效原子序数四个方面对比该玻璃与重晶石混凝土和商用屏蔽玻璃(RS 360)的屏蔽性能(见图 7-7,图中 G6 表示 $Bi_2O_3$-BaO-$B_2O_3$ 玻璃,RS 360 表示商用屏蔽玻璃,Barite Conerete 表示重晶石混凝土)。以质量衰减系数为指标,在大多数能量范围内,该玻璃的质量衰减系数值都略高于混凝土和 RS 360[见图 7-7(a)]。从平均自由程角度分析,在光子能量 $10^3 \sim 10^5$ MeV 的范围内,三种样品的平均自由程都值随光子能量的增加而增加,然后在达到最大值后减小。其中,重晶石混凝土的平均自由程最大,$Bi_2O_3$-BaO-$B_2O_3$ 玻璃最小[见图 7-7(b)]。平均自由程越小说明在屏蔽材料中入射光子束强度减小到 1/e 的距离越小,即入射的伽马射线光子与屏蔽材料相互作用的数量增加,导致更多的衰减,因此 $Bi_2O_3$-BaO-$B_2O_3$ 玻璃具有更好的屏蔽性能。以 TVL 值分析,三者的 TVL 值在低能量区域都急剧增加,增加放缓后收敛到相似的值,然后降低并在较高能量下变为恒定。$Bi_2O_3$-BaO-$B_2O_3$ 玻璃的 TVL 值最小,说明 TVL 的光电吸收和康普顿散射等效应优于其他两种材料,即相同厚度的三种屏蔽材料,$Bi_2O_3$-BaO-$B_2O_3$ 玻璃能够取得更高的屏蔽效率[见图 7-7(c)]。从另一个角度讲,达到相同屏蔽效率时,$Bi_2O_3$-BaO-$B_2O_3$ 玻璃的体积最小。从图 7-7(d)中可以看出,$Bi_2O_3$-BaO-$B_2O_3$ 玻璃的有效原子序数大于重晶石混凝土和 RS 360 玻璃,表明 $Bi_2O_3$-BaO-$B_2O_3$ 玻璃是更好的吸收剂。总之,从质量衰减系数、平均自由程、TVL 和有效原子序数提高四个方面比较,$Bi_2O_3$-BaO-$B_2O_3$ 玻璃都显示出了最佳的屏蔽性能。

Alatawi 等[32] 利用同样的思路,在铋基玻璃中添加氧化钇颗粒以提升铋基玻璃的防辐射性能,利用熔融淬火技术合成了不同量的氧化钇为添加剂的硼酸铋玻璃。氧化钇添加剂增加了桥连的氧原子,提高了配位数以及交联密度。氧化钇增强了玻璃的屏蔽效能,同时改善了玻璃的机械性能。

除了铋基屏蔽玻璃,铋基复合材料也是重要的技术路线之一。复合材料虽然透明度比玻璃材料差,但是,通常密度更低,结构也更稳定。Ambika 等[33] 利用开模铸造技术,以 $Bi_2O_3$ 为填充物,以苯二甲酸树脂聚合物为基底,制备了一种热稳定性优异的复合屏蔽材料,即使在 200 ℃ 的温度下,屏蔽性能仍保持稳定。随着 $Bi_2O_3$ 含量的增加,屏蔽伽马射线的能力也得到增强,在最优比例下,屏蔽效率与常规商用材料相当。但是,当 $Bi_2O_3$ 的含量过多时,材料整体的机械强度变低。为了得到机械性能更优的材料,Samir1 等[34] 以 $(BiO)_2CO_3$ 为填充颗粒,以聚氯乙烯/丁苯橡胶为基底,制备了一种机械性能更优的屏蔽材料。屏蔽效率随 $(BiO)_2CO_3$ 浓度的增加而增大,而材料的抗拉强度在 $(BiO)_2CO_3$ 含量为 40 phr(phr,part per hundred part of the blend PVC/SBR)时达到最优,约为 11 MPa。因此,在选择该材料时,需根据具体的工况要求来选择合适的比例。

　　整体而言,铋基屏蔽材料是一种极具潜力的伽马射线屏蔽材料,但是,当前针对铋基屏蔽材料体系的研究较少,距离商用仍有一段距离。

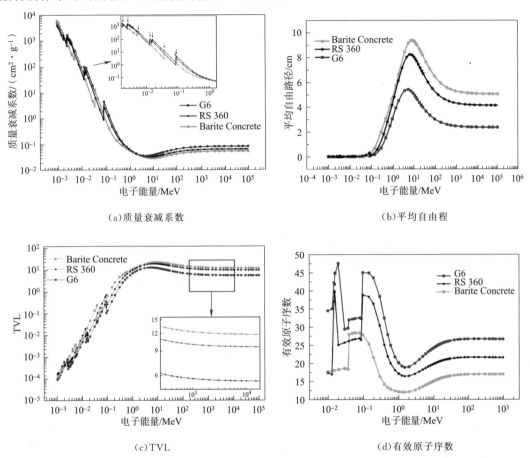

（a）质量衰减系数　　　　　　　　　　　　　　　　（b）平均自由程

（c）TVL　　　　　　　　　　　　　　　　　　　　（d）有效原子序数

图 7-7　$Bi_2O_3$-BaO-$B_2O_3$ 玻璃与重晶石混凝土和商用屏蔽玻璃的性能对比

## 7.3.2　X 射线的屏蔽

　　X 射线的波长为 0.001~10 nm,能量较高,其光子能量比可见光的光子能量高 4~5 个量级。X 射线由德国物理学家伦琴于 1895 年发现,故又称伦琴射线。由于 X 射线具有很高的穿透本领,因此常被用于医学成像诊断和物质结构检测[35]。但是,在世界卫生组织国际癌症研究机构公布的致癌物清单中,X 射线同伽马射线一起被列为辐射致癌射线。因此,对于 X 射线的屏蔽防护同样值得探究。

　　新一代的 X 射线屏蔽材料,如压缩矿物平板、添加碘原子的有机聚合材料和复合屏蔽材料,正在逐渐取代厚重且机械性能差的铅与钢板[35,36]。尤其是复合屏蔽材料,正逐渐成为近年来研究的热点和重点。复合材料内部的填充颗粒通常为高屏蔽性且低毒性的矿物颗粒,如氧化铜（CuO）、氧化锡（SnO$_2$）、氧化铋（Bi$_2$O$_3$）等[37]。其中，氧化铋（Bi$_2$O$_3$）因为成本低、屏蔽性优异、环境友好且低毒性等优点，正逐渐成为佼佼者。

Nambiar 等[38]将氧化铋纳米颗粒添加进 PDMS 中组成一种无毒且透明的复合材料。当 Bi$_2$O$_3$ 颗粒的质量分数达到 44.44% 时，该复合材料体现出了最优的屏蔽性能。虽然与传统的 X 射线屏蔽材料相比，该复合材料无毒，且易于制造（不需要重型金属挤压机/压缩机）。但是，为了达到与市售的铅基屏蔽材料相当的屏蔽效率，往往需要增加厚度和 Bi$_2$O$_3$ 的质量分数。即使采用最优的配比，3.73 mm 厚的复合材料的铅当量只有 0.25 mm，不仅厚度远远超过铅板，质量也是铅板的两倍左右。因此，优化铋基复合材料的体系是一个重要的研究方向。

Lopresti 等[39]专注于开发易于加工且轻质的铋基复合屏蔽材料。他们基于 Geant4 的仿真计算进行初步筛选，再通过实验验证的方法，以屏蔽率、机械性能和亮度为评判参数，优化氧化钠（Bi$_2$O$_3$）、硫酸钡（BaSO$_4$）和环氧树脂三种材料的混合比例。硫酸钡、氧化铋和环氧树脂质量分数比为 0.2∶0.6∶0.2 的复合材料（简写为 20%BaSO$_4$-60%Bi$_2$O$_3$-20%Epoxy）体现出了最优的屏蔽效率，相较于具有同等屏蔽效率的钢材，虽然成本上升，但是质量减小了 60%。根据应用工况的不同，三者的比例可以灵活改变，以取得最优的屏蔽效果。对于低光子能量应用，如医学检测设备的屏蔽，20%BaSO$_4$-20%Bi$_2$O$_3$-60%Epoxy 是最好的选择，在满足屏蔽要求的前提下，增加环氧树脂比例降低了复合材料的密度。对于工业应用中 X 射线的屏蔽，如射线能量在 20～220 keV 范围内的射线照相和计算机断层扫，60%BaSO$_4$-20%Bi$_2$O$_3$-20%Epoxy 和 20%BaSO$_4$-60%Bi$_2$O$_3$-20%Epoxy 都是合适的候选者。上述几种配比的铋基复合材料，和相同厚度的钢板相比，在屏蔽性能上提升 4.5%～33.1%，但是质量能够减小 55%～62%。

除了优化填充物配比，基底材料的多样性也是完善铋基复合材料体系的重要方式之一。基底材料通常为有机材料，如上述环氧树脂和 PDMS，主要起骨架支撑的作用。虽然基底材料对于 X 射线屏蔽的贡献相对较小，但是，能够带来很多附加功能，如可降解、可拉伸、透明可视化等。近年来，环境兼容性更好的水凝胶引入到铋基复合屏蔽材料的体系中。Muthamma 等[40]通过溶液流延技术制备了具有不同质量分数（0%～50%）的氧化铋的复合屏蔽材料（以聚乙烯醇为基底）。通过使用 5.895 keV 和 6.490 keV 的 X 射线测量该复合材料对辐射的衰减能力，基底改变并没有影响材料的屏蔽性能，该复合材料能够提供可靠的屏蔽保护，且屏蔽效率随氧化铋质量分数的增加而增强。40%氧化铋的复合材料在光子能量为 5.895 keV 和 6.490 keV 时分别表现出 122.68 cm$^2$/g 和 93.02 cm$^2$/g 的质量衰减系数，而 50%氧化铋的复合材料在 59.54 keV 和 662 keV 的光子能量下分别显示为 1.57 cm$^2$/g 和 0.092 cm$^2$/g。

整体而言，铋基材料在 X 射线屏蔽领域具有重要的研究价值。但是，铋基材料并没有完全达到替代老一代屏蔽材料的要求，铋基材料的应用之路仍任重道远。当前针对铋基屏蔽材料体系的研究存在诸多不足：材料体系相对单一，主要集中在氧化铋上；关于氧化铋对屏蔽性能的影响也不够深入，氧化铋的粒径、分布等因素都可能是影响性能的重要因素[41]。

### 7.3.3 微波波段的电磁屏蔽

当前,将铋基材料用于微波波段电磁屏蔽的研究较少,可能的原因是与常见金属材料相比,铋基材料在微波屏蔽领域并没有体现出明显的优势。Micheli 等[42]曾将碳纳米管和常见金属纳米颗粒(包括钴、银、钛、镍、锌、铜、铁、硼、铋)组成复合材料,并以介电常数、电导率和磁导率等参数来评估复合材料屏蔽电磁干扰的能力。结果显示,含有铋纳米颗粒的复合材料并没有体现出明显的优势。

最近几年,Reshi 等[43]发现铋的一种磁性的氧化物,$BiFeO_3$,是一种特殊的电磁屏蔽材料[见图 7-8(a)]。$BiFeO_3$ 是一种经典的多铁材料,具有固有极化,缺陷偶极极化和铁磁共振,因此,会引起介电损耗和磁损耗,从而导致 8~12 GHz 电磁波的强烈衰减。他们通过使用溶胶-凝胶路线合成 $BiFeO_3$ 纳米材料样品,使用矢量网络分析仪研究了 8~12 GHz 波段范围内的复介电常数、磁导率参数和电磁屏蔽效率,结果观察到 11 dB 的电磁屏蔽效率。从结果看,$BiFeO_3$ 电磁屏蔽效率并不高,甚至不能满足商用要求。然而,$BiFeO_3$ 具有与电磁场相互作用的电和/或磁偶极子,这可能会使材料对电磁波有强烈的吸收作用,因此 $BiFeO_3$ 可能成为一种同时满足屏蔽与吸波的两用材料。

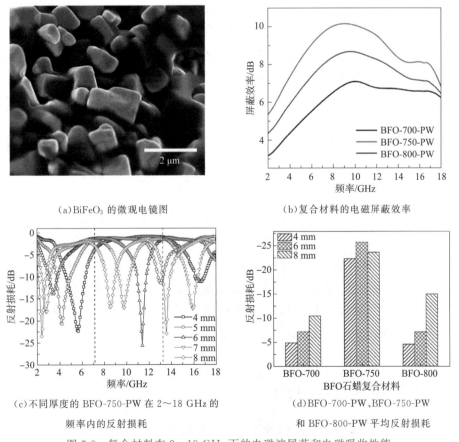

(a)$BiFeO_3$ 的微观电镜图

(b)复合材料的电磁屏蔽效率

(c)不同厚度的 BFO-750-PW 在 2~18 GHz 的
频率内的反射损耗

(d)BFO-700-PW、BFO-750-PW
和 BFO-800-PW 平均反射损耗

图 7-8　复合材料在 2~18 GHz 下的电磁波屏蔽和电磁吸收性能

随后,Reshi 等[43] 制备了以 BiFeO$_3$ 为填充颗粒、以石蜡为基底的复合材料(简称 BFO-700-PW,其中 700 表示 BiFeO$_3$ 的处理温度为 700 ℃),并研究了其在 2~18 GHz 下的电磁波屏蔽和电磁吸收性能。

从图 7-8(b)(图中 700、750、800 分别表示 BiFeO$_3$ 的处理温度)中可以看出,在整个频率范围内,该复合材料的屏蔽效率的最大值超过了 10 dB。材料的屏蔽性能与制备时的处理温度呈现出一定的关联性,处理温度为 750 ℃ 的样品(BFO-750-PW)体现出了最优的电磁屏蔽效率。随后,对样品吸波能力进行了测量。同样,BFO-750-PW 呈现出了最优的吸收能力。当样品厚度为 4 mm 时,最大的反射损耗(简称 RL)达到 -22.5 dB。该复合材料呈现出三个吸收峰,分别位于 2~8 GHz,8~13 GHz 和 13~18 GHz。其中,当材料厚度为 8 mm 时,BFO-750-PW 的三个吸收峰都超过 -17 dB,这表明 BFO-750-PW 具有高效的多重吸收能力。

吸收衰减是电磁屏蔽和电磁波吸收的主要机制。这可以归因于介电弛豫和磁弛豫,复合物中共存的电偶极子和磁偶极子可以强烈响应频率范围内的电磁波,从而导致高电磁损耗。电磁波在复合材料中的传播过程可以简述如下:当入射波到达复合材料的表面时,一部分电磁波被反射离开表面。剩余的电磁波将进入复合材料,在这一部分中,有些可以被 BiFeO$_3$ 颗粒吸收。复合材料的电磁参数对电导的贡献很小,这导致大多数电磁波进入复合材料。由于复合材料中同时存在大量的电偶极子和磁偶极子,它们在频率范围内与电磁波强烈相互作用,从而引起强烈的衰减。另外,BiFeO$_3$ 颗粒均匀分散在蜡基中,结果电磁波的一部分可能具有多次反射行为,而电磁波在 BiFeO$_3$ 颗粒的多次反射中被逐渐吸收。虽然该复合材料的电磁屏蔽效率较低,但是,体现出了较强的吸波能力,这样为多功能电磁防护材料提供了新的思路。

## 7.4 液态金属复合材料电磁屏蔽与吸波材料

掺有麦秸的黏土具有更高的机械强度,钢筋混凝土的组合也成为建筑物的"中流砥柱"。这种由两种或者两种以上物质所组成的复合材料往往具有更优甚至出乎意料的性质。制备以液态金属为填充物的复合材料是把液态金属应用到电磁屏蔽领域的一种重要手段。由于液态金属具有的奇特性质,这些复合材料往往在满足常规工况下的屏蔽要求外,还展现出了很多不同寻常的性质。例如,镓基复合材料在低温环境下展现出更加优异的性能;在拉伸条件下,复合材料的屏蔽性能不降反增。下面从制备过程、性能表征、机理解释等方面对这些不寻常的材料进行详细剖析。

### 7.4.1 低温增强的电磁屏蔽材料

前述几乎所有的电磁屏蔽材料的最适用工况都为常温。当前,也少有关于非常温工况下的微波电磁屏蔽的研究。然而,对于大多数屏蔽材料而言,并不能实现从常温工况到非常温工况的无损切换。这也是当前大多数屏蔽材料的现状,即更适合于常温工况而在非常温工况下表现疲软。

**1. 背景**

从式(7-5)中可以看出,磁导率和电导率等与电磁屏蔽效率都密切相关。对于微波波段的电磁屏蔽而言,电导率往往被认为是最主要的参数。因此,在低温下,提供高效的电磁屏蔽保护的关键便是保证材料在低温环境中维持高电导率。通常来讲,金属材料的电导率都随温度的降低而升高,即在低温环境下,金属将获得更优的导电性能[44]。矛盾在于,随温度降低而来的变化,除了升高的电导率,通常还有变小的分子间距。尤其是金属材料,在低温环境中,体积会明显减小。以铝为例,当温度从 300 K 下降到 77 K(液氮温区),铝箔的体积减小量约为 1.55%[45]。对于精密器件而言,屏蔽材料的 1.55% 的体积变化可能会影响其正常运行。以金属颗粒为填充物的复合材料同样面临着类似问题。如果金属(如铜、铁、镍等)的膨胀系数超过有机基体的膨胀系数,相同的温度变化下,金属颗粒的体积收缩率将比聚合物基体的收缩率高。这可能会使金属颗粒的体积比低于渗透阈值,导致内部导电通路断裂,最终使电磁屏蔽的性能降低。总体而言,常规金属箔和金属基复合材料在低温环境或变温环境中可能无法满足屏蔽要求。

**2. 理论创新**

如何避免因金属填充物体积收缩而造成的电导率损失呢?一种显而易见的思路便是寻找负热膨胀的高导电性材料。但是,大多数的负热膨胀材料难以加工制造,而且热膨胀系数小[46,47]。为了解决这个问题,汪鸿章等[48]创造性地利用相变膨胀来弥补金属受冷收缩所造成的体积差。镓基液态金属在发生液体-固体相变时,金属体积会膨胀约3%。当分散于有机基底中的液态金属颗粒发生液固相变之后,金属颗粒体积膨胀,颗粒之间的距离减小,原本"不搭界"的颗粒相互接触。图 7-9 展示了这个过程:在常温下,两个液态金属颗粒互不接触,这时复合材料整体电绝缘;当温度逐渐降低至液态金

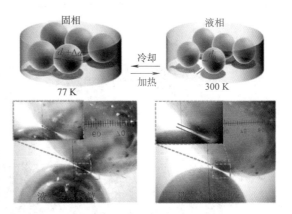

图 7-9 液态金属基复合材料电路导通与断裂的示意图和光镜图

属相变温度以下,两颗金属粒发生液固相变并且体积增大,随后,原本空隔的两个金属粒彼此接触,此时,原本为绝缘体的复合材料由于内部填充颗粒相互接触而变成良导体[49]。

导电颗粒体积膨胀引起的材料导电性能的变化可以用以下公式解释:

$$\varphi_c = 1 - \exp\left[-\frac{(4/3\pi r3N)}{L^3}\right] \tag{7-8}$$

$$\sigma_c \propto (\varphi - \varphi_c)^t \tag{7-9}$$

式中,$N$ 为导电金属颗粒的数量;$r$ 为导电金属颗粒的半径;$L$ 为复合材料系统的尺寸;$\varphi_c$ 为渗透阈值;$\varphi$ 为导电粒子的体积分数;$\sigma_c$ 为电导率[50]。

当内部导电颗粒的体积分数超过渗透阈值时,复合材料内部便会形成导电路径。对于镓基金属的复合材料而言,渗透阈值和体积分数均受镓颗粒相变的影响。如果忽略有机基底的体积变化(有机材料在发生玻璃化之后,热膨胀系数通常会急剧减小),当镓金属发生液-固相变之后,增大的粒径不仅增加了镓颗粒的体积分数,也降低渗滤阈值,最终影响复合材料的电导率 $\sigma_c$。

**3. 低温电磁屏蔽材料与屏蔽机理**

基于汪鸿章和陈森等的研究[51],张明宽等[51]将镓基金属相变膨胀的特性利用到低温电磁屏蔽领域。如图 7-10(a)所示,将镓铟共晶合金($GaIn_{24.5}$)、蔗糖和预固化的 PDMS 按照一定比例混合搅拌,置于 65 ℃加热台使 PDMS 固化成型。随后将该成型复合材料放入去离子水中,以溶解内部的蔗糖,最终制备出了一种多孔的两面异性的复合材料(简称 LTSM)[见图 7-10(b)和图 7-10(c)]。通过调节液态金属掺混的质量和蔗糖的质量,能够制备出不同体积分数与孔隙率的样品。材料内部的液态金属颗粒的形状不规则,尺寸范围为 $20 \sim 250~\mu m$。由于密度高,许多液态金属颗粒沉降到底层,使得该材料表现出两面异性的结构特点。

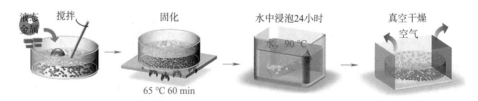

(a)LTSM 的制备过程

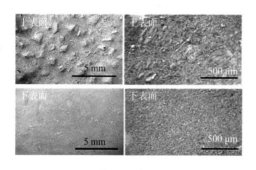

(b)LTSM 上下表面的光镜图

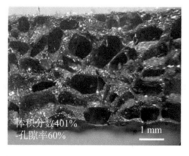

(c)LTSM 的断面图

图 7-10　LTSM 的制备

　　科研人员以孔隙率和液态金属的质量分数为变量,研究了该材料在低温(77 K)与常温(300 K)下的电磁屏蔽效率。利用矢量网络分析仪,结合波导法对 LTSM 样品进行测量,如图 7-11(a)所示。室温下,体积分数 $\varphi$ 为 30%、孔隙率 $p$ 为 40% 的 LTSM 在 8~12 GHz 的屏蔽效率约为 20 dB。当环境温度为 77 K 时,电磁屏蔽效率会增加到 40 dB 左右[见图 7-11(b)]。随着液态金属体积分数的增加,电磁屏蔽效率增加,同时低温对于屏蔽效率的强化也变得更加明显。在 8~12 GHz 的频段内,体积分数 50%、孔隙率 40% 的 LTSM 的屏蔽效率可以达到 80 dB,满足于军事需求(60 dB)。

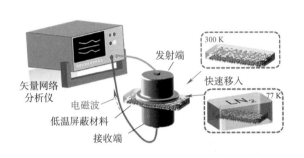

(a)LTSM 在低温下电磁屏蔽效率的测量过程

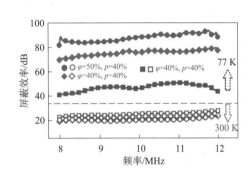

(b)不同液态金属质量分数的 LTSM 的
电磁屏蔽效率

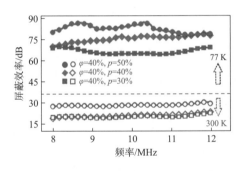

(c)不同孔隙率的 LTSM 电磁屏蔽效率

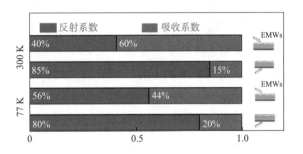

(d)LTSM 在不同温度下不同入射方向的反射吸收系数

图 7-11　LTSM 的电磁屏蔽效率

　　显而易见,LTSM 在低温环境中能够有效地屏蔽电磁波辐射,并且这种能力随着液态金属体积分数的增加而增强。提供高导电性的液态金属是复合材料屏蔽电磁波的核心。同时,材料结构特征,如材料厚度、孔隙以及不均匀的颗粒分布,同样对电磁屏蔽性能产生重要影响。

　　诸多证据表明,孔隙能够有效地降低材料密度,不但对材料电导率没有明显削弱,反而能够增加反射电磁波的有效面积[21]。如图 7-11(c)所示,LTSM 的电磁屏蔽效率随着孔隙率的增加而增加。当孔隙率 $p$ 从 30% 增至 50% 时,体积分数 $\varphi$ 为 40% 的 LTSM 的电磁屏蔽效率从 15 dB 增加至 29 dB。在低于液态金属相变点的温度下,由于相变引起电导率增加,所有 LTSM 都可以表现出更好的屏蔽性能。对于 $\varphi=40\%$、$p=30\%$ 的 LTSM,在 77 K 时可以获得 65 dB 的屏蔽效率,而在 300 K 时仅为 15 dB。此外,温度为 77 K 时,$\varphi=40\%$、$p=50\%$ 的 LTSM 的屏蔽效率可以达到 78 dB,而 300 K 时只有 29 dB。

低温可以显著提高 LTSM 的屏蔽性能,但是,对于结构的影响较小,即材料具有不错的耐用性。冷冻 48 h 后,$\varphi=40\%$、$p=30\%$ 的 LTSM 的电磁屏蔽效率并未出现明显衰减。这主要是因为 PDMS 的结构在低温下可以保持稳定[52]。因此,低温对 LTSM 的基底没有破坏作用。LM 在相变后会发生体积膨胀,这可能会引起材料内部的热应力。幸运的是,内部结构并不会因热应力而毁坏。因此,LTSM 的内部结构在冷却期间不会损坏。温度稳定后,LTSM 的热场和力场均处于平衡状态,热应力消失,不再对内部结构造成威胁。在实验过程中,也并未观察到长期冷冻的 LTSM 出现宏观上的缺陷。因此可以认为,冻结时间对 LTSM 的结构和性能没有决定性的影响。

此外,不对称的结构使 LTSM 的两面展示出不同的反射电磁波的能力。在一定意义上,该屏蔽材料可以根据需求调整吸收或反射的比例。可以用反射系数和吸收系数来描述这种变化。如图 7-11(d)所示,当电磁波从材料底部入射时,反射系数可达 0.85。即对所有被屏蔽的电磁波而言,其中 85% 的电磁波未进入材料内部而是被表面直接反射。相对应的,当电磁波首先与表面阻抗较小的上表面接触时,反射系数降低到 0.40,吸收系数从 0.15 升高到 0.60。同时,反射吸收系数也受到环境温度的影响。在 77 K 时,即使电磁波从上表面入射,反射系数也达到了 0.56。

在液态金属发生相变之后,LTSM 中出现了连续的导电路径和更多的自由电子,从而引起复合材料电导率的上升。因此,LTSM 的 $SE_A$ 和 $SE_R$ 也随着温度降低而升高。对于 $\varphi=40\%$、$p=40\%$ 的 LTSM,$SE_A$ 从 20.86 dB 增加到 72.27 dB,同时 $SE_R$ 从 2.32 dB 增加到 3.6 dB [见图 7-12(a)]。对于具有不同孔隙率的所有复合材料,出现相同的趋势。显然,由相变引起的电导率的增强是改变复合材料屏蔽效率的最重要的原因。

但是,LTSM 的多孔结构使屏蔽原理变得复杂。首先,LTSM 内部的孔延长了反射路径,增加了吸收电磁波概率。其次,由于入射波和反射波的叠加,可能会产生驻波[53]。因此,增加孔隙率会提高吸收电磁波的能力。从图 7-12(b)和图 7-12(c)可以看出,孔隙率较高的复合材料在 77 K 和 300 K 时都可获得优异的 $SE_A$。当孔隙度从 30% 增至 50% 时,体积分数为 40% 的 LTSM 的 $SE_A$ 从 62 dB 增加至 80 dB。

同时,不对称的结构使材料呈现出各向异性的电导率,这也影响着 $SE_A$ 和 $SE_R$。当电磁波从顶部表面入射时,电磁波可以轻松进入复合材料的内部,并且其中的一部分在多孔结构的帮助下被吸收。相反,当从底部表面入射时,由于高阻抗不匹配,更多的电磁波被直接反射。结果,改变入射方向可以在 300 K 时将 $SE_R$ 从 2.32 dB 增加至 8.21 dB,而在 77 K 时从 3.6 dB 增加值 7.46 dB[见图 7-12(d)]。显然,这种简单灵活的调整主要是得益于各项异性的电导率。但无论电磁波的入射方向如何,屏蔽材料的总屏蔽效率始终保持不变。

虽然 $SE_A$ 始终高于 $SE_R$,但这并不意味着吸收是主要的屏蔽原理。因为反射是发生在吸收之前,所以 $SE_A$ 仅表示屏蔽材料对进入其内部的电磁波的吸收能力。从图 7-12(d)可以看出,多数的电磁波在未进入材料之前就已经被反射。

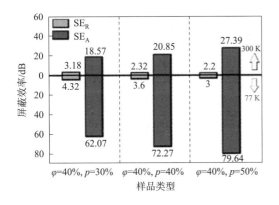

(a)在 300 K 和 77 K 时的 $SE_A$ 和 $SE_R$

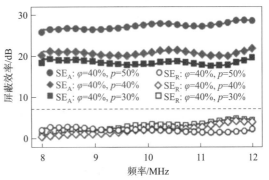

(b)在 8~12 GHz 的频率范围内 LTSM 的
$SE_A$ 和 $SE_R$ 在 300 K 时的变化趋势

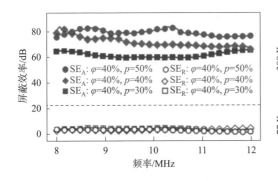

(c)在 8~12 GHz 的频率范围内 LTSM 的
$SE_A$ 和 $SE_R$ 在 77 K 时的变化趋势

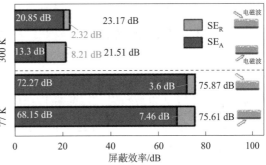

(d)当电磁波从不同方向入射时在 77 K 和 300 K
温度下 LTSM 的 $SE_A$ 和 $SE_R$

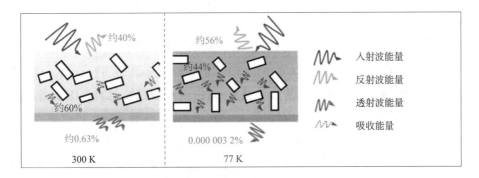

(e)LTSM 的电磁屏蔽机理的示意图

图 7-12　液态金属体积分数为 40% 的 LTSM 的 $SE_A$ 和 $SE_R$

综上,LTSM 的屏蔽机理可以作如下解释[见图 7-12(e)]:当入射的电磁波撞击到 LTSM 的上表面时,由于电磁波和 LTSM 之间的阻抗失配的变化,一部分入射的电磁波直接被反射。对于 $\varphi=40\%$、$p=40\%$ 的 LTSM,约 $40\%$ 的被屏蔽电磁波是由于表面反射导致的。相变导致的增强的电导率可以提高反射电磁波的能力。在 77 K 时,这个数值可以达到 $56\%$。透过材料表面而进入 LTSM 内部的电磁波被部分吸收。对于 $\varphi=40\%$、$p=40\%$ 的 LTSM,吸收的电磁波占到总屏蔽电磁波的 $60\%$。增加孔隙率可以提高吸收能力。残留的电磁波最终会穿透屏蔽材料。在 300 K 时,约 $0.63\%$ 的入射电磁波可以通过 LTSM;而在 77 K 时,该数值可以降低至 $0.000\,003\,2\%$。当电磁波从底面入射时,屏蔽原理与屏蔽过程相同,但是反射吸收的比例出现差异。例如,由于 LM 颗粒的沉淀,被直接反射的电磁波占到总屏蔽电磁波的 $80\%$ 以上。

## 7.4.2 拉伸增强的电磁屏蔽材料

传统的可拉伸屏蔽材料通常是由固体导电颗粒和可拉伸的绝缘有机材料所组成的复合材料。金属颗粒或碳基材料(石墨烯、碳纳米管等)常被用作此类屏蔽材料的填充物[54,55]。增加填充颗粒的含量可以增强复合材料的导电性,进而改善屏蔽性能,但内部填充颗粒过多通常会影响材料整体的机械性能,降低材料拉伸性,而较低的填充含量又不能保证连续的导电通路。尤其是在复合材料被拉伸时,内部导电颗粒会因为基底材料拉长而分离,这会导致复合材料内部的导电网络发生断裂,致使电导率急剧下降,最终影响电磁屏蔽的效率。虽然有科研人员尝试利用微纳米金属线等长径比较大的颗粒物,但是复合材料仍旧难以完全避免拉伸过程中电导率下降的问题[56]。因此,对于传统的可拉伸复合屏蔽材料,屏蔽性能和拉伸性是不可兼得的。

从物质结构的角度分析,不兼容的主要原因是填充颗粒物与有机母体材料之间的"相"的不匹配。高导电性的固态填充物难以随柔性可拉伸的基底材料形变而产生相应的形态变化。这不仅在材料内部产生可能破坏材料结构的内应力,而且通常会使内部的导电网络断裂。因此,寻找能够满足高延展性和高导电性的填充物,是解决上述问题的关键。

近来,已有人将液态金属引入可拉伸复合材料的填充颗粒的体系中。Yun 等[57]曾经报道过一种以液态金属填充物的磁流变弹性体,内部包含液态金属微滴和金属磁性微粒。在弹性体变形过程中,液态金属微滴与基体一起变形,扮演磁性颗粒之间的连接剂的角色,使该复合材料在拉伸状态下仍旧保持着优良的电导率。同时,液态金属还可以提高复合材料的韧性[58]。

近期,Yao 等[59]报道了一种三维液态金属骨架的复合屏蔽材料(简称三维屏蔽材料),在载荷方向上的电导率从无拉伸条件下的 $5.3\times10^5$ S/m 增加到 $400\%$ 形变下的 $1.1\times10^6$ S/m,相应的,电磁屏蔽效率增加了两倍多,性能与同等厚度的金属板媲美。该三维屏蔽材料内部的液态金属网络是一体且相互连接的,这源于制备过程的特殊性。首先,液态金属渗透到方糖内部的多孔通道中。在空气的液态金属会形成一个 1～3 nm 氧化层,这可防止液态金属从糖块中泄漏出来。随后,将糖块与液态金属同时放入冰水混合物(低于液态金属熔点)中,糖块溶解于水,同时液态金属凝固。最后,将有机弹性体填充到三维的液态金属网络中,固化后便可以得到可拉伸的三维液态金属基的复合材料[见图 7-13(a)～(c)]。液态金属网络改善了复合材料的柔软性、拉伸性和韧性,与刚性填料的复合材料形成了鲜明的对比。

(a)三维屏蔽材料示意图

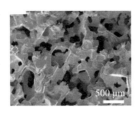

(b)没有浇筑 PDMS 时液态
金属网络的扫描电镜图像

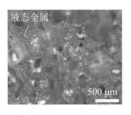

(c)三维屏蔽材料的光学
显微镜图像

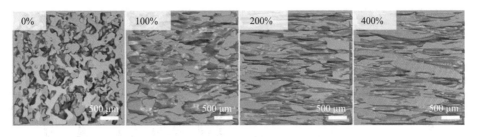

(d)三维屏蔽材料在不同形变下的 CT 图像

图 7-13  三维屏蔽材料

从图 7-13(d)中可以看出,沿电场方向拉伸时,液态金属网络由于其极高的柔韧性会随基底材料变形,从而导致三维液态金属骨架在拉伸方向上对齐。对齐并拉伸的部分会形成电流通道,从而提供更高的电导率。

随后,科研人员以材料厚度和拉伸应力为变量,测试了三维屏蔽材料在 2.65～5.95 GHz 和 8.2～40 GHz 波段内的电磁屏蔽性能。结果显示,处于未拉伸状态的三维屏蔽材料,其电磁屏蔽效率与材料厚度呈正相关。厚度为 3 mm 的三维屏蔽材料的平均屏蔽效率为 55.7 dB,而厚度降低至 1.2 mm 时,电磁屏蔽效率相应减至 29.8 dB。但是,对于某一特定的三维屏蔽材料,在处于应力状态下却展现出了相反的趋势。例如,厚度为 2 mm 的原始膜的屏蔽效率只有 41.5 dB,但是,在 400% 的拉伸工况下(约为 1.0 mm 厚),屏蔽效能却达到了 81.6 dB[见图 7-14(a)]。

从式(7-5)中可以得出,厚度与电导率都和屏蔽效率成正相关。但为何在三维屏蔽材料上会呈现出相反的趋势呢?显然,复合材料形变迫使内部液态金属结构改变,同时增强了材料电导率。两者对于屏蔽性能的贡献超过了厚度减小所导致的损耗,从而改善了整体电磁屏蔽性能。

材料的耐用性同样得到了验证。利用CT成像技术对复合材料内部进行扫描,当形变量为200%时,循环拉伸10 000次后,内部的液态金属三维结构仍旧没有明显改变,同时其电磁屏蔽效率也没有明显衰减[见图7-14(b)],证明了其在反复应变下的高机械和电气耐久性。

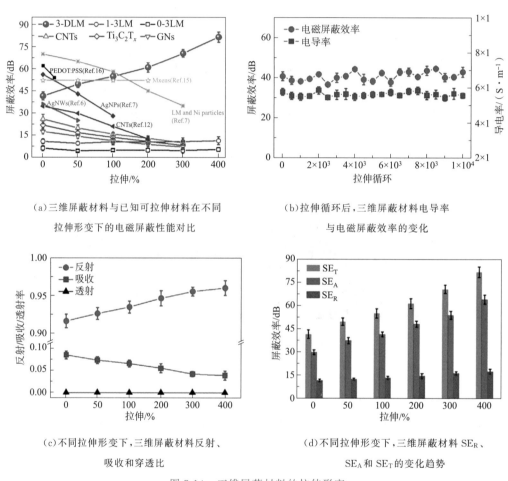

(a)三维屏蔽材料与已知可拉伸材料在不同
拉伸形变下的电磁屏蔽性能对比

(b)拉伸循环后,三维屏蔽材料电导率
与电磁屏蔽效率的变化

(c)不同拉伸形变下,三维屏蔽材料反射、
吸收和穿透比

(d)不同拉伸形变下,三维屏蔽材料 $SE_R$、
$SE_A$ 和 $SE_T$ 的变化趋势

图 7-14　三维屏蔽材料的拉伸形变

为了阐明材料的屏蔽机制,科研人员进一步研究了复合材料对电磁波的反射与吸收比。如图7-14(c)和图7-14(d)所示,无拉伸条件下,反射率为0.916,随着复合材料被拉伸,反射率略微增大并在400%形变量时达到0.960。相对应的,$SE_R$ 从11.6 dB增加到17.5 dB。增强的反射能力可以归因于两个方面,第一是材料变形导致的电导率的增强;第二是垂直于入射电磁波方向的液态金属网络结构发生了变化。$SE_A$ 也随着拉伸而增大,这可以归因于拉伸增加了液态金属的体积比。当样品拉伸至400%时,液态金属骨架的平均直径从100 $\mu m$ 减小至55 $\mu m$,导致液态金属骨架的比表面积增加了82%。这引入了丰富的导电表面,并促进了液态金属网络内部的电磁波的多次反射/散射和后续的吸收。根据趋肤效应,电磁波的

吸收主要集中在液态金属的表面,因此,拉伸增加的比表面积更多地导致电磁波的多次反射,最终造成吸收率的提升。

此外,屏蔽材料屏蔽性能的表现与电磁波的频率息息相关。三维屏蔽材料的 $SE_A$ 随频率增加而增加,特别是在 18 GHz 以上时。通常来讲,电磁波的穿透力会随着波长的减小而增加,特别是当材料的尺寸接近 $0.01\alpha$($\alpha$ 为电磁辐射的波长)时。对于三维液态金属复合材料,弹性体区域的特征尺寸约为 200 $\mu m$,相当于 15 GHz 的 $0.01\alpha$。因此,在 18 GHz 处 $SE_R$ 迅速下降。$SE_A$ 随频率的增加是由于 LM 趋肤深度的持续减小而引起的,例如,在高频下,LM 的趋肤深度从 2.65 GHz 的 5.4 $\mu m$ 降至 10 GHz 的 2.7 $\mu m$ 和 40 GHz 的 1.3 $\mu m$。

总之,三维电磁屏蔽材料具有类似金属的电磁屏蔽性能,奇特的应变增强的电导率,出色的可拉伸性,可进一步填补柔性可拉伸电子产品电磁屏蔽领域的空白。

## 7.4.3　吸波材料

在解决电磁辐射问题时,屏蔽材料与吸波材料的研发一直是一对紧密捆绑的课题。吸波材料,通常是指能够吸收或者大幅减弱投射到它表面的电磁波能量,从而减少电磁波的干扰的一类材料,在隐身技术、电磁兼容等领域都有重要应用。下面介绍关于液态金属吸波材料领域的进展。

通常来讲,高导电性的非磁性金属材料无法在吸波领域施展拳脚。但是近些年纳米材料和复合材料的发展拓展了吸波材料的可行范围。因此,除了碳纳米管、碳纤维、石墨烯等导电性相对较差的碳系材料,树枝状铁、氧化铁及金属复合材料等也在微波波段内扮演起吸波者的角色。

这些材料也具有之前反复提出的问题,即内部填充颗粒与有机材料之间存在“相”的不匹配。此外,由于固态材料的形状不可变,以固体颗粒为填充物的吸波复合材料的有效响应带无法按预期进行动态调谐。相较固体颗粒而言,液态金属颗粒在柔韧性和可变形性方面具有明显的优势,并且能够解决动态调谐问题。

欧等[49]利用镓铟锡纳米颗粒制备了一种可调节介电常数和磁导率的复合材料(简称镓铟锡吸波材料),表现出了可调节的吸波能力。首先将镓铟锡放置于硫醇溶液中进行超声,以制备纳米级的液态金属颗粒。随后将其置于 PDMS 中进行研磨,完全混合后加入固化剂,在 80 ℃下加热成型。内部镓铟锡颗粒的尺寸介于 100~300 nm 之间。尽管液态金属密度较高,但由于颗粒粒径较小,镓铟锡的纳米颗粒仍旧悬浮在 PDMS 中。当复合材料变形时,镓铟锡颗粒随基底材料变形,其整体的介电常数和磁导率也随之发生变化,最终导致吸波性能发生变化。

当材料厚度为 2 mm 时,镓铟锡吸波材料的反射损耗(R. L.)在 14.8 GHz 时最小,达到了 $-19.3$ dB,同时低于 $-10.0$ dB 的带宽为 9.9 GHz。在 30% 的形变量下,R. L 的峰值为 $-15$ dB,峰值频率移至 9.7 GHz,如图 7-15 所示。初始状态下的反射损耗是最优的。在拉伸状态下,复合材料的反射损耗会略有下降,R. L. 峰也随着拉伸应变的增加而移至较低频率。这是因为随着样品的拉伸,单个粒子相对界面处的电荷之间的距离会随着样品的拉伸而增加,从而导致较小的回复力,最终降低了共振频率。释放后,拉伸后样品的 R. L. 性质几乎恢复到原始状态,这表明镓铟锡吸波材料具有可逆可调的吸波能力。

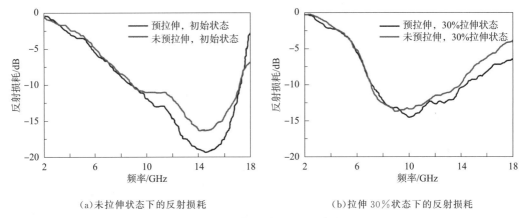

(a)未拉伸状态下的反射损耗　　　　　　　(b)拉伸 30% 状态下的反射损耗

图 7-15　镓铟锡吸波材料的反射损耗

吸收能力的峰值和对应于该峰值的频率随复合材料中镓铟锡颗粒的体积分数而变化。例如,镓铟锡为 20%(体积分数)的复合材料,在 14.8 GHz 的频率上反射损耗为 -19.3 dB,且小于 -10 dB 的带宽范围是 8.2 GHz。相对应的,镓铟锡为 11.1%(体积分数)的复合材料的最大反射损耗,对应的频率和小于 10 dB 的带宽范围分别是 -14.5 dB、8 GHz、5.3 GHz。这表明,适当增强液态金属的含量能够提升电磁吸收的能力。从另一个角度讲,这种方法制备的样品对于吸波性能具有广泛可调性。

根据经典的吸波理论,镓铟锡复合材料的复介电常数和复磁导率是影响吸波性能的重要参数,两个参数的实部和虚部分别与能量存储和能量扩散有关。镓铟锡液滴的尺寸和形状在样品受到作用力时改变,从而导致复合材料整体的介电常数和磁导率发生变化,最终引起吸波性能的变化。

需要指出的是,镓铟锡吸波材料的 R. L. 低于常规材料,例如,银纳米颗粒/碳杂化纳米复合材料(-32.1 dB)、纳米铁和碳纳米管复合材料(-31.5 dB)、多孔碳/Co 纳米复合材料(-40 dB)、层状碳/$TiO_2$ 复合材料(-36 dB)等。但是,镓铟锡复合材料拥有更大的带宽,高达 9.9 GHz,同时,镓铟锡吸波材料只需改变材料形态即可动态调节电磁波的吸收带,这是传统吸波材料所不具备的。

随着人们对电磁材料轻量化和可调谐性能的不断追求,结构可调的多孔金属材料备受业内人士的关注。Gao 等[60]提出液态金属泡沫 4D 柔性电磁屏蔽材料概念,并评估了对应的电磁屏蔽性能。实验表明,发泡前的液态金属泡沫吸收屏蔽几乎为零,但由于其具有较高的电导率($1.55 \times 10^6$ S/m),在整个 X 波段电磁波(8~12 GHz)总屏蔽效能均大于 68 dB;对于发泡厚度为 5 mm 液态金属泡沫,由于其孔隙结构导致电导率变为 $3.18×10^5$ S/m,此时,液态金属泡沫在整个 X 波段的屏蔽效能均超过了 65 dB,表现出吸收和反射协同的屏蔽机制。随着发泡过程的进行,液态金属泡沫在特定频段逐渐表现出以吸收为主的屏蔽机制。在 9~10 GHz 频段,液态金属泡沫最大电磁波吸收率由 14.49% 增加至 73.59%(见图 7-16)。究其原因,多孔结构为电磁波的多重反射和散射提供了丰富的非均相界面,有效提高了材料对电磁波的损耗。该研究为液态金属多孔材料在柔性可调谐电磁屏蔽领域的应用提供了物质基础。

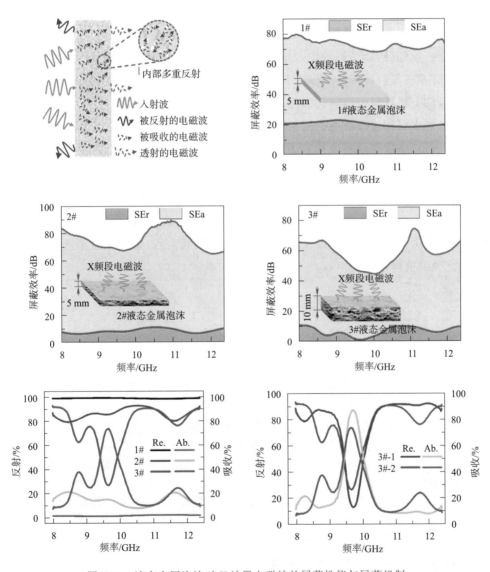

图 7-16　液态金属泡沫对 X 波段电磁波的屏蔽性能与屏蔽机制

本章以液态金属材料为核心,分别论述了镓基材料、铋基材料和液态金属基复合材料在电磁屏蔽领域的应用。由于镓及其合金材料在室温下通常为液态,因此,更适用于特殊要求的屏蔽,如旋转工况、屏蔽织物等方面。正如笔者所在实验室早期关于防 X 射线辐射的可拉伸性液态金属屏蔽薄膜的探索表明[61],这样的柔性和可穿戴性技术尤其在医疗行业非常有用,值得在实践中普及。此外,由于镓及其合金具有很多不同于常规金属的性质,如可变形、相变膨胀等,镓基金属的复合屏蔽材料也衍生出许多奇特的应用,如低温增强的屏蔽材料、拉伸增强的屏蔽材料、可调节吸波材料等。铋及其合金在微波波段电磁屏蔽领域的应用较少,更多的研究集中于氧化铋的复合材料对于 X 射线和伽马射线的屏蔽防护。最后,有几点需要特别指出:

第一,前面介绍的电磁屏蔽材料的制备方法大多具有普适性。例如,搅拌方法不仅适用于镓铟镍涂料,镓铟硅、镓铟铜等混合涂料也可以用相同的方法制备,且屏蔽效率优异。虽然 7.3 节中介绍的复合屏蔽材料多以 PDMS 为基底材料,但是,可以预见的是,大多数情况下,其他类型的有机材料也能够起到相同的作用。

第二,虽然本章始终以液态金属材料为核心来行文,但作为读者,尤其是液态金属屏蔽领域的研究人员,应该把相当的注意力集中在屏蔽理论上。本章中一直都在用经典的屏蔽理论来解释液态金属基屏蔽材料的屏蔽机理,且理论和实验数据取得了不错的吻合,但是,液态金属屏蔽材料能否完美地补充进当前的屏蔽理论体系,仍旧没有定论。高电导率是保证高屏蔽效率的表层原因,固体材料与液体金属对于电磁波的响应是否在更深层次上存在不同,并没有定论。而这或许就是挑战当前屏蔽理论的切入点,也许是除了液态金属材料在工程应用之外最值得挖掘的地方。

## 参考文献

[1] 黄嘉斌,万频,王永华,等.涡旋电磁波在无线通信中应用的研究进展[J].移动通信,2013,37(20):5.

[2] 陶海军,张一鸣,任喜国.海洋电磁探测发射机可控源电路小信号建模[J].北京工业大学学报,2016,42:684-690.

[3] 谢晓莉.基于 FDTD 的刚性路面脱空探地雷达电磁波数值模拟[D].郑州:郑州大学,2011.

[4] 董旭.医用 X 射线数字摄影(CR/DR)系统检测方法的研究和评定[J].中国医学装备,2010,7:8-11.

[5] 王继先.我国医用诊断 X 射线工作者 1950 年—1990 年间恶性肿瘤危险分析[J].中华放射医学与防护杂志,1998,18:113-117.

[6] SHAHZAD F, ALHABEB M, HATTER C B, et al. Electromagnetic interference shielding with 2D transition metal carbides (MXenes)[J]. Science, 2016,353:1137.

[7] GONZÁLEZ M, POZUELO J, BASELGA J. Electromagnetic shielding materials in GHz range[J]. The Chemical Record, 2018,18:1000-1009.

[8] 邱扬,宋博.一种宽带高屏蔽效能电磁屏蔽门的结构及其设计方法:CN201010621717.X[P].2012-07-11.

[9] 刘际伟,高晓敏,刘金诚.导电石墨/丙烯酸系电磁屏蔽涂料的研制[J].涂料工业,1998,28(10):3.

[10] 李哲男，董星龙，王威娜. 铜系导电涂料中纳米铜粉抗氧化问题的研究[J]. 四川大学学报：自然科学版，2005(S1):5.

[11] 刘斌，董仕晋.一种具有电磁屏蔽性能的旋转结构:CN201822019806.1[P]. 2020-06-09.

[12] GUO J，CHENG J，TAN H，et al. Ga-based liquid metal：a novel current-carrying lubricant[J]. Tribology International，2019,135:457-462.

[13] ZHANG J，YAO Y，SHENG L，et al. Self-fueled biomimetic liquid metal mollusk[J]. Advanced Materials，2015,27:2648-2655.

[14] CHANG H，GUO R，SUN Z，et al. Directwriting and repairable paper flexible electronics using nickel-liquid metal ink[J]. Advanced Materials Interfaces，2018,5:1800571.

[15] GUO R，WANG H，SUN X，et al. Semiliquidmetal enabled highly conductive wearable electronics for smart fabrics[J]. ACS Applied Materials & Interfaces，2019,11:30019-30027.

[16] GUO R，SUN X，YUAN B，et al. Magneticliquid metal (Fe-EGaIn) based multifunctional electronics for remote self-healing materials，degradable electronics，and thermal transfer printing[J]. Advanced Science，2019,6:1901478.

[17] GUO R，WANG X，YU W，et al. A highly conductive and stretchable wearable liquid metal electronic skin for long-term conformable health monitoring[J]. Science China Technological Sciences，2018，61:1031-1037.

[18] GUO R，SUN X，YAO S，et al. Semi-liquid-metal-(Ni-EGaIn)-based ultraconformable electronic tattoo[J]. Advanced Materials Technologies，2019,4:1900183.

[19] ZHANG M，ZHANG P，WANG Q，et al. Stretchable liquid metal electromagnetic interference shielding coating materials with superior effectiveness[J]. Journal of Materials Chemistry C，2019,7:10331-10337.

[20] CHANG H，ZHANG P，GUO R，et al. Recoverableliquid metal paste with reversible rheological characteristic for electronics printing[J]. ACS Applied Materials & Interfaces，2020,10:1021/acsami.9b20430.

[21] 毛淑才，葛建芳，尹国强. 电磁屏蔽涂料的发展现状及趋势[J]. 广东化工，2007,34(7):3.

[22] 姚丽.电磁屏蔽服屏蔽效能测试方法的研究[D]. 郑州:中原工学院，2013.

[23] 郭堃.镀银纤维的结构性能及其表征体系研究[D]. 青岛:青岛大学,2015.

[24] 董仕晋，于洋，曹宇.一种屏蔽织物及其制备方法:CN201810802118[P]. 2018-12-07.

[25] 刘志鹏，蔡英茂.γ射线探伤无损检测的现场辐射环境管理[J]. 环境与发展，2006,18:23-24.

[26] 苏成海，法逸华，许玉杰，等.低剂量率γ射线杀伤肿瘤细胞机制的实验研究[J]，核技术,2006,29:362-367.

[27] 姜秉成.低剂量微波辐射诱导的γ射线致小鼠遗传损伤的适应性反应研究[D]. 苏州:苏州大学,2013.

[28] LEE C M，LEE Y H，LEE K J. Cracking effect on gamma-ray shielding performance in concrete structure[J]. Progress in Nuclear Energy，2007,49:303-312.

[29] KAUR K，SINGH K J，ANAND V. Structural properties of $Bi_2O_3$-$B_2O_3$-$SiO_2$-$Na_2O$ glasses for gamma-ray shielding applications[J]. Radiation Physics and Chemistry，2016,120:63-72.

[30] SINGH N，SINGH K J，SINGH K，et al. Comparative study of lead borate and bismuth lead borate glass systems as gamma-radiation shielding materials[J]. Nuclear Instruments & Methods in Physics Research Section B-Beam Interactions with Materials and Atoms，2004,225:305-309.

[31] KAUR P，SINGH K J，THAKUR S，et al. Investigation of bismuth borate glass system modified

with barium for structural and gamma-ray shielding properties[J]. Spectrochimica Acta Part a-Molecular and Biomolecular Spectroscopy, 2019,206:367-377.

[32] ALATAWI A, ALSHARARI A M, ISSAA S A M, et al. Improvement of mechanical properties and radiation shielding performance of AlBiBO$_3$ glasses using yttria: an experimental investigation[J]. Ceramics International, 2020,46:3534-3542.

[33] AMBIKA M R, NAGAIAH N, HARISH V, et al. Preparation and characterisation of Isophthalic-Bi$_2$O$_3$ polymer composite gamma radiation shields[J]. Radiation Physics and Chemistry, 2017,130:351-358.

[34] SAMIR A, EL-NASHAR D E, ASHOUR A H, et al. Polyvinyl chloride/styrene butadiene rubber polymeric blend filled with bismuth subcarbonate (BiO)$_2$CO$_3$ as a shielding material for gamma rays[J]. Polymer Composites, 2020,41:535-543.

[35] SUMAN S K, MONDAL R K, KUMAR J, et al. Development of highly radiopaque flexible polymer composites for X-ray imaging applications and copolymer architecture-morphology-property correlations[J]. European Polymer Journal, 2017,95:41-55.

[36] WANG W, WEI Z, SANG L, et al. Development of X-ray opaque poly(lactic acid) end-capped by triiodobenzoic acid towards non-invasive micro-CT imaging biodegradable embolic microspheres[J]. European Polymer Journal, 2018,108:337-347.

[37] BOTELHO M Z, KÜNZEL R, OKUNO E, et al. X-ray transmission through nanostructured and microstructured CuO materials[J]. Applied Radiation and Isotopes, 2011,69:527-530.

[38] NAMBIAR S, OSEI E K, YEOW J T W. Polymer nanocomposite-based shielding against diagnostic X-rays[J]. Journal of Applied Polymer Science, 2013,127:4939-4946.

[39] LOPRESTI M, ALBERTO G, CANTAMESSA S, et al. Lightweight, easy formable and non-toxic polymer-based composites for hard X-ray shielding: a theoretical and experimental study[J]. International Journal of Molecular Sciences, 2020,21:833.

[40] MUTHAMMA M V, BUBBLY S G, GUDENNAVAR S B, et al. Poly(vinyl alcohol)-bismuth oxide composites for X-ray and γ-ray shielding applications[J]. Journal of Applied Polymer Science, 2019,136:47949.

[41] BADAWY S M, EL-LATIF A A A. Synthesis and characterizations of magnetite nanocomposite films for radiation shielding[J]. Polymer Composites, 2017,38:974-980.

[42] MICHELI D, PASTORE R, DELFINI A, et al. Electromagnetic characterization of advanced nanostructured materials and multilayer design optimization for metrological and low radar observability applications[J]. Acta Astronautica, 2017,134:33-40.

[43] RESHI H A, SINGH A P, PILLAI S, et al. X-band frequency response and electromagnetic interference shielding in multiferroic BiFeO$_3$ nanomaterials[J]. Applied Physics Letters, 2016, 109(14):624.

[44] 李勇. Zr基块体金属玻璃的低温物理性能和超导电性[D]. 重庆:重庆大学,2004.

[45] SHI X, AGHDAM M K H, ANSARI R. Effect of aluminum carbide interphase on the thermomechanical behavior of carbon nanotube/aluminum nanocomposites[J]. Proceedings of the Institution of Mechanical Engineers, Part L: Journal of Materials: Design and Applications, 2019,233:1843-1853.

[46] HUANG R, LIU Y, FAN W, et al. Giantnegative thermal expansion in NaZn$_{13}$-type La(Fe, Si,

Co)13 compounds[J]. Journal of the American Chemical Society，2013，135：11469-11472.

[47] ZHENG X G，KUBOZONO H，YAMADA H，et al. Giant negative thermal expansion in magnetic nanocrystals[J]. Nature Nanotechnology，2008，3：724-726.

[48] WANG H，YAO Y，HE Z，et al. Ahighly stretchable liquid metal polymer as reversible transitional insulator and conductor[J]. Advanced Materials，2019，31：1901337.

[49] OU M，LIU H Q，CHEN X C，et al. Tunable electromagnetic wave-absorbing capability achieved in liquid-metal-based nanocomposite[J]. Applied Physics Express，2019，12：045005.

[50] XU W，SU X，JIAO Y. Continuum percolation of congruent overlapping spherocylinders[J]. Phys. Rev. E，2016，94：032122.

[51] ZHANG M，ZHANG P，ZHANG C，et al. Porous and anisotropic liquid metal composites with tunable reflection ratio for low-temperature electromagnetic interference shielding[J]. Applied Materials Today，2020，19：100612.

[52] MALAKOOTI M H，KAZEM N，YAN J，et al. Liquidmetal supercooling for low-temperature thermoelectric wearables[J]. Advanced Functional Materials，2019，29：1906098.

[53] SUN X，LIU X，SHEN X，et al. Graphene foam/carbon nanotube/poly(dimethyl siloxane) composites for exceptional microwave shielding[J]. Composites Part A：Applied Science and Manufacturing，2016，85：199-206.

[54] LEE J，LIU Y，LIU Y，et al. Ultrahigh electromagnetic interference shielding performance of lightweight，flexible，and highly conductive copper-clad carbon fiber nonwoven fabrics[J]. Journal of Materials Chemistry C，2017，5：7853-7861.

[55] JIA L C，YAN D X，YANG Y，et al. Highstrain tolerant EMI shielding using carbon nanotube network stabilized rubber composite[J]. Advanced Materials Technologies，2017，2：1700078.

[56] JUNG J，LEE H，HA I，et al. Highly stretchable andtransparent electromagnetic interference shielding film based on silver nanowire percolation network for wearable electronics applications[J]. ACS Applied Materials & Interfaces，2017，9：44609-44616.

[57] YUN G，TANG S Y，SUN S，et al. Liquid metal-filled magnetorheological elastomer with positive piezoconductivity[J]. Nature Co mmunications，2019，10：1300.

[58] KAZEM N，BARTLETT M D，Majidi C. Extremetoughening of soft materials with liquid metal[J]. Advanced Materials，2018，30：1706594.

[59] YAO B，HONG W，CHEN T，et al. Highlystretchable polymer composite with strain-enhanced electromagnetic interference shielding effectiveness[J]. Advanced Materials，2020，2：1907499.

[60] GAO J，YE J，CHEN S，et al. Liquid metal foaming via decomposition agents[J]. ACS Appl. Mater. Interfaces，2021，13(14)：17093-17103.

# 第8章 液态金属声学特性

相较于液态金属的流动性以及导电、导热等方面特性而言,液态金属材料在声学问题方面的研究相对较少,但是,其相关的特性和应用也不容忽视,有待于进一步深入研究。为促成此方面的研究和思考,本章旨在针对镓基液态金属的声学特性做一简要介绍,并试图提炼液态金属在声学方面的潜在科学与应用技术问题,以期能对今后液态金属的声学方面的探索提供一定的参考和启发。

## 8.1 液态金属声学概述

从理论上讲,液态金属声学问题与以往液态介质如水、油乃至更多复合材料类同,但由于其自身的常温固液相变特性、金属特性乃至加载磁颗粒后形成的电磁流体特性显然不同于传统介质,因而必然会彰显许多新的理论与技术问题。众所周知,电磁波和声波都是信息传递的媒介,在现代通信领域中的作用不可或缺。声波相较于电磁波,在液体中有较好的传播特性。水声学是近代声学的分支之一。水声学是一门理论与实验相结合的学科,不仅需要建立模型和仿真模拟,也离不开大量实验数据。声呐是在水声学基础上发展出来的水下探测设备,不管在军用上还是在民用上均得到了广泛的应用,如军事上的通信、导航、定位、水雷引爆、鱼雷制导等,民事上的鱼探仪、声波测井、多普勒导航声呐等[1]。显然,与这些业已研究得相对较多的问题相比,液态金属也能找到对应的研发切入点。

近年来,EGaIn(75%镓,25%铟)和 Galinstan(68.5%镓,21.5%铟,10%锡)等镓基共晶合金的微米至纳米微滴,在三维结构建构、可再组装/可拉伸电子学[2]、微流体[3]等领域已引起相当大的关注。室温液态金属在冷却散热、柔性电路、生物医学、电子印刷等领域都有独特优势,除此之外,也涉及复合材料、柔性电池[4]、电化学传感器[5]、催化剂[6]、喷墨打印[7]和纳米药物[8]等方面。这主要是因为液态合金具有许多关键特性,如低熔点、高电导和热导率、大的表面张力、可忽略的蒸气压、低黏度,以及在氧气存在时形成钝化氧化层的能力。此外,与汞相比这些液态金属无毒。镓基液态金属的优良特性使其在可穿戴柔性声学器件中有巨大的发展潜力。

## 8.2 液态金属中的声速理论模型

声音在液态金属中的速度是重要的声学参数,它可用于刻画声音在液体中的传播特性。

现有的实验数据中探究了多种金属半金属液体的实验声速,除少数元素外,大多数金属中的声速随温度升高而降低并且在一定的范围内变化呈线性。

## 8.2.1　胶体模型

通过胶体模型可以计算声速,通过已知的费米能 $E_F$、化学原子键数 $z$ 和原子质量 $m$,可以获得在液态金属中的声速 $c_{BS}$,该模型由 Bohm 和 Staver 提出,即[9]

$$c_{BS} = 8\ 020 \left( \frac{zE_F}{M} \right)^{\frac{1}{2}} \tag{8-1}$$

式中,$z$ 为化学原子键数,其值见表 8-1。表中参数说明如下:$z_T$ 表示有效的化学原子键数;$\gamma$ 表示等压热容和等容热容之比;$E_F$ 表示费米能级;$c_{BS}$ 表示 Bohm 和 Staver 提出的胶体模型中的声速;$c_{BS}^*$ 表示修正的 Bohm & Staver 声速;$c_A$ 表示 Ascarelli 模型中的声速;$c_A^*$ 表示修正的 Ascarelli 声速;$c_m$ 表示熔融状态下的声速。

表 8-1　熔融温度的液态金属的声速测量值 $c_m$ 及各理论模型的计算值

| 金属 | $z$ | $z_T$ | $\gamma$ | $E_F/\text{eV}$ | $c_{BS}/(\text{m}\cdot\text{s}^{-1})$ | $c_{BS}^*/(\text{m}\cdot\text{s}^{-1})$ | $c_A/(\text{m}\cdot\text{s}^{-1})$ | $c_A^*/(\text{m}\cdot\text{s}^{-1})$ | $c_m/(\text{m}\cdot\text{s}^{-1})$ |
|---|---|---|---|---|---|---|---|---|---|
| Li | 1 | 0.76 | 1.12 | 4.75 | 6 634 | 5 502 | 5 128 | 4 892 | 4 535 |
| Na | 1 | 0.73 | 1.09 | 3.38 | 3 075 | 2 500 | 2 451 | 2 335 | 2 509 |
| K | 1 | 0.8 | 1.12 | 2.16 | 1 885 | 1 604 | 1 720 | 1 673 | 1 881 |
| Rb | 1 | 0.83 | 1.12 | 1.96 | 1 215 | 1 053 | 1 183 | 1 156 | 1 242 |
| Cs | 1 | 0.8 | 1.09 | 1.75 | 920 | 783 | 860 | 838 | 956 |
| Be | 2 | 1.34 | 1.54 | 13.55 | 13 907 | 10 830 | 10 928 | 9 988 | 9 111 |
| Mg | 2 | 1.04 | 1.32 | 7.10 | 6 130 | 4 206 | 4 600 | 4 050 | 4 074 |
| Ca | 2 | 1.21 | 1.33 | 3.13 | 3 169 | 2 346 | 4 356 | 3 147 | 2 978 |
| Sr | 2 | 1.13 | 1.19 | 2.99 | 2 095 | 1 498 | 2 061 | 1 947 | 1 901 |
| Ba | 2 | 0.80 | 1.02 | 3.02 | 1 682 | 1 012 | 1 499 | 1 379 | 1 331 |
| Al | 3 | 1.07 | 1.45 | 11.55 | 9 088 | 5 164 | 5 934 | 4 450 | 4 690 |
| Si | 4 | 0.59 | 1.54 | 8.38 | 8 761 | 3 201 | 6 662 | 4 922 | 3 920 |
| Mn | 2 | 1.01 | 1.28 | 7.62 | 4 224 | 2 856 | 3 536 | 3 200 | 3 381 |
| Fe | 3 | 1.21 | 1.57 | 8.60 | 5 451 | 3 294 | 4 287 | 3 896 | 3 973 |
| Co | 3 | 1.28 | 1.49 | 8.55 | 5 291 | 3 288 | 4 555 | 3 687 | 4 048 |
| Ni | 2 | 1.42 | 1.34 | 8.28 | 4 260 | 3 415 | 3 703 | 3 507 | 4 058 |
| Cu | 1 | 1.21 | 1.42 | 8.06 | 2 856 | 2 989 | 3 022 | 3 101 | 3 481 |
| Zn | 2 | 0.98 | 1.25 | 9.18 | 4 250 | 2 830 | 2 736 | 1 563 | 2 849 |
| Ga | 3 | 0.85 | 1.06 | 10.41 | 5 368 | 2 718 | 2 672 | 1 662 | 2 713 |
| Ge | 4 | 0.93 | 1.18 | 8.26 | 5 410 | 2 482 | 3 365 | 2 454 | 2 706 |
| Se | 6 | 1.34 | 1.00 | 7.50 | 4 943 | 2 722 | 2 508 | 1 743 | 1 100 |

续表

| 金属 | $z$ | $z_T$ | $\gamma$ | $E_F/\text{eV}$ | $c_{BS}/(\text{m}\cdot\text{s}^{-1})$ | $c_{BS}^*/(\text{m}\cdot\text{s}^{-1})$ | $c_A/(\text{m}\cdot\text{s}^{-1})$ | $c_A^*/(\text{m}\cdot\text{s}^{-1})$ | $c_m/(\text{m}\cdot\text{s}^{-1})$ |
|---|---|---|---|---|---|---|---|---|---|
| Mo | 6 | 1.42 | 1.45 | 11.36 | 6 760 | 3 616 | 4 804 | 3 610 | 4 665 |
| Ag | 1 | 1.32 | 1.39 | 6.54 | 1 975 | 2 159 | 2 157 | 2 236 | 2 751 |
| Cd | 2 | 1.01 | 1.23 | 7.13 | 2 856 | 1 931 | 1 862 | 1 573 | 2 238 |
| In | 3 | 0.98 | 1.13 | 5.05 | 2 913 | 1 584 | 1 693 | 1 255 | 2 318 |
| Sn | 4 | 1.00 | 1.13 | 7.08 | 3 917 | 1 863 | 1 862 | 1 299 | 2 461 |
| Sb | 5 | 1.07 | 1.14 | 6.48 | 4 137 | 1 821 | 2 409 | 1 654 | 1 910 |
| Te | 6 | 0.82 | 1.03 | 8.00 | 4 919 | 1 730 | 2 509 | 1 181 | 889 |
| La | 3 | 1.28 | 1.23 | 4.28 | 2 438 | 1 515 | 1 958 | 1 731 | 2 022 |
| Ce | 3 | 1.31 | 1.01 | 4.22 | 2 411 | 1 516 | 1 705 | 1 499 | 1 693 |
| Pr | 3 | 1.04 | 1.30 | 6.01 | 2 869 | 1 607 | 2 153 | 1 799 | 1 925 |
| Yb | 2 | 1.18 | 1.10 | 5.01 | 2 364 | 1 410 | 1 672 | 1 431 | 1 274 |
| Ta | 5 | 1.94 | 1.61 | 9.83 | 4 180 | 2 477 | 3 492 | 2 958 | 3 299 |
| W | 6 | 2.08 | 1.68 | 11.50 | 4 913 | 2 753 | 3 957 | 3 219 | 3 278 |
| Pt | 6 | 1.71 | 1.51 | 8.43 | 4 084 | 2 074 | 2 629 | 2 234 | 3 037 |
| Au | 1 | 1.44 | 1.50 | 8.25 | 1 641 | 1 874 | 1 759 | 1 858 | 2 567 |
| Hg | 2 | 0.70 | 1.14 | 8.56 | 2 343 | 1 319 | 1 245 | 858 | 1 466 |
| Tl | 3 | 1.05 | 1.18 | 7.07 | 2 584 | 1 454 | 1 524 | 1 140 | 1 657 |
| Pb | 4 | 1.06 | 1.18 | 5.78 | 2 679 | 1 312 | 1 569 | 1 103 | 1 818 |
| Bi | 3 | 0.96 | 1.15 | 9.28 | 2 927 | 1 575 | 1 989 | 1 141 | 1 640 |

利用单组分等离子体可以合理地模拟过渡态和稀土液态金属,$\Gamma$ 为等离子数,$z_\Gamma$ 为离子体的有效价态,原子的有效价电子数处在其熔融温度,对式(8-1)提出了修正,修正的 Bohm-Staver 表达式为

$$c_{BS}^* = 7\ 630\left(\frac{z_\Gamma E_F}{M}\right)^{\frac{1}{2}} \tag{8-2}$$

由式(8-2)计算得出的声速值 $c_{BS}^*$ 与大量实验测量得到的声速值 $c_m$ 相比,误差在可接受范围内。

### 8.2.2 Ascarelli 模型

Ascarelli 模型运用硬球理论得到声速 $c$ 和费米能 $E_F$、原子质量 $m$、熔融温度 $T_m$、主比热比、聚集率及摩尔体积 $V$ 之间的关系式为

$$c = \{\gamma k_B T/m[(1+2\eta)^2/(1-\eta^4+2zE_F/3k_B T-4k_B T_m A/3k_B T(V_m/V)^{1/3})]\}^{1/2} \tag{8-3}$$

式中,$\gamma$ 为等压热容和等容热容之比;$k_B$ 为玻尔兹曼常数;$\eta=\pi n\lambda^3/6$,$\lambda$ 为硬球模型的直径;$A=10+(2zE_F/5k_B T_m)$。

当金属处在熔融温度时,声速 $c_m$ 的表达式为

$$c_m = \{\gamma k_B T_m / m[27 + 2(2z E_F / 15 k_B T_m)]\}^{1/2} \tag{8-4}$$

同理,通过 Ascarelli 模型计算得到的声速 $c_A$ 以及修正后得到的声速 $c_A^*$ 也汇总在表 8-1 中。

### 8.2.3　硬球模型

运用硬球模型,Rosenfeld 提出声速的表达式为

$$c^2 / (k_B T / m) = [S(\eta)]^2 \tag{8-5}$$

函数 $S(\eta)$ 用 Carnahan-Starling 压缩系数 $p(\eta)$ 及其一阶导数 $p'(\eta)$ 表示为

$$S(\eta) = [p(\eta) + \eta p'(\eta) + (2/3) p(\eta)^2]^{1/2} \tag{8-6}$$

Carnahan-Starling 压缩系数及其一阶导数用硬球聚集率表示,即

$$p(\eta) = (1 + \eta + \eta^2 - \eta^3) / (1 - \eta)^3 \tag{8-7}$$

$$p'(\eta) = \partial p(\eta) / \partial \eta = 2(2 + 2\eta - \eta^2) / (1 - \eta)^4 \tag{8-8}$$

考虑到硬球直径对温度的依赖关系,Yokoyama 修正方程为

$$c^2 / (k_B T / M) = S(\eta)_{new}^2 \tag{8-9}$$

式中,$S(\eta)_{new} = \{p(\eta) + \eta p'(\eta) + (2/3)[p(\eta) + 3\eta p'(\eta)(\partial \ln \lambda / \partial \ln T)_v]^2\}^{1/3}$

温度系数的对数 $(\partial \ln \lambda / \partial \ln T)_v$ 可以从原拓扑结构的经验关系[10]中得到

$$\lambda = 1.12\lambda_m[1 - 0.112(T / T_m)^{1/2}] \tag{8-10}$$

式中,$\lambda_m$ 为金属在熔融温度时的硬球直径。

熔融温度下的硬球直径可由实验结构因素和摩尔体积得到[11],且与之关系密切,即

$$\lambda_m^3 / V_m = (1.484 \pm 0.025) \times 10^{-24} \tag{8-11}$$

式中,$V_m$ 为金属处在熔融温度时的摩尔体积。

学术界[12]用改进的 Rosenfeld 方法研究了液体三维过渡金属中的声速,考虑了电子的影响,即

$$c^2 / (k_B T / M) = (1 / k_B T)[-0.013z/3 - 4(0.916z^{4/3} + 1.8z^2)/9a +$$
$$22.1z^{5/3}/9a^2 + 6B_H/a^6] + S(\eta)_{new}^2 \tag{8-12}$$

式中,$B_H$ 为点离子模型中的电子能,其值由下式确定:

$$B_H = (a_m^7/6)[0.031z/a_m + (0.916z^{4/3} + 1.8z^2)/a_m^2 - 4.42z^{5/3}/a_m^3 - p(\eta)3k_B T_m/a_m]$$

式(8-12)的应用需要知道液态金属的价态,计算和测量的声速在熔化温度下的对比表明,对于碱金属,当考虑电子效应时,声速明显偏大。

## 8.3　液态金属中声波的横向激励

在经典弹性理论中,系统被视为具有宏观弹性常数的连续体,如图 8-1(a)所示。当波长变短,接近原子之间的距离时,系统的微观结构和单个原子对之间的力决定振动模式性质的主要特征,相关的效应也被称为笼效应,如图 8-1(b)所示[13]。

液体中不存在横波,这是因为在液体中,由于原子间相互靠近时存在很强的排斥力,因此纵向声子模常通过超声、光学或非弹性散射实验观测到。然而,由于液体中没有类似于共价玻璃形成材料这样的长程网络,在长距离空间范围内的剪切力非常弱,因此超声或光学测量通常无法探测到反声子模态。先前的实验[14]在液体 Ga 中观察到准弹性峰的肩部有类似于横截面的低能激发的迹象,这可能与短寿命共价键的出现有关,其后期实验证明了在液体 Ga 中横向声子激发模式的存在[15]。原因可能是在太赫兹频率区域,当液体中的原子振动波长接近原子最近邻距离时,情况发生了改变。在纳米尺度上可能存在固相笼效应,产生声波的横向激励。

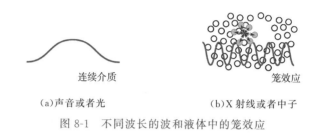

连续介质 笼效应

(a)声音或者光 (b)X 射线或者中子

图 8-1 不同波长的波和液体中的笼效应

# 8.4 液态金属在声学领域的应用

液态金属的声学应用分为两个部分:声波对液态金属的作用及液态金属在声学领域的应用。声波对液态金属的作用包括利用超声波技术监测机械中液态金属流体的状态、声波作用产生大小可控的液滴、超声促进纳米颗粒与液态金属的均匀掺杂、声波作用于液态金属产生涡流从而改善液态金属内部的化学反应和传热过程、声波影响微流道中的电双层等。液态金属尤其是室温液态金属由于材料本身的优点在声学领域的应用得到了部分学者的重视。利用镓基共晶液态金属制作的柔性可穿戴扬声器,打开了液态金属在声学领域应用的新思路,未来,液态金属可望在声学器件领域发挥更大的作用。

## 8.4.1 超声监测液态金属流动

当前,放射性废物管理是核能最重要的问题之一。加速器驱动的裂变反应堆系统将被用于这一目的。长寿命的核裂变产物和少量锕系物将转化为寿命较短的废物,从而减轻核废料库存的负担。在加速器驱动的次临界裂变反应堆系统中,堆芯采用重液金属(HLM)冷却,如铅铋共晶。由于介质的不透明特性,在开发中的反应器设备中使用重液态金属存在需要检查和维护的问题。

与水冷式反应堆不同的是,不可能采用光学方法检查淹没在 HLM 反应堆内部的部件。为解决用液态金属冷却的反应堆的检查问题,比利时核研究中心开发出特殊应用的超声波成像技术[16]。如图 8-2 所示,成像的反应堆内部组件特殊超声波传感器安装在机器人手臂上,该超声成像系统在较为恶劣的条件工作,解决了用液态金属冷却的反应堆的检查问题。

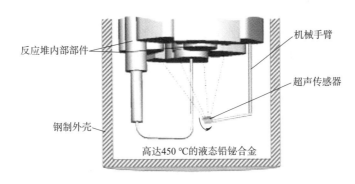

图 8-2　反应堆超声检查系统

## 8.4.2　声波对液态金属的影响

### 1. 片上液态金属微滴

镓基共晶合金的微至纳米微滴在柔性电池、电化学传感器、光催化剂、喷墨打印和纳米药物等领域应用广泛。当前,制备液态金属液滴的方法包括成型法[17]、聚焦法[18]、超声法[19]和片上超声法(见图 8-3)。

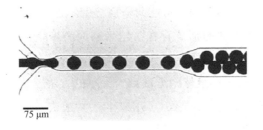

（a）成型法

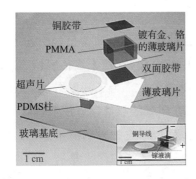

（b）片上超声法

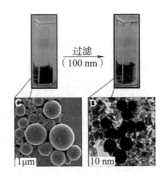

（c）超声法

图 8-3　金属液滴制造方法

(1)成型法:将液态金属注射进圆柱形的模具中,产生液态金属微滴,该方法的优点是简单易操作,但是,它仅限于大直径微滴(≥100 μm)的生产,且耗时长。

(2)聚焦法:采用微流场聚焦装置,可产生单分散液态金属微滴。可以通过改变液体之间的剪切速率或界面张力来控制液态金属微滴的大小。虽然该方法产生液滴的速率明显高于成型法,但产生尺寸小于50 μm的液滴仍然具有挑战性,需要小通道和或高剪切率。但是,较小的微通道或较高的剪切速率会在微通道内引起非常高的压降,导致液滴产生的不稳定性,并可能损害微流体系统。

(3)超声法:在非溶剂中的超声处理是一种制备大量微纳米多分散液滴的简单而快速的方法,这些液滴的直径从不到100 nm到几微米不等。传统上,超声浴或超声探头用于将大块液态金属分解成更小的液滴。然而,这些超声设备体积庞大,因此不可能获得用于微型化芯片上实验室应用的集成系统。

(4)片上超声法:基于声学的微型化和集成的系统,利用电化学或电毛细作用对液态金属施加电势,通过控制金属的界面张力来调节液态金属微滴的大小分布,允许在芯片上生产具有可控大小分布的微米至纳米尺寸的液态金属液滴[20]。该方法一方面避免了产生液态金属液滴的额外运输步骤,以防止污染;另一方面实现了微流控设备的芯片集成。

2. 超声混合

金属基体和非金属纳米粒子复合材料的发展与工业的新应用密切相关,在这种材料的组成中使用纳米颗粒,引入的纳米颗粒可能与金属接触不良。此外,纳米粒子在形成后容易立即凝聚,然后以微尺度聚集体的形式存在。纳米结构的聚集体包含充满空气的微孔和纳米孔。必须利用外部影响,使团聚体能够分解,使颗粒均匀地分布在液体体积上。

超声是一种众所周知的减小液体中分散颗粒大小的方法。该方法通过增加超声波的能量使得在液体中产生"超声空化"的现象,可用来生产微米或者纳米尺寸的基于金属或增强颗粒的复合材料。当粒子被引入液态金属时,采用超声波处理。超声处理的时间越长,达到的效果就越充分。

3. 液态金属电池

随着便携式设备和传感器对能量的需求急剧增加,微能量收集已经引起了人们的兴趣。它通常将给定环境中的现有能量转换为微系统中的电能,它在无线传感器、可穿戴设备、生物医用植入物等各种自供电微系统中得到了广泛的关注。为了开发自供电设备,人们提出了各种基于光、电磁辐射[21]、热梯度[22]和机械振动[23]等的能量收集技术。

在各种能量收集方法中,最有应用前景的是静电法,它把外部能量来源(如机械振动和运动)产生的电荷变化转化为电能[24]。静电能量采集系统的优点是易于集成到微系统中,结构简单,微型化成本低[25]。利用电双层收集静电能量的方法是静电法的一种[26],当利用振动器或传感器作用于金属流道时,振动信号直接作用于电极,而利用声波可以直接作用于液态金属液滴[27],改变电双层的形态,形成电容,涉及机械能转化为电能(见图8-4)。

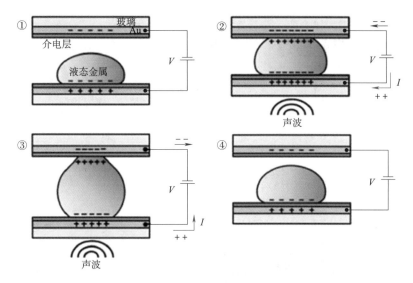

（a）液态金属液滴型电容的工作原理

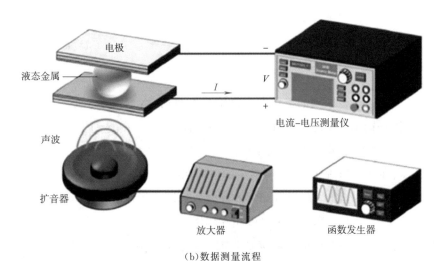

（b）数据测量流程

图 8-4　金属液滴捕获能量

### 8.4.3　基于液态金属的柔性扬声器

随着第四次工业革命的到来,无线互联网实现了无时间和空间限制的媒体接入[28]。在此基础上,人们积极开展软便携和可穿戴声学设备的研究,以取代现有的笨重、刚性的扬声器[29]。然而,由于驱动原理缺乏多样性,柔性声器件的发展也存在一定的局限性,在可变形性、材料和结构的选择等方面存在困难。特别是可连接皮肤的装置容易因皮肤运动而拉伤,因此要求它们在变形条件下具有机械稳定性[30]。

当前,柔性传感器的驱动原理有动力、压电、静电、热声和无磁电化学(见图 8-5)。

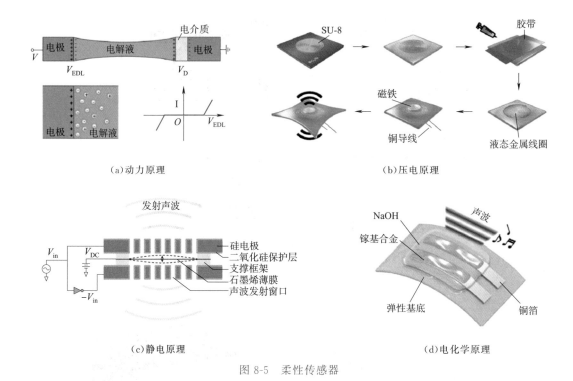

图 8-5　柔性传感器

（1）动力[29]：基于动态原理的扬声器由洛伦兹力驱动，洛伦兹力是通过永磁体与载流音圈之间的电磁相互作用而形成的。动力方法在商用声学设备中得到了广泛的应用，但由于同时使用了刚性磁铁和金属音圈，因此难以应用到可穿戴系统中。

（2）压电[31]：在压电原理中，压电材料中的取向偶极子在电场作用下产生振动。

（3）静电：施加在定子上的高压所产生的静电力也用于扬声器中。

以上三种声音产生方法都是基于电磁相互作用。

（4）热声[32]：这是一种基于热能转换成声波继而实现激振的装置，其振动膜内部充有常规气体、液体甚至是液态金属工质，可以在外界加热下在内部产生热声功的相互转换，从而在振动膜端输出各种频率及振幅的高频信号。

（5）无磁电化学[33]：该方法不需要刚性磁铁提供洛伦兹力，是电化学控制毛细现象（ECC）驱动的，在交流电源的驱动下液态金属的重复振动产生声音，这是因为 ECC 现象可以改变液态金属的界面张力，且该柔性传感器功耗低。

### 8.4.4　溶液中液态金属电极触发的等离子体光声效应

清华大学 Yu 等[34]报道了一种基本现象，即在水溶液中通过静态或喷射液态金属电极，采用低电压下易于触发出发光等离子体，每次可能持续数毫秒，发射光谱的主峰位于蓝色、紫色和紫外线部分，这主要是由镓和铟的等离子体引起的。与此同时，射流过程中还触发出特定波长和频率的声波。此项研究仔细刻画了光谱、电路电流和发射声音等相关参数与等离子体的关系。与铜等固体电极相比,液态金属柔性电极具有在较低电压下触发重复瞬态非热放电等离子体的能力,该效应可用于发展某种光声器件。

图 8-6 描述了实验装置的结构和静态液态金属电极触发光声等离子体的现象。实验中,用作柔性电极的液态金属是 $Ga_{75.5}In_{24.5}$,系熔点为 15 ℃ 的共晶合金。图 8-6(a)为触发光声离子体的试验平台,图 8-6(b)为试验中产生的等离子体图像。在等离子体发生过程中,伴随着声音的产生,频率如图 8-6(c)所示。可以注意到,声谱的峰值相对稀疏,最高峰值位于 5.25 kHz 处。脉冲宽度约为 10 ms,声音信号的能量主要集中在 3~7 kHz 之间。此类简捷形成光声信号的方法值得进一步研究。

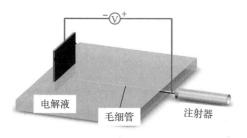

(a)使用静态液态金属电极触发液体中
放电等离子体的试验平台结构

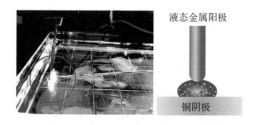

(b)静态液态金属电极触发的等离子体图像

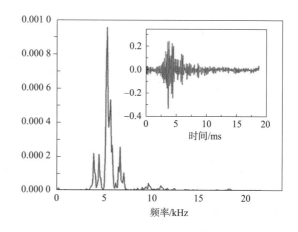

(c)等离子体触发过程中产生爆裂声的声波(红色)
及其频谱(蓝色)

图 8-6　液态金属流体电极触发液体中的光声等离子体

经过多年的研究,液体的声学特性已经有比较系统和成型的理论,但就液态金属这样一种特殊的包含金属特性的液体,其独特的声学特性还有待研究人员进一步发掘。特别是由于具备高导电性和高导热性,液态金属在此场合下声学特性的变化规律当前还未得到深入解析与验证,反过来说,这同时也是该领域未来有机会得到发展的方向。与此同时,液态金属在声学方面的相关应用逐步开始见诸报道,但还远远不够。随着时间的推移,相信业界对液态金属在声学方面的认识和应用在今后会越来越多地涌现。

### 参考文献

[1] AHMED D, OZCELIK A, BOJANALA N, et al. Rotational manipulation of single cells and organisms using acoustic waves[J]. Nat. Commun, 2016,7:11085.

[2] BOLEY J W, WHITE E L, KRAMER R K. Mechanically sintered gallium-indium nanoparticles[J]. Advanced Materials, 2015,27:2355-2360.

[3] 桂林,高猛,叶子,等. 液态金属微流体学[M]. 上海:上海科学技术出版社, 2021.

[4] LIU F, YU Y, WANG L, et al. 3D printing of flexible room-temperature liquid metal battery[J], arXiv, 2017:1802.01655.

[5] YI L, LI J, GUO C, et al. Liquid metal ink enabled rapid prototyping of electrochemical sensor for wireless glucose detection on the platform of mobile phone[J]. ASME Journal of Medical Devices, 2015,9(4):044507.

[6] LIANG S T, WANG H Z, LIU J. Progress, mechanism and application of liquid metal catalysis system: a review[J]. Chemistry-A European Journal, 2018,24:17616-17626.

[7] ZHANG Q, GAO Y X, LIU J. Atomized spraying of liquid metal droplets on desired substrate surfaces as a generalized way for ubiquitous printed electronics[J]. Applied Physics A, 2014,116:1091-1097.

[8] SUN X, YUAN B, WANG H, et al. Nano biomedicine based on liquid metal particles and allied materials[J]. Advanced NanoBiomed Research, 2021:10.1002/anbr.202000086.

[9] AIMOND D P, BLAIRS S. Ultrasonic speed, compressibility, and structurotor of liquid cadmium and indium[J]. Journal of Chemical Thermodynamics, 1980,12:1105-1114.

[10] BERTHOU P E, TOUGAS R. Compressibilitties of liquid Sn-Tl, In-Bi, Sn-In, Bi-Sb, and Bi-Cd-Tl alloys[J]. Metallurgical Transactions, 1972,3:51-56.

[11] BLAIRS S. Velocity of sound in liquid metals at melting temperature[J]. Acta Acustica United with Acustica, 2006,92:490-492.

[12] BLAIRS S, ABBASI M H. Internal oressure approach for the estimation of critical temperatures of liquid metals[J]. Acustica, 1993,79:64-72.

[13] HOSOKAWA S, MUNEJIRI S, INUI M, et al. Transverse excitations in liquid metals[Z]. American Institute of Physics, 2013.

[14] GANESH P, WIDOM M. Signature of nearly icosahedral structures in liquid and supercooled liquid copper[J]. Physical Review B, 2006,74:134205.

[15] GONZALEZ L E, GONZALEZ D J. Structure and dynamics of bulk liquid Ga and the liquid-vapor interface: an ab initio study[J]. Physical Review B, 2008,77:064202.

[16] KAZYS R, MAŽEIKA L, VOLEIŠIS A, et al. Ultrasonic imaging in the liquid metals[J]. Int. J. Appl. Electromagn. Mech., 2007,25:249-256.

[17] HUTTER T, BAUER W A C, ELLIOTT S R, et al. Formation of spherical and non-spherical eutectic gallium-indium liquid-metal microdroplets in microfluidic channels at room temperature[J]. Advanced Functional Materials, 2012,22:2624-2631.

[18] JIN S W, PARK J, HONG S Y, et al. Stretchable loudspeaker using liquid metal microchannel[J]. Scientific Reports, 2015,5:11695.

[19] CHEN S, DING Y, ZHANG Q, et al. Controllable dispersion and reunion of liquid metal droplets[J].

Science China Materials，2019，62(3)：407-415.

[20]　TANG S Y，AYAN B，NAMA N，et al. On-chip production of size-controllable liquid metal microdroplets using acoustic waves[J]. Small，2016，12：3861-3869.

[21]　LIN Z H，CHENG G，LEE S，et al. Harvesting water drop energy by a sequential contact-electrification and electrostatic-induction process[J]. Advanced Materials，2014，26：4690.

[22]　LIU T，SEN P，KIM C J. Characterization of nontoxic liquid-metal alloy galinstan for applications in microdevices[J]. Journal of Microelectromechanical Systems，2012，21：443-450.

[23]　MATIKO J W，GRABHAM N J，BEEBY S P，et al. Review of the application of energy harvesting in buildings[J]. Measurement Science and Technology，2014，25：012002.

[24]　MITCHESON P D，STERKEN T，HE C，et al. Electrostatic microgenerators[J]. Measurement & Control，2008，41：114-119.

[25]　NABAVI S，ZHANG L. Portable wind energy harvesters for low-power applications：a survey[J]. Sensors，2016，16：1101.

[26]　PRIYA S. Advances in energy harvesting using low profile piezoelectric transducers[J]. Journal of Electroceramics，2007，19：167-184.

[27]　JEON J，CHUNG S K，LEE J B，et al. Acoustic wave-driven oxidized liquid metal-based energy harvester[J]. Eur. Phys. J. Appl. Phys，2018，81：20902.

[28]　BOKAIAN A. Natural frequencies of beams under tensile axial loads[J]. Journal of Sound and Vibration，1990，142：481-498.

[29]　CHOE A. Stretchable and wearable colorimetric patches based on thermoresponsive plasmonic micro-gels embedded in a hydrogel film[J]. NPG Asia Materials，2018，10：912-922.

[30]　CHOI C，LEE Y，CHO K W，et al. Wearable and implantable soft bioelectronics using two-dimensional materials[J]. Accounts of Chemical Research，2019，52：73-81.

[31]　JIA D，LIU J，ZHOU Y. Harvesting human kinematical energy based on liquid metal magnetohydro-dynamics[J]. Physics Letters A，2009，373：1305-1309.

[32]　刘静，罗二仓. 一种基于热声转换的微/纳米热声激振器：CN200510008421. X[P]. 2014-01-15.

[33]　JIN S W，JEONG Y R，PARK H，et al. A flexible loudspeaker using the movement of liquid metal induced by electrochemically controlled interfacial tension[J]. Small，2019，15：1905263.

[34]　YU Y，WANG Q，WANG X L，et al. Liquid metal soft electrode triggered discharge plasma in aqueous solution[J]. RSC Advances，2016，6：114773-114778.

# 第9章 液态金属光学特性

通常人们根据金属的颜色和性质等特征,将金属分为黑色金属和有色金属两大类。黑色金属主要指铁、铬、锰及其合金,如钢、铁、铸铁、铬合金等。黑色金属以外的金属称为有色金属,常见的有色金属有金、银、铜、铝、镁等。在众多金属元素中,常见的金属单质或合金通常呈现银白或灰白色,只有少数金属呈现其他颜色,如铜、金等金属及其合金。室温液态金属与大多数的固态金属一样,在液态条件下呈现银白色,在环境温度下,液态金属表面通常情况下会快速氧化生成一层 $1\sim2$ nm 厚度的氧化膜。氧化膜的成分与合金元素成分有关,在液态金属表面会优先形成标准生成吉布斯自由能最低的氧化物。该氧化膜通常情况也呈现银白色,并且十分致密,致密的氧化膜阻止了氧气对室温液态金属进一步的氧化作用[1-3]。液态金属具有与其他金属一样的尺寸效应,当尺寸小到一定程度时,金属会呈现灰黑或者黑色。例如,当镓基液态金属涂抹于固体表面,反复涂抹后,会形成呈黑色的纳米液态颗粒,这是因为入射光经过多次的反射和吸收,最后几乎全部吸收,物体表面呈现黑色状态。液态金属还可与其他材料进行复合,形成液态金属复合材料,复合材料会呈现出不同的光学特性,并在荧光标记、柔性机器、生物传感器等方面具有潜在应用前景。

## 9.1 液态金属的典型光学特性

光是一种电磁波,当光线穿过物质时,能引起物质价电子跃迁或者影响原子的振动,进而消耗能量,也就是光的吸收,光子被物质吸收后,引发能级跃迁。金属对可见光的吸收是由于金属的价电子处于未满带,吸收光子后呈现激发态,不用跃迁到导带就能发生碰撞,金属的颜色是由所吸收反射可见光波导波长决定的。

以镓基液态合金为例。镓是液态金属的主体成分,一般镓的含量大于 $60\%$,掺入铟、锡、锌等合金元素中一种或多种制备而成,在室温下呈现液态。镓的电子轨道结构是核外有 31 个电子(见图 9-1),电子轨道排布为 $1s^2 2s^2 2p^6 3s^2 3p^6 3d^{10} 4s^2 4p^1$。当光线照射到镓基液态金属表面上时,会将镓基液态金属中的金属原子核外自由电子激发跃迁到能带上部的空轨道上,根据能量最低原则,很快电子便跳回到较低能带,并释放光子,释放的大部分光子会进入反射波中,反射的光一般均包含所有可见光波长的射线,所以大部分的液态金属呈现银白色。镓基液态金

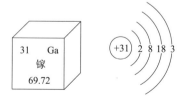

图 9-1 镓的电子结构示意图

属在 400～2 000 nm 对光的反射率超过了 80%,基本上在可见光谱范围内无吸收,因此室温液态金属呈现银白色。

### 9.1.1 液态金属的光致激发效应

室温液态金属蒸气光致激发效应发光已广泛应用于照明领域,典型的就是汞灯和钠灯(见图 9-2)。其工作原理基于放电管内的电子、原子、离子之间的相互碰撞。灯管电流的产生依赖于电子碰撞引起的原子的电离,而原子或分子的激发是特征线光谱或谱带的辐射所必需的过程,连续光谱的辐射主要是由于电子和离子复合的结果。当灯泡启动后,电弧管两端电极之间产生电弧,由于电弧的高温作用使管内的钠汞齐受热蒸发成为汞蒸气和钠蒸气,阴极发射的电子在向阳极运动过程中,撞击放电物质有原子,使其获得能量产生电离激发,然后由激发态回复到稳定态;或由电离态变为激发态,再回到基态无限循环,多余的能量以光辐射的形式释放,便产生了光。钠灯主要应用场合:道路、机场码头、港口、车站、广场、无显色要求的工矿照明等。用做路灯的钠灯,在夜间可产生良好的路面能见度。这种橘黄色的灯光,在雾天的透射力强而且柔和,在这种灯光下的物体可以看得很清楚,所以不少交通要道和人工照明都使用钠气灯来减少汽车的交通事故。

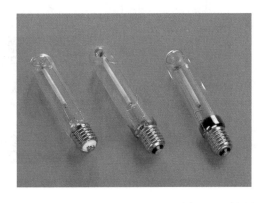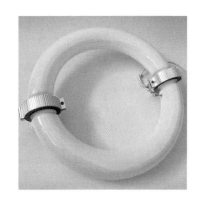

图 9-2　汞灯和无极灯

此外利用电磁感应原理,将高频能量经过耦合后,充入一定量的惰性气体和汞的放电空间,汞原子的激发和电离电位均很低,电子在交变的电磁场作用下,通过与汞原子发生非弹性碰撞,使汞原子被激发到 $63p^1$ 激发态,然后由激发态向稳定态跃迁,从而产生能量为 4.86 eV、波长为 253.7 nm 的紫外光子,紫外光子激发玻璃管壁的荧光物质,即产生可见荧光。无极灯是一种新型的绿色光源,使用寿命长,视觉效果好,具有显著的优越性,在工业照明、道路交通、水下等特殊场合有着显著的实际应用意义。

### 9.1.2 液态金属的镜面光学效应

固体表面由于不同的加工方法呈现出各种粗糙度,固态金属由于氧化和辐射的存在会进一步影响其表面形貌。液态金属由于内部结构无序,在理想条件下,因表面张力作用,液态金属表面会呈现绝对光滑。科学家采用汞制作了大型望远镜,这种反射镜基于汞高的发射系数,通过旋转圆柱腔体内汞形成巨大凹面镜,具有可以通过调整旋转速度来实时聚焦的优点。但这种汞发射镜由于其毒性及旋转灯不稳定因素,限制了其在日常生产生活中的应用。而且,由于氧气的存在,会在液态金属表面形成氧化膜,这会影响镜面效应,当把液态金属加入到 NaOH 溶液后,NaOH 溶液将氧化膜溶解掉。从图 9-3 中可以看出,液态金属表面十分光滑,无任何其他微观特征,并显示出了镜面光学效应。笔者所在实验室采用镓基液态金属,采用喷涂成型技术将液态金属涂覆在柔性透明的 PVC 材料表面,制成柔性反射镜。同样也可以直接将其制作到特定溶液中,进一步提高液态金属表面光洁度。镓基液态金属通过与柔性透明基底紧密结合,形成了一层高反射镜面。这种柔性反射镜具有焦距自调节、可拉伸等特性,在低成本太阳能聚焦发电等工业领域有着巨大的潜在应用前景[4]。

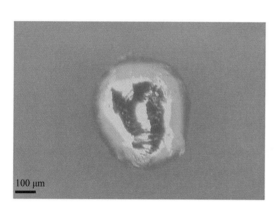

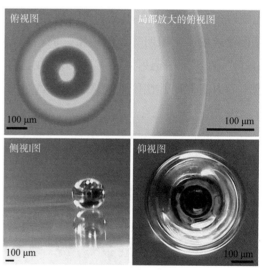

(a)水中液态金属液滴显微成像俯视图      (b)NaOH 溶液中液态金属液滴的光学显微成像

图 9-3 液态金属液滴

此外,利用电化学氧化还原过程调控液态金属氧化膜,可实现散射/反射状态之间动态控制。图 9-4 展示了通过泵送液态金属流体实现表面形状改变的能力。上排显示液态金属的俯视图,下排是对应的侧视图,液体金属利用微流道进行泵送或抽出。i为最大曲率凸形;ii为抽回时的凸形;iii为零曲率平面;iv为抽回时的凹形;v为最大曲率凹形。当施加−1 V的电压时,液态金属是非氧化的,仍固定在圆柱体内壁,因此泵送流体时会出现凸形(i)。当流体收缩时,会改变曲率并增加焦距(ii),流体进一步收缩时,液态金属表面则会形成一个光滑的平面,反射白光(iii),最后形成一个稍微凹形的表面,使反射现象转向(iv~v)。利用泵送流体的推拉方法可以动态控制氧化膜的形成和去除,实现反射和散射表面可以自由控制。而且这种方法可以在环境温度和压力下实现,使用的液态电解质也是中性的和安全的[5]。

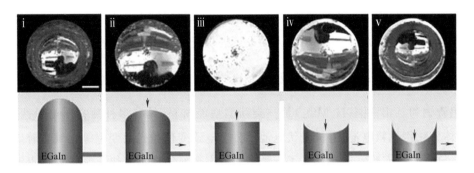

图 9-4　具有不同的曲率非氧化的液态金属表面

## 9.1.3　液态金属的表面变色效应

柔性机器人是一个新兴的领域,从机械学、物理学到生物学已经获得了越来越广泛的关注。具有刚性对应物的传统材料很难实现灵活地转变为多种形态。镓基液态合金具有优异的导热性和导电性,低黏度,良好的流动性和生物相容性,展现出了在外加电场和牺牲金属的刺激下产生变形和运动的能力,在柔性机器人领域被寄予厚望。

镓基合金一直以银白色的金属光泽示人。Hou 等[2]报道了液态金属表面在牺牲金属或电场的刺激下可产生变色现象,使得液态金属具备了类似章鱼等头足纲动物柔软可变形变色的特点。研究表明,镓基液态金属的变色是由于其表面产生了约 100 nm 厚的三氧化二镓介孔薄膜,其色彩来源有干涉和散射两种形式(见图 9-5)。当放置在石墨基底上并与电解质溶液中的铝箔混合时,由于三氧化二镓薄膜的瑞利散射和薄膜-金属界面出现的微纳米空腔,液态金属表面上出现银白色到金色最后到黑暗的颜色变化。而在电场的调节下,薄膜的

图 9-5　室温液态金属变色过程

上下表面光滑,入射光发生薄膜干涉,使得液态金属表面可以出现类彩虹色的分布。此结果为开发具有智能伪装功能的柔性机器人的设计提供了重要思路。

### 9.1.4 液态金属的还原变色效应

氢钨青铜和氢钼青铜($H_xMO_3$)是一类新型功能材料,具有多种独特的电子性能,在光催化、固体氧化物燃料电池、有机光伏电池、储能、电致变色和光致变色等领域有着广泛的应用前景。笔者所在实验室首次证实了一种借助液态金属实现室温快速制备氢钨青铜结构材料的新方法,并揭开了其中的变色效应[6]。

在酸性溶液中,液态金属的电极电位小于 $WO_3$ 的电极电位,因此,$WO_3$ 在酸性溶液中与液态金属表面接触后,自身会迅速发生变色反应,并被还原成氢钨青铜材料($H_xWO_3$)。在具体的制备过程中,$H_xWO_3$ 中 $H^+$ 的含量会随反应溶液中 $H^+$ 浓度、制备温度、制备时间的提高而增加(见图 9-6)。随着 $H^+$ 离子的加入,$WO_3$ 粉末的晶体结构由单斜结构向四方结构和立方结构转变。内中机理在于,注入 $H^+$ 离子占据扭曲的 $WO_3$ 晶格中的间隙位置,并被近似规则的氧原子八面体所包围,$H^+$ 离子于是进入后会偏离中心,并以羟基的形式附着在氧原子上。

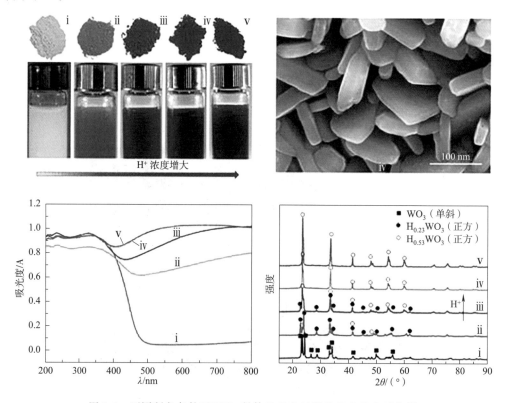

图 9-6 不同制备条件下 $WO_3$ 粉体的变色过程及相应的表征数据

第一性原理计算结果显示(见图 9-7), $H^+$ 离子注入单斜 $WO_3$ 的正空穴,起到导电作用。 $H^+$ 离子插入 $WO_3$ 并在晶格中扩散具有较低的活化能,而插入 $WO_3$ 晶格中的 $H^+$ 增加了费米能级和电荷载流子处的电子密度。随着 $H_xWO_3$ 中 $H^+$ 离子含量的提高,费米能级的态密度逐渐增大,相应的 $H_xWO_3$ 中自由电子浓度增加,导电能力从而逐渐变强。实验和计算表明,通过对制备温度、溶液中 $H^+$ 离子浓度、制备时间的控制,实现了 $H^+$ 离子含量的可控掺入 $H_xMO_3$ 晶格,由此可满足不同领域的应用要求。室温快速制备的 $H_xMO_3$ 可以在仿生伪装、储能、电池、氢离子传感器和电子开关等领域有着显著的潜在应用前景。

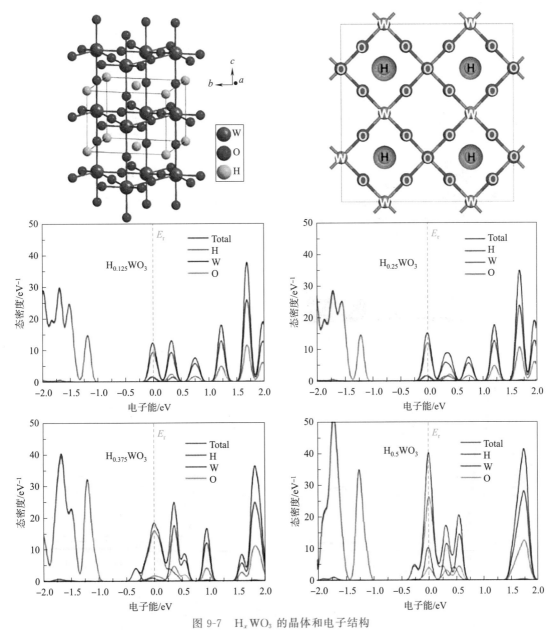

图 9-7　$H_xWO_3$ 的晶体和电子结构

　　流体界面的液致变色可视化在流体显示、可逆书写和环境检测领域具有潜在的应用价值[7]。此外,由于其直观的视觉特性,为现代生活的发展提供了便利。笔者所在实验室报道了一种新型的液致变色的界面可视化效应,该界面效应是由液态金属触发的偏钨酸铵(AMT)溶液实现即时双模颜色切换功能。在酸性溶液环境下,液态金属与偏钨酸铵发生了双电子转移,形成了杂多蓝物质,实现透明无色-蓝色的双模态颜色转换。

　　图 9-8(a)和图 9-8(b)展示了对液态金属诱导的化学变化的电化学性能进行测试的结果。在 $0.5\ mol \cdot L^{-1}$ 的酸性 AMT 水溶液中的循环伏安曲线(三电极法,扫描速度为$80\ mV \cdot s^{-1}$)中可以看出,液态金属的引入引起了 AMT 溶液的氧化峰电势的变化。图 9-8(c)和图 9-8(d)所示为反应前后的 EDS 和 XPS 光谱图。在 EDS 图中可以看出,反应前后粉末中均不存在液态金属的元素(Ga,In)。图 9-9 分别展示了反应前后粉末的 XPS 光谱。杂多蓝的 $W_4f_{7/2}$ 和 $W_4f_{5/2}$ 的结合能分别是 35.75 eV 和 37.88 eV,峰的位置和形状与 $W^{VI}$ 的氧化态相一致。此外,光谱中存在两个较低结合能 $W_4f_{7/2}=35.38$ eV 和 $W_4f_{5/2}=37.55$ eV 的峰位,这与在液态金属表面还原得到的 WV 离子有关,表明了 AMT 被液态金属还原成了杂多蓝。

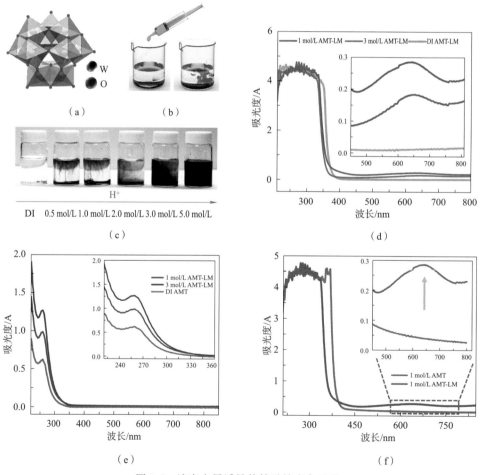

图 9-8　液态金属诱导偏钨酸铵变色过程

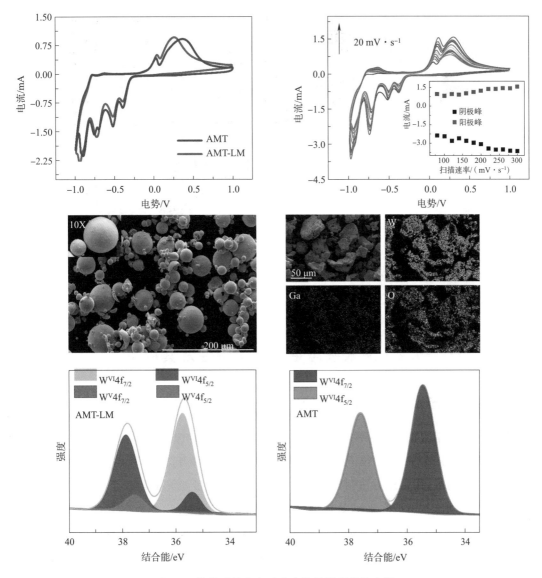

图 9-9　偏钨酸铵变色反应产物的微观结构表征

基于在溶液环境下的可视化界面变色效应,笔者将这种现象应用于液态金属表面的图案化显示(见图 9-10)。同时制备了具有双模态色彩切换功能的可逆书写纸张,可重复书写多次。此外,基于反应过程需要酸触发的反应活性,能够在 pH = 1 至 pH = 0(0.1～1.5 mol/L)的范围内实现酸性环境的可视化,因此可用于酸性环境的传感检测。这种新颖的界面变色现象丰富了液态金属的界面工程,并为液态金属的应用提供了独特视角和广阔平台。

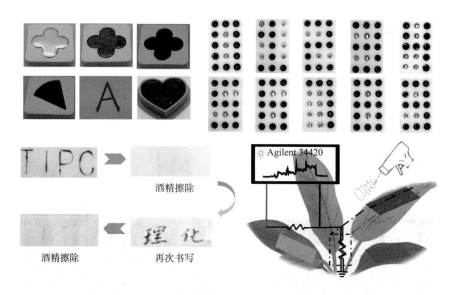

图 9-10　液态金属可视化变色现象的应用场景

## 9.2　纳米液态金属光学特性及其应用

### 9.2.1　纳米液态金属白光发射效应

华南师范大学报道了纳米液态金属 Ga 球具有白光发射现象[8]。图 9-11 为液态 Ga 纳米球形貌表征,球形 Ga 纳米粒子由液体 Ga 核和固体 Ga 核组成的表面等离子体共振在紫外到近红外光谱区,用常规方法制作飞秒激光烧蚀。在飞秒激光的激励下,在放置的 Ga 纳米球中只观察到二次谐波在玻璃基板上。在强烈的对比下,可以产生白光发射。数值结果和实验结果证实了 Fano 共振来源于镜像诱导的磁性辐射之间的干扰,在背散射过程中形成了偶极子模式和间隙等离子体模式 Ga 纳米球的光谱。图 9-12 所示为液态 Ga 纳米球的背散射光谱中的 Fano 共振。可以实现高效的白光发射是通过共振激发磁偶极子共振或 Fano 共振,基于光谱分析,白光发射被识别为热电子带内发光。

显然,液态 Ga 纳米球的制备提供了一个线性和非线性光学器件的理想平台,可用以研究相变对液态 Ga 纳米的球光学性能的影响,合成的核壳结构液态 Ga 纳米球具备高效的白光发射能力,这使得纳米白炽灯的研发成为可能,液态 Ga 纳米球可用于纳米光谱复制、生物成像和有源光子器件的光源。

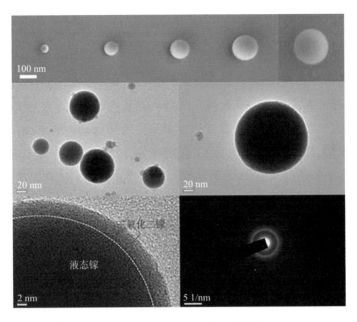

图 9-11　液态 Ga 纳米球形貌表征

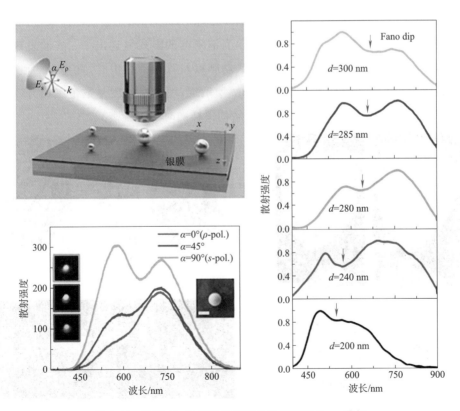

图 9-12　液态 Ga 纳米球的背散射光谱中的 Fano 共振

### 9.2.2 液态金属造影技术

血管网络作为遍布全身的血液循环通道,其尺寸大小、空间分布及走向等对机体代谢、营养和药物的输运至关重要,同时血管自身也面临着诸多病变威胁,无论在健康检测还是疾病诊治中,细微血管的异常生长与变化均是衡量病理状况与疾病发生发展的重要指标。为此,获取高质量的血管图像具有十分重要的医学和生理学意义。早期,由于受技术限制,研究人员大多通过解剖、冷冻切片、染色、数字化重建等方法获得血管分布信息,程序烦琐,且操作过程易于破坏血管结构及走向,导致结果与实际存在偏离。随着影像学的发展,血管造影成为一种重要的成像方法,但无论是常用的碘化合物增敏剂还是当前颇受关注的纳米材料,其血管造影能力仍然有限,尤其对于一些复杂的微细血管,成像质量尚不十分理想,这使得对超高清晰度血管图像的获取长期成为挑战。

针对这一关键问题,笔者所在实验室首次提出并成功证实了有别于传统血管造影方法的液态金属血管造影方法的高效性[9]。研究表明,以镓为代表的一系列合金材料在室温下呈液态,可在不破坏组织结构的情况下灌注到血管网络中,同时其自身拥有的高密度会对 X 射线造成很强的吸收作用,因而在 X 光拍摄或 CT 扫描中,充填有液态金属的血管会与周围组织形成鲜明对比,由此达到优异的成像效果(见图 9-13),而液态金属的流动性和顺应性甚至可以让极细微的毛细血管也能在图像中以高清晰度的方式显现出来。实验发现,当将室温液态金属镓分别灌注到离体猪的心脏冠状动脉以及肾脏动脉中时,重建出的血管网络异常清晰,造影效果远优于临床上常用的碘海醇增敏剂,图像对比度呈数量级提升,揭示的血管细节更加丰富,且造影效果不会如传统增敏剂那样随时间逐步衰减。

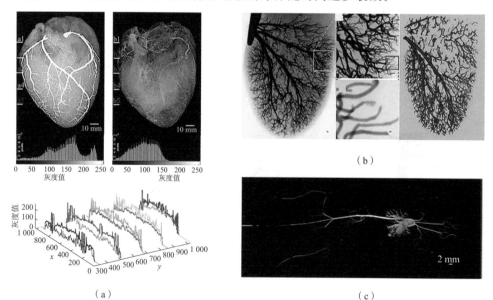

图 9-13　灌注有液态金属镓的猪离体组织血管造影重建图像

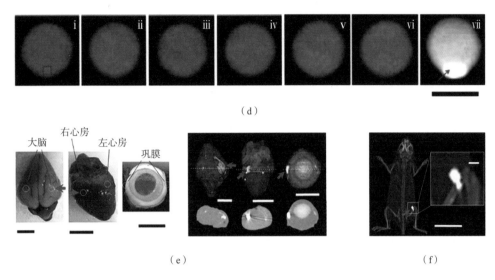

（d）

（e）　　　　　　　　　　　　　　　　　　　　　　　（f）

图 9-13　灌注有液态金属镓的猪离体组织血管造影重建图像（续）

## 9.2.3　Ga 纳米颗粒在光学分析与传感方面的应用

镓的表面会形成很薄的致密氧化层，可以保护液态镓纳米颗粒。其中，金属镓原子具有三个价电子，可以实现由深紫外到红外的表面等离激元（surface plasmon，SP）光谱调控。以往对可见至红外光区 SP 的研究较多，对紫外光区 SP 的研究较少，但紫外 SP 在紫外光电探测增强、紫外本征荧光增强、紫外共振拉曼增强等领域有独特优势[10]。镓纳米颗粒的 SP 可以拓展至深紫外光区。由于镓有着优良的理化性质，在传感器设计与制造方面也有着很好的应用。近几年，研究者对光学传感器的研究日趋完善，并基于光学手段设计改善了多种光学传感器。对镓微纳米颗粒表面等离激元 SP 的应用越来越多，是因为镓纳米颗粒 SP 共振对其表面附近折射率的变化特别敏感，极大地增强了此类传感器的灵敏性，也为生物传感器的研究与开发确立了新的方向[11]。

由于在镓纳米液态金属在紫外光谱条件下存在特有的等离特征，大比表面积的镓纳米颗粒可应用于生物传感领域[12]。由于镓金属易氧化和团聚的特点，得到尺度一致的镓纳米颗粒一直是前沿热点。通过物理蒸发沉积（PVD）技术可以在真空条件下合成得到了尺寸分布在 10～80 nm 的镓纳米颗粒，其中沉积基底选择为氧化铝锌（AZO）。改变沉积参数如镓的浓度、沉积时间或能量等，能够调整镓纳米颗粒的尺寸分布。将合成得到的 Ga 纳米颗粒分散在四氢呋喃（THF）溶液中得到镓纳米颗粒胶体进行紫外/可见光测试（UV/Vis）。Ga 纳米颗粒胶体在紫外区域存在强烈的吸收峰，同时尺寸小于 40 nm 的颗粒的吸收峰与尺寸大小关联（见图 9-14）。这一研究结果使得 Ga 纳米颗粒在生物传感领域有潜在应用。

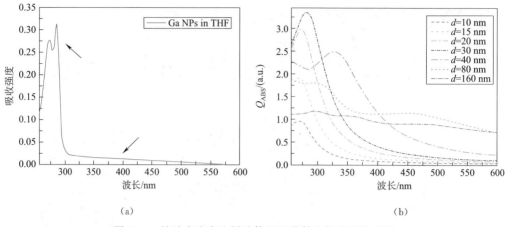

图 9-14　镓纳米液态金属胶体用于紫外生物光学传感器

此外,液态金属纳米颗粒在固液相变光学存储领域也有着很好的应用前景。Hoover 等[13]通过改变温度实现固液相变,从而操纵表面等离激元 SP 光学特性。他们使用简单的模塑方法,通过 Ga 光栅中的固液相变来控制其动态属性。当光在液相中更有效地耦合到 SP 中时,固体和液体相显示出不同的离子特性。在实验过程中,利用 Ga 的过冷,验证了制备液态 Ga 光栅的简单制造方法。这些光栅结构表现出了可逆和可切换的相位依赖的表面等离激元特性。与固态相比,液相表现出更高的 SP 耦合效率和更窄的共振线宽。液相和固相 Ga 等离子体特性的差异源于液态电子带的变宽。通过热诱导固-液相变,可以改变 Ga 光栅的光学性质,利用 Ga 的过冷特性,降低 Ga 的熔点,从而在更宽的温度范围内获得与液相相关的表面等离激元光学性质。

## 9.3　液态金属复合材料光学特性及其光学器件

### 9.3.1　打印彩色液态金属及潜在应用

色彩在新兴印刷电子领域有独特价值[14]。基于液态金属常温下呈液态、导电性强、稳定无毒等优异特性,笔者所在实验室经过长期实践和积累,首创了通过液态合金与金属墨水直接制造出电子电路及终端功能器件的方法,使得液态金属印刷电子学在个性化电子快速制造、皮肤电子、柔性可拉伸电子、可穿戴设备、智能家居及艺术设计等方面都展示出十分广阔的应用前景。

研究团队通过直写式、喷墨或丝网印刷等方法,用纯度为 99.99% 的液态金属 $GaIn_{24.5}$ 合金作为墨水,在 PVC 或纸基上先打印了厚度为 150 $\mu m$ 的电子电路。待该电子电路冷冻固态后,使用喷墨印刷再次打印了 50～80 $\mu m$ 厚度的彩色液态无机物,在两层电路的有效黏附下,使用聚二甲基硅氧烷(PDMS)透明柔性材料进行了封装。分别制备了各类不同长宽比的彩色液态金属电子线圈和电路器件[14]，并测量了其电路的可靠性(见图 9-15)。研究了在不同颜色无机矿物的影响下，该电子电路导电性能的影响，发现电阻值的增加量较微弱(在 1~1.6 Ω 之间波动)。该彩色电路在不同的弯曲角度下电阻值变化较小，可以满足柔性功能电路的要求，并且该电路耐高温测试结果非常良好。

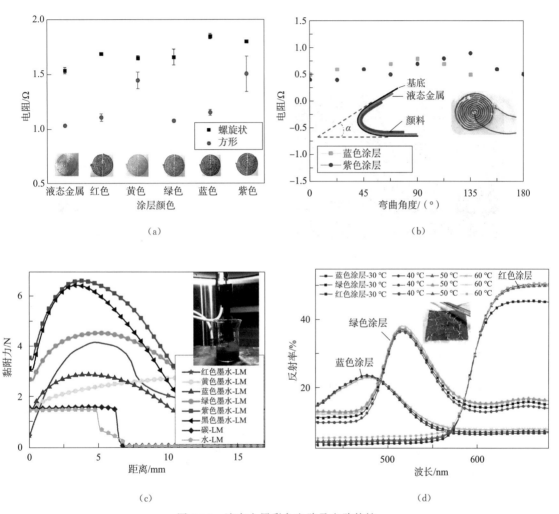

图 9-15　液态金属彩色电路及电路特性

　　笔者所在实验室对彩色无机物在液态金属上的黏附机理进行阐述后，还根据目标电子图案的要求，在柔性的基板上打印了大量彩色的液态金属电子图案(见图 9-16)。该研究方法扩展了传统印刷电子学的技术内涵和应用范畴。彩色液态金属印刷电子学将在艺术设计、电子皮肤、可穿戴设备、智能家居等领域具有非常广泛的应用前景。

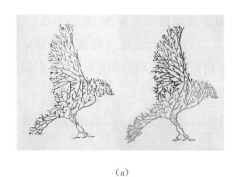
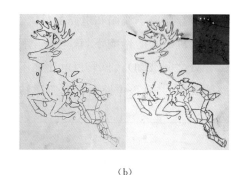

（a）　　　　　　　　　　　　　　　　　　　　　　（b）

（c）

图 9-16　打印的彩色的液态金属电子图案

## 9.3.2　彩色荧光液态金属材料技术

笔者所在实验室首次通过将液态金属包覆微/纳米荧光颗粒，制备了稳定的彩色荧光液态金属，通过不同的制备方法可控制形成不同尺度的荧光液态金属液滴"弹珠"[15]。该荧光金属液滴能对电场响应并自发变成各种形状，不同荧光的液态金属液滴还能有效自身融合、分离；通过电刺激能成功地触发该荧光液态金属液滴不断释放出内部的微/纳米粒子，这些仿生型变色功能可模拟自然界的变色龙。此类荧光液态金属材料有望开辟多项应用领域，比如多功能智能机器、生物仿生材料、荧光生物标记等。

液态金属在空气中能自发氧化形成一层超薄氧化层，从而阻止金属与空气接触继续氧化。该氧化层改变了液态金属的表面张力和润湿性能，其独特的高黏附性能有效地包覆 $WO_3$、$TiO_2$、碳纳米管、半导体或药物等纳米材料，从而赋予液态金属一些独特的电化学、光化学或载药功能。部分金属（如 Al、Cu、Mg、Fe 等）纳米颗粒可直接与液态金属反应形成新的物质，赋予液态金属磁性、自驱动或光热转化等功能。液态金属一般呈现单一的银白色，上述研发的众多功能中大多未涉及其外表的彩色功能。若能通过微颗粒调控改变液态金属的外表，将大大提升其独特性能。

通过在液态金属中可控性地掺入不同荧光的稀土微/纳米颗粒，可以研发出一系列不同荧光色的液态金属（见图 9-17）。将高纯度的液态金属 $GaIn_{24.5}$ 合金和 $0.8 \sim 20\ \mu m$ 尺度的荧光稀土颗粒按一定比例升温混合;通过不同的制备方法控制,形成了 $400\ \mu m \sim 3.5\ cm$ 直径大小的荧光液态金属液滴"弹珠"。液态金属液滴对微/纳米颗粒的负载量约为 $0.6\%$。

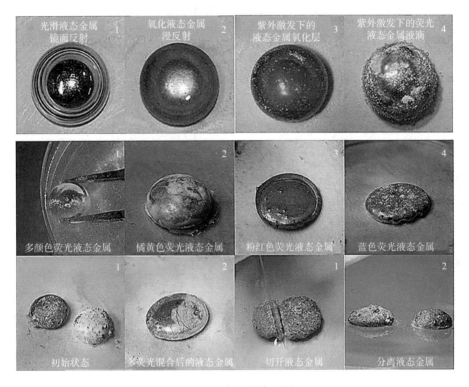

图 9-17　荧光液态金属

在紫外光激发一段时间后,这些金属液滴能在黑暗中稳定的发射各种明亮的紫、绿、橙、蓝色荧光(见图 9-18)。该微/纳米荧光颗粒能在液态金属表面保持稳定,与其表面带褶皱的高黏附性的氧化表皮有关。该荧光金属液滴保持了液态金属原有的优良的电导率、柔性、高导热性等功能和物理化学性质,不同尺度颜色的荧光金属液滴之间还可以不断地产生劈裂、合并、吞噬和自旋运动。在电刺激的作用下,该荧光液态金属的形状和外表颜色均可发生改变,很好地模拟了自然界变色龙的行为。

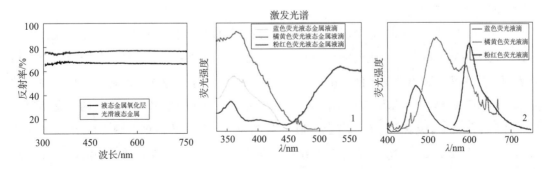

图 9-18　彩色荧光液态金属光谱

研究发现,当把铜电极的阴极插入荧光液态金属液滴时,液滴会持续不断地释放各种颜色的荧光微粒,仿佛"天女散花"一般(见图 9-19)。直至金属内部微粒全部释放,此时裸露金属液滴变为银白色。深入的释放机制与液态金属在不同电解溶液中的电化学反应和表面形成的双电层引发的"马兰戈尼流"有关。此外,电压的改变也可导致荧光金属液滴的表面张力和黏附力发生改变,从而引发荧光微粒的加速释放。通过在不同的酸碱溶液中使用不同电极的刺激,荧光液态金属还可完成一系列的运动、变形、变色等活动。

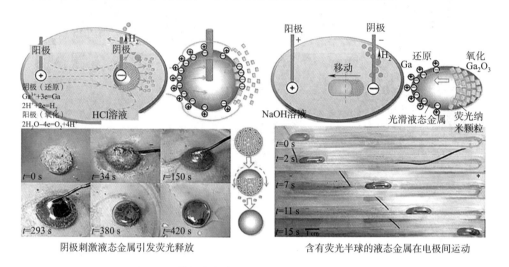

图 9-19　外场刺激条件下荧光液态金属状态变化

### 9.3.3　液态金属复合材料双面光学异性效应

室温液态金属双面异性薄膜的自组装制造步骤如图 9-20 所示。首先,在 95 ℃的温度环境条件下,将聚乙烯醇(PVA)粉末添加到去离子水中并连续加热和搅拌下以获得 PVA溶液。其次,将准备好的液态金属和纳米纤维素溶液依次按比例倒入溶液中。然后,将获得的混合物用超声处理以将液态金属打散成纳米液滴,从而制备出均匀的悬浮液。接下来,将悬浮液倒在 PVC 基板上。经过一定的时间以后,待上部分蒸发后便可以制备出具有两面各异特性的液态金属膜。

利用这种方法制备的液态金属膜很薄,由于两面组成成分含量的不同,因此上表面和下表面呈现出不同的颜色。上表面纳米纤维素和聚乙烯醇的含量占主要成分,呈现出灰黑色;下表面主要由液态金属微纳米液滴组成,呈现出银白色,看起来像光滑的镜子。应该注意的是,即使在液态金属微纳米液滴富集的下表面,因为液态金属微纳米液滴外层的氧化层以及CNC-PVA 的覆盖,所以,薄膜在未经处理时,两个表面都是电绝缘的。图 9-20 所示为液态金属膜的横截面的 SEM 图像,截面显示出明显的分层,并且液态金属微纳米液滴主要堆叠在下层。此外,从图中可以看出,元素 C 和 O(CNC 和 PVA 的主要构成元素)主要分布在上层,而元素 Ga 和 In 主要分布在下层( EGaIn 合金的组成元素),这也表明了液态金属薄膜具有明显分层情况,而造成分层的主要原因是组成成分的差异。根据上述实验结果,可以得到具有分层结构液态金属双面异性薄膜的 3D 示意图。此外,通过在制备过程中调整模板尺寸或悬浮液体积,可以制备更多具有不同厚度(1.05~49 mm)的薄膜。

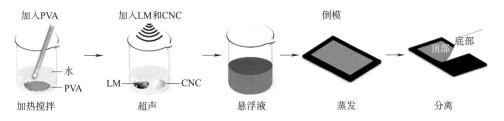

图 9-20　基于液态金属的纳米纤维素及聚乙烯醇复合材料(CNC/PVA-LM)的双面膜的制备[16]

液态金属薄膜的两面由于成分比例的不同还表现出不同的光学特性。对于 380~1 000 nm 范围内波长的光波的反射情况如图 9-21 所示,在纳米纤维素和聚乙烯醇(CNC-PVA)富集的一面,光的相对反射率在 23.0% 以下,而在液态金属(LM)纳米液滴富集的一面,光的相对反射率则高于 49.3%。当用法向入射光照射时,纳米纤维素和聚乙烯醇(CNC-PVA)富集的一面的相对反射率低于 5.4%,而液态金属(LM)纳米液滴富集的一面的相对反射率大于 25.8%。这两种情况都反映出了基于液态金属薄膜的两面光学各异特性,而这两个表面之间反射率的显著差异也可以促进基于液态金属的双面异性薄膜作为光转换开关等光学方面的应用。

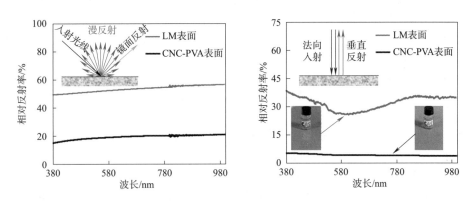

图 9-21　液态金属双面膜的双面光学性质

室温液态金属具备光致激发效应、镜面光学效应、结构色变色效应和还原变色效应等光学性质,在绿色光源、太阳能聚焦发电、变色机器人和新材料制备等领域有着潜在的应用价值;并且室温液态金属具有与其他固态金属一样的尺寸效应,当尺寸小到一定程度时,金属会呈现灰黑或者黑色,并在特定紫外辐射下呈现白光发射效应。由于在镓纳米液态金属在紫外光谱条件下存在的特有的等离特征,大比表面积的镓纳米颗粒还可应用于生物传感器领域,有别于传统血管造影方法的液态金属血管造影方法,具备高效性和微小血管显影特性。利用室温液态金属液态特征,还可与其他荧光材料或高分子材料进行复合,形成液态金属复合材料,复合材料会呈现出不同的光学特性,在光学器件中具有广泛的潜在应用前景。

## 参考文献

[1] GAO Y X, LIU J. Gallium-based thermal interface material with high compliance and wettability[J]. Appl. Phys. A, 2012,107:701-708.

[2] HOU Y, CHANG H, SONG K, et al. Coloration of liquid-metal soft robots: from silver-white to iridescent[J]. ACS Applied Materials Interfaces, 2018,10:41627-41636.

[3] LIN J, LI Q, LIU T Y, et al. Printing of quasi-2D semiconducting beta-$Ga_2O_3$ in constructing electronic devices via room-temperature liquid metal oxide skin[J]. Physics Status Solidi RRL, 2019, 13(9):1900271.

[4] 刘静,熊铭烽,李海燕. 反光镜及其制作工艺:CN201210487405.3[P]. 2014-06-04.

[5] KEISUKE N, HIROAKI Y, KINICHI M, et al. Dynamic control of reflective/diffusive optical surface on EGaIn liquid metal[J]. Optical Materails Express, 2021,11(7):2099-2108.

[6] CUI Y T, LIANG F, JI C, et al. Discoloration effect and one-step synthesis of hydrogen tungsten and molybdenum bronze ($H_xMO_3$) using liquid metal at room temperature[J]. ACS Omega,2019,4:7428-7435.

[7] FU J H, CUI Y T, QIN P, et al. Hydrochromic visualization of keggin-structure triggeredby metallic fluids for liquid display[Z]. Reversible Writing, and Acidic Detection,ID:am-2021-075066. R1.

[8] XIANG J, CHEN J D, JIANG S, et al. Liquid gallium nanospheres emitting white light laser photonics[J]. Rev. , 2019,13:1800214.

[9] WANG Q, YU Y, PAN K, et al. Liquid metal angiography for mega contrast X-ray visualization of vascular network in reconstructing in-vitro organ anatomy[J]. IEEE Transactions on Biomedical Engineering, 2014,61:2161-2166.

[10] CHECHETKA S A, YU Y, ZHEN X, et al. Light-driven liquid metal nanotransformers for biomedical theranostics[J]. Nature Communication, 2017,8:15432.

[11] 席小参. 镓纳米颗粒光学特性模拟和微纳颗粒合成研究[D]. 马鞍山:安徽工业大学,2019.

[12] NUCCIARELLIA F, BRAVOB I, VÁZQUEZC L, et al. Gallium nanoparticles colloids synthesis for UV biO-optical sensors[J]. Process of SPIE, 2017,10231:1023127.

[13] HOOVER W G. Canonical dynamics: equilibrium phase-spacedistributions[J]. Physics Review A Gen Physics, 1985,31(3):1695-1697.

[14] LIANG S T, LIU J. Colorful liquid metal printed electronics[J]. China Technical Science, 2017,60.

[15] LIANG S T, RAO W, SONG K, et al. Fluorescent liquid metal as a transformable biomimetic chameleon[J]. ACS Applied Materials & Interfaces, 2018,10:1589-1596.

[16] ZHANG P, WANG Q, GUO R, et al. Self-assembled ultrathin film of CNC/PVA-liquid metal composite as a multifunctional Janus material[J]. Materials Horizon, 2019,6:1643.

# 第 10 章 液态金属力学特性

液态金属是一类有特殊结构的金属材料,其相态介于气态和固态之间,从结构和性质上来说更接近于固态金属。以镓为例,其汽化潜热是熔化潜热的 45.4 倍,意味着将固体原子完全变为气态所需的能量是将固态原子完全变为液态的 45.4 倍,所以金属熔化对原子间结合键的破坏并不大。液体可以看作由许多原子集团组成,在原子集团内仍保持固体的排列特征,原子间依然保持较强的结合能,而在原子集团之间的结合力则受到很大破坏,这种结构为短程有序、长程无序排列。这样的特征决定了液态金属具有一般液体和固体的双重性质,即液态金属在液态时有一般液体所具有的流动性,可以使用黏度、表面张力、黏附力等参数表征其力学性能,在固态时则可以当作普通的固体金属,具有范性形变,可使用抗压强度、抗拉强度、抗弯模量等参数表征其力学性能。此外,基于液态金属的可变形复合材料可使用拉伸率等参数表征其性能。为了研究液态金属发生各种效应或其实际应用的力学本质,本章论述镓基、铋基、纳米液态金属和液态金属复合材料的力学性能,镓基液态金属的密度、重度、压缩膨胀特性、黏性和表面张力特性,铋基合金的抗压强度、抗弯曲性质、断裂韧性和疲劳性能,纳米液态金属的电润湿现象、介电泳现象等的力学特性,基于液态金属的复合材料的拉伸性能等,最后介绍了基于液态金属的力学器件及性能测试。

## 10.1 镓基液态金属力学特性

### 10.1.1 镓基液态金属的密度和重度

镓基液态金属主要是镓单质、以镓铟合金为代表的二元合金和以镓铟锡为代表的三元合金,室温下为液态,也称室温液态金属。室温液态金属流体具有良好的流动性,可近似采用连续介质模型[1]处理,即宏观流体占据的空间由无数个流体质点(或称体微元)连续无空隙地充满着,其物理量是时间和空间的连续函数,如速度分布为 $v(x, y, z, t)$,压强分布为 $p(x, y, z, t)$,密度分布为 $\rho(x, y, z, t)$。

密度是流体的基本属性,表示单位体积流体的质量。镓基液态金属在室温下可近似看作均匀流体,其密度可表达为

$$\rho = m/V \tag{10-1}$$

镓基液态金属因受地球引力而表现出重力特性,其重力大小采用重度进行表征,即作用

于单位体积流体的重力,表达式为

$$\gamma = \rho g \tag{10-2}$$

式中,$\gamma$ 为重度,$N/m^3$。

三种典型镓基液态金属镓、镓铟合金和镓铟锡合金的熔点、密度和重度见表 10-1。

**表 10-1  典型镓基液态金属的熔点、密度和重度**

| 镓基液态金属 | 熔点/℃ | 密度/($10^3$ kg·cm⁻³) | 重度/(N·m⁻³) |
|---|---|---|---|
| Ga | 29.8[2] | 6.05[3] | 59.29 |
| GaIn$_{24.5}$ | 15.7[4] | 6.3[4] | 61.74 |
| Ga$_{62.5}$In$_{21.5}$Sn$_{16}$ | 10.7 | 6.4[5] | 62.72 |

## 10.1.2  镓基液态金属的压缩膨胀特性

镓基液态金属中主要成分为镓,镓在凝固时,体积会增大 3.2%[6],这种性质与水类似,其原因与镓的晶格结构有关,在常压下温度降低时,首先结晶出 $\alpha$-Ga(图 10-1 中的 Ga-Ⅰ 区),$\alpha$-Ga 为固态镓的稳态结构,继续降低温度时,将依次结晶出 $\gamma$-Ga、$\delta$-Ga、$\varepsilon$-Ga 和 $\gamma$-Ga 等亚稳态结构的镓,在高压的 Ga-Ⅱ 和 Ga-Ⅲ 区,形成 $\beta$-Ga 和 $\gamma$-Ga。常压下镓的五种晶态的晶胞参数和熔点见表 10-2。

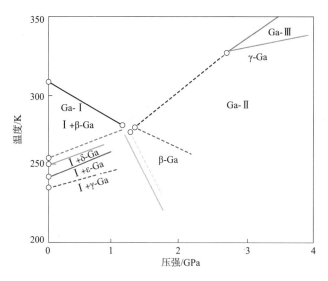

图 10-1  不同温度和压强下镓的状态[6]

表 10-2　常压下镓的五种晶态的晶胞参数和熔点[6]

| 镓的形态 | 晶胞参数/nm | | | 单位晶胞中的原子数 | 熔点/℃ |
| --- | --- | --- | --- | --- | --- |
| | $a$ | $b$ | $c$ | | |
| $\alpha$-Ga | 0.452 | 0.766 | 0.425 | 8 | 29.76 |
| $\beta$-Ga | 0.317 | 0.290 | 0.813 | 4 | 16.3 |
| $\gamma$-Ga | 1.010 | 1.356 | 0.519 | 4 | 35.6 |
| $\delta$-Ga | — | — | — | — | 19.4 |
| $\varepsilon$-Ga | — | — | — | — | 28.6 |

## 10.1.3　镓基液态金属的黏度

流体的流动性用黏度来表征,黏度越大,流动性越差。图 10-2(a)所示为三种镓基液态金属 Ga、$Ga_{75.5}In_{24.5}$、$Ga_{62.5}In_{21.5}Sn_{16}$ 与水的动力黏度对比柱形图,可以看出,三种液态金属中金属镓的黏度最小,表明其流动性最好,其他两种镓基液态金属的黏度是水的 2 倍以上。图 10-2(b)所示为金属镓的动力黏度随温度的变化曲线[7],从中可以看出,镓的黏度随温度上升而降低,降低速度由快变慢,镓在 320 ℃左右时的动力黏度等于水在常温时的黏度。

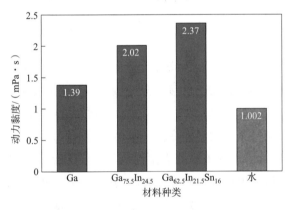

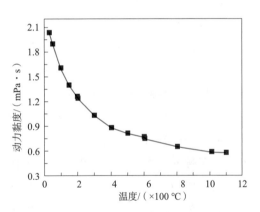

(a)常温常压下典型镓基液态金属和水的动力黏度对比[3,5]　　(b)镓的动力黏度随温度的变化曲线[7]

图 10-2　镓基液态金属的黏度

## 10.1.4　镓基液态金属的表面张力特性

镓基液态金属在常温下以液体形式存在,表面原子位于液气两相交界上,凸液面情况下,原子间距大于平衡位置,因而原子间作用力表现为引力,把液体表面单位长度原子所受到的作用力叫做表面张力,其方向与液体表面相切且垂直于原子排列方向,合力指向液体内部,由于表面张力使液体表面有收缩的趋势,并且液态金属原子间力远大于水分子间作用力,因而少量的液态金属常呈球形。三种典型镓基液态金属和水的表面张力比较见表 10-3。可以看出,这类金属的表面张力比水大一个数量级。

表 10-3　典型镓基液态金属和水的表面张力比较

| 镓基液态金属和水 | 表面张力/(N·m$^{-1}$) |
| --- | --- |
| Ga | 0.72[8] |
| GaIn$_{24.5}$ | 0.624[9] |
| Ga$_{62.5}$In$_{21.5}$Sn$_{16}$ | 0.535[10] |
| 水 | 0.072 |

润湿性是液体在固体表面上铺展的倾向或能力,通常用接触角(contact angle)来衡量润湿性的强弱。接触角指的是气-液-固或液-液-固三相交点处气-液或液-液界面的切线与固-液界面之间的夹角,以符号 $\theta$ 来表示,它的大小表征了液体润湿固体的程度。用 $\gamma_{sg}$ 表示固-气表面张力,$\gamma_{lg}$ 表示液-气表面张力,$\gamma_{sl}$ 表示固-液表面张力,则由力学平衡可知

$$\gamma_{sg} = \gamma_{sl} + \gamma_{lg} \cdot \cos\theta \tag{10-3}$$

$$\cos\theta = (\gamma_{sg} - \gamma_{sl})/\gamma_{lg} \tag{10-4}$$

式(10-3)和式(10-4)称为杨氏方程[11],描述了接触角与界面张力之间的关系,也称润湿方程。$\gamma_{sg} > \gamma_{sl} + \gamma_{lg} \cdot \cos\theta$ 时,固-液界面就扩大,液体对固体的润湿性增强;$\gamma_{sg} < \gamma_{sl} + \gamma_{lg} \cdot \cos\theta$ 时,固-液界面就收缩,液体对固体的润湿性减弱。当 $\theta = 0°$ 时,液体在固体表面完全铺展,称为完全润湿;当 $0° < \theta < 90°$ 时,液体在固体表面部分润湿;当 $90° < \theta < 180°$ 时,液体对固体不润湿;当 $\theta = 180°$ 时,液体对固体完全不润湿。

一般而言,液态金属原子与非金属原子/分子间作用力较液态金属原子-原子作用力低数个量级,因而,液态金属对大多数非金属基底不润湿,这一点与水等极性液体有很大不同。常温下,镓等金属原子易和氧原子成键发生氧化,氧化物被吸附于镓液滴表面,从而降低了镓液滴的表面自由能(或表面张力),使得镓液滴对基底润湿性变好。总体而言,镓液滴对基底的润湿性和黏附力随氧化程度的增加而增强,此外,镓液滴的润湿性也与基底的粗糙度密切相关。图 10-3 所示为 GaIn$_{24.5}$ 液滴与不同基底的接触角测量结果,基底的均方根粗糙度从小到大依次是硅片(1.05 nm)、玻璃(1.09 nm)、聚氯乙烯(3.81 nm)、聚二甲基硅氧烷(22.6 nm)和纸(202 nm),测得的接触角分别为 119.2°、125.7°、111.4°、134.1° 和 136.3°。可见,随着基底粗糙度的增加,镓液滴对基底的接触角大致呈上升趋势,即润湿性变差。除非金属基底之外,对于金属基底,在一项关于 GaIn$_{24.5}$ 和 GaIn$_{21.5}$Sn$_{10}$ 液滴在不同粗糙度的 Si、In、Sn 薄膜上的接触角测量研究中,也得出了和非金属基底相同的结论[12]。

通过增大液态金属表面两侧电势差可有效降低其表面自由能(或表面张力),如果在液态镓或镓合金液滴与绝缘基底之间施加电压,液滴与基底的接触面积将增大,液滴形状发生变化[14,15],高度降低,随着所加电压的增大,接触角变小,润湿性增强,这种现象称为电润湿,其原理示意图如图 10-4(a)所示。传统的研究中,液态金属处于空气或真空中,要改变其形貌施加的外加电场很大。不过,若把液态镓或镓合金放入电解液中时,近年来的突破性发现表明,很小的电压即可对液态金属产生显著的操控行为[16]。这是因为,通过增大液态金属

表面两侧电势差可有效降低其表面自由能（或表面张力），液态金属－电解液界面上沿电场强度方向形成电势差梯度及表面张力梯度，进而沿表面切线方向产生剪切应力，液态金属便在外部流体反作用力下发生变形或运动。液态金属与电解液之间形成双电层，厚度为 $1\sim10$ nm，液态金属一侧带正电荷，电解液一侧带负电荷，在没有外加电压时，双电层上的电荷密度是均匀的；当电极加电时，液态金属和管壁之间的电解质薄层有电流流过，沿 $x$ 轴方向存在电压降，由于液态金属可以看作一个等势体，金属和电解液之间的电势差沿 $x$ 轴变化，右端电势大于左端。根据 Lippmann 方程，沿 $x$ 轴方向的电势差产生表面张力梯度，液态金属左边表面张力大于右边，使其向右运动，这种现象称为连续电润湿，其原理示意图如图 10-4(b) 所示，其实验如图 10-4(c) 所示。

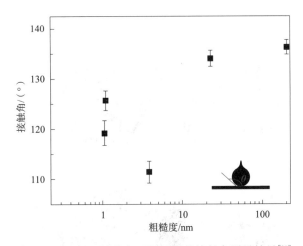

图 10-3　$GaIn_{24.5}$ 液滴与不同基底的接触角测量结果[13]

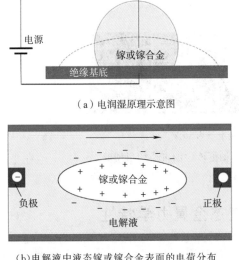

（a）电润湿原理示意图

（b）电解液中液态镓或镓合金表面的电荷分布及加电时的运动方向

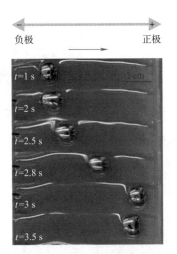

（c）加电时 $GaIn_{24.5}$ 在氢氧化钠溶液中的运动情况

图 10-4　电润湿原理[16]

若引入化学场,则可实现更为复杂的液态金属操控行为[17]。在电润湿现象中,镓或镓合金液滴的形变呈现出一定的特点。图 10-5 显示了 32 ℃时,0.3 mL 的液镓分别在 10 V、20 V、30 V 外加电压下的可逆变形情况在 0.5 mol/L 氢氧化钠溶液中(电极间距为 6 cm,通电时间为 5 s),随着通电时间的增加,液滴上的氧化物迅速增加,距离负极较近的液滴半球先于距离正极近的半球发生变形,变形所呈现的形态是不对称的。当镓液滴表面铺展到一定程度时会呈现花瓣的形状,电压越大,镓的变形程度越大,恢复成球形的时间也越长,说明镓表面氧化物需被溶解的时间也越长。在 30 V 电压下,镓表面的氧化物迅速生成,使镓失去了原有的金属光泽;在 10 V 电压下,没有出现明显的氧化物积累,说明氧化物的生成速度和溶解速度相近,所以只能发生较小的形变。以上实验说明,镓表面氧化物的生成速度和溶解速度的差异引起了镓表面张力的变化,进而使镓液滴产生形变,电压越大,速度差异越大,因而形变也越大[17]。

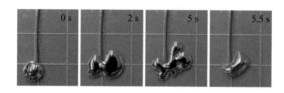

(a)通电电压为 10 V

(b)通电电压为 20 V

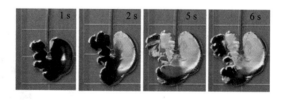

(c)通电电压为 30 V

图 10-5　液镓在氢氧化钠溶液中的可逆变形情况[17]

## 10.2　铋基液态金属力学特性

### 10.2.1　铋基合金简介

铋基合金是一种典型的低熔点合金,熔点通常低于 300 ℃,在工业上的应用一般是利用其低熔点的特性,主要用途是作为感温和热敏材料,常被制成熔丝、熔断器等组件,其抗拉强度为 40 MPa 左右[18]。此外,它还是一类常用的钎焊材料[19,20]。钎焊是焊接方法的一种,为了保护母材在焊接的过程中不被损坏,钎焊材料的熔点要低于母材的金属,铋基合金恰好满足这一要求。在钎焊的过程中,利用高温将钎焊材料熔化,并将已经液态的焊料填充于母材的间隙中,以实现焊件连接的目的。应用该方法能够形成牢固的接头[21]。近年来,铋基合金一些新的用途被开发出来,例如,这类合金可以作为金属墨水用于固态电路打印[22],从而制作电子线路或器件[见图 10-6(a)]。以铋基合金作为 3D 打印墨水,能够简便快捷地制造三维金属结构[见图 10-6(b)][23]。此外,铋基合金可在生物医学中用于制作合金骨水泥[24,25]。图 10-6(c)和图 10-6(d)所示分别为小鼠皮下植入合金样品示意图及 X 光照片,图 10-6(e)所示为骨腔内填充合金骨水泥的 X 光照片,可以清晰地观察到合金骨水泥的植入位置和轮廓形状。与周围密度较大的皮质骨对比,合金骨水泥图像颜色更鲜明,表明合金骨水泥具有较强的成像能力,在放射成像方面表现优异。部分铋基合金的成分、熔点、密度和抗拉强度见表 10-4。

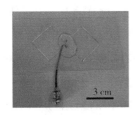

(a)铋基合金为墨水打印的双菱形天线[22]

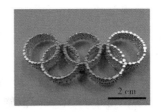

(b)以铋基合金为墨水打印的五环 3D 结构[23]

(c)小鼠皮下植入合金
样品示意图[24]

(d)植入合金的小鼠
X 光照片[24]

(e)骨腔内填充合金骨
水泥的 X 光照片[25]

图 10-6　铋基合金在电路打印、3D 打印和医学中的应用

表 10-4　部分铋基合金的成分、熔点、密度和抗拉强度

| 铋基合金 | 熔点/℃ | 密度/(g·cm⁻³) | 抗拉强度/MPa |
|---|---|---|---|
| $Bi_{44.7}Pb_{22.6}In_{19.1}Sn_{8.3}Cd_{5.3}$ | 47 | 9.16 | 37.2 |
| $Bi_{49}In_{21}Pb_{18}Sn_{12}$ | 58 | 9.01 | 43.4 |

续表

| 铋基合金 | 熔点/℃ | 密度/(g·cm⁻³) | 抗拉强度/MPa |
|---|---|---|---|
| $Bi_{35}In_{48.6}Sn_{16}Zn_{0.4}$ | 58.3 | 7.90 | 20 |
| $Bi_{32.5}In_{51}Sn_{16.5}$ | 60 | 7.88 | 33.4 |
| $Bi_{52}Pb_{30}Sn_{18}$ | 96 | 9.6 | 35.9 |
| $Bi_{58}Sn_{42}$ | 138 | 8.56 | 55.2 |
| Bi | 271 | 9.8 | |

为了解铋基的机械力学性质,接下来阐述 Bi-In-Sn-Zn 在骨水泥中的应用情况。根据丙烯酸类树脂骨水泥国际标准的要求,测试了合金骨水泥的抗压缩和抗弯曲性质;再根据临床实际需求,测定了合金骨水泥的抗断裂能力[24]。除以上短期力学性之外,还对 Bi-In-Sn-Zn 合金的长期表现,即抗疲劳度进行了测试。

### 10.2.2　铋合金抗压强度测定

将常温下固态的铋合金置于电热鼓风干燥箱内加热,加热温度设置为 70 ℃。待合金全部熔化后,用玻璃棒搅拌 10 min,以去除其中的气泡,避免气泡在金属凝固后形成气孔,从而对样品的力学性质测试结果造成影响。根据 ISO 5833[26],抗压缩性能实验样品被加工成圆柱状,具体操作如下:将搅拌后的液态金属缓缓倒入模具中,模具为内径12 mm的管状聚丙烯材料。在室温下,待液态合金自然冷却且完全凝固后,将合金材料脱模,通过机械加工,切割成直径为 12 mm、高度为 15 mm 的圆柱状样品,如图 10-7(a)所示,最终选取三个合格样品进行重复实验。试样置于室温下,稳定 24 h 后进行压缩测试。实验所采用的设备为万能试验机 MTS-SANS CMT500[见图 10-7(b)],十字头速度为 0.5 mm/min。

（a）压缩试验样品

（b）样品加载于万能试验机中

图 10-7　铋合金压缩实验准备[24]

铋合金骨水泥在负载作用下发生形变,样品的高度被逐渐压缩,上下表面直径不变,中间向外凸出,由圆柱体变为圆鼓肚形。在压缩实验中,合金骨水泥负载与形变的关系如图 10-8 所示,随着样品压缩形变量的增加,对应负载不断变大,直到达到合金骨水泥样品的极限,即使形变量继续增加,负载也基本保持在同一水平上,所得曲线与标准中的示意曲线走向、趋势相同。记录负载-形变曲线中最大负载点的数值,用该数值除以样品的横截面积,即为合金骨水泥的抗压强度。

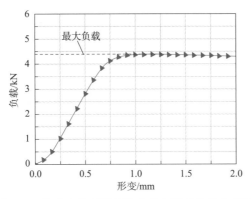

图 10-8 铋合金抗压缩测试负载与形变关系曲线[24]

根据实验曲线得到样品的最大负载,经过计算,三个铋合金样品的抗压强度数据见表 10-5。由三个样品的测试结果,计算抗压强度的平均值和标准偏差,最终得到铋合金骨水泥的抗压强度为(37.6±1.56)MPa。

表 10-5 铋合金样品的抗压强度数据[24]

| 样 品 | 直径/mm | 最大力/kN | 抗压强度/MPa |
|---|---|---|---|
| 样品 1 | 12.04 | 4.386 | 38.4 |
| 样品 2 | 12.00 | 4.365 | 38.6 |
| 样品 3 | 12.03 | 4.062 | 35.8 |

### 10.2.3 铋合金抗弯曲性质测定

铋合金抗弯曲性能测试的样品为长 100 mm、宽 20 mm、高 8 mm 的长方体试条,如图 10-9(a)所示。所得试样在室温下稳定 24 h 后进行试验,重复样品数量为三个。

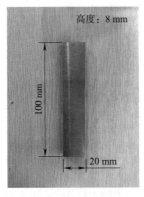

(a)弯曲测试试样      (b)四点弯曲测试方法

图 10-9 铋合金抗弯曲性能测试[24]

采用四点弯曲法对合金样品进行测试。抗弯曲实验采用万能试验机 CMT5000，十字弯头速度为 0.5 mm/min，如图 10-9（b）所示，样品对称地加载到试验机上，在室温下进行测试。

通过弯曲测试，得到负载与位移关系曲线，如图 10-10（a）所示。

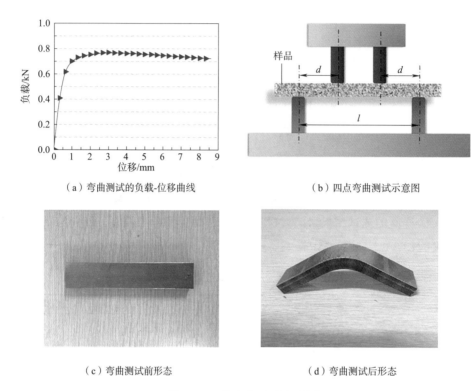

（a）弯曲测试的负载-位移曲线　　　　（b）四点弯曲测试示意图

（c）弯曲测试前形态　　　　　　　（d）弯曲测试后形态

图 10-10　抗弯曲测试结果[24]

由曲线可以确定弯曲过程中的最大负载。根据 ISO 5833 标准[26]计算出合金骨水泥的抗弯曲强度和抗弯曲模量。抗弯强度（$F_{bend}$）的计算公式为

$$F_{bend} = \frac{3Fd}{bh^2} \tag{10-5}$$

抗弯模量（$E_{bend}$）的数值为

$$E_{bend} = \frac{\Delta Fd}{4fbh^3}(3l^2 - 4d^2) \tag{10-6}$$

上两式中，$F$ 为整个弯曲过程中的最大负载，N；$b$ 为合金试条的平均宽度，mm；$h$ 为合金试条的平均厚度，mm；$d$ 为内、外负载点间的距离（20 mm）；$l$ 为外负载点间的距离（60 mm）；$f$ 为负载为线性段上 90 N 和 270 N 时相应挠度之间的差值，mm；$\Delta F$ 即为负载范围（90～270 N 之间）。

将实验参数和根据曲线测得数据带入式（10-5）和式（10-6）中，抗弯曲测试计算结果见表 10-6。铋合金的抗弯强度和抗弯模量分别为（35.31±1.09）MPa 和（6.41±0.81）GPa。

值得注意的是,在弯曲实验中,当一定的力施加于合金样品表面,试条样品会发生严重的形变,却保持不断[见图 10-10(c)和图 10-10(d)],说明这种合金材料具有良好的塑性,不易发生脆性断裂。

**表 10-6　铋合金骨水泥样品抗弯曲测试计算结果[24]**

| 样品 | 最大负载/N | 抗弯强度/MPa | 抗弯模量/GPa |
|------|-----------|-------------|-------------|
| 样品 1 | 769.5 | 36.07 | 5.48 |
| 样品 2 | 764.4 | 35.80 | 6.93 |
| 样品 3 | 726.6 | 34.06 | 6.82 |
| 平均值 | — | 35.31 | 6.41 |
| 标准差 | — | 1.09 | 0.81 |

在丙烯酸骨类树脂骨水泥的国际标准 ISO 5833 中[26],列出了骨水泥的三种力学性质规定值,包括抗压强度、抗弯强度以及抗弯模量。根据上文对合金骨水泥测试得到的相关数据,与丙烯酸树脂骨水泥的规定值进行对比,对比结果见表 10-7。可以发现,除了抗弯模量外,合金骨水泥的抗压缩强度和抗弯强度低于丙烯酸骨水泥标准的规定值。

**表 10-7　铋合金骨水泥力学性质与丙烯酸骨水泥标准对比结果[24]**

| 水泥 | 平均抗压强度/MPa | 抗弯强度/MPa | 抗弯模量/GPa |
|------|----------------|-------------|-------------|
| 丙烯酸类骨水泥 | ≥70 | ≥50 | ≥1.8 |
| Bi-In-Sn-Zn 合金骨水泥 | 37.6 | 35.31 | 6.41 |

丙烯酸类树脂骨水泥是一类常应用于承重骨修复的材料,除此之外,还有一类骨水泥在非承重骨的修复有广泛应用,即磷酸钙骨水泥。它的抗压强度为 30 MPa 左右,该数值大于松质骨而小于皮质骨[27-30]。对比发现,铋合金骨水泥的力学强度与磷酸钙骨水泥相当,因此当前合金骨水泥的力学强度能够满足非承重骨修复的应用。但若要将铋合金骨水泥应用于类似于全关节置换术这样的承重骨修复中,这种合金材料的抗压强度和抗弯强度需要进一步提升。

## 10.2.4　铋合金骨水泥的断裂韧性

断裂韧性是反映材料阻止断裂发生能力的体现[24]。当骨水泥植入骨内,若材料承受超出自身极限的负荷,将会导致断裂出现。断裂的后果是非常严重的,骨水泥断裂后不能发挥应有的力学作用,给周围骨组织带来损坏的风险,危害人体健康,造成经济损失,因此,在应用骨水泥前,需要测量它的断裂韧性,评估其是否能够用于人体力学环境,是否有较强阻止断裂的能力。

为了评估铋合金材料的抗断裂能力,在这里基于 ISO 12737—2005 标准的内容展开测试。根据标准要求,准备三个长方体紧凑拉伸的试样[31],如图 10-11 所示。试样的宽度为 32 mm,厚度和宽度的比值($b/d$)为 0.5[32,33],样品由液态合金骨水泥灌注模具成型,经机械加工得到。采用的测试仪器为 MTS-SANS CMT5000,实验条件为室温,位移速率为 2 mm/min。另外,当样品断裂后,其断面通过扫描电镜观察和分析。

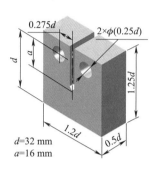

图 10-11　铋合金断裂韧性测试样品[24]

根据所采集的数据,计算断裂韧性的条件值 $K_Q$[31],即

$$K_Q = \frac{F_Q}{bd^{1/2}} f\left(\frac{a}{d}\right) \tag{10-7}$$

式中,$F_Q$ 为外加负载,kN;$b$ 为试样的宽度,cm;$d$ 为试样的厚度,cm;$a$ 为裂纹长度,cm;$f\left(\frac{a}{d}\right)$ 为几何因子,由下式确定:

$$f\left(\frac{a}{d}\right) = \left(2 + \frac{a}{d}\right) \frac{0.866 + 4.64\left(\frac{a}{d}\right) - 13.32\left(\frac{a}{d}\right)^2 + 14.72\left(\frac{a}{d}\right)^3 - 5.6\left(\frac{a}{d}\right)^4}{\left(1 - \frac{a}{d}\right)^{3/2}}$$

将试样参数和实验测量值代入上式,对三个样品计算得到的断裂韧性条件值取均值,并计算标准差,得到 $K_Q$ 的值为 $(4.85 \pm 0.05)$ MPa·m$^{1/2}$。根据标准,若 $F_{max}/F_Q$ 的比值大于 1.1($F_{max}$ 为最大负载),则该实验不是有效的平面应变断裂韧性($K_{IC}$)实验。合金骨水泥在该尺寸下,这一比值大于 1.1,计算所得的 $K_Q$ 不是有效的 $K_{IC}$。一般来说,$K_{IC}$ 是评估材料抗断裂能力的标准,只与材料的成分和结构有关,$K_Q$ 则是一种与材料厚度有关,表明平面应力断裂韧性的参数。另外,断裂测试后,样品断裂为两部分[见图 10-12(a)],并且在断裂面附近,样品变形明显[见图 10-12(b)],与抗弯曲测试中合金材料发生严重形变的情况一致,结合通过扫描电镜观察合金断面[见图 10-12(c)和图 10-12(d)],可以发现合金骨水泥材料的断裂面有很多韧窝,因此可以推断出,合金骨水泥是一种塑性材料。对于塑性材料来说,要测出它的断裂韧性,需要试验样品的尺寸足够大,即使制得了这样的试样,也没有合适的设备对其进行实验。虽然本实验无法得到合金骨水泥 $K_{IC}$ 的数据,但是,在相同宽度和测试条件下,基于计算得到的断裂韧性条件值 $K_Q$,仍可以将合金骨水泥与丙烯酸骨水泥的抗断裂

性对比,丙烯酸骨水泥的断裂韧性约为 2 MPa·m$^{1/2}$[33],与合金骨水泥的断裂韧性数值在同一数量级,证明在相同的条件下,合金骨水泥同样具有较强的抗断裂能力。未来还应寻找其他多种方法进一步测试铋合金的断裂韧性。

(a)断裂测试后试样断裂成两部分　　　　　　　　(b)试样断裂面照片

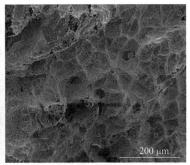

(c)放大 100 倍　　　　　　　　　　　　(d)放大 500 倍

图 10-12　铋合金断裂韧性测试结果[24]

## 10.2.5　铋合金疲劳性能评估

疲劳是指在一定大小负载的反复作用下,材料内部会产生疲劳裂纹,并不断地发展导致断裂的现象。骨水泥植入体内后既要在体内要承受负重,还要求能够长期发挥作用。评估疲劳特性,有利于预测材料的使用寿命,为临床后续治疗提供依据,因此,除了上节测试的短期力学性质外,还应对合金骨水泥的长期力学表现进行测试。

疲劳测试中所用的铋合金骨水泥试样为哑铃形[34,35],具体形状和尺寸如图 10-13(a)所示。样品两端的螺纹用于配合夹具,夹具被固定在试验机上,如图 10-13(b)所示。测试采用的仪器为台式材料试验机,最大荷载为 25 kN。每个样本都经过单轴等幅可逆的拉压疲劳测试,施加的力为正弦波形式,负载频率为 5 Hz。有研究表明,骨水泥关节成形术中的骨水泥层在体内环境承受负载大小为 3～11 MPa[36],这里的实验中,最大负载设置为 ±15 MPa。直到试样完全断裂,停止疲劳测试,并记录最大循环周期数 $N_f$。整个实验过程是在室温和空气环境中进行[37]。疲劳测试的费用较高,耗时较长,所以,在满足测试需求的基础上,合金骨水泥疲劳测试的样品数选为四个。

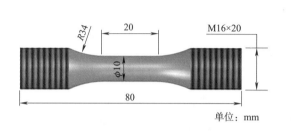

(a)疲劳测试试样示意图　　　　　　　　(b)万能试验机加样照片

图 10-13　铋合金疲劳性能测试[24]

合金骨水泥样品经过若干次反复的拉压作用,最终发生断裂。疲劳断裂面的光学照片如图 10-14(a)所示。将断裂表面用扫描电镜观察,结果如图 10-14(b)所示,疲劳断裂表面与断裂韧性测试的断裂表面相似,同样多见韧窝,证明铋合金的塑性较强。

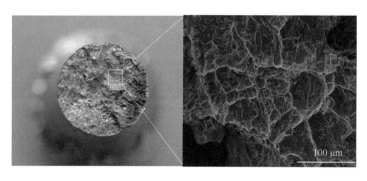

(a)疲劳测试断面照片　　　　　　　　(b)局部断面扫描电镜照片

图 10-14　合金骨水泥样品疲劳测试断面[24]

铋合金骨水泥样品疲劳试验最终记录的 $N_f$(疲劳破坏周期数)为 109 373、106 549、78 594 和 76 892。该周期数与在相同测试条件下的商业丙烯酸类树脂骨水泥 CMW1、CRX 和 CXL 的周期数相当[34]。由表 10-8 可知,不同的丙烯酸树脂骨水泥,疲劳破坏周期差别明显;同一种骨水泥,不同样品的疲劳周期数也有较大差异。这主要是由于丙烯酸骨水泥是化学反应后的结果,化学反应的完成程度直接影响骨水泥的力学表现。然而,通过对比可以发现,合金骨水泥具有相对稳定的疲劳破坏周期数,这也与合金骨水泥固定的组成和稳定的结构有关。另外,骨水泥层在长期骨环境的力学作用下,可能会因摩擦产生微小颗粒,继而引发周围组织发生炎症,影响骨修复质量,所以,未来还会更加接近骨水泥实际应用环境,在此方面来研究可能出现的力学效果问题。

表 10-8　几种商业丙烯酸类树脂骨水泥的疲劳破坏周期数[38]

| CMW1 | CRX | CXL |
|---|---|---|
| 3 252 | 25 338 | 45 549 |
| 3 476 | 36 346 | 51 193 |
| 3 814 | 36 604 | 51 486 |
| 6 615 | 38 510 | 57 554 |
| 8 075 | 47 656 | 59 574 |
| 9 438 | 51 628 | 62 284 |
| 10 448 | 57 655 | 93 592 |
| 26 112 | 57 978 | 104 006 |
| 28 594 | 64 363 | 160 345 |
| 31 651 | | 165 590 |

# 10.3　纳米液态金属力学特性

## 10.3.1　纳米液态金属的黏附特性

微纳米液态金属可用气流喷雾或超声波雾化等方式产生[39]，例如，在气流雾化方式中，在喷枪气压为 350 kPa 时微液滴的尺寸范围是 700 nm～50 $\mu$m。微纳米液态金属与宏观大尺度液态金属最大的区别在于其黏附特性，液态金属液滴处于空气中时在外表面会生成一层氧化物，对镓基液态金属墨水 GaIn$_{24.5}$ 或 Ga$_{68.5}$In$_{21.5}$Sn$_{10}$ 来说，表面氧化物的成分为 Ga$_2$O$_3$/Ga$_2$O[40,41]。为研究金属微液滴的尺寸对其黏附性质的影响，可假设液态金属液滴为球形，$r$ 和 $d$ 分别代表金属液滴的半径和氧化层的厚度，理论上说，氧化物的体积分数 $\varphi$ 可以表达为

$$\varphi = 1 - \frac{4}{3}\pi \cdot (r-d)^3 / \frac{4}{3}\pi \cdot r^3 = 1 - \left(1 - \frac{d}{r}\right)^3 \tag{10-8}$$

如果 $d=1$，$r$ 的变化范围是 0～20，则绘制的 $\varphi$-$d$ 关系曲线如图 10-15 所示。可以看出，氧化物的体积分数 $\varphi$ 随着 $r$ 的增大而增大。由于液滴的表面张力和氧化物体积分数成正比关系[42]，金属液滴越小，氧化物体积分数就越大，因而表面张力越大，液滴与基底的黏附性就越好。另外，金属液滴的氧化物体积分数越大，液滴和固态基底的接触角就越小[43]。根据 Young-Dupre 方程[44]，有

$$W_{sl} = \gamma_1(1 + \cos \theta) \tag{10-9}$$

式中，$W_{sl}$ 为将液滴从基底上分离所需做的功，即液滴的黏附功；$\gamma_1$ 为液滴的表面张力；$\theta$ 为液滴与基底的接触角。

当液滴越小时，$\gamma_1$ 越大，$\theta$ 越小，因而 $W_{sl}$ 越大，即液滴具有更好的黏附性。

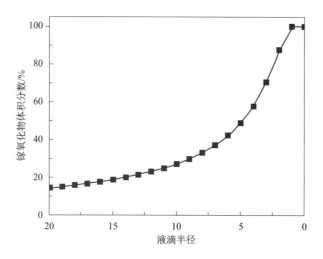

图 10-15　液态金属微液滴表面氧化物含量与液滴半径的关系[45]

## 10.3.2　纳米液态金属电润湿现象的力学特性

研究发现,电场控制下的液态金属经毛细管注入 NaOH 电解液中时,会自动离散成大量的金属液滴,这是一种电场诱导的液态金属射流现象[46],如图 10-16(a)所示。图 10-16(b)所示为液态金属液滴运动速度与电压的关系曲线,图中 $D$ 为液滴直径,$L$ 为毛细管长度。可以看到,液滴运动速度随着电压的增大而增大,液滴的运动方向为由负极向正极,毛细管的内径越小,产生的液滴也越小。这里,液态金属液滴受到电场力、基底摩擦力和 NaOH 电解液黏滞力的作用。其中,摩擦力和黏滞力较为明确。下面对电场力进行详细分析。

当液态金属置于 NaOH 电解液中时,在金属-电解液界面上将会产生可等效于平行板电容器的双电层。双电层把液态金属和电解液分隔开,液态金属一侧带负电而电解液一侧带正电[47]。液态金属因其较高的电导率可视作等势体[48],在没有外加电压时,双电层两侧的电荷为均匀分布。根据李普曼(Lippman)方程[47],界面张力 $\gamma$ 和双电层两侧压差 $V$ 之间的关系可以表示为

$$\gamma = \gamma_0 - \frac{1}{2}cV^2 \tag{10-10}$$

式中,$\gamma_0$ 为 $V=0$ 时的表面张力最大值;$c$ 为双电层单位面积的电容值。

根据杨-拉普拉斯方程[49],液态金属和电解液之间的压强差可表示为

$$\Delta p = \gamma \frac{2}{r} \tag{10-11}$$

式中,$r$ 为球形液态金属的曲率半径。

在没有外加电场时,沿液态金属表面的压强差处处相等,当电极之间通电时,根据李普曼方程,沿正极—负极方向会产生电势梯度差,其原因在于电解液具有有限的电导率[50]。双电层上电势差处处相等的状态被打破,表面电荷重新分布,从而形成了液态金属/电解液

界面张力梯度。靠近负极的液态金属表面张力大于正极附近的表面张力[48,51]，因此，正极附近的液态金属曲率半径变大，这个结论可由式(10-12)得出。由于表面张力梯度的原因，在液态金属/电解液界面上产生了马兰戈尼流动以及电毛细力驱动的液态金属运动[48,49]，作用在界面上的驱动力可以表示为[50]

$$f \sim \frac{\varepsilon VE}{\lambda_D} \tag{10-12}$$

式中，$E$ 为电场强度；$\varepsilon$ 为电解液的介电常数；$\lambda_D$ 为电解液的德拜屏蔽常数。

由式(10-12)表达的界面驱动力称为电毛细力，它是各种液态金属运动产生的直接原因。

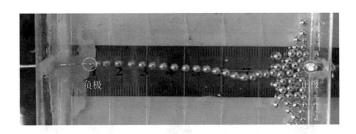

(a)电场诱导的液态金属射流实验

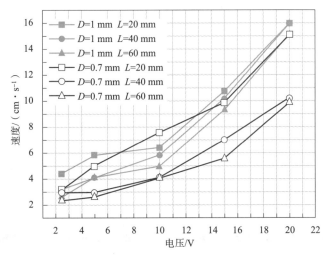

(b)液态金属液滴运动速度与电压的关系曲线

图 10-16　纳米液态金属电润湿现象的力学特性[46]

### 10.3.3　纳米液态金属介电泳现象的力学特性

笔者所在实验室采用微流道技术制备出微流控芯片，并以二甲基硅油作为连续相、液态金属镓铟锡合金作为分散相，使液态金属液滴通过高电压电场，观察其运动情况[52]，如图 10-17(a)所示。液态金属液滴的直径为 $300 \sim 400~\mu m$，对上侧微电极上施加频率为

1/3 Hz 的方波电势,其中,高电压为+1 500 V,低电压为−1 500 V,在下侧电极上施加恒定电压 0 V。在接通电场后,液态金属受到介电电泳力的作用[53-55],介电电泳力使液滴发生变形,液滴向电极边角处的高电场方向移动。实验显示只有电极的拐角能吸引液滴,一旦离开拐角,电极就失去了对液滴的吸引力[52]。

下面对这一实验结果进行分析。当半径 $a$ 的小球形液滴处于非均匀电场 $E$ 中时,由于液滴与周围流体的介电常数有差异,在电应力作用下液滴表面会发生极化,当小球感应的偶极矩与电场方向相同,则受到正介电电泳力(Positive DEP,positive dielectrophoretic force),向着电场强度较强的方向移动,如图 10-17(b)所示;当小球感应的偶极矩与电场方向相反,则受到负介电电泳力(Negative DEP,negative dielectrophoretic force),向着电场强度较弱的方向移动,如图 10-17(c)所示。

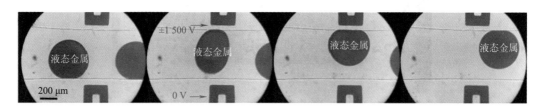

(a)液态金属的介电泳实验

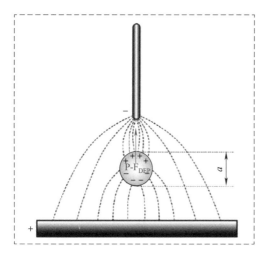

(b)球体受正介电电泳力(P-DEP)吸引　　　　(c)球体受负介电电泳力(N-DEP)吸引

图 10-17　纳米液态金属介电泳现象的力学特性[52]

在电应力的影响下,液滴发生形变,产生净电压力,从而引起液滴的运动。这种现象称为介电电泳,介电电泳力可以表示为

$$F = 2\pi\varepsilon_m \text{Re}[K(\omega)]a^3 \nabla E_{rms}^2 \tag{10-13}$$

式中,$E_{rms}$ 表示电场值的均方根;$\varepsilon_m$ 是流体的介电常数;$a$ 为球体直径。

式(10-13)对交流电场和直流电场都是有效的。$\text{Re}[K(\omega)]$ 是 Clausius-Mossotti(CM)

因子的实数部分,它决定了力的方向,还决定了粒子的极化程度。其中,$K(\omega)$ 可以表示为

$$K(\omega) = \frac{\varepsilon_p^* - \varepsilon_m^*}{\varepsilon_p^* + 2\varepsilon_m^*} \tag{10-14}$$

式中,$\varepsilon_p^*$ 为液态金属液滴与频率相关的复介电常数;$\varepsilon_m^*$ 为流体与频率相关的复介电常数。二者的数值由下式确定:

$$\varepsilon^* = \varepsilon - j\frac{\sigma}{\omega}$$

式中,$\varepsilon$ 为介电常数;$\sigma$ 为电导率;$j = \sqrt{-1}$;$\omega$ 为电场的角频率。

对于液态金属液滴来说,$\mathrm{Re}[W(\omega)] \approx 1$,$F_{DEP}$ 大于零。这就表明:液滴更容易向高电场密度的方向移动,这种现象称为正介电电泳,如图 10-17(b)所示。

## 10.4　液态金属复合材料力学特性

### 10.4.1　大尺度可变形液态金属复合材料

液态金属可以与其他材料结合而制成液态金属复合材料。例如,液态金属硅橡胶复合材料[56-58],因其具备优异的柔性、超弹性[59-61]、增强自修复[62]、高热导率[56]、可无线加热和易于 3D 打印等诸多特性而受到广泛关注,这类材料尤其适合于软体机器人等应用领域。这里介绍一种大尺度可变形液态金属复合材料,其制备过程为:将液态金属($GaIn_{24.5}$)与未固化的硅橡胶搅拌混合,之后将液态金属-硅橡胶与乙醇以 9:1 的比例搅拌混合,然后浇铸成形或打印成所需形状,在硅橡胶固化之后即可使用,制备过程如图 10-18(a)所示。这种液态金属复合材料具有超强的拉伸特性,拉伸率可达 700%,如图 10-18(b)所示。

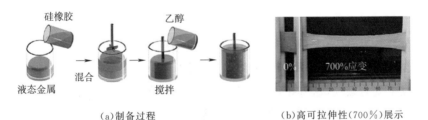

（a）制备过程　　　　　　　　（b）高可拉伸性（700%）展示

图 10-18　液态金属复合材料的制备过程和高可拉伸性展示[63]

这种液态金属复合材料在加热条件下可实现大尺度变形。由吹风枪加热 30 s 后,液态金属复合材料形成大的气泡形状,而无液态金属材料没有出现明显变化,如图 10-19(a)所示。复合材料的变形能力可归因于复合材料中的乙醇成分。乙醇具有较低的沸点(78.4 ℃),在加热时容易实现液-气相转变,复合材料中成为气体的乙醇具有较大的气压,压迫硅橡胶使其发生膨胀,因而液态金属复合材料得以实现大尺度变形。在相同条件下,具有较小弹性模量的材料更易于实现大的形变,在比例极限内,弹性模量可表示为

$$E = \frac{F/S}{\Delta L/L} = \frac{\sigma}{\varepsilon} \qquad (10\text{-}15)$$

式中，$\varepsilon = (F/S)/E$；$F$ 为作用力；$S$ 为力作用的面积；$L$ 为长度；$\sigma$ 为应力；$\varepsilon$ 为应变。

在乙醇蒸气相同的压力下，较小弹性模量的材料可以产生较大的应变和形变，复合材料中由于液态金属的加入大大降低了材料的弹性模量，液态金属复合材料的弹性模量和液态金属占重比的对应关系。如图 10-19（b）所示，在液态金属占重比为 60% 时展现出最优性能，此时可将弹性模量降低 43.1%[63]。

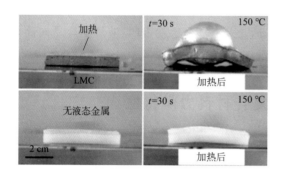

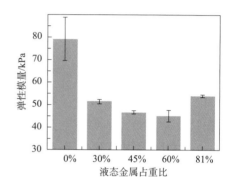

(a)加热后的形态变化 　　　　　　　　　(b)弹性模量和液态金属占重比的关系

图 10-19　大尺度可变形特性[63]

为了定量估计液态金属复合材料在加热时的膨胀量，可进行以下分析：假定乙醇液滴均匀的嵌入在复合材料内部，体积分数为 $\varphi$，$r_0$ 为复合材料未发生形变时乙醇液滴的平均半径，$r$ 为复合材料因乙醇相变而发生形变后乙醇的平均半径，复合材料的体积膨胀率 $\alpha$ 由下式估计：

$$\alpha = 1 + \varphi \left[ \left( \frac{r}{r_0} \right)^3 - 1 \right] \qquad (10\text{-}16)$$

当体积分数较小时（小于 20%），认为乙醇液滴的相互作用可以忽略，因而，对于一个嵌入在未变形复合材料中半径为 $r_0$ 的乙醇液滴［见图 10-20（a）］来说，它将在外界温度达到液-气相变点时发生变为蒸气，这将导致整块复合材料的形变。图 10-20（b）所示为固定剪切模量 $\mu = 10^6\,\text{Pa}$ 时液态金属复合材料的体积膨胀率随温度的变化关系，图 10-20（c）所示为固定极限拉伸率 $\lambda_{\text{lim}} = 3$ 时液态金属复合材料的体积膨胀率随温度的变化关系，这两个关系均是在 $\varphi = 20\%$ 时获得。由图中可以看出，液态金属复合材料的剪切模量对体积膨胀率有较大影响，而复合材料的剪切模量可由液态金属的占重比进行调节。此外，提高极限拉伸率可以大大增强复合材料的体积膨胀性能。

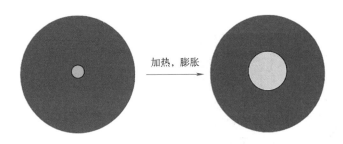

(a)乙醇液滴转变为乙醇气泡示意图

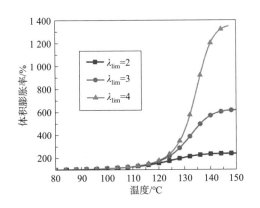

(b)固定剪切模量时液态金属复合材料体积
膨胀率随温度的变化关系

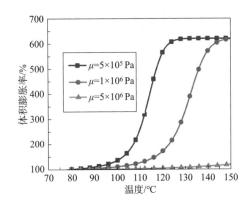

(c)固定极限拉伸率时液态金属复合材料体积
膨胀率随温度的变化关系

图 10-20 液态金属复合材料加热膨胀的机理分析[63]

## 10.4.2 超高拉伸性导体-绝缘体可逆转变液态金属复合材料

由温度控制并可在导体与绝缘体之间快速转变的材料在智能开关[64]、传感器[65]、半导体[66,67]、阻变存储器[68,69]等领域都有巨大的应用潜力。传统的导体-绝缘体转变材料主要集中在金属氧化物[70-72]如二氧化钒、钙钛矿[73,74]、有机薄膜[75,76]等固体材料,难以应用在需要柔性和可拉伸性能如可穿戴电子[77-79]等领域,因而,制备出具有高的弹性和可拉伸性能的材料具有十分重要的意义。

下面介绍一种由温度诱导的具备超高拉伸性能(拉伸率达到 680%)且可在导体和绝缘体之间可逆转变的液态金属复合材料[80]。图 10-21(a)所示为该复合材料在常温下为绝缘体($R>2\times10^8$ Ω),LED 不亮,在复合材料冻结之后即变为导体($R=0.05$ Ω),LED 被点亮,复温之后,复合材料重新成为绝缘体,LED 灯熄灭($R>2\times10^8$ Ω)。图 10-21(b)所示为复合材料电阻率随温度的变化曲线,初始时电阻率为无限大(超出量程),在温度为 212 K 时电阻率突然下降约 9 个数量级,变为 $1.78\times10^{-5}$ Ω·m。这种材料能够在导体与绝缘体之间可逆转变,且在重复循环时并未发现材料破损或电学性能的降低,表明这种复合材料具有良好的耐极限低温特性。

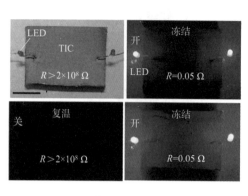

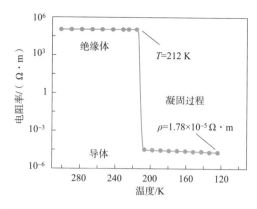

(a)导体-绝缘体可逆转变    (b)电阻率随温度的变化

图 10-21　液态金属-聚合物复合材料导体-绝缘体可逆转变及电阻率随温度的变化关系[80]

为揭示材料的工作机理，将三个液态金属液滴分散在硅橡胶中[见图 10-22(a)]，降温冷却后，液态金属液滴呈枯萎状态，表面向外鼓起。在复温后，液态金属重新收缩成为液体状态。此外，复合材料的储能模量在 243 K 时急剧升高，变化了 4 000 倍之多。如果包覆液态金属的外壳是可拉伸的，则外壳将随液态金属液滴凝固时膨胀而膨胀，这样就阻止了液态金属液滴的接触。为了描述复合材料的转变机制，图 10-22(b)给出了材料因温度变化而在导体和绝缘体之间变化示意图。在材料冻结之后，二氧化硅外壳变得薄而脆，膨胀的液态金属液滴将使外壳破裂并且互相接触成为导电通路，当复温时，液态金属成为液态且体积缩小，硬的硅胶外壳重新恢复弹性，包覆液态金属液滴，隔断液滴之间的连接，因此复合材料成为绝缘状态。

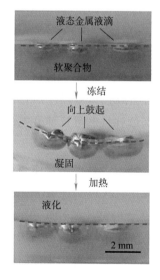

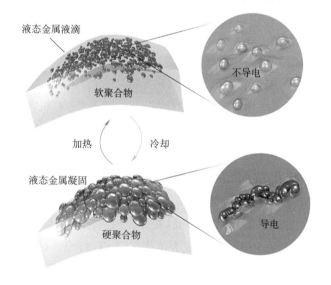

(a)由温度诱发的液态金属相转变　　(b)液态金属-聚合物复合材料变为导体和绝缘体时形态的变化
　　过程中形态的变化

图 10-22　形态变化[80]

为定量估计复合材料因液态金属凝固的膨胀量,可建立一个简单的模型:假定液态金属液滴为球形并均匀嵌入在非导电聚合物中,液态金属的表面由一层绝缘薄膜包裹,$r_0$ 和 $r$ 分别为液态金属液滴凝固前和凝固后的半径,凝固后液滴半径的变化量可表示为

$$\Delta r = r_0(\sqrt[3]{\alpha + 1} - 1) \tag{10-17}$$

其中,镓在凝固时的体积膨胀率约为 $3.1\%$,因而,$\Delta r$ 可由下式计算:

$$\Delta r = 0.01 r_0$$

液态金属液滴半径对复合材料的机械性能有较大影响,图 10-23(a)所示为四种液滴半径($r = 12 \ \mu m$、$20 \ \mu m$、$50 \ \mu m$ 和 $140 \ \mu m$)时复合材料的拉伸应力-应变曲线,内图为不同液滴半径时液态金属-聚合物复合材料的弹性模量和液滴半径的对应关系。从中可以看出,随着液滴半径的增大,复合材料的拉伸应力增加而弹性模量则呈下降趋势,液态金属液滴大小可通过在配制的搅拌时间来控制,搅拌时间越长,液滴半径越小。这种液态金属复合材料具有超强的可拉伸性能,能够产生 $680\%$ 的拉伸应变,在应变为 $500\%$ 时可循环 $1\ 000$ 次。拉伸后的液态金属复合材料仍具备在导体和绝缘体之间转变的能力,这种特性使其在可拉伸电子和开关领域具有潜在的应用前景。图 10-23(b)所示为复合材料在未拉伸和拉伸后 LED 灯的变化,以及液态金属-聚合物复合材料在冻结后的归一化电阻和应变的关系,拉伸后复合材料仍具备导体-绝缘体可逆转变特性。可以看到,在不同应变($500\%$、$400\%$、$300\%$、$200\%$、$100\%$ 和 $0\%$)下复合材料的电阻均保持相对稳定。

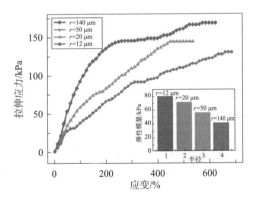

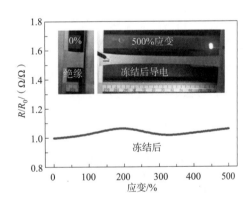

(a)不同液滴半径液态金属-聚合物复合
材料拉伸应力和应变的关系

(b)液态金属-聚合物复合材料在冻结后
的归一化电阻和应变的关系

图 10-23 液滴半径及拉伸对复合材料性能的影响[80]

## 10.5  液态金属力学器件特性

### 10.5.1  液态金属的受压稳定性

镓基液态金属是制作压力传感器的理想电极材料之一,研究液态金属受压时的稳定性对于设计基于液态金属电极的力学传感器具有重要的指导价值。当前,基于镓基液态金属的柔性压力传感器大多关注的是对于微小触觉或小压力(小于 5 N 或 0.1 MPa)的感知[81-84],液态金属由于其良好的流动性和较高的表面张力,在此类小压力下发生的变形通常是可逆的,因此不会产生永久性形变。当前基于液态金属电极的传感器对于大压力(大于0.1 MPa,如人在走路时脚尖与地面接触的压强可达到 0.1 MPa 以上)检测的相关研究相对较少[85]。液态金属在大压力下可能出现永久形变,如溢出或者颈缩等,这些永久形变导致液态金属电极的性能下降,甚至直接失效,严重制约了液态金属在大压力情况下的使用[86]。

在采用微流道技术制作液态金属传感器时,将液态金属注射到微流道时存在某一注射压力临界值,大于临界值时液态金属会发生屈服并展现出流动性,进而从入口进入微流道中。因此,当一外界压力直接施加在柔性体上并将其传递到液态金属上时,液态金属会在该压力大于某一临界值时发生永久形变,甚至直接从流道中溢出。图 10-24[87] 所示为一填充液态金属的 PDMS 微流道,流道内除液态金属外填充硅油进行润湿,当流道受到的拉伸形变超过某一值时,液态金属首先出现颈缩,随着应变的增加,最终将被拉断。液态金属受压与受拉时的情形类似,对于所施加的压力存在能承受的极限。此外,液态金属对于基底的润湿行为也会影响其在流道内的稳定性,因此,用于力学传感器的液态金属电极在压力尤其是大压力下的稳定性,直接影响到该传感器的最终性能。

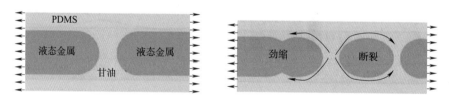

图 10-24  液态金属在 PDMS 微流道内受拉发生的颈缩与断裂现象[87]

综上所述,镓基液态金属由于其在室温下良好的流动性、稳定的导电导热性以及较好的生物相容性等优点,是柔性传感器材料的理想选择。但其流动性也给液态金属在传感器中的应用造成了一定局限,例如,液态金属在微流道中受压时,可能会出现失效问题,而传统的固态薄膜金属在相同压力下则较难失效。因此,研究液态金属在高压下的稳定性对于拓展液态金属在传感器器件上的应用具有重要意义。

### 10.5.2 液态金属压力传感器

下面介绍一种基于液态金属的电容式压力传感器[86],其工作原理是通过直接检测不同压力下的电容值来获取电容随压力的变化曲线。传感器采用平板式电容结构,如图 10-25(a)所示,具体包括液态金属上下极板、中间 PDMS 介电层薄膜,以及 PDMS 柔性基底。平板电容值的计算公式为

$$C = \frac{\varepsilon_0 \cdot \varepsilon_r \cdot S}{d} \tag{10-18}$$

式中,$C$ 为电容值;$\varepsilon_0 = 8.85 \times 10^{12}$ F/m,为真空介电常数;$\varepsilon_r$ 为中间介电层的相对介电常数;$S$ 为两极板间的相对面积;$d$ 为两极板间的距离。

如图 10-25(b)和图 10-25(c)所示,当压力施加在 PDMS 基板上时,由于 PDMS 的柔性以及液态金属的流动填充特性,会导致两极板的相对面积或极板间距发生改变,从而导致电容的变化。在不同的压力下,电容传感器形变的程度不一样,对应电容值也不同。通过对不同压力下的电容值进行标定与重复测试,可以获得压力-电容值变化曲线。

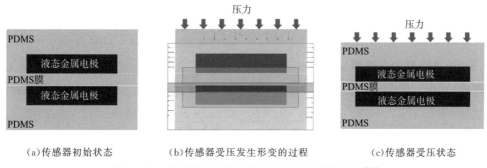

(a)传感器初始状态 　　(b)传感器受压发生形变的过程 　　(c)传感器受压状态

图 10-25 基于液态金属的平板电容式传感器结构[86]

图 10-26 所示为该传感器简化模型的横截面图,其中压力 $p$ 均匀施加在长度为 $a$ 的 PDMS 表面区域,受力表面与液态金属上极板表面的距离为 $z$,PDMS 中间介电层薄膜厚度为 $d$,液态金属流道高度为 $h$,$y$ 为液态金属填充区域的中垂线与压力施加区域中轴线的距离(即图中两条红色虚线所示)。

根据线弹性断裂力学(LEFM)[88]可知,当压力施加区域满足 $|y| < a/2$ 且 $z < a$ 时(本书所介绍传感器的 $y$ 接近 $0$,$z \leqslant 2.5$ mm,$a = 1.3$ cm),压力仅会减小断裂处(凹槽处)上下表面的距离,有

$$\Delta h = \frac{2(1 - \gamma^2) b p}{E} \tag{10-19}$$

式中,$\Delta h$ 为液态金属填充区域被压缩的高度;$\gamma$ 为 PDMS 泊松比;$b$ 为流道的宽度;$E$ 为 PDMS 杨氏模量。

随着断裂处被压缩,压力会集中在流道的边缘处,因此填充的液态金属会对边缘处产生

液压。但该液压与外界施加的压力相比可以忽略不计,因此液态金属在流道边缘处产生的压力均忽略不计。

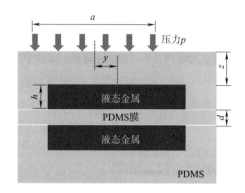

图 10-26　简化后液态金属电容式传感器的二维截面[86]

由上述分析可知,该液态金属电容式压力传感器受压时,极板的高度发生变化,而两极板的相对面积不变,因此导致电容变化的主要因素是两极板间的 PDMS 薄膜受压形变。因此,根据广义胡克定律可知 PDMS 薄膜形变规律为

$$p = E \cdot \frac{\Delta d}{d} \tag{10-20}$$

式中,$\Delta d$ 为被压缩的薄膜厚度;$\Delta d / d$ 为应变。

将式(10-19)和式(10-20)变形整理代入式(10-18)可得到压力 $p$ 下对应的电容值 $C'$,即

$$C' = \frac{\varepsilon_0 \cdot \varepsilon_r \cdot S}{d - \Delta d} = \frac{\varepsilon_0 \cdot \varepsilon_r \cdot S \cdot E}{d(E - p)} \tag{10-21}$$

因而,电容变化量 $\Delta C$ 可表达为

$$\Delta C = C' - C = \frac{\varepsilon_0 \cdot \varepsilon_r \cdot S}{d} \cdot \frac{p}{E - p} \tag{10-22}$$

为了减少外界环境带来的寄生电容对传感器测量精度的影响,采用双电容结构来减少寄生噪声对传感器工作的干扰。传感器结构如图 10-27 所示。其中图 10-27(a)所示为微流道电极形状;图 10-27(b)所示为双电容结构示意图,包括工作电容与参比电容;图 10-27(c)所示为对应的实物图,其流道宽度为 200 $\mu m$,介电层厚度为 150 $\mu m$,流道间间隙为 200 $\mu m$,长度为 2.5 cm,宽度为 1 cm,直径为 1.2 cm。双电容传感器检测的原理为:工作电容负责承受压力并输出不同压力下对应的电容值,参比电容负责感受外界引入的寄生噪声而整个过程不承受压力。

压力传感器的压力测试结果如图 10-28 所示(电容值为 50 kHz 频率下的测量结果)。由图可以看出,传感器的工作电容值均在增长的压力载荷下显示了较好的线性输出,而参比电容值在受压过程中几乎不发生变化。

上述基于双电容结构的单个压力传感器可以进行阵列化扩充并将其应用到简单手势的

识别。图 10-29(a)所示为基于 GaIn 液态金属的 3×3 压力传感器阵列,其中每个传感器单元均由一个工作电容和参比电容构成。在图 10-29(b)中,红色数字代表工作电容,黑色数字代表参比电容,为了保证压力的准确和均匀施加,在每个工作电容上都覆盖了一个 PDMS 薄块(长×宽×高=4 mm×4 mm×1 mm)。测量所用电容阵列数据采集设备的检测分辨率为 $\Delta C=1\ pF$,对应的压强约为 0.9 MPa,也就是说,当大小约为 0.9 MPa 的压力施加在传感器上引起对应的电容值变化达到 $\Delta C=1\ pF$ 时,才能被该电容采集设备识别。图 10-29(c)所示为 0.9 MPa 和 1.8 MPa 的压力施加在传感器阵列上时对应单元的电容值变化,其中压力由压力机给出,压头(蓝色虚线)的直径为 3 cm。图中方块的颜色越深表示电容变化值越大,受到的压力也越大。上述实验结果说明该传感器阵列基本可以识别施加在不同单元上的压力大小。

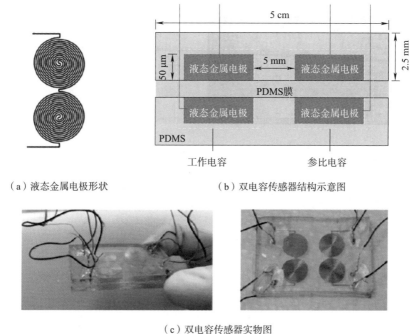

(a)液态金属电极形状　　　　　　(b)双电容传感器结构示意图

(c)双电容传感器实物图

图 10-27　基于液态金属的双电容传感器结构[89]

液态金属的力学性质是其发生各种效应和运动的根源,不同类型液态金属的力学分析有不同的侧重点,本章论述了镓基、铋基、纳米液态金属和液态金属复合材料的力学性质,并论述了基于液态金属的压力传感器件,具体包括以下五个方面:

(1)镓基液态金属在室温时通常呈现液态,具有良好的流动性,密度是水的 6 倍左右。纯镓具有与水类似的热膨胀特性,在凝固时体积增大,镓的动力黏度随温度升高而降低,表面张力比水大一个数量级。镓液滴在常温时极易氧化,它对基底的润湿性和黏附力随氧化程度的增加而增强。此外,镓具有电润湿效应,在外场驱动下可发生变形或运动。

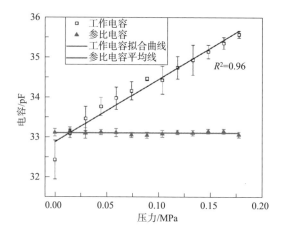

图 10-28  双电容传感器电容值随压力的变化[89]

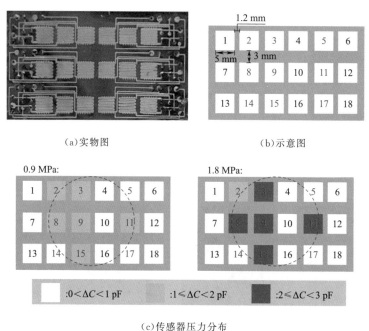

（a）实物图　　　　　　　　　　（b）示意图

（c）传感器压力分布

图 10-29  3×3 双电容压力传感器阵列[86]

（2）铋合金是一类常温下为固态的低熔点金属，熔点通常低于 300 ℃，可用作电子打印和 3D 打印墨水。Bi-In-Sn-Zn 合金在生物医学中能够用于制作合金骨水泥，它的抗压强度约为 38 MPa，抗弯强度和抗弯模量分别为（35.31±1.09）MPa 和（6.41±0.81）GPa，断裂韧性和抗疲劳性能与当前商用的丙烯酸骨水泥相当。

（3）纳米液态金属可用气流雾化或超声雾化的方式制得，它与宏观大尺度液态金属最大的区别在于其黏附特性，液滴直径越小，氧化程度越大，与基底黏附性越好。纳米液态金属具有和宏观大尺度液态金属相同的电润湿效应，浸没于电解液中并在电场驱动下可发生运动或变形,电毛细力是其驱动力。纳米液态金属还具有介电泳现象,易于向高电场密度方向移动,介电泳力是其驱动力。

（4）大尺度可变形液态金属复合材料由液态金属、硅橡胶和乙醇混合制成,拉伸率可达700％,液态金属复合材料的体积膨胀率随温度的升高而变大,剪切模量对体积膨胀率有较大影响,复合材料的剪切模量可由液态金属的占重比进行调节。具有温度诱导超高拉伸性导体-绝缘体可逆转变特性的液态金属复合材料不仅具有680％的超大拉伸率,还可以在导体和绝缘体之间可逆转变。

（5）液态金属具有良好的流动性和较高的表面张力,在小压力下发生的变形通常是可逆的,而在大压力下可能出现溢出或颈缩等永久形变。基于液态金属的电容式压力传感器通过直接检测不同压力下的电容值来获取电容随压力的变化曲线,传感器单元可通过阵列化扩充并应用到简单手势识别等方面。

## 参考文献

[1]　庄礼贤,尹协远,马晖扬. 流体力学[M]. 2 版. 合肥:中国科学技术大学出版社,2009.

[2]　SOSTMAN H E. Melting point of gallium as a temperature calibration standard[J]. Review of Scientific Instruments,1977,48(2):127-130.

[3]　ASSAEL M J,ARMYRA I J,BRILLO J,et al. Reference data for the density and viscosity of liquid cadmium,cobalt,gallium,indium,mercury,silicon,thallium,and zinc[J]. Journal of Physical and Chemical Reference Data,2012,41(3):033101.

[4]　WANG L,LIU J. Liquid metal inks for flexible electronics and 3D printing:a review[C]// Proceedings of the ASME 2014 International Mechanical Engineering Congress & Exposition. Montreal,Canada,2014.

[5]　SURMANN P,ZEYAT H. Voltammetric analysis using a self-renewable non-mercury electrode[J]. Analytical and Bioanalytical Chemistry,2005,383(6):1009-1013.

[6]　翟秀静,吕子剑. 镓冶金[M]. 北京:冶金工业出版社,2010.

[7]　THOSTENSON E T. The determination of the viscosity of liquid gallium over an extended range of temperature[J]. Proceedings of the Physical Society,1936,48(2):299-311.

[8]　ALCHAGIROV B B,MOZGOVOI A G. The surface tension of molten gallium at high temperatures[J]. High Temperature,2005,43(5):791-792.

[9]　LARSEN R J,DICKEY M D,WHITESIDES G M,et al. Viscoelastic properties of oxide-coated liquid metals[J]. Journal of Rheology,2009,53(6):1305-1326.

[10]　LIU T Y,SEN P,KIM C J. Characterization of nontoxic liquid-metal alloy galinstan for applications in microdevices[J]. Journal of Microelectromechanical Systems,2012,21(2):443-450.

[11]　FERNANDEZ-TOLEDANO J C,BLAKE T D,CONINCK J D. Young's equation for a two-liquid system on the nanometer scale[J]. Langmuir,2017,33(11):2929-2938.

[12]　KRAMER R K,BOLEY J W,STONE H A,et al. Effect of microtextured surface topography on the wetting behavior of eutectic gallium-indium alloys[J]. Langmuir,2014,30(2):533-539.

[13]　WANG L, LIU J. Pressured liquid metal screen printing for rapid manufacture of high resolution electronic patterns[J]. RSC Advances, 2015,5(71):57686-57691.

[14]　BOCKRIS J O M, REDDY A K N. Modern electrochemistry: an introduction to an interdisciplinary area[M]. New York: Plenum Press, 1970.

[15]　LEE J, MOON H, FOWLER J, et al. Electrowetting and electrowetting-on-dielectric for microscale liquid handling[J]. Sensors and Actuators A-Phsical, 2002,95:259-268.

[16]　SHENG L, ZHANG J, LIU J. Diverse transformations of liquid metals between different morphologies[J]. Advanced Materials, 2014,26(34):6036-6042.

[17]　ZHANG J, SHENG L, LIU J. Synthetically chemical-electrical mechanism for controlling large scale reversible deformation of liquid metal objects[J]. Scientific Reports, 2014,4:7116.

[18]　杨亚群, 王吉会, 李群英. Bi-Sn-In 系无铅易熔合金性能研究[J]. 功能材料, 2008,38(A08):3259-3262.

[19]　CHUANG T H, YEH M S, TSAO L C,et al. Development of a low-melting-point filler metal for brazing aluminum alloys[J]. Metallurgical and Materials Transactions A-Physical Metallurgy and Materials Science, 2000,31(9):2239-2245.

[20]　ZHOU J, SUN Y, XUE F. Properties of low melting point Sn-Zn-Bi solders[J]. Journal of Alloys and Compounds, 2005,397(1):260-264.

[21]　吕贤志. 钎焊技术[C]//第九届河南省汽车工程技术研讨会论文集,2012.

[22]　WANG L, LIU J. Printing low melting point alloy ink to directly make solidified circuit or functional device with heating pen, proceedings of the royal society A: mathematical[J]. Physical and Engineering Science, 2014,470(2172):20140609.

[23]　WANG L, LIU J. Compatible hybrid 3D printing of metal and nonmetal inks for direct manufacture of end functional devices[J]. Science China Technological Sciences, 2014,57(11):2089-2095.

[24]　衣丽婷. 基于固液相转换的可注射式低熔点合金骨水泥方法研究[D]. 北京:清华大学,2015.

[25]　YI L T, JIN C, WANG L, et al. Liquid-solid phase transition alloy as reversible and rapid molding bone cement[J]. Biomaterials, 2014,35(37):9789-9801.

[26]　International Organization for Standardization. ISO 5833: Implants for surgery-acrylic resin cements[R]. 2002.

[27]　CHOW L C, TAKAGI S. A natural bone cement-a laboratory novelty led to the development of revolutionary new biomaterials[J]. Journal of Research of the National Institute of Standards and Technology, 2001,106(6):1029-1034.

[28]　NILSSON M, FERNANDEZ E, SARDA S, et al. Characterization of a novel calcium phosphate/sulphate bone cement[J]. Journal of Biomedical Materials Research, 2002,61(4):600-607.

[29]　FUKASE Y, EANES E D, TAKAGP S, et al. Setting reactions and compressive strengths of calcium phosphate cements[J]. Journal of Dental Research, 1990,69(12):1852-1856.

[30]　SCHMITZ J P, HOLLINGER J O, MILAM S B. Reconstruction of bone using calcium phosphate bone cements: a critical review[J]. Journal of Oral and Maxillofacial Surgery, 1999,57(9):1122-1126.

[31]　International Organization for Standardization. ISO 12737. Metallic materials-determination of plane-strain fracture toughness[R]. 2005.

[32]　LEWIS G, NYMAN J S. Toward standardization of methods of determination of fracture properties of acrylic bone cement and statistical analysis of test results[J]. Journal of Biomedical Materials Research, 2000,53:748-768.

[33]　LEWIS G, MLADSI S. Correlation between impact strength and fracture toughness of PMMA-based bone cements[J]. Biomaterials，2000，21：775-781.

[34]　LEWIS G, JANNA S. Effect of test specimen cross-sectional shape on the in vitro fatigue life of acrylic bone cement[J]. Biomaterials，2003，24：4315-4321.

[35]　LEWIS G, JANNA S, CARROLL M. Effect of test frequency on the in vitro fatigue life of acrylic bone cement[J]. Biomaterials，2003，24：1111-1117.

[36]　KRAUSE W, MATHIS R S. Fatigue properties of acrylic bone cement：review of the literature[J]. Journal of Biomedical Materials Research-Applied Biomaterials，1988，22（A1）：37-53.

[37]　BALEANI M, CRISTOFOLINI L, MINARI C, et al. Fatigue strength of PMMA bone cement mixed with gentamicin and barium sulphate vs pure PMMA[J]. Proceedings of the Institution of Mechanical Engineers Path-Journal of Engineering in Medicine，2003，217：9-12.

[38]　LEWIS G, JANNA S. Effect of test specimen cross-sectional shape on the in vitro fatigue life of acrylic bone cement[J]. Biomaterials，2003，24：4315-4321.

[39]　HORVATH E, TOROK A, FICZERE P, et al. Optimisation of computer-aided screen printing design[J]. Acta Polytechnica Hungarica，2014，11（8）：29-44.

[40]　KIM D, THISSEN P, VINER G, et al. Recovery of nonwetting characteristics by surface modification of gallium-based liquid metal droplets using hydrochloric acid vapor[J]. ACS Applied Materials & Interfaces，2013，5（1）：179-185.

[41]　SCHARMANN F, CHERKASHININ G, BRETERNITZ V, et al. Viscosity effect on GaInSn studied by XPS[J]. Surface and Interface Analysis，2004，36（8）：981-985.

[42]　ZHANG Q, GAO Y X, LIU J. Atomized spraying of liquid metal droplets on desired substrate surfaces[J]. Applied Physics A-Materials Sciences & Processing，2014，116（3）：1091-1097.

[43]　XU Q, OUDALOV N, GUO Q T, et al. Effect of oxidation on the mechanical properties of liquid gallium and eutectic gallium-indium[J]. Physics of Fluids，2012，24（6）：063101.

[44]　SCHRADER M E. Young-dupre revisited[J]. Langmuir，1995，11（9）：3585-3589.

[45]　王磊. 面向增材制造的液态金属功能材料特性研究与应用[D]. 北京：中国科学院大学理化技术研究所，2015.

[46]　FANG W Q, HE Z Z, LIU J. ElectrO-hydrodynamic shooting phenomenon of liquid metal stream[J]. Applied Physics Letters，2014，105（13）：134104.

[47]　LEE J, KIM C J. Surface-tension-driven microactuation based on continuous electrowetting[J]. Journal of Microelectromechanical Systems，2000，9（2）：171-180.

[48]　TANG S Y, SIVAN V, PETERSEN P, et al. Liquid metal actuator for inducing chaotic advection[J]. Advanced Functional Materials，2014，24（37）：5851-5858.

[49]　LAUTRUP B. Physics of Continuous Matter[M]. 2nd ed. Boca Raton：CRC Press，2011.

[50]　PASCALL A J, SQUIRES T M. Electrokinetics at liquid/liquid interfaces[J]. Journal of Mathematical Fluid Mechanics，2011，684：163-191.

[51]　TANG S Y, KHOSHMANESH K, SIVAN V, et al. Liquid metal enabled pump[J]. Proceedings of the National Academy of Sciences of the United States of America，2014，111（9）：3304-3309.

[52]　田露. 基于液态金属的微环境下液滴及颗粒的电场操控方法研究[D]. 北京：中国科学院大学理化技术研究所，2018.

[53] TANG S Y, ZHU J Y, SIVAN V, et al. Creation of liquid metal 3D microstructures using dielectrophoresis[J]. Advanced Functional Materials, 2015,25(28):4445-4452.

[54] ZHANG H Q, CHANG H L, NEUZIL P. DEP-on-a-chip: dielectrophoresis applied to microfluidic platforms[J]. Micromachines, 2019,10(6):423.

[55] BUYONG M R, KAYANI A A, HAMZAH A A, et al. Dielectrophoresis manipulation: versatile lateral and vertical mechanisms[J]. Biosensors-basel, 2019,9(1):30.

[56] MEI S F, GAO Y X, DENG Z S, et al. Thermally conductive and highly electrically resistive grease through homogeneously dispersing liquid metal droplets inside methyl silicone oil[J]. Journal of Electronic Packaging, 2014,136(1):011009.

[57] BARTLETT M D, KAZEM N, POWELL-PALM M J, et al. High thermal conductivity in soft elastomers with elongated liquid metal inclusions[J]. Proceedings of the National Academy of Sciences of the United States of America, 2017,114(9):2143-2148.

[58] FASSLER A, MAJIDI C. Liquid-phase metal inclusions for a conductive polymer composite[J]. Advanced Materials, 2015,27(11):1928-1932.

[59] WANG X L, LIU J. Recent advancements in liquid metal flexible printed electronics: properties, technologies, and applications[J]. Micromachines, 2016,7:206.

[60] KAZEM N, HELLEBREKERS T, MAJIDI C. Soft multifunctional composites and emulsions with liquid metals[J]. Advanced Materials, 2017,29(27):1605985.

[61] 李海燕,刘静. 基于液态金属电子墨水的直写式可拉伸变阻器[J]. 电子机械工程, 2014,30(1): 29-33.

[62] LIU Y, GAO M, MEI S F, et al. Ultra-compliant liquid metal electrodes with in-plane self-healing capability for dielectric elastomer actuators[J]. Applied Physics Letters, 2013,102:064101.

[63] WANG H Z, YAO Y Y, WANG X J, et al. Large-magnitude transformable liquid-metal composites [J]. ACS Omega, 2019,4(1):2311-2319.

[64] OGIHARA N, OHBA N, KISHIDA Y. On/off switchable electronic conduction in intercalated metal-organic frameworks[J]. Science advances, 2017,3(8):e1603103.

[65] TALIN A A, CENTRONE A, FORD A C, et al. Tunable electrical conductivity in metal-organic framework thin-film devices[J]. Science, 2014,343(6166):66-69.

[66] CHEN T, REICH K V, KRAMER N J, et al. Metal-insulator transition in films of doped semiconductor nanocrystals[J]. Nature Materials, 2016,15(3):299-303.

[67] HILL J C, LANDERS A T, SWITZER J A. An electrodeposited inhomogeneous metal-insulator-semiconductor junction for efficient photoelectrochemical water oxidation[J]. Nature Materials, 2015,14(11):1150-1155.

[68] AKINAGA H, SHIMA H. Resistive random access memory (ReRAM) based on metal oxides[J]. Proceedings of the IEEE, 2010,98(12):2237-2251.

[69] YOO E J, LYU M, YUN J H, et al. Resistive switching behavior in organic-inorganic hybrid $CH_3NH_3PbI_3 — xCl_x$ perovskite for resistive random access memory devices[J]. Advanced Materials, 2015,27(40):6170-6175.

[70] MORIN F J. Oxides which show a metal-to-insulator transition at the neel temperature[J]. Physical Review Letters, 1959,3(1):34.

［71］ HICKMOTT T W. Low-frequency negative resistance in thin anodic oxide films［J］. Journal of Applied Physics，1962，33(9)：2669.

［72］ WU C Z，WEI H，NING B. et al. New vanadium oxide nanostructures：controlled synthesis and their smart electrical switching properties［J］. Advanced Materials，2010，22(17)：1972-1976.

［73］ SZOT K，SPEIER W，BIHLMAYER G，et al. Switching the electrical resistance of individual dislocations in single-crystalline $SrTiO_3$［J］. Nature materials，2006，5(4)：312-320.

［74］ LIAO Z L，GAUQUELIN N，GREEN R J，et al. Metal-insulator-transition engineering by modulation tilt-control in perovskite nickelates for room temperature optical switching［J］. Proceedings of the National Academy of Sciences，2018，115(38)：9515-9520.

［75］ SCOTT J C，BOZANO L D. Nonvolatile memory elements based on organic materials［J］. Advanced Materials，2007，19(11)：1452-1463.

［76］ HOLMLIN R E，HAAG R，CHABINYC M L，et al. Electron transport through thin organic films in metal-insulator-metal junctions based on self-assembled monolayers［J］. Journal of the American Chemical Society，2001，123(21)：5075-5085.

［77］ PARK J，YOU I，SHIN S，et al. Material approaches to stretchable strain sensors［J］. Chem. Phys. Chem. ，2015，16(6)：1155-1163.

［78］ WANG S H，XU J，WANG W C，et al. Skin electronics from scalable fabrication of an intrinsically stretchable transistor array［J］. Nature，2018，555(7694)：83-88.

［79］ HUGHES J，IIDA F. Multi-functional soft strain sensors for wearable physiological monitoring［J］. Sensors，2018，18(11)：3822.

［80］ WANG H Z，YAO Y Y，HE Z Z，et al. A highly stretchable liquid metal polymer as reversible transitional insulator and conductor［J］. Advanced Materials，2019，31(23)：1901337.

［81］ YEO J C，YU J H，KOH Z M，et al. Wearable tactile sensors based on flexible microfluidics［J］. Lab on A Chip，2016，16(17)：3244-3250.

［82］ WONG R D P，POSNER J D，SANTOS V J. Flexible microfluidic normal force sensor skin for tactile feedback［J］. Sensors & Actuators A Physical，2012，179(3)：62-69.

［83］ WON D J，BAEK S，HUH M，et al. Robust capacitive touch sensor using liquid metal droplets with large dynamic range［J］. Sensors & Actuators A Physical，2017，259：105-111.

［84］ BAEK S，WON D J，KIM J G，et al. Development and analysis of a capacitive touch sensor using a liquid metal droplet［J］. Journal of Micromechanics & Microengineering，2015，25(9)：095015.

［85］ ALI M M，NARAKATHU B B，EMAMIAN S，et al. Eutectic Ga-In liquid metal based flexible capacitive pressure sensor［Z］. IEEE Sensors，2016：1-3.

［86］ 张伦嘉. 液态金属柔性微电极高温高压下的稳定性研究及其应用［D］. 北京：中国科学院大学理化技术研究所，2019.

［87］ LIU S L Z，SUN X D，HILDRETH O J，et al. Design and characterization of a single channel two-liquid capacitor and its application to hyperelastic strain sensing［J］. Lab on a Chip，2015，15(5)：1376-1384.

［88］ PARK Y L，MAJIDI C，KRAMER R，et al. Hyperelastic pressure sensing with a liquid-embedded elastomer［J］. Journal of Micromechanics & Microengineering，2010，20(12)：125029.

［89］ ZHANG L J，GAO M，WANG R H，et al. Stretchable pressure sensor with leakage-free liquid-metal electrodes［J］. Sensors，2019，19(6)：1316.

# 第11章 液态金属化学特性

镓作为一种低熔点金属,因为自身特殊的原子核和核外电子分布,所以具有很多超常性能。镓的外层电子有三个,彼此之间形成金属键的电子比较少,所以它是一个弱金属属性的金属。原子之间不容易形成网络结构,而且镓的原子半径很小,很难形成紧密堆积的金属晶体,晶体内部缺陷比较多。这些因素都导致了镓的低熔点,只要稍加升温,镓就会从固态变成柔软的液态。正是因为镓的低熔点,使得它很容易与其他金属发生合金化。例如,镓铟合金的熔点可以降到室温以下。镓基液态金属内部的各原子之间的相互吸引力比较大,尤其是金属原子对周围金属原子的核外电子的吸引作用很大,金属内部特殊结构直接导致了沸点的升高,这也是镓基液态金属不同于汞的最大特征。镓基液态金属材料在室温保持良好的流动性,并且在大部分固体材料表面呈现球形,这是因为液态金属特殊的浸润性和物理特性协同作用导致的。液态金属作为一种新兴的金属材料,同时具有金属和流体的特征。它不仅显示出特殊的物理和力学特征,还具有很奇异的化学特征。室温液态金属表面化学性质十分活泼,在室温条件下表面很快被氧化,形成一层氧化膜,这层氧化膜非常致密,可以防止进一步氧化。活泼的液态金属可以腐蚀和吞噬金属铝等金属,在液态金属体内形成原电池,从而赋予了液态金属在酸/碱溶液中的类生物的自驱动特征。这些现象都是由于液态金属的特殊化学性质引起的。本章论述液态金属的部分典型化学特征,及其在腐蚀、产氢、催化等领域的研究概况。

## 11.1 镓基液态金属化学特性

镓金属的化学性质非常活泼,而且熔点很低,所以它很容易和其他金属形成低温合金[1,2]。因为镓基液态金属合金具有很高的沸点和很低的饱和蒸气压,所以,在空气环境中很难挥发,这种特殊性质促使镓基液态金属可以代替高饱和蒸气压的汞,从而减小对环境和人体的伤害。现阶段研究中,镓基合金主要包括镓铟、镓铟锡和镓铟锡锌合金[3-7]。镓基液态金属因为主体是由镓金属组成,所以具有明显的镓金属化学特性。由于液态金属表面的化学活性,在空气环境中其表面易于氧化,不过这层氧化膜会阻止液态金属内部的进一步氧化[8-10]。液态金属表面的氧化膜非常致密,厚度在纳米级,这层氧化膜可为其他金属氧化物的生长提供晶种,由此避免纳米材料制备过程中所需要的高温处理,对于节约能源和纳米材料制备方法探索提供了新方法[11-14]。另外,镓基液态金属对于其他金属具有腐蚀性,尤其是对于铝材料更是如此[15,16]。液态金属良好的流动性和浸润性,很容易进入金属晶体内部,进一步"吞噬"和"分解"金属材料。在电解质溶液中,液态金属内部的金属具有不同的化学电势,会发生原电池反应,加快了活泼金属和溶液的反应,促进了氢气的产出速率[17]。

### 11.1.1　液态金属对金属的腐蚀行为

铝是地壳中含量最丰富的金属材料之一,在空气中铝的表面很容易形成一层致密的氧化膜,进而阻止金属材料内部进一步被氧化,这一化学性质和镓基液态金属相似。为了提高铝在化学反应中的反应速率,很多研究着重于解决铝表面的氧化层的破坏。镓基液态金属对于铝的腐蚀速度非常快,主要是由于镓原子很容易渗入铝的结构内部,进一步扩散,从而阻止了铝表面的钝化进程,降低了铝的电极电势,这种情况也加速了铝在碱性溶液中的腐蚀速度[18]。铝、镓和铟都来自同一主族(ⅢA 族),因此具有类似的化学性质。当镓基液态金属浸润固体铝表面之后,液态金属快速进入铝的多晶晶格界面,使铝被分散成更加细小的单晶体,这种现象称为铝的液态金属脆化[19-21]。液态金属中主要成分镓金属沿着铝的晶格边界渗透的速率非常快,从而导致了铝的快速破坏。使用镓铟液态金属合金激活铝,发现镓铟液态金属合金沿的晶格边界渗透到铝的内部,并没有改变铝的晶格结构,只是拓宽了晶格边界。将液态金属涂覆在铝表面,经过一段时间之后,发现光滑的铝表面从白色逐渐变成了粗糙的黑色。这是因为铝被液态金属浸润和腐蚀的结果。图 11-1(a)所示为反应前的铝表面,图 11-1(b)所示为液态金属直接腐蚀 10 min 之后的铝表面。液态金属对于铝的腐蚀和破坏作用,导致铝从塑性结构逐渐转变为脆性结构,增加了铝的有效活性面积[22]。

在盐溶液环境中,液态金属对于铝的腐蚀速率加快。在盐溶液环境中,由于离子的加入,这种电化学反应会被加剧[23]。液态金属作为正极发生还原反应,产出氢气;铝作为负极,失去电子,铝被快速消耗。在 NaCl 溶液中,铝表面被液态金属快速分解,同时正极的氢离子得到电子变成氢气。这种快速电化学反应,导致铝表面的粗糙度变大。如图 11-1(c)所示,铝在 5% 的 NaCl 溶液中被腐蚀 20 min 之后,铝表面的平均粗糙度从 106 nm 变成了630 nm。三种表面的 XRD 表征如图 11-1(d)所示。这个过程中,伴随产生的氧化铝和铝盐被不断产生的氢气破坏,促使铝的新鲜表面暴露在液态金属中,进一步增加了电化学反应速率。从化学产物分析,可以判断出这个电化学反应过程为

负极:　　　　　　　　　$2Al - 6e^- \Longrightarrow 2Al^{3+}$　　　　　　　　　　(11-1)

正极:　　　　　　　　　$6H^+ + 6e^- \Longrightarrow 3H_2$　　　　　　　　　　(11-2)

笔者所在实验室根据液态金属对铝基的腐蚀行为[24],提出了一种针对铝质结构的雕刻技术,可在常温下对铝表面实现图案化处理。图 11-2 所示为在铝表面制备出的多种图案。这种图案最精细的地方可以达到 100 μm 以下,为铝材的精准图案化提供了新方案。

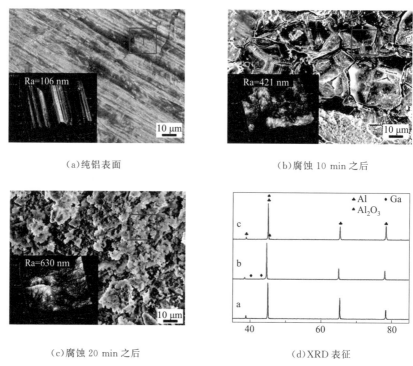

（a）纯铝表面　　　　　　　　（b）腐蚀 10 min 之后

（c）腐蚀 20 min 之后　　　　　　（d）XRD 表征

图 11-1　铝表面被腐蚀前后的 SEM 和 AFM 图片

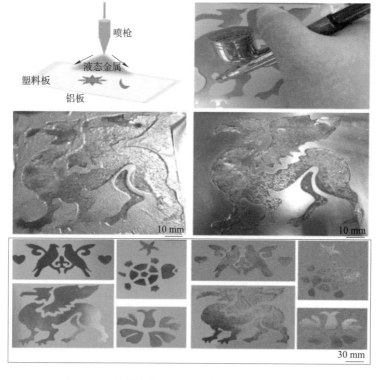

图 11-2　利用液态金属在铝表面进行图案化处理

　　液态金属不仅对铝具有很强的腐蚀性，在高温条件下对铜的腐蚀速度也非常快。如图 11-3 所示（图中‰为元素所占比例），液态金属在不同的温度环境条件下对铜表面的腐蚀，不仅仅停留在表面，还浸润到铜基的内部，可见对铜产生了破坏。不仅如此，液态金属还可以在不同的高温环境中对不锈钢产生不同程度的破坏[25]。

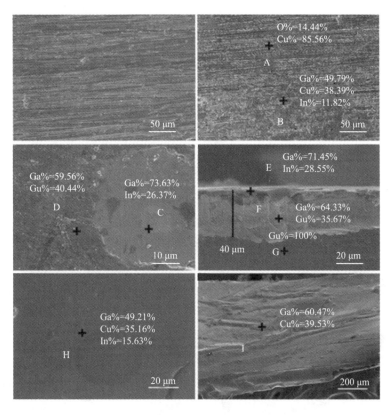

图 11-3　液态金属在不同温度环境中对铜的腐蚀研究

　　液态金属对活泼金属的腐蚀行为实际上成为了一种经典的氢能源制备方法。液态金属可以单独保存，铝材也可以单独保存。当需要氢气的时候，只要将两种材料按照一定的比例混合之后，浸入盐溶液或酸、碱溶液，可以在正极端快速产生氢气。氢气的产出速度和金属材料之间的比例有一定的关系，反应温度和溶液的浓度也是调控反应速度的重要参数。这种可控产氢的新材料和新设计有望在氢能源领域做出突出贡献。

## 11.1.2　液态金属的活性

　　镓铟液态金属在室温是一种可以流动的金属合金，当它遇到更加活泼的金属铝时，会在内部产生原电池反应，导致铝的腐蚀速度加快。镓铟液态金属在水中，因为组成液态金属合金的各种金属化学活性不同，所以，内部会产生电势差，发生原电池反应。只是这种反应会非常缓慢，并伴随着氢气的产生。如果在高温水溶液中，液态金属会和水发生剧烈的反应，镓作为负极失去电子,生成镓的氢氧化物和氧化物;铟作为正极还原水中的(OH)⁻,生成氢气。最终流动状态的合金变成了固态的混合物。当液态金属中加入铁纳米颗粒之后,产生了很奇特的现象。因为铁纳米颗粒具有良好的光热效应,所以,通过远程红外加热或直接加热,均会导致液态金属内部发生剧烈的电化学反应。如图 11-4 所示,将铁纳米颗粒掺杂进液态金属内部,将液态金属合金混合物放入酸[见图 11-4(a)]和碱[见图 11-4(b)]中,液态金属内部发生了剧烈的化学反应[26]。

在酸性溶液条件下,镓作为负极输出电子,形成三价的镓离子;铁作为正极,接收电子,还原氢离子变成氢气,电化学反应式为

$$负极: \quad 2Ga - 6e^- = 2Ga^{3+} \tag{11-3}$$

$$正极: \quad 6H^+ + 6e^- = 3H_2 \tag{11-4}$$

而在碱性溶液中,发生的电化学反应总式为

$$2Ga + 2OH^- + 6H_2O = 2Ga(OH)_4^- + 3H_2 \tag{11-5}$$

通过 XPS 分析液态金属内部成分变化,三价镓在液态金属起始、一个实验周期和十个实验周期的比例如图 11-4(c)所示。可发现随着反应的进行,液态金属内部的主要变化是镓从金属转化成金属离子,从而改变了金属的化学性质,从液态转化为固态。

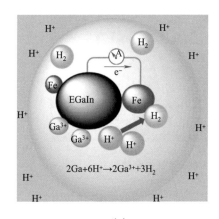

(a)酸中

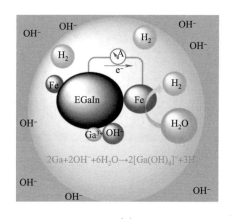

(b)碱中

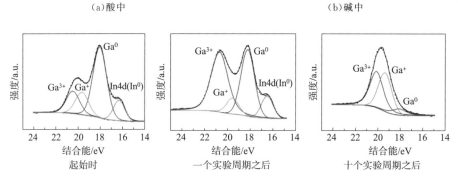

(c)XPS 分析液态金属内容成分变化

图 11-4　掺杂铁纳米颗粒的液态金属在酸和碱溶液中发生电化学反应

通过在 60 ℃ 的水中给含铁液态金属加热(也可以红外加热),宏观观察发现液态金属在 305 s 的时候,从水底一跃到了水面[见图 11-5(a)]。液态金属的密度在 6.9 g/cm³ 左右,当它跃到水面之后,密度变成了 0.9 g/cm³ 左右。在这个变化过程中,液态金属的密度下降至不足原来的 1/6,直至密度小于水,漂浮在水面。对液态金属做切片处理之后,观察发现液态金属内部已经是多孔状。在液态金属内部的镓元素从单质逐渐转变成氢氧化物和氧化物的过程中,从液态转变成固态,同时伴随大量的氢气产生,导致内部形成了很多孔洞,如图 11-5(b)所示。

(a)液态金属密度变化

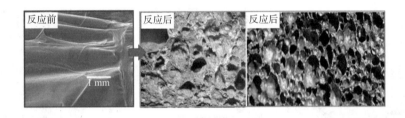

(b)液态金属内部变化

图 11-5　含铁液态金属密度变化和内部变化

这种相变材料的功能类似于鱼鳔,当鱼从水底跃迁到水面时,需要在鱼鳔中存储气体,从而降低自身整体的密度,从水底漂浮到水面。研究者将这种液态金属放置在气球内部,通过红外加热之后,气球被氢气充气,同时液态金属发生相变,使气球脱离水底,实现了从水底载物的功能。

研究中发现,液态金属中掺杂具有光热效应的铁纳米颗粒之后,通过加热或在红外光刺激下,液态金属内部的原电池反应加速,促使液态金属中的镓金属迅速变成具有一定力学性能的固体氧化物和氢氧化物的混合物。这个过程是可逆的,通过稀盐酸等酸性溶液的清洗,固体物质可以快速转化为液态。这一内容对于研究液态金属相变和水下机器人有着重要的意义。

## 11.1.3　液态金属浸润性

液态金属作为导电性能最佳的流体,在电学领域有着广泛的应用前景。当前制备液态金属电子线路的方法主要有三种:软光刻封装,如图 11-6(a)所示[27];直接喷涂式,如图 11-6(b)所示[28];直接书写式,如图 11-6(c)所示[29]。软光刻技术可以将液态金属封装在微米级的流道内,形成稳定的电路。但是,在液态金属三维结构制备领域受到限制,而且此技术的成本比较高。通过喷涂得到的液态金属膜厚度不能够精确掌握。而通过书写笔来实现液态金属的书写,只能在 PVC 等少数高分子基底表面实现。通过刷子来实现液态金属薄膜也很困难,这种方法只能涂刷含有一定氧化物的液态金属混合物,因为混合物的表面张力降低,才可以实现液态金属的流利书写。

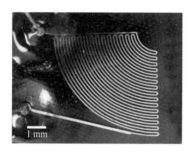
(a)软光刻技术得到的液态金属微流道

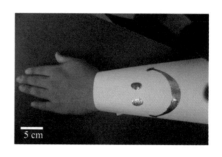
(b)高压喷涂得到的液态金属膜图案

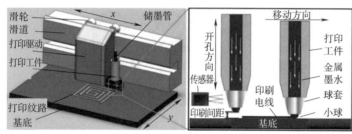

(c)书写笔直接书写液态金属

图 11-6 液态金属线路的制备方法

液态金属本身的表面张力很大,所以,只能借助外部的束缚,才能够实现电学功能。液态金属作为一种典型的金属材料,金属键和羟基之间有着很好的亲和性。纸作为一种廉价的原材料,在它表面实现电子功能,可以大大降低生产的成本。但是,纸纤维和液态金属之间的亲和性很差,为了改变这一问题,研究者通过引入水来改变液态金属和基底之间的亲和性。在干燥的纸表面,液态金属呈现不浸润状态(Cassie's state),如图 11-7(a)所示,所以在液态金属和纸之间存在大量的空气层。空气层导致液态金属很难书写在纸表面,和纸形成稳定的物理结合。由于液态金属和水中的羟基有着很好的亲和性,在浸润的纸表面,液态金属可以浸润纸的内部,形成稳定的浸润状态(Wenzel's state),如图 11-7(b)所示。

液态金属在干燥的纸表面的黏附力为 34.5 $\mu$N(测试的液态金属液滴体积为 10 $\mu$L),可以很轻松地从纸表面脱离,并且没有任何的残留(见图 11-8 中的黑色曲线)。随着纸被水浸润时间的延长,其表面羟基越多,和液态金属之间的亲和性越好。当纸表面被彻底浸润之后,液态金属液滴不能够从纸表面脱离,在测试过程中液态金属被拉断(见图 11-8 中的蓝色曲线)。水浸润纸不仅为表面提供了更多的羟基,而且降低了表面的粗糙度。在这种双重作用下,液态金属从开始的不浸润状态,逐渐变成了彻底浸润状态。

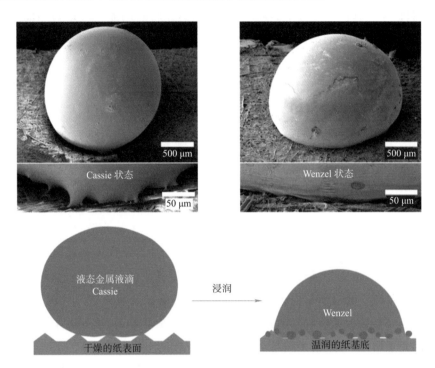

图 11-7　液态金属线路的制备方法

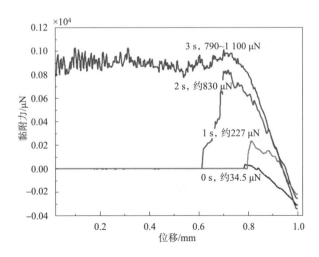

图 11-8　随着纸浸润时间的延长纸-液态金属的结合力变化情况

## 11.2  纳米液态金属化学特性

纳米材料由于特殊的尺寸效应,在纳米尺寸内表现特殊的光、电、热等功能。液态金属纳米材料最大的特征是在纳米尺寸依然保持良好的流动性,这有利于液态金属在微观尺寸范围内实现特殊的功能。

### 11.2.1  光学方面

人们眼中所看到的物质的颜色,不是物质本身的颜色,而是光照到物体表面,被吸收和被反射之后,所呈现在人们眼前的颜色。颜色本身就依赖于外界的光。光波作为一种能量照射在物体表面,人眼睛可视的光波范围在400～700 nm之间。当光照射在金属表面时,引起金属原子表面的电子跃迁和振动,从而吸收和消耗光能。当光照射在液态金属镓表面时,光子会激发低能带电子到高能带。金属镓原子的能带上存在着大量的空轨道,而这些相邻的轨道之间能量差比较小,很多光子进入液态金属表面时会导致液态金属内部的自由电子激发到能带的上一层轨道上,但跃迁的电子很快返回到原来的低能带层,并伴随着光子的释放,所以镓金属单质一般显示银白色的外表。但是,随着镓金属外观尺寸的变小,尤其是到了纳米级别,光波会被大量吸收。当镓从金属单质变成氧化物时,核外电子从禁带跃迁到导带,被吸收的光子增加,导致纳米液态金属外观看来是黑色的。

液态金属的主要组成金属的氧化物都具有半导体的功能,在气敏传感、透明导电领域都有着一定的应用[30,31]。氧化镓薄膜的禁带宽度为3.87～4.3 eV,氧化铟薄膜的禁带宽度范围在3.55～3.75 eV之间,氧化铟锡薄膜的禁带宽度为3.75 eV。在掺杂其他化学元素之后,可见光透过性和载流子浓度会得到明显改善[32,33]。

为了获得镓基纳米氧化物,研究者通过水热、溶胶-凝胶、化学气相沉积和物理气相沉积等技术,成功得到了镓基纳米半导体材料。纯镓热氧化法制备$Ga_2O_3$薄膜是一种低成本制备半导体材料的方法。这种方法是通过制备镓金属膜之后,在惰性气体保护下,在高温条件下进行氧化。通过在400～800 ℃条件下进行热处理,得到不同晶体结构的$Ga_2O_3$。纯镓在300 ℃以上,表面形成的氧化镓都是结晶体。有单斜晶系(111)和(400)两个取向的衍射峰。随着温度的升高,沿着(111)面衍射逐渐增强,而且衍射峰的半高宽逐渐变小。这说明了氧化镓的结晶性能随着热处理温度的升高而逐渐趋于完美。根据德拜-施乐公式

$$d = \frac{k\lambda}{\beta \cos\theta} \tag{11-6}$$

式中,$d$为平均晶体直径;$\lambda$为X射线波长;$\beta$为衍射峰的半高宽;$\theta$为对应该衍射峰的布拉格角,可以得出氧化镓薄膜的平均粒径尺寸。

镓基液态金属合金在热氧化制备半导体膜材料领域具有很大的优势,首先液态金属很

容易被制备成薄膜或者是纳米颗粒,然后经过热处理,可以得到具有多功能的膜材料。图 11-9展示了液态金属被振动分散,使液态金属从直径 1 cm,快速转变成为直径在 100～200 nm 的尺寸[34]。这种技术可以将所需制备的半导体的金属原材料制备成液态,然后在溶液条件下通过振动的方法分散成纳米级颗粒。最后,再经过氧化,得到具有半导体功能的金属氧化物。

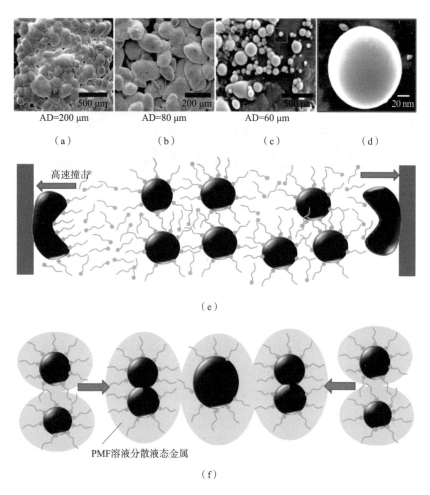

图 11-9　不同振动次数诱发的液态金属颗粒直径的变化

## 11.2.2　药物载体

液态金属在纳米级尺寸状态下依然保持良好的流动性,研究者将液态金属制备成纳米颗粒。液态金属纳米颗粒氧化之后形成固定的形状,将里面的液态金属取出,形成液态金属氧化物壳结构。将药物包裹在壳内,注射到生物体内,实现药物的缓释和定点释放的功能。研究中还通过将催化剂直接负载在液态金属纳米颗粒表面,利用液态金属的流动性、变形性和大比表面积等特征,将药物带到释放的地方,实施治疗[35]。

在液态金属表面制备高分子纳米层之后（见图 11-10），碱性溶液中利用激光刺激液态金属，导致内部发生化学反应和相变，从而实现液态金属体积膨胀和药物释放的目的[36]。

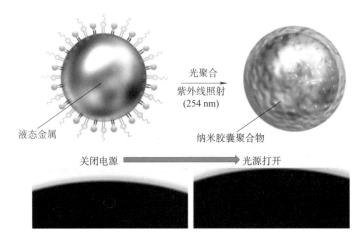

图 11-10　光控制液态金属纳米囊体积膨胀实现释放药物

## 11.3　液态金属复合材料化学特性

镓基液态金属在室温条件下是一种具有良好流动性的金属合金，如图 11-11(a)所示。由于具有很高的表面能和活性，金属原子裸露在空气中非常容易被氧化，在表面形成致密的氧化膜。例如，一件实验服在和液态金属接触之后，液态金属微液滴会黏附在服装表面，经过摩擦和空气中氧化，在实验服表面很快就可以形成一层黑色的致密氧化膜。如图 11-11 所示，实验服在接触液态金属前后表面颜色的变化，从白色变成了黑色，这说明液态金属和柔性有机材料表面具有良好的浸润性，可以在高分子纤维表面形成稳定的氧化膜。除布料表面之外，液态金属还可以在很多基底表面形成氧化膜。液态金属表面易氧化，会损耗大量的液态金属，所以，一般情况下研究者将液态金属保存在溶液中，以减少与空气中的氧气接触。

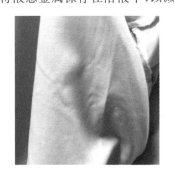 

(a)液态金属的流动性　　　　　(b)实验服的颜色变化

图 11-11　液态金属的流动性和氧化

　　液态金属可以保持椭球状,首先是因为它的表面张力很大,其次是因为氧化膜。液态金属在空气中快速氧化,形成一层致密的氧化膜之后,可以促使液态金属颗粒保持一定的形态。如图 11-12 所示,不同尺寸的液态金属小颗粒,在接触空气之后,都保持一定的椭球状态,这是由于表面张力和氧化膜的协同作用导致的。当这种氧化膜被去掉之后,液态金属小颗粒之间互相吞噬,最终形成一个整体的大液滴[37]。

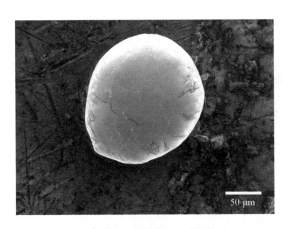

图 11-12　液态金属氧化膜

　　水热法是制备无机纳米材料的一种重要方法。这种方法的第一步是制备晶体生长的种子,俗称晶种。所需制备的材料的盐溶液中,纳米材料在晶种表面生长,最终生长成为具有一定形状的纳米材料。在基底表面制备纳米材料过程中,需要在基底表面先制备晶种层,这个制备过程需要高温将金属盐溶液转化为金属氧化物,为晶体生长提供晶种的作用。液态金属的氧化膜可以在空气中形成,降低了实验所需要的温度,节省了能源。如图 11-13 所示,液态金属在纸表面氧化之后,形成致密的氧化膜。在水热实验中,ZnO 纳米花瓣以液态金属氧化层为晶种,沿着[001]面生长,最终得到了分布规则的纳米花瓣结构。在这个过程中避免了高温煅烧晶种的过程,将实验温度从 300 ℃降到了 90 ℃以内。从扫描电子显微镜(SEM)标注可以看出,液态金属处于基底和纳米结构之间,起到了很好的"缓冲层"作用,既解决了纸基底不耐高温的问题,又解决了纳米材料和纸之间浸润性差的问题。研究者根据液态金属低温氧化特征,在液态金属表面制备了二维层状纳米结构,并实现了特殊的光学功能。这一系列研究为柔性材料表面制备功能纳米结构提供了实验基础。

　　ZnO 纳米材料是一种宽禁带半导体材料,在气敏、光热以及界面材料有着重要的应用。柔性电子的发展和需求,促进了柔性有机材料和无机纳米材料的复合材料的发展。纳米材料制备过程中的高温,限制了纳米材料和高分子材料的结合。如何在低温环境中,将金属氧化物制备在柔性基底表面,给纳米材料的研究提出了新的挑战。液态金属和很多表面具有良好的浸润性,如图 11-14 所示,将液态金属喷涂在聚氯乙烯(PVC)、布和硅片表面,经过氧化之后,可以直接在其表面制备纳米材料。经过 X 射线能谱分析(EDS),可以检测到液态金属的主要成分——镓金属。

50 μm     5 μm     500 nm

(a)纳米花瓣

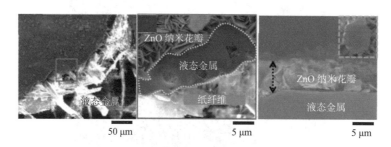

50 μm     5 μm     5 μm

(b)液态金属"缓冲层"

1 cm

(c)液态金属涂覆在纸表面和制备纳米结构之后的光学图片

图 11-13　液态金属表面制备的纳米结构

　　液态金属表面制备 ZnO 纳米团簇示意图如图 11-15 所示。将液态金属涂覆在任意基底表面(少数易腐蚀材料除外),经过空气中快速氧化,形成致密的金属氧化膜。在锌盐溶液中,氧化锌以镓铟氧化物为生长点,沿着[001]方向生长,在 3 h 内生长成为具有六边形的纳米花瓣。液态金属氧化膜表面逐渐被纳米花瓣代替(见图 11-16)。此时液态金属膜仍然具有一定的流动性,随着纳米花瓣数量的增加,会形成微米级团簇。由于团簇之间的收缩,液态金属暴露在团簇之间。随着时间的延长,暴露的液态金属表面被纳米花瓣修饰,形成了一层具有微纳米结构的表面。这种功能表面被氟化物修饰之后,具有了超疏水、防雾和抗结冰的功能。不仅如此,中间的液态金属薄膜可以在直流电条件下,产生大量的热,由此驱动表面的冰块溶解和挥发,实现了自清洁的功能。

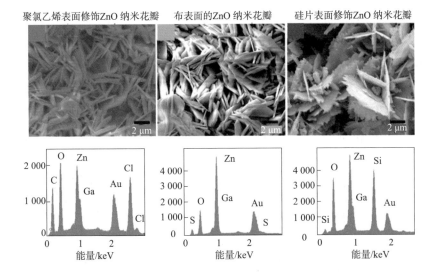

图 11-14　利用液态金属在其他材料表面制备纳米结构

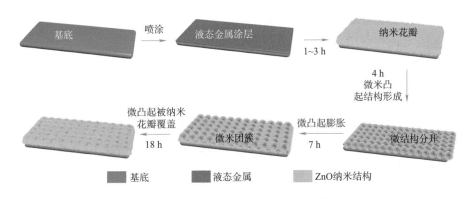

图 11-15　液态金属表面制备 ZnO 纳米团簇示意图

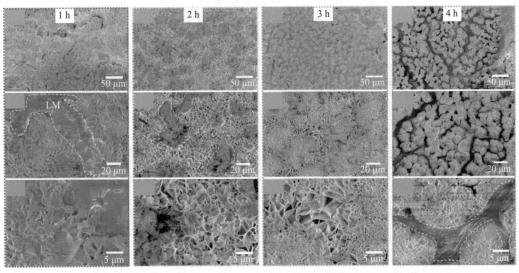

图 11-16　液态金属表面制备纳米结构过程的 SEM 图像

纳米材料很容易在金属表面的晶界等缺陷处成核、生长。液态金属氧化物表面具有很多晶体缺陷,所以在液态金属表面容易制备出纳米结构。将液态金属束缚在基底表面形成膜,可以在其表面制备规则的纳米结构。当液态金属没有被束缚时,具有很好的流动性,其表面长出的纳米结构很容易脱离表面,分散到溶液中形成纳米粉末。如图 11-17 所示,在液态金属液滴表面制备 ZnO 纳米结构,当这些纳米阵列生长达到一定程度之后,纳米结构之间互相排挤。在乙醇清洗之后,纳米结构脱落,液态金属表面很快就被氧化,可以进行下一轮的生长。

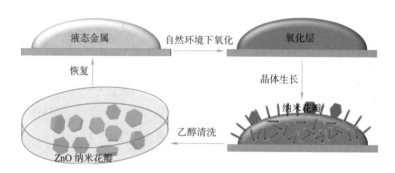

图 11-17　液态金属表面制备纳米粉末示意图

当纳米花瓣生长到一定程度之后,液态金属流动或被乙醇冲洗之后,可以得到纳米花瓣粉末,如图 11-18 所示。这是一种循环制备纳米结构的新方法,在这个过程中液态金属的消耗量非常低,10 μL 的液态金属液滴就可以循环制备纳米结构次数超过 200 次。这种通过液态金属催化来实现纳米材料的制备方法,可以应用到石墨烯的剥离技术,实现低成本剥离单层石墨烯二维材料[37-39]。

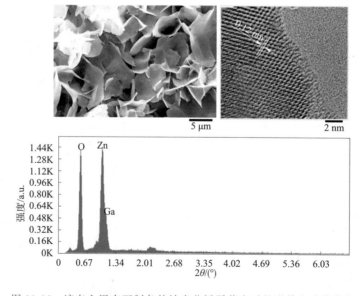

图 11-18　液态金属表面制备的纳米花瓣脱落之后的形貌和成分分析

## 11.4　液态金属催化特性

　　液态金属是近年来新出现的一种催化剂[40]。金属催化剂主要包括铂等贵金属和铁、钴、镍等过渡金属,按照催化剂的活性组分可以分为非负载型和负载型金属催化剂。在负载型催化剂中,通常通过将具有催化功能的金属负载在金属骨架上,以增加催化剂的负载量、表面积以及热稳定性。这种催化剂对于负载骨架的要求非常高:需要大的比表面积,可以为催化剂负载提供表面;力学性能稳定,解决在温度变化过程或受力过程中对其表面催化剂附着力的问题;快速升降温以及快速制备等因素。传统制备金属骨架的方法是将具有催化活性的金属和铝或硅制成合金,通过氢氧化钠溶液将铝或硅溶解掉,形成金属骨架。这一过程复杂,而且成本较高。而液态金属可以通过简单热处理或化学反应,快速得到多孔结构。掺杂铁纳米颗粒的液态金属可以在碱性溶液中迅速获得中空结构,其密度从 $6.9~g/cm^3$,快速降至 $0.9~g/cm^3$。

　　研究者基于共晶镓铟合金(EGaIn)与空心玻璃微珠(Glass bubbles)材料彼此间的相容性,首次提出轻量化液态金属物质概念并制备了一系列低密度的液态金属-玻璃微珠复合物[41],如图 11-19 所示。这类复合物的制作流程简便,具有良好的延展性与可塑性,还具有较好的导电性,其密度可降低至原金属材料的 30% 乃至更低,甚至可以停留在植物叶子表面。这种液态金属基骨架具有良好的导热性,可以快速升温,达到催化剂的最佳使用温度,有望在负载型催化剂领域展开更多应用。

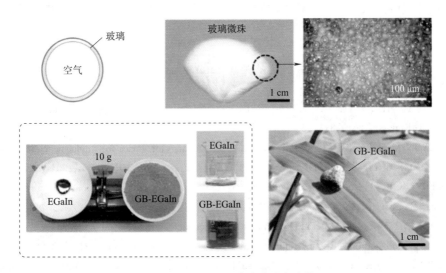

图 11-19　液态金属-玻璃微珠复合物

　　液态金属的流动性可以有效增加其表面积和提高金属的活性,这赋予了液态金属特殊的催化功能。德国埃尔朗根-纽伦堡大学(FAU)的科研人员探索了液态金属的催化问题[42],将液态金属作为传统的负载型催化剂,得到了液态镓-铂双金属催化剂,并且实现了丁烷脱氢反应。武汉大学付磊研究组发现金属处于熔融状态时,其原子的运动剧烈提高了热迁移效应,使表面趋于向同性[38];此外,良好的流动性导致传质速度快等因素,都导致了液态金属表面纳米生长的独特现象,如图 11-20 所示。

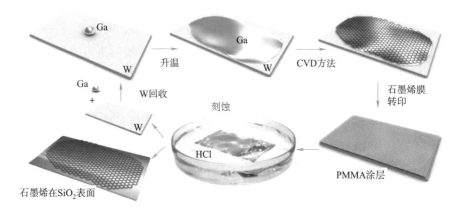

图 11-20　液态金属表面制备纳米结构的过程

　　本章内容根据液态金属的化学特征,论述了液态金属在不同尺寸及环境条件下的化学反应特性及应用,并且根据液态金属易氧化、腐蚀、特殊浸润性、催化以及相变等特征,解读了液态金属在复合材料和纳米材料领域的前沿研究。实际上,相较于液态金属被研究得相对较早的物理问题,液态金属的化学问题还存在着巨大的研发空间,这一领域方兴未艾。

## 参考文献

[1] ZHENG Y, HE Z, GAO Y, et al. Direct desktop printed-circuits-on-paper flexible electronics[J]. Scientific Reports, 2013, 3:1786.

[2] BALDWIN M J, LYNCH T, CHOUSAL L, et al. An injector device for producing clean-surface liquid metal samples of Li, Ga and Sn-Li in vacuum[J]. Fusion Engineering and Design, 2004, 70:107-113.

[3] MIKITYUK K. Heat transfer to liquid metal: review of data and correlations for tube bundles[J]. Nuclear Engineering and Design, 2009, 239:680-687.

[4] KENYU L, HYUNG K, MINYEONG Y, et al. Frequency-switchable metamaterial absorber injecting eutectic gallium-indium (EGaIn) liquid metal alloy[J]. Sensors, 2015, 15:28154-28165.

[5] LUDWIG W, PEREIRO-LÓPEZ E, BELLET D. In situ investigation of liquid Ga penetration in Al bicrystal grain boundaries: grain boundary wetting or liquid metal embrittlement? [J]. Acta Materialia, 2005, 53:151-162.

[6] RONG M, LIU Y, WU Y, et al. Experimental investigation of arc plasma in GaInSn liquid metal current-limiting device[J]. IEEE Transactions on Plasma Science, 2010, 38:2056-2061.

[7] PERONASILHOL N, GAMBINO M, BROS J P, et al. The Cd+Ga+In+Sn+Zn liquid system.

experimental and predicted values of the enthalpy of formation[J]. Journal of Alloys and Compounds, 1992,189:17-22.

[8] WANG D, WANG X, RAO W. Precise regulation of Ga-based liquid metal oxidation[J]. Acc. Mater. Res. , 2021, 2:1093-1103.

[9] GAO Y X, LIU J. Gallium-based thermal interface material with high compliance and wettability[J]. Appl. Phys. A, 2012, 107:701-708.

[10] LI H Y, MEI S F, WANG L, et al. Splashing phenomena of room temperature liquid metal droplet striking on the pool of the same liquid under ambient air environment[J]. Int. J. Heat and Fluid Flow, 2014,47:1-8.

[11] ZHANG M, ZHAN S, HE Z. Robust electrical uni-directional de-icing surface with liquid metal (Ga$_{90}$In$_{10}$) and ZnO nano-petal composite coatings[J]. Materials & Design, 2017,126:91-296.

[12] ZHOU Y, DENG B, ZHOU Y, et al. Low-temperature growth of two-dimensional layered chalcogenide crystals on liquid[J]. Nano Letters, 2016,16:2103-2107.

[13] WANG L, LU J, WANG M, et al. Anti-fogging performances of liquid metal surface modified by ZnO nano-petals[J]. Journal of the Taiwan Institute of Chemical Engineers, 2019,95:65-70.

[14] ZHANG Q, GAO Y, LIU J. Atomized spraying of liquid metal droplets on desired substrate surfaces as a generalized way for ubiquitous printed electronics[J]. Applied Physics A, 2014,116:1091-1097.

[15] KURATA Y, FUTAKAWA M, SAITO S. Corrosion behavior of steels in liquid lead-bismuth with low oxygen concentrations[J]. Journal of Nuclear Materials, 2008,373:164-178.

[16] DENG Y G, LIU J. Corrosion development between liquid gallium and four typical metal substrates used in chip cooling device[J]. Applied Physics A Materials Science & Processing, 2009, 95:907-915.

[17] ZHANG J, YAO Y, SHENG L, et al. Self-fueled biomimetic liquid metal mollusk[J]. Advanced Materials, 2015,27:2648-2655.

[18] BRESLIN C B, CARROLL W M. The activation of aluminium by activator elements[J]. Corrosion Science, 1993,35:197-203.

[19] LUDWIG W, BELLET D. Penetration of liquid gallium into the grain boundaries of aluminium: a synchrotron radiation microtomographic investigation [J]. Materials Science & Engineering A (Structural Materials: Properties, Microstructure and Processing), 2000,281(1/2):198-203.

[20] HUGO R C, HOAGLAND R G. The kinetics of gallium penetration into aluminum grain boundaries-in situ TEM observations and atomistic models[J]. Acta Materialia, 2000,48:1949-1957.

[21] RAJAGOPALAN M, BHATIA M A. Atomic-scale analysis of liquid-gallium embrittlement of aluminum grain boundaries[J]. Acta Materialia, 2014,73:312-325.

[22] ANCHAROV A I, GRIGORIEVA T F, TSYBULYA S V, et al. Chemical interaction of Cu-In, Cu-Sn, and Cu-Bi solid solutions with liquid Ga-In and Ga-Sn eutectics[J]. Inorganic Materials, 2006,42:1058-1064.

[23] LU J, YU W, TAN S, et al. Controlled hydrogen generation using interaction of artificial seawater with aluminum plates activated by liquid Ga-In alloy[J]. RSC Advances, 2017,7:30839-30844.

[24] LU J, YI L, WANG L, et al. Liquid metal corrosion sculpture to fabricate quickly complex patterns on aluminum[J]. Science China Technological Sciences, 2017, 60:65-70.

[25] CUI Y, DING Y, XU S, et al. Liquid metal corrosion effects on conventional metallic alloys exposed to eutectic gallium-indium alloy under various temperature states [J]. International Journal of

Thermophysics，2018，39：113.

[26] WANG H，YUAN Y，LIANG S，et al. PLUS-M：a porous liquid-metal enabled ubiquitous soft material[J]. Materials Horizons，2018，5：222-229.

[27] WANG L，ZHAN S，QIN P，et al. The investigation of de-icing and uni-directional droplet driven on a soft liquid-metal chip controlled through electrical current[J]. Journal of the Taiwan Institute of Chemical Engineers，2020，106：191-197.

[28] WANG L，WANG M，LU J，et al. Enhanced adhesion between liquid metal ink and the wetted printer paper for direct writing electronic circuits[J]. Journal of the Taiwan Institute of Chemical Engineers，2019，95：202-207.

[29] ZHENG Y，HE Z Z，YANG J，et al. Personal electronics printing via tapping mode composite liquid metal ink delivery and adhesion mechanism[J]. Scientific Reports，2014，4.

[30] 田民波，刘德令. 薄膜科学与技术手册[M]. 北京：机械工业出版社，1991.

[31] HAJNAL Z，MIRO J. Role of oxygen vacancy defect states in the n-type conduction of $\beta$-$Ga_2O_3$[J]. Journal of Applied Physics，1999，86：3792-3796.

[32] TIPPINS H H. Optical absorption and photoconductivity in the band edge of $\beta$-$Ga_2O_3$[J]. Physical Review，1965，140：316-319.

[33] BINET L，GOURIER D，MINOT C. Relation between electron band structure and magnetic bistability of conduction electrons in $\beta$-$Ga_2O_3$[J]. Journal of Solid State Chemistry，1994，113：420-433.

[34] CHEN S，DING Y，ZHANG Q，et al. Controllable dispersion and reunion of liquid metal droplets[J]. Science China Materials，2019，62：407-415.

[35] LU Y，HU Q，LIN Y，et al. Transformable liquid-metal nanomedicine[J]. Nature Communications，2015，6：10066.

[36] CHECHETKA S A，YU Y，ZHEN X，et al. Light-driven liquid metal nanotransformers for biomedical theranostics[J]. Nature Communications，2017，8：15432.

[37] ZAVABETI A. A liquid metal reaction environment for the room-temperature synthesis of atomically thin metal oxides[J]. Science，2017，358：332-335.

[38] 曾梦琪，张涛，谭丽芳，等. 液态金属催化剂：二维材料的点金石[J]. 物理化学学报，2017，33：464-475.

[39] SYED N，ZAVABETI A. Wafer-sized ultrathin gallium and indium nitride nanosheets through the ammonolysis of liquid metal derived oxides[J]. Journal of the American Chemical Society，2019，141：104-108.

[40] LIANG S T，WANG H Z，LIU J. Progress，mechanism and application of liquid metal catalysis system：a review[J]. Chemistry-A European Journal，2018，24：17616-17626.

[41] YUAN B，ZHAO C，SUN X，et al. Lightweight liquid metal entity[J]. Advanced Functional Materials，2020，30：1910709.

[42] TACCARDI N，GRABAU M，DEBUSCHEWITZ J，et al. Gallium-rich Pd-Ga phases as supported liquid metal catalysts[J]. Nature Chemistry，2017，9：862-867.

# 第 12 章　液态金属生物学特性

近年来,液态金属材料的应用已不仅仅局限于传热和电子电路等工程领域。由于其既能在较低温度下保持液态(具有流动性),又具有金属的特性,如良好的导电性、导热性和较强的力学性质等,液态金属在生物和医学领域有了越来越多的应用,如注射电子[1]、神经连接[2]、皮肤电路(e-skins)[3]等。这些工作中使用到的液态金属材料主要是镓及其合金,最常用的是 EGaIn(镓铟合金)和 Galinstan(镓铟锡合金)[4]。EGaIn 的配比为镓 75.5%、铟 24.5%(质量分数),熔点为 15.5 ℃;Galinstan 则由 68.5% 的镓、21.5% 铟和 10.0% 的锡构成,熔点为 10.5 ℃。与镓类似,铋也可以与其他金属混合形成低熔点合金,如笔者所在实验室开发的可注射骨水泥材料就使用了 Bi、In、Sn 和 Zn 四种金属组成的合金[5]。材料的物理性质(如熔点和电导率)则可以根据添加的不同金属及其比例来进行调节[6]。

涉及生物医学方面的应用,材料的生物安全性是关注的重点。材料与人体组织直接接触后,会对特定的生物组织环境产生影响。反之,生物组织对材料也会产生作用,进而影响材料的性能。全面的生物相容性评估是材料应用于人体的前提条件,生物学评估可按接触部位(皮肤、黏膜、组织、血液等)、接触方式(直接或间接)、接触时间(暂时、中期和长期)和用途分类,评估的生物学实验项目包括细胞毒性试验、致敏试验、刺激反应试验、亚急性毒性试验、植入试验、血液相容性试验、慢性毒性试验、致癌性试验、生殖与发育毒性试验、生物降解试验等。

## 12.1　镓基液态金属生物学特性

自 20 世纪 90 年代以来,人们对 Ga、In 和镓基合金的毒理学进行了大量的研究。临床上,放射性镓和稳态的镓盐(如硝酸镓)可以作为癌症、钙和骨骼代谢紊乱的诊疗试剂[7]。另外,镓的化合物在动物模型中显示出免疫抑制活性和抗炎作用[8],在镓对人外周血单个核细胞免疫刺激和凋亡诱导的研究中发现,镓会干扰铁的代谢,影响人的免疫系统[9]。最近的研究表明,镓的化合物可以破坏细菌的铁代谢,从而作为一些病原体的抗菌剂[10]。铟在半导体工业中应用非常广泛,怀孕动物中的铟发育毒性研究表明,铟的发育毒性风险很低,除非发生意外的高水平暴露或未知的毒性相互作用[11]。日本职业卫生协会在生物学研究的基础上建议,将血清中 3 $\mu g/L$ 铟作为职业暴露极限值,以防止因工作中接触到铟化合物而对工人的健康产生不利影响[12]。在寻找牙科填充材料——汞基合金的替代物方面,早期研究中呈现出一些不同的结论,如 Chandler 等[13]在 $10^{-3} \sim 1$ mmol/L 的浓度范围内未观察到 Ga 和 In

离子对小鼠成纤维细胞 L-929 明显的细胞毒性作用,而 Schedle 等[14]发现,当 Ga 和 In 的离子浓度高于 $10^{-2}$ mmol/L 时,对 L-929 细胞和牙龈成纤维细胞具有严重的细胞毒性作用。这可能与他们的实验细节相关,如细胞毒性的评估方法、暴露时间、离子浓度和细胞密度的关系等。总的来说,对于 Ga 和 In 的毒性和生物应用方面的研究,大多是基于 Ga 或 In 盐的形式进行的,一般是其硝酸盐[(NO$_3$)$_3$]或氯化物(Cl$_3$),Ga 和 In 以离子的形式出现。而对于纯金属态的镓基液态金属,其毒性研究还需要进一步完善,特别是针对不同的应用场景。

Wang 等[15]提出了一种用液态金属栓塞血管治疗肿瘤的方法,EGaIn 被引入注射到血管中[见图 12-1(a)],于是血液无法流过被液态金属完全堵塞的血管,从而达到"饿死"肿瘤的目的,注入的液态金属在治疗后可以被彻底吸出[见图 12-1(b)]。研究者评估了液态金属的细胞毒性,先分别将镓和铟在细胞培养基中浸泡 24 h 和 48 h,然后用浸泡液去培养小鼠胚胎成纤维细胞(NIH$_3$T$_3$),培养 24 h 后进行 CCK-8 测试和 PI 染色及流式细胞测试,实验结果如图 12-1(c)~(f)所示。CCK-8 的结果显示,在浸泡了镓 24 h 和 48 h 的培养液中,细胞存活率分别为 100.6% 和 75.7%;在浸泡了铟 24 h 和 48 h 的培养液中,细胞存活率分别为 107% 和 79.7%;流式细胞测试的结果显示,与对照组相比,镓和铟组的相对凋亡率分别为 10.18% 和 7.9%。基于此,可以认为 Ga 和 In 的细胞毒性是很低的。

Kim 等[16]研究了水溶液中 EGaIn 释放的离子浓度和时间的关系及其对人类细胞的毒性。试验证实,当不搅拌水溶液时,只有 Ga 离子主要从 EGaIn 释放,而随着超声处理,In 离子的浓度会急剧增加。进一步的细胞毒性研究表明,在浸泡了 EGaIn 的自然释放离子的细胞培养基中,人类细胞的生长不受影响,而使用超声搅拌后的细胞培养基去培养细胞,则会造成细胞死亡。这就提示,在溶液环境中使用 EGaIn 是安全的,但在进行与生物体相关的研究时,需要避免机械性搅拌导致的离子释出。

Wang 等[17]将镓基液态金属(EGaIn)与电磁场结合,实现了对电子皮肤(electronic skin,e-skin)电路的适行化大面积可控加热,并将其与疾病治疗相结合,以扩展 e-skin 和生物电极的应用范畴。由于镓铟合金良好的导电性和导热性,在交变电磁场作用下能够迅速产生热量,加热电路及电极所覆盖区域。利用这一独特的液态金属电子皮肤电磁热效应,研究者建立了基于空间电磁场控制的多位点肿瘤无线治疗技术。这种结合了液态金属打印电子与电磁感应的治疗技术,有望成为便捷式全身性热疗及多位点肿瘤治疗领域的一项突破性治疗手段。动物在体实验(见图 12-2)表明,基于磁场和液态金属的治疗显著延长了荷瘤小鼠的存活时间,如图 12-2(c)所示。研究者还进行了一系列的体外细胞毒性测试和在体生物相容性评估,在肿瘤细胞 C8161 和正常细胞 HaCaT 中以 CCK-8 测试细胞存活率,培养 24 h 和 48 h 后,液态金属组[见图 12-2(d),LM]的细胞存活率约为 100%,表明 LM 无细胞毒性;在注射到小鼠体内的 4 周时间里检测血液生化指标,典型的肝功能标志物——天冬氨酸氨基转移酶(AST)和丙氨酸氨基转移酶(ALT),典型的肾功能标志物——尿素(UREA)和肌酐(CREA)均未见异常[见图 12-2(d)]。

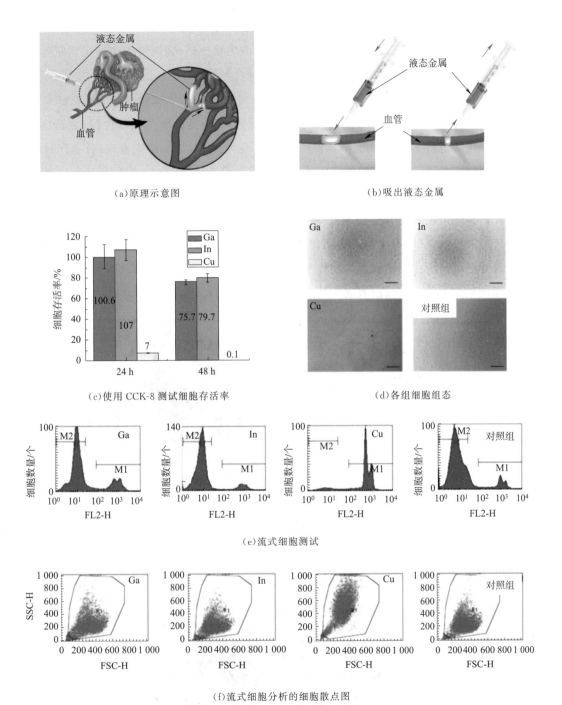

(a)原理示意图　　　　　　　　　　(b)吸出液态金属

(c)使用 CCK-8 测试细胞存活率　　　(d)各组细胞组态

(e)流式细胞测试

(f)流式细胞分析的细胞散点图

图 12-1　用液态金属栓塞血管治疗肿瘤

此项工作不仅实现了将液态金属材料与温敏性水凝胶药物释放结合进行联合肿瘤治疗,还实现了在体多位点肿瘤的同时治疗,效果显著。这种物理场与液态金属皮肤电子的肿瘤治疗方法避免了复杂的治疗过程,能够实现时空控制,操作灵活,还能避免额外的纳米材料直接注射到体内所带来的免疫反应或者代谢问题,拓展了皮肤电子的一个全新的应用——多位点肿瘤治疗,之后可以将其与皮肤电子的生物传感、健康监护和疾病诊断等功能相结合,还能与生物组织打印、神经网络等学科相结合,使皮肤电子更好地服务人类生活。

随着 EGaIn 的应用日益广泛,有必要对其可能对生物体和环境健康产生的潜在影响进行研究。Li 等[18]选取典型的革兰氏阴性菌(大肠杆菌)和典型的革兰氏阳性菌(金黄色葡萄球菌),以覆膜法进行 EGaIn 表面的抗菌性能测试[见图 12-3(a)],研究发现,分别经过 10 h 和 20 h 的培养,大肠杆菌和金黄色葡萄球菌的菌落数降为 0[见图 12-3(b)],EGaIn 表面对这两种菌的抗菌率均达到 100%。通过扫描电镜和透射电镜观察,发现暴露于 EGaIn 会影响大肠杆菌和金黄色葡萄球菌细胞的周期调节和分裂,从而导致细胞死亡[见图 12-3(c)]。深入分析抗菌机制,使用荧光探针检测到 EGaIn 表面有活性氧(ROS)的产生,此外,实验还证实了镓能够破坏细菌的铁代谢。此项工作揭示了 EGaIn 表面的抗菌效果及机制,显示出液态金属材料在抗菌领域的巨大应用潜力。

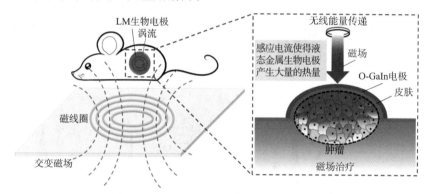

(a)磁场下在体肿瘤中氧化GaIn生物电极示意图

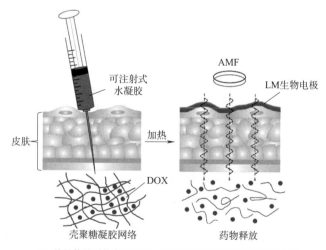

(b)热量传导到载有DOX的水凝胶引起药物释放的原理示意图

图 12-2　动物在体实验

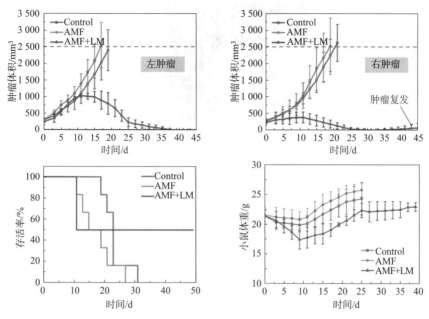

（c）对照组、AMF组以及AMF+LM组的小鼠存活率曲线和小鼠体重变化曲线

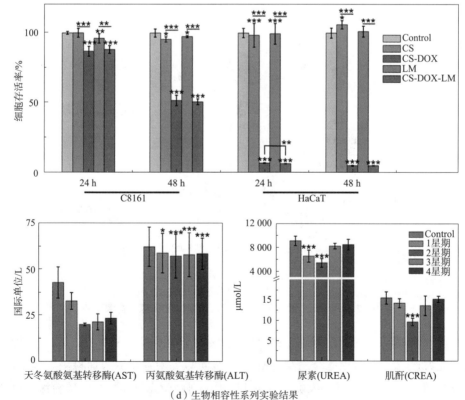

（d）生物相容性系列实验结果

图 12-2 动物在体实验（续）

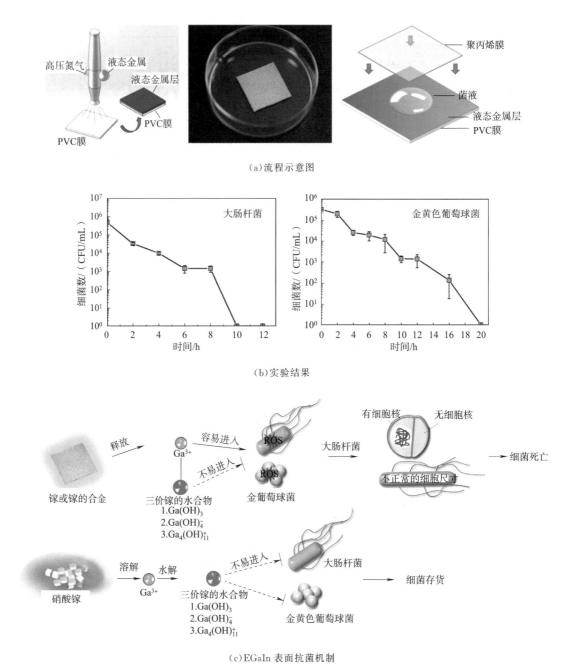

(a)流程示意图

(b)实验结果

(c)EGaIn 表面抗菌机制

图 12-3 喷涂法制备 EGaIn 薄膜及采用覆膜法进行抗菌实验

Guo 等[19]使用一种混合金属铜微颗粒的复合液态金属材料(Cu-EGaIn),利用这种材料的放射成像能力,开发出一种液态金属纹身贴片,不仅可以贴敷在皮肤表面检测人体生理信号,而且可以帮助医生在 CT 图像中准确定位病灶位置。利用激光打印机打印碳粉涂层以及滚涂方式印刷液态金属材料,可以方便快捷地进行大批量的液态金属贴片制备。将液态金属纹身贴片制作成不同尺寸的圆形 CT 定位标记物,并贴敷在水模和实验动物的体表。实验表明,在不同的扫描模式下,液态金属标记物均能获得较高的 CT 值。在实验动物头部、胸部以及腹部贴敷的液态金属 CT 定位标记物(见图 12-4)均表现出远高于生物组织的 CT 值,并能够通过图像分割获得多个标记物与生物组织之间的几何位置关系。基于 Cu-EGaIn 材料的纹身贴片对 X 射线的阻挡能力远高于人体组织,因此,将液态金属纹身贴片贴敷在病灶周围的皮肤表面,结合 CT 断层扫描,在获得的 CT 断层图像中,液态金属纹身贴片反映出很强的放射成像效果,可辅助医生或手术机器人确定病灶与体表贴片的几何位置关系以及穿刺引导和手术治疗。该技术有望将皮肤电子与医学影像结合,实现医学影像辅助下的生理信号实时监测。

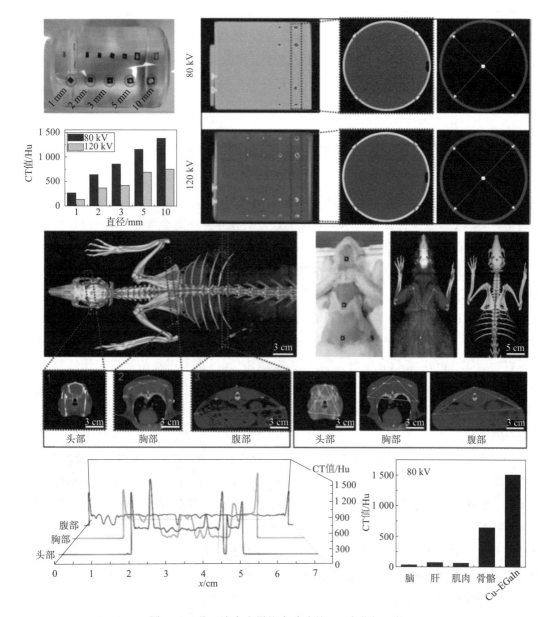

图 12-4 基于液态金属纹身贴片的 CT 定位标记物

Sun 等[20]研发了基于液态金属电极的适形化电化学肿瘤治疗方法,室温下呈液态的镓及其合金可望成为一种液态柔性电极材料。这种高柔顺性金属流体电极可通过注射方式注入肿瘤,甚至胃、直肠、结肠、血管等传统电极很难到达的部位,又能与周围组织很好贴附,而且通过变换排布方式可有效地减少电极使用数量,大大降低了对患者造成的机械创伤。离体细胞水平和荷瘤动物对比试验,均揭示出液态金属电极拥有较之传统惰性铂电极更为优良的肿瘤治疗效果。在相同电压下,液态金属电极组的电流是铂电极组的两倍左右,且能通过电解作用分别在阴极和阳极产生更多的治疗性产物。而在传输相同量电荷方面,液态金属组所需时间只有普通铂电极组的一半。这主要是由于液态金属在非均一电场作用下时,其阴极由于表面氧化层的去除,使得液态金属与其周围溶液均产生剧烈的扰动,从而让更多的离子参与到电化学的反应中,这就解释了液态金属电极所展示出的更好肿瘤治疗效果以及导致更多肿瘤细胞死亡的机制。此外,还开发了一种水浴式液态金属射频电极[21],可将形状复杂的治疗部位浸泡于其中并由此输入电流,从而实现预期的适形化射频消融治疗。

## 12.2　铋基液态金属生物学特性

在元素周期表中,铋的位置处于有毒的重金属之中,但它却是一种无害的元素[22],许多铋的化合物的毒性甚至比食盐(NaCl)还低。这使得铋在众多重金属中独树一帜,被称为是一种"绿色元素"。铋的化合物广泛应用于化妆品和药物领域。例如,环保珠光材料氯氧化铋是化妆品合成中的一种重要原料,次硝酸铋可用于治疗胃及十二指肠溃疡及腹泻等。Sano 等进行了一系列动物实验研究,通过单次和 28 天重复给药研究了铋对大鼠的口服毒性[23],并进行了为期 13 周的气管内间歇给药的铋吸入毒性研究[24]。结果表明,无论是单次口服 2 000 mg/kg,还是 28 天每天口服 0 mg/kg、40 mg/kg、200 mg/kg 或 1 000 mg/kg 的铋颗粒(直径 10 $\mu$m),均没有任何动物死亡,临床体征、体重和尸检结果也无任何异常。此外,气管间歇给药的实验表明,连续 13 周、每周一次的气管内施加 0 mg/kg、0.8 mg/kg、4 mg/kg、20 mg/kg 的铋,会引起肺部异物发炎以及与肺部病变有关的身体变化,但其他器官没有发生明显变化。

Yi 等[5]提出了一种全新概念的低熔点液态合金骨水泥,用以加固和修复受损骨骼,这种可注射型金属骨骼技术打破了传统非金属骨水泥的范畴。骨水泥是临床上实施骨科手术的重要生物医学材料,主要用于人工关节置换、骨缺损修复及替代等,旨在改善骨类疾病患者生活质量。金属骨水泥免去了传统材料需要预混以完成化学反应的烦琐过程,而其低熔点特性避免了对周围骨组织的热损伤;操作方面,液态金属由于流动性好,采用医用注射器即可完成骨腔灌注,并能快速固化[见图 12-5(a)];而且,合金骨水泥在体内甚至是骨内具有优异的放射显影性,便于术中、术后监控[见图 12-5(b)];临床上的骨水泥在使用多年后会发生一定比例的翻修,翻修过程涉及器械多,对医生技能要求较高,且翻修手术会对患处残留骨造成再次损伤。合金骨水泥的固液相灵活转换特点在此方面发挥了优势,使翻修过程仅通过加热、吸出即能实现可逆操作。

研究人员对 Bi-In-Sn-Zn 合金骨水泥与体内环境的相互作用进行了系统的研究,实验方法和结果如图 12-5(c)~(e)所示。首先研究合金在模拟体液中的腐蚀情况,测试合金骨水泥浸泡一段时间后的离子释出;然后进行合金骨水泥体外生物相容性实验,包括细胞毒性实验和合金骨水泥表面的骨细胞培养实验;最后,通过小鼠皮下植入实验研究合金骨水泥的体内生物相容性。合金骨水泥在 Hank's 溶液中浸泡 1 天、2 天、5 天、9 天和 14 天后,通过 ICP-MS 检测浸泡液中各种离子的浓度,Bi、In 和 Sn 元素因浓度过低而无法检出,Zn 浸泡 14 天后的质量浓度为$(0.8\pm0.1)$mg/mL;用浸泡液培养 BALB/c 3T3 小鼠胚胎成纤维细胞进行细胞毒性评估,实验结果表明对细胞存活率无影响,细胞毒性在 0 级和 1 级之间,对 3T3 细胞和线粒体酶正常增殖的影响较小。将合金样本皮下埋入小鼠皮下 1 天、7 天和 14 天,组织切片结果显示,合金骨水泥样品植入后,周围组织发生缓和的炎症反应,属于生物体对外来异物的正常反应,组织未见剧烈炎症反应和细胞变异行为,移除的合金样品被黏膜包裹,结构完整,表面未有变色和腐蚀等变化。

He 等[25]研发了熔点低、固-液相变快、形状可塑、机械强度大以及具有较好的导电和导热性能的铋合金,可原位注射长期修复骨缺损,联合远程交变磁场(AMF)加热效应,抑制疼痛致敏物质(IL-6、SP、TRPV1)的表达,实现对骨缺损引起的急性、慢性疼痛的微创治疗[见图 12-6(a)]。在骨移植后第 210 天,观察到铋合金在骨填充部位的位置没有明显移动,铋合金-骨切片与特异性染色显示铋合金与骨结合较为紧密,证明其与骨亲和性较好。机械与热痛敏行为学测试表明,基于铋合金的电磁加热效应,远程交变磁场控制温度,减轻了机械和热痛阈值,降低了疼痛敏化物质(IL-6,SP 和 TRPV1)的表达。此外,对铋合金进行了全面的生物安全性评估,从体外细胞毒性到体内(长达 7 个月)安全性评估均未发生异常[见图 12-6(b),图中,A 表明未染色的组织切片表明铋合金完好无损,并在缺损处保持良好的填充效果;B 表明 HE 染色表明铋合金周围结构更完整,周围可见较少的炎症细胞;C 表明 TB 染色显示铋合金周围可见深蓝色新再生骨组织和粉红色新成骨细胞;D 表明 VG 染色显示粉红色的新胶原纤维],为将来可能的应用提供了强有力的支持。

骨缺损患者或骨再生能力较弱的老年患者,需要骨移植材料替代缺失骨。但是,自体和异体骨组织来源有限;大部分非金属材料机械性能差;传统的金属材料熔点高、形状可塑性差,并且弹性模量远高于骨组织,容易产生松动。同时,骨缺损刺激周围神经产生疼痛,常见的骨镇痛药物易导致呼吸抑制、肾毒性,影响骨重塑/愈合等副作用;非药物镇痛疗法如热疗镇痛效果明显,如电热针治疗慢性疼痛和抑制炎症反应,但反复针刺热疗会导致组织创伤,治疗深度有限。如何应对大面积骨缺损及其引发的急慢性疼痛的医疗难题,仍然是相关领域关注的重点。这种铋合金原位注射与 AMF 磁控热疗相结合治疗骨缺损和疼痛的方式,有望成为骨科领域的一项突破性的治疗手段。

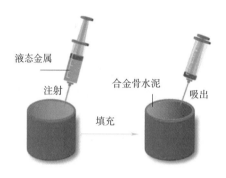

（a）合金骨水泥的注射和吸出过程示意图

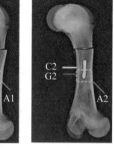

（b）合金骨水泥优异的放射显影性

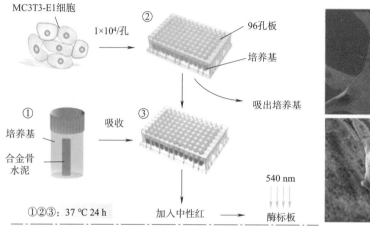

（c）合金骨水泥细胞毒性试验流程示意图

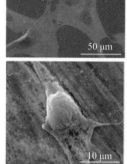

（d）培养三天的 MC3T3-E1
细胞的扫描电镜照片

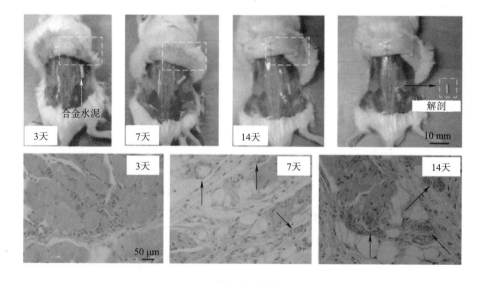

（e）植后组织切片

图 12-5　Bi-In-Sn-Zn 合金骨水泥生物相容性研究

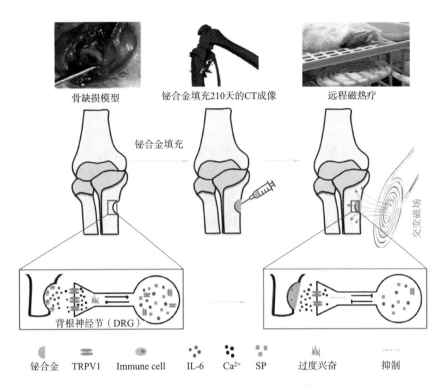

骨缺损模型　　　铋合金填充210天的CT成像　　　远程磁热疗

铋合金填充

背根神经节（DRG）

铋合金　　TRPV1　　Immune cell　　IL-6　　Ca²⁺　　SP　　过度兴奋　　抑制

（a）铋基合金基骨缺损填充及镇痛示意图

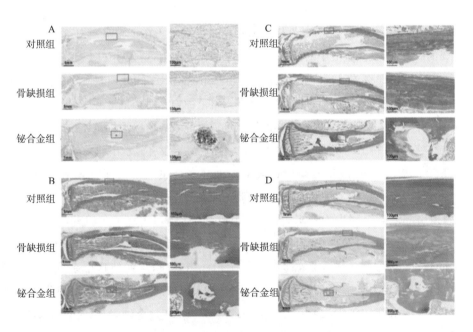

（b）植入 210 天后铋合金的生物相容性评估

图 12-6　铋基合金基骨缺损填充及镇痛

此外,Remennik 等[26]使用含铋的镁合金作为可降解的骨植入物材料,兔股骨在体植入实验显示,异物反应非常轻微,在植入物附近可以观察到更多的骨形成,实验动物的一些重要生化指标都在正常的生理范围之内,肝和肾的病理检查也正常。

## 12.3　微纳米尺度液态金属生物学特性

与宏观尺寸的液体金属材料相比,微纳米液态金属在使用上更为灵活。微纳米液态金属在生物医学领域的应用主要包括药物递送、肿瘤杀伤和抗菌抑菌等。

Lu 等[27]报道了一种使用纳米液态金属进行药物递送的方法,他们将液态金属(镓铟合金)纳米颗粒(LM-NPs)、硫醇化配体(ligands)与抗癌药物阿霉素(Dox)组装在一起,构成平均直径在 107 nm 的 LM-NPs/Dox-L,对其肿瘤靶向性、抗肿瘤作用、毒性作用进行了系统性评估。将 Cy5.5 标记的 LM-NP/Dox-L 静脉注射到荷瘤小鼠中,在肿瘤部位观察到荧光信号,强度比肝脏或肾脏的荧光信号高三倍,证明 LM-NP/Dox-L 在肿瘤组织中富集;药代动力学曲线表明 LM-NP/Dox-L 在长时间的全身循环中能够保持较高的药物浓度;与 Dox 溶液相比,LM-NP/Dox-L 和 LM-NP/Dox 组的肿瘤抑制作用显著提升,而且 LM-NP/Dox-L 和 LM-NP/Dox 组的肿瘤体积产生明显差异,进一步证实了 LM-NP/Dox-L 的靶向作用。用雌性 Balb/c 小鼠对 LM-NPs/L 进行了为期 3 个月的毒性评估,小鼠在注射 LM-NP/L(45 mg/kg)后的第 3 天、7 天、20 天、40 天和 90 天被处死以收集血液进行分析。结果显示,重要的肝功能标志物水平,包括丙氨酸转氨酶、天冬氨酸转氨酶、碱性磷酸酶和白蛋白浓度均在正常范围内,这表明 LM-NP/L 未引起明显的肝毒性;小鼠血液中的尿素水平也在正常范围内,这表明 LM-NP/L 没有明显的肾脏毒性;血液指标(白细胞、红细胞、血红蛋白、平均红细胞体积、平均红细胞血红蛋白、平均红细胞血红蛋白浓度、血小板计数和血细胞比容)也都在正常范围内。对小鼠进行尸检,没有观察到明显的器官损伤;对从心脏、大脑和肌肉处收集的组织进行研究,也没有观察到明显的组织损伤。基于以上动物在体实验,可得出结论,即 LM-NP/L 在治疗剂量下没有显示出明显的毒性。

Chechetka 等[28]基于 EGaIn 设计合成了一种液态金属纳米尺度胶囊结构,具有高水相分散度和低毒性,在生物学上中性的近红外激光照射下,能够产生热量和活性氧(ROS),同时,激光照射引起液态金属发生变形,导致纳米胶囊的破坏,实现了负载药物的非接触可控释放。利用纳米液态金属的理化特性杀死肿瘤细胞,并控制细胞间的钙离子流量。此外,在活体动物的近红外激光治疗中,液态金属还显示出光声效应,从而使这个系统成为生物成像的强大工具。研究者测试了制备的液态金属纳米胶囊的潜在毒性,并与其他代表性的纳米材料,如单壁碳纳米管(SWCNT)、多壁碳纳米管(MWCNT)、金纳米棒(Au-NRs)进行比较。实验中,将人宫颈癌细胞 HeLa 分别与不同质量浓度(25 mg/mL、50 mg/mL、100 mg/mL、200 mg/mL、400 mg/mL、800 mg/mL、1 200 mg/mL 和 1 600 mg/mL)的纳米材料预孵育 24 h。结果表明,与其他纳米材料相比,即使在高质量浓度下,LM 纳米胶囊的毒性也很低,细胞存活率达到 90% 以上。此外,在长达 19 天的动物体内实验中,高质量浓度的 LM 纳米胶囊(最高达到 320 mg/mL)注射不会影响小鼠的生存能力和体重。基于这些实验结果,认为 LM 纳米胶囊具有很高的生物相容性,可应用于生物医学领域。研究者还构建了一个微流体血管模型,研究激光照射下 LM 纳米胶囊的微尺度行为,认为激光驱动的 LM 转换行为能够有效地控制温度、真实血管中底物的流动速度、血管收缩以及抑制肿瘤的血管生成和血液流动。

Sun 等[29] 开发了一种基于形状可调的镓纳米棒的肿瘤消融技术并系统评估其光热特性,通过体外和体内实验,证实其在激光照射下对肿瘤具有破坏作用,这为提高激光消融肿瘤的治疗效果奠定了基础。制备了镓纳米球(GaNS)、镓纳米棒(GaNR)和镓铟合金纳米棒(LMNR),研究了在有/无激光照射下这几种颗粒的细胞毒性,实验机制如图 12-7(a)所示,实验结果如图 12-7(b)所示。从图 12-7(b)中可以看到,在没有激光照射的情况下,几种颗粒对细胞存活率均无影响,而在持续 4 min、1.5 W 的外部激光照射后,与 GaNS[细胞存活率(44.82±3.37)%]和 LMNR[细胞存活率(56.06±3.71)%]相比,GaNR 表现出显著的细胞杀伤作用[细胞存活率(30.62±2.78)%]。

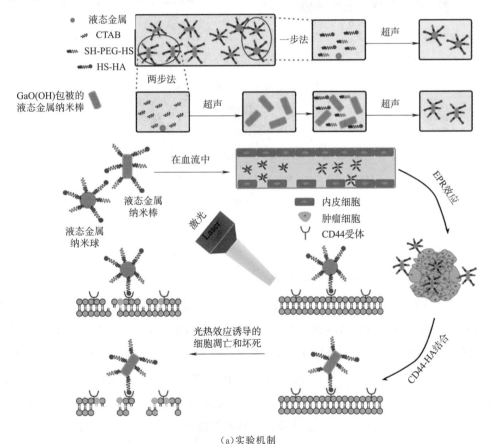

(a)实验机制

图 12-7 液态金属纳米颗粒合成示意图及其在激光照射下的抗肿瘤机制

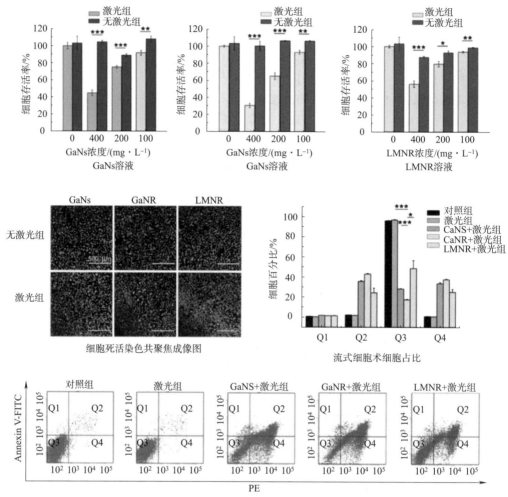

Q1：早期凋亡细胞，Q2：晚期凋亡细胞，Q3：活细胞占比，Q4：凋亡细胞占比

细胞凋亡分析

（b）实验结果

图12-7　液态金属纳米颗粒合成示意图及其在激光照射下的抗肿瘤机制（续）

　　Sun 等[30]还制备出一种由壳聚糖分散的液态镓微米颗粒。该材料具有高导热率，是去离子水的 15.53 倍。实验发现，在体系的降温过程中，镓颗粒材料在经受冻结由液态转变到固态的相变行为会激发材料的剧烈形变，甚至在某个方向快速生成尖锐微刀刃，像一把金属利剑一样刺穿坚硬冰晶。在高速镜头下，研究者拍摄到材料爆炸样的形变行为，能够在 1 ms 内刺穿 150 μm 的坚硬冰晶。体外细胞实验及在体动物实验均表明这种复合材料具有良好的生物相容性。三周内，动物的体重以及肝、肾功能未见异常，对此类材料后续的在体应用提供了安全性依据。研究中，液态金属颗粒材料处于微米尺度范围，通过瘤内注射的方式递送到肿瘤部位。系列原理性试验证实，低温冷冻手术协同液态金属复合材料的机械杀伤显

示出较好的肿瘤增强治疗效果。实验表明,该研究提出的液态金属颗粒材料具有良好的 X 射线以及 CT 成像效果,该镓微米材料在核磁成像中能够显著影响 T2 值,可以同时介导 CT 和 MRI 的双模态成像,如图 12-8 所示。

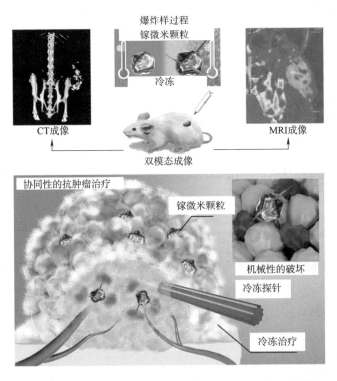

图 12-8　基于镓微米颗粒的低温消融与微爆破杀伤肿瘤协同
治疗机制及在体双模态成像[30]

液态金属纳米颗粒在磁场的激发下,还能够防止菌膜的生成,起到抗菌抑菌的作用。Elbourne 等[31]发现,当 LM 液滴暴露于低强度旋转磁场,会被激发而改变形状,形成锋利的边缘。当其与细菌生物膜接触时,磁场引起液态金属颗粒运动以及纳米级尖峰的出现,从而能够以物理方法破坏细菌细胞及菌膜。在典型的革兰氏阴性菌——铜绿假单胞菌和典型的革兰氏阳性菌——金黄色葡萄球菌生物膜的实验中,均取得了很好的杀菌效果,杀菌率达到99%以上。

## 12.4　液态金属复合材料生物学特性

一类液态金属复合材料可以采用聚合物包裹液态金属的形式,形成液态金属弹性体复合材料,避免了在体使用中液态金属与生物组织的直接接触,规避了潜在的风险。例如,Jin 等[1]首次提出了液态金属注射电子学概念,展示了一种在体 3D 打印模式,可借助由同心套管制成的打印头,将液态金属(作为电极材料)及明胶(作为封装体)注入体内,构筑出所预期的空间电路实现生物医学应用。这种嵌入式结构将液态金属与生物组织彻底隔开,包裹材料多采用 PDMS、琼脂、明胶等具有良好生物相容性的材料。而且,在植入系统中,植入器件会被生物体当作"异物",从而引起一系列炎症反应,既对生物体本身造成伤害,也会影响植入器件的功能。而基于液态金属的植入器件是柔性的,与硅基等其他刚性材料相比,能更好地解决炎症反应的问题。

另一类液态金属复合材料是将液态金属与其他液体材料混合,使液态金属液滴分散在其他材料之中。例如,Fan 等[32]开发了一种液态金属/海藻酸钙(LM/CA)水凝胶,并将其应用于血管栓塞和肿瘤栓塞治疗。这种复合的液态金属/水凝胶材料经过交联可以迅速从液体转化为固体,在液态下用注射器将其注射到血管中,成为血管内的栓塞材料,能够堵塞动脉并阻塞血液流动,最终导致肿瘤组织的缺血性坏死,有望成为新一代的肿瘤栓塞治疗材料[见图 12-9(a)]。研究者测试了 LM/CA 水凝胶的生物相容性,将其注射到小鼠体内,检测小鼠的血清生化指标。典型的肝功能标志物 ALT、AST[见图 12-9(b)中的 A],以及典型的肾功能标志物 CREA 和 UREA[见图 12-9(b)中的 B]在 4 周的时间里没有增加,这表明 LM/CA 水凝胶在小鼠体内是安全低毒性的。经过 4 周的观察,注射组小鼠处于健康状态,体重增加。还进行了体外血液凝固和溶血试验,检验 LM/CA 水凝胶的血液相容性[见图 12-9(b)中的 C],测试了 LM、LM/SA(液态金属/海藻酸钙)混合溶液、LM/CA 水凝胶和 CA 水凝胶的全血凝固时间。结果显示,LM 和 LM/SA 组的凝血时间与对照组相似,而 LM/CA 和 CA 组的凝血时间变长,证明 LM/CA 水凝胶不会引起凝血。此外,LM 和 LM 复合材料的溶血值(0.5%～1.2%)[见图 12-9(b)中的 D]低于之前报道的其他栓塞材料[33],由此可见,这类材料具有优异的血液相容性。

液态金属液滴的使用使得水凝胶在 X 射线和 CT 扫描下不透辐射,有利于血管外科手术中材料位置的跟踪。此外,体外和体内实验证明,这种智能水凝胶可以通过交联快速地从液体转变为固体,表现出相当灵活和可控的性能。受益于这些特性,水凝胶可以通过注射器在血管中进行注射,然后用作血管内栓塞程序的栓塞材料。体内实验表明,这种水凝胶可以阻塞动脉和血液流动,直到最终导致肿瘤和部分健康组织的缺血性坏死。总体而言,此 LM/CA 水凝胶有望成为未来肿瘤栓塞治疗的新一代栓塞材料。

此外,还有一类纳米液态金属复合材料,如 Kurtjak 等[34]开发的生物活性羟基磷灰石纳米棒(84%,质量分数)和镓纳米球(16%,质量分数)的抗菌复合材料。与羟基磷灰石和银纳米颗粒的复合材料相比,含有镓的复合材料对铜绿假单胞菌具有更高的抗菌性,而且对人肺成纤维细胞 IMR-90 和小鼠成纤维细胞 L929 具有更低的细胞毒性。但其抗菌机理尚不清楚,有一些证据表明是 $Ga^{3+}$ 的作用,但离子释出研究发现,释放出的 $Ga^{3+}$ 浓度并不足以完全抑制细菌生长。可能的抗菌源包括 Ga 纳米颗粒、Ga 的氧化物($Ga_2O_3$)或 Ga 纳米颗粒溶解形成的 Ga 离子,这还有待于更加系统和深入的研究。

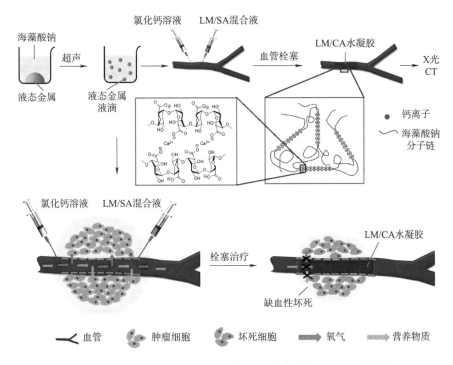

（a）用于血管栓塞和肿瘤栓塞治疗的液态金属/海藻酸钙（LM/CA）水凝胶

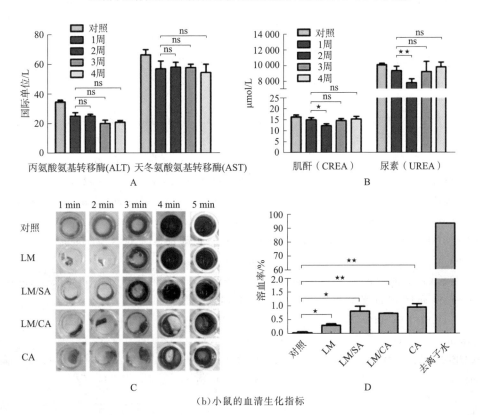

（b）小鼠的血清生化指标

图 12-9　液态金属/海藻酸钙（LM/CA）水凝胶

总的说来,当前所能获得的试验结果表明,金属形式的镓基和铋基低熔点合金以及纳米液态金属具有较好的生物相容性,在生物医学领域具有广阔的应用前景。当然,也应指出,Ga、In、Bi 和 Sn 等材料与生物体之间长期的相互作用机理是非常复杂的,涉及多种生物化学过程,在实际使用中应综合考虑并针对具体情况加以详细研究,从而确保相应液态金属材料在疾病诊断与治疗乃至健康维护上发挥应有的作用。

## 参考文献

[1] JIN C,ZHANG J,LI X,et al. Injectable 3-D fabrication of medical electronics at the target biological tissues[J]. Scientific Reports,2013,3:3442.

[2] ZHANG J,SHENG L,JIN C,et al. Liquid metal as connecting or functional recovery channel for the transected sciatic Nerve[J]. arXiv,2014:1404.5931.

[3] GUO R,WANG X,YU W,et al. A highly conductive and stretchable wearable liquid metal electronic skin for long-term conformable health monitoring[J]. Science China Technological Sciences,2018,61:1031.

[4] REN Y,SUN X,LIU J. Advances in liquid metal-enabled flexible and wearable sensors[J]. Micromachines,2020,11(2).

[5] YI L,JIN C,WANG L,et al. Liquid-solid phase transition alloy as reversible and rapid molding bone cement[J]. Biomaterials,2014,35:9789-9801.

[6] WANG Q,YU Y,LIU J. Preparations,characteristics and applications of the functional liquid metal materials[J]. Advanced Engineering Materials,2018,20:1700781.

[7] CHITAMBAR C R. Medical applications and toxicities of gallium compounds[J]. Int. J. Environ. Res. Public Health,2010,7:2337-2361.

[8] WHITACRE C,APSELOFF G,COX K,et al. Suppression of experimental autoimmune encephalomyelitis by gallium nitrate[J]. J. Neuroimmunol,1992,39:175-181.

[9] CHANG K L,LIAO W T,YU C L,et al. Effects of gallium on immune stimulation and apoptosis induction in human peripheral blood mononuclear cells[J]. Toxicol Appl Pharmacol,2003,193:209-217.

[10] GOSS C H,KANEKO Y,KHUU L,et al. Gallium disrupts bacterial iron metabolism and has therapeutic effects in mice and humans with lung infections[J]. Sci. Transl. Med. ,2018,10.

[11] NAKAJIMA M,USAMI M,NAKAZAWA K,et al. Developmental toxicity of indium: embryotoxicity and teratogenicity in experimental animals[J]. Congenit Anom,2008,48:145-150.

[12] TANAKA A,HIRATA M,KIYOHARA Y,et al. Review of pulmonary toxicity of indium compounds to animals and humans[J]. Thin Solid Films,2010,518:2934-2936.

[13] CHANDLER J E,MESSER H H,ELLENDER G. Cytotoxicity of gallium and indium ions compared with mercuric ion[J]. J. Dent. Res. ,1994,73:1554-1559.

[14] SCHEDLE A,SAMORAPOOMPICHIT P P,RAUSCH-FAN X H,et al. Response of L-929 fibroblasts, human gingival fibroblasts, and human tissue mast cells to various metal cations[J]. J. Dent. Res. ,1995,74:1513-1520.

[15] WANG Q,LIU J. Delivery of liquid metal to the target vessels as vascular embolic agent to starve

diseased tissues or tumors to death[J]. arXiv,2014:1408. 0989.

[16]　KIM J H,KIM S,SO J H,et al. Cytotoxicity of gallium-indium liquid metal in an aqueous environment[J]. ACS Appl Mater Interfaces,2018,10:17448-17454.

[17]　WANG X,FAN L,ZHANG J,et al. Printed conformable liquid metal e-skin-enabled spatiotemporally controlled bioelectromagnetics for wireless multisite tumor therapy[J]. Advanced Functional Materials, 2019,29:1907063.

[18]　LI L,CHANG H,YONG N,et al. Superior antibacterial activity of gallium based liquid metals due to $Ga^{3+}$ induced intracellular ROS generation[J]. Journal of Materials Chemistry B,2021,9:85-93.

[19]　GUO R,CUI B,ZHAO X,et al. Cu-EGaIn enabled stretchable e-skin for interactive electronics and CT assistant localization[J]. Materials Horizons,2020,7:1845-1853.

[20]　SUN X,YUAN B,RAO W,et al. Amorphous liquid metal electrodes enabled conformable electrochemical therapy of tumors[J]. Biomaterials,2017,146:156-167.

[21]　SUN X, HE Z Z, DENG Z S,et al. Liquid metal bath as conformable soft electrodes for target tissue ablation in radio-frequency ablation therapy[J]. Minim Invasive Ther Allied Technol,2018,27:233-241.

[22]　MOHAN R. Green bismuth[J]. Nat Chem,2010,2:336.

[23]　SANO Y,SATOH H,CHIBA M,et al. Oral toxicity of bismuth in rat: single and 28-day repeated administration studies[J]. J. Occup Health,2005,47:293-298.

[24]　SANO Y,SATOH H,CHIBA M,et al. A 13-week toxicity study of bismuth in rats by intratracheal intermittent administration[J]. J. Occup Health,2005,47:242-248.

[25]　HE Y,ZHAO Y,FAN L,et al. Injectable affinity and remote magnetothermal effects of Bi-based alloy for long-term bone defect repair and analgesia[J]. Advanced Science,2021:2100719.

[26]　REMENNIK S,BARTSCH I,WILLBOLD E,et al. fast corroding high ductility Mg-Bi-Ca and Mg-Bi-Si alloys,with no clinically observable gas formation in bone implants[J]. Materials Science and Engineering: B,2011,176:1653-1659.

[27]　LU Y,HU Q,LIN Y,et al. Transformable liquid-metal nanomedicine[J]. Nat Commun,2015,6:10066.

[28]　CHECHETKA S A,YU Y,ZHEN X,et al. Light-driven liquid metal nanotransformers for biomedical theranostics[J]. Nature Communications,2017,8:15432.

[29]　SUN X,SUN M,LIU M,et al. Shape tunable gallium nanorods mediated tumor enhanced ablation through near-infrared photothermal therapy[J]. Nanoscale,2019,11:2655-2667.

[30]　SUN X,CUI B,YUAN B,et al. Liquid metal microparticles phase change medicated mechanical destruction for enhanced tumor cryoablation and dual-mode imaging[J]. Advanced Functional Materials, 2020,30:2003359.

[31]　ELBOURNE A,CHEESEMAN S,ATKIN P P,et al. Antibacterial liquid metals: Biofilm treatment via magnetic activation[J]. ACS Nano,2020,14:802-817.

[32]　FAN L,DUAN M,XIE Z,et al. Injectable and radiopaque liquid metal/calcium alginate hydrogels for endovascular embolization and tumor embolotherapy[J]. Small,2020,16:e1903421.

[33]　AVERY R K, ALBADAWI H, AKBARI M, et al. An injectable shear-thinning biomaterial for endovascular embolization[J]. Science Translational Medicine,2016,8:365ra156.

[34]　KURTJAK M,VUKOMANOVIC M,KRAMER L,et al. Biocompatible nano-gallium/hydroxyapatite nanocomposite with antimicrobial activity[J]. J. Mater. Sci. Mater. Med. ,2016,27:170.

# 第13章　微/纳米液态金属特性

镓基液态金属近年来受到了学界和业界的广泛关注[1-8]。镓及其合金在许多具有前景的应用中发挥着越来越重要的作用,如生物医学[9-12](包括骨填充、神经重建、高对比度成像、药物递送和肿瘤治疗)、柔性电子[13-19](包括柔性电路、3D打印、自愈材料、可重构电子元件和功能电子器件)、工程热物理领域[20-24](包括高导热的冷却剂、多功能界面材料和相变材料)和软体机器(包括自驱动马达)。但是,在某些应用领域,大块液态金属存在诸多限制[9,25,26]。例如,由于液态金属纳米颗粒体积小、低剂量(对应低毒性)和对人体内部微环境的奇特刺激反应,使液态金属微/纳米颗粒更适合于药物运输[27]。类似地,在生物医疗、电子电路和热管理等方面,液态金属颗粒同样具有宏观液态金属不具备的优点。本章聚焦于液态金属颗粒的不同制备方法及其特殊的物理化学性质,着重论述可变形的柔性微/纳米材料的应用。

## 13.1　微/纳米液态金属颗粒的物理化学特性

微/纳米材料的物理化学特性备受关注[28]。当将宏观液态金属分射成微米液态金属颗粒或纳米液态金属粒子时,其主要特征会产生显著差异。与刚性微/纳米材料相比,液态金属颗粒更分散在基体中,具有更高的顺应性,同时能够实现可逆的聚合与分离(见图13-1)。下面从形貌、氧化性质、电学性质、热学性质和自愈性五方面对液态金属微纳米颗粒进行介绍。

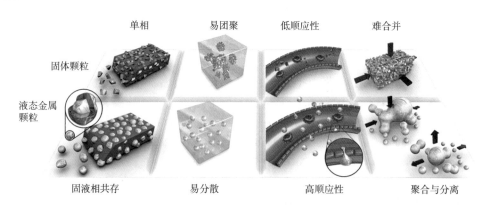

图 13-1　刚性微纳米颗粒与柔性的液态金属颗粒的性质对比

## 13.1.1 形　　貌

由于液态金属的强大表面张力(约 600 mN/m,是水的 9 倍),使得颗粒液态金属颗粒成规则的球形。图 13-2(a)所示为从几十纳米到几百微米的大范围液态金属颗粒。通过氧化破坏表面平衡,液态金属球形颗粒可以转化为棒状的羟基氧化镓[(GaO)OH]材料,如图 13-2(b)所示。通过超声处理(使液态金属破碎并氧化)的液态金属球表面呈现出平均长度为 200 nm、宽度为 50 nm 的纳米片的致密分布。增加超声时间会进一步增加纳米片的数量和尺寸,如图 13-2(c)所示。最后,当超声时间达到 60 min 时,纳米片将从液态金属球表面分离。这种形态转变现象源于表面氧化层的重复形成和去除。

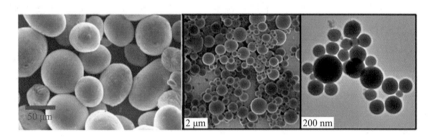

(a)液态金属颗粒的扫描电子显微镜图像[29]

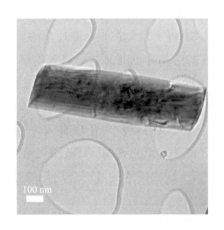

(b)棒状羟基的透射电镜图像[30]

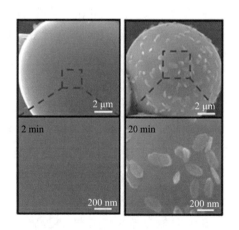

(c)超声处理 2 min 和 20 min 后
球表面形貌的扫描电镜图像[31]

图 13-2　液态金属颗粒的形态特征

为了形成尺寸分布可控、表面光滑的高度均匀的液态金属颗粒悬浮液,通常需要在溶液中添加表面活性剂,一旦大块液态金属被超声波分散,有机物在液态金属界面上快速聚集。表面活性剂可以防止单球再裂,从而减少最终尺寸分布,提高分散颗粒的均匀性。

### 13.1.2 氧化性质

镓暴露在空气或中性水溶液中易被氧化,其表面被约 4 nm 的氧化层覆盖,液态金属颗粒也不例外。当氧化发生时,液态金属颗粒导电性、导热性和浸润性也会发生变化。因此,调控液态金属氧化是一种简单的调控液态金属颗粒的物理化学性质的途径。

为了揭示氧化机理,对氧化镓的逐渐形成过程进行了实验研究。在水中形成的纳米颗粒,表面的(GaO)OH 晶体作为一个隔离层,防止液态金属颗粒重新聚合。在氧气和 $OH^-$ 存在时,会形成(GaO)OH 的结晶:

$$2Ga + 2OH^- + O_2 \Longrightarrow 2(GaO)OH \qquad (13\text{-}1)$$

氧化诱导(GaO)OH 晶体逐渐生长。同样,在热处理时,镓基液态金属颗粒也可以通过声波反应生成(GaO)OH 纳米棒。对于分散在表面活性剂溶液中的液态金属颗粒,粒子界面上的有机分散剂可快速自组装,覆盖于颗粒表面,避免颗粒进一步氧化,从而维持规则的球状。这些粒子的内外壳层厚度分别为 3 nm 和 2 nm。有机分散剂层包裹着氧化镓($Ga_2O_3$),作为一个球形的保护壳,不仅有助于控制粒子的大小,而且保证了液态金属颗粒的结构稳定[32]。

### 13.1.3 电学性质

液态金属合金具有高导电性和柔性,使它们成为柔性电子产品的理想材料。然而,对于液态金属颗粒来说,表面覆盖的半导体氧化层($Ga_2O_3$)阻碍了粒子在导电路径上的聚结[32]。然而,外部刺激可以将液态金属颗粒合并成一个连续的液相导电通路。聚结和非聚结颗粒的形态差异如图 13-3(a)所示。Ga 颗粒的形状逐渐由球状转变为部分被(GaO)OH 结晶覆盖的球状,最终变成只剩下(GaO)OH 的棒状。如图 13-3(b)所示,GaInSn 纳米粒子的核壳结构由有机物质层、氧化镓层和液态金属核组成[37]。未烧结的颗粒具有约 50 kV·m 的高击穿场,表明未烧结的液态金属颗粒是电绝缘体[33]。可采用激光烧结[34]、机械烧结[33]和剥落烧结[35]等方法来实现液态金属颗粒烧结,经过烧结后,形成连续的液态金属导线,并展现出较低的电阻率(0.001 0 Ω·cm)。

为了通过机械介导的烧结方法提高液态金属纳米颗粒的重构效率,Lear 等[34]利用原子力显微镜(AFM)建立了颗粒大小和烧结所需的力的对应关系(见图 13-4)。聚结与非聚结 LMNPs 形态差异如图 13-4(a)所示。在 EGaIn 纳米粒子网络贯通前存在高击穿场,破裂后电阻率与示踪长度呈线性关系,示踪长度的斜率代表电阻率,如图 13-4(b)所示。试验仪器示意图如图 13-4(c)所示[38]。图 13-4(d)所示数据表明,平均破裂力与平均颗粒直径之间呈线性关系。通过机械压缩对颗粒薄膜的电响应进行了评估,确定了一个阈值力,在此力下,可以根据一定的直径实现烧结,并可导出颗粒尺寸与破裂力之间的线性关系[38]。此外,$Ga_2O_3$ 外壳赋予这些粒子可调节的介电特性。例如,通过调整镓铟锡合金的成分,最高超导临界温度可以调节到 6.6 K(相比之下,镓的超导临界温度为 1.08 K)[37]。

(a)逐渐氧化的纯 Ga 球和配体介导的 LMPs 表征[32]

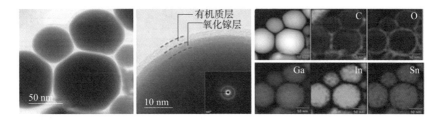

(b)室温下 GaInSn 纳米粒子的 TEM 表征[33]　　　(c)氧化镓层的形成

图 13-3　液态金属的表征及氧化镓层的形成

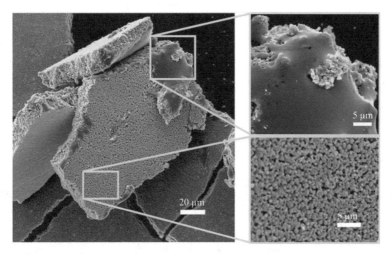

(a)聚结与非聚结 LMPs 形态差异

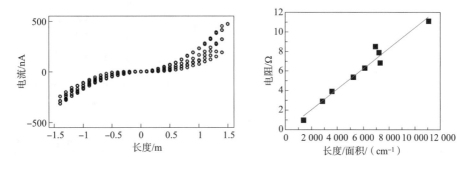

(b)破裂后电阻率与示踪长度的关系

图 13-4　机械烧结后液态金属纳米颗粒的电学性能

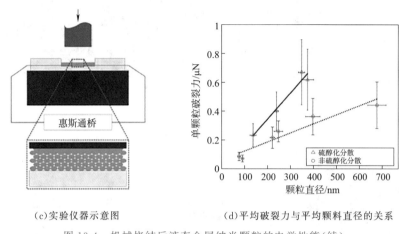

(c)实验仪器示意图    (d)平均破裂力与平均颗料直径的关系

图 13-4    机械烧结后液态金属纳米颗粒的电学性能(续)

## 13.1.4    热学性质

室温液态金属能够在一个较宽的温度范围(8～2 200 ℃)内保持稳定。受纳米效应影响,液态金属纳米颗粒的热学性质也发生了变化。差示扫描量热法(DSC)结果表明,大块镓的熔点约为 29.8 ℃,对于直径约为 0.45 $\mu$m 的镓粒子,其熔点降低了约 1 K(27.9 ℃),而直径为 35 nm 的镓纳米粒子的熔点降低到了 $-$14.2 ℃(见图 13-5)。同样,冰点分别下降到 $-$21 ℃ 和 $-$128.3 ℃[39]。

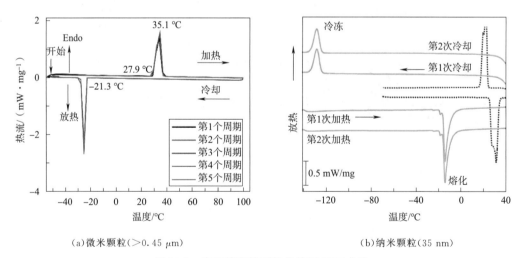

(a)微米颗粒(>0.45 $\mu$m)    (b)纳米颗粒(35 nm)

图 13-5    宏观镓和镓颗粒的特征 DSC 曲线

## 13. 2　液态金属微纳米颗粒的制备方法

制备液态金属纳米颗粒的方法很多,可通过物理分裂的自上而下法(包括喷注法、微流体技术、机械剪切法和超声处理法),也可通过自下而上的方法(如物理气相沉积),如图 13-6 所示。

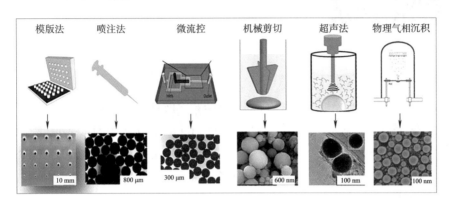

图 13-6　液态金属颗粒的不同制造方法[29,35,37,40-44]

### 13. 2. 1　喷注法

流体喷射装置简单且易于制造,只需要注射器和培养皿即可在室温下制备液态金属微米颗粒,如图 13-7(a)所示。将液态金属注入到装有表面活性剂的溶液中,针头处会出现连续的液态金属线型细流,随着液态金属细流远离针头,液态金属将破碎成各种形状,如颈状、梭状、不规则状和球形,如图 13-7(b)所示。最后,可以生成平均直径为(313±34)μm 的液态金属颗粒,如图 13-7(c)所示。表面活性剂和氧化物层的保护作用使液态金属颗粒保持分散和稳定,如图 13-7(d)所示。如果环境温度低于液态金属的熔点,液态金属颗粒将凝固并形成具有微结构的多孔金属块[41]。

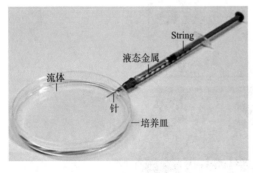

(a)射流装置

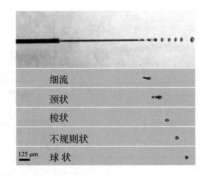

(b)液滴形状

图 13-7　制备液态金属微米颗粒

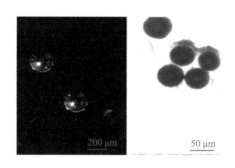
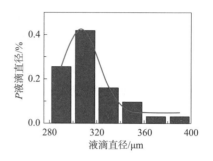

（c）制备的液态金属颗粒　　　　　　　　　（d）液滴直径的直方图

图 13-7　制备液态金属微米颗粒（续）

此外，改变针头孔径和喷射速度可调节液态金属颗粒的直径：较小的针头和较高的注射速度有助于形成更小的液态金属颗粒。例如，使用 60 μm 针头制造的平均粒径为 (590±71) μm。当针头直径减小到 41 μm 时，平均液滴直径可达 (173±18) μm。这种方法方便有效且相对便宜，已广泛用于制造液态金属微电机[45,46]。然而，颗粒直径的不均匀性限制了这种方法的应用。

## 13.2.2　微流体技术

为了获得均匀的液态金属颗粒，迫使液态金属和另一种不混溶的流体（甘油或水）通过微通道，当两股流体在微孔中相遇时，连续相流体（甘油或水）产生足够的剪切力将分散相的液态金属分解成液态金属颗粒，随后将液态金属颗粒推出微通道中［见图 13-8（a）］，最终形成了液态金属微米颗粒与甘油或水的混合体系[42,43]。Gol 等[47]设计了一个转移系统，将液态金属颗粒转移到氢氧化钠溶液中，实现了液态金属与甘油的分离［见图 13-8（b）和图 13-8（c）］。当液态金属颗粒、氢氧化钠和甘油的汇合出现时，液态金属颗粒逐渐从高黏度流体（甘油）穿过界面过渡到低黏度的氢氧化钠中。

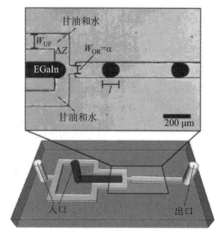

（a）传统的微流体技术设备

图 13-8　合成液态金属微米颗粒和液态金属纳米颗粒的微流体设备

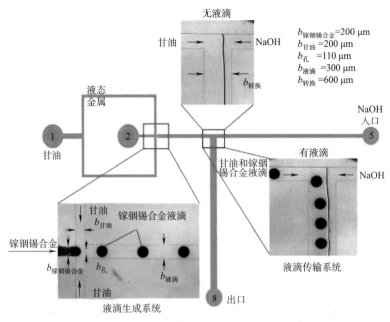

$b_{镓铟锡合金} = 200\ \mu m$
$b_{甘油} = 200\ \mu m$
$b_{孔} = 110\ \mu m$
$b_{液滴} = 300\ \mu m$
$b_{转换} = 600\ \mu m$

(b)液态金属微球与甘油分离原理

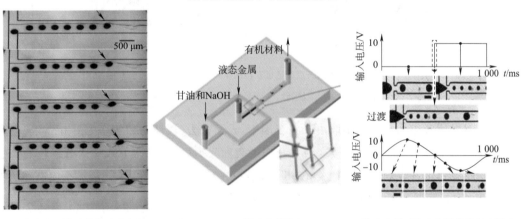

(c)液态金属微球与甘油分离　　　　(d)微流控结构　　　　(e)输入电压对液态金属微球尺寸影响

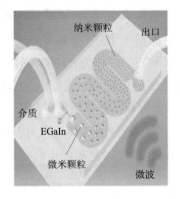

(f)超声波辅助的微流体技术

(g)不同宽度微通道获得的颗粒尺寸分布

图 13-8　合成液态金属微米颗粒和液态金属纳米颗粒的微流体设备(续)

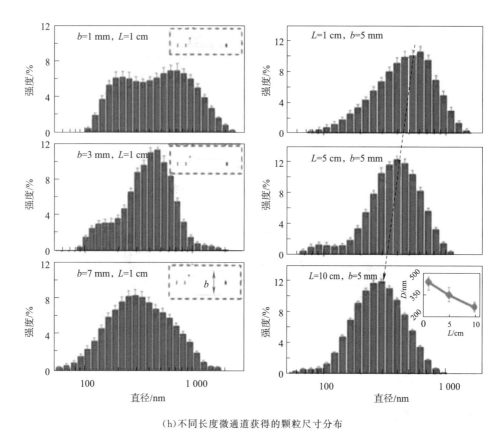

(h)不同长度微通道获得的颗粒尺寸分布

图 13-8　合成液态金属微米颗粒和液态金属纳米颗粒的微流体设备(续)

　　微流体技术产生的颗粒大小取决于三个因素：界面张力、惯性力和剪切力。Tang 等[48]利用电化学和电毛细作用的效应来改变液态金属的表面张力（即界面张力），来调节颗粒的直径和液态金属微球的产生频率[见图 13-8(d)]。随着电压从 0 V 增加到 10 V，液态金属液滴的直径从约 185 $\mu$m 平滑地减小到约 85 $\mu$m，并且微液滴的产量急剧增加[见图 13-8(e)]。然而，降低界面张力并不足以实现微米到纳米的转变。为了进一步降低液态金属颗粒的平均尺寸，Tang 等[49]设计了一种微流控芯片，利用超声波诱导产生的高剪切力，辅助微流体设备，以制备平均粒径更小的液态金属颗粒。该芯片包含一个蛇形通道，后端包括一个 T 形接头（高度和宽度分别为 50 $\mu$m 和 500 $\mu$m）作为出口。选择聚乙二醇作为连续相流体，被聚乙二醇剪切形成的液态金属微球经过蛇形通道时，受到超声波的剪切力而逐渐分解成纳米颗粒[见图 13-8(f)]。颗粒的平均尺寸可以通过改变流道的宽度和长度来调整。如图 13-8(g)和图 13-8(h)所示，当通道长度从 10 mm 增加到 100 mm 时，液态金属的平均尺寸从约 400 nm 减小到约 450 nm。优于流体喷射法，微流体技术法可以制备具有可调尺寸的单分散液态金属微纳米颗粒。

### 13.2.3　机械剪切法

机械剪切法是一种合成微/纳米颗粒的直接方法,可视为传统乳化技术的延伸[见图 13-9(a)]。剪切探头高速旋转产生的剪切力使大块液态金属破碎,此时,作用于液态金属液滴的力包括剪切力($\gamma$)、重力($F_g$)、阻力($F_d$)、离心力($F_c$)和浮力($F_b$)[见图 13-9(b)]。随着转速逐渐增加,离心力和剪切力增加,初始静态液滴被拉伸成圆柱状。当达到 Rayleigh-Plateau 极限时,圆柱形液态金属被分解为液态金属球,形成直径从 6.4 nm 到 10 $\mu$m 的液态金属微纳米颗粒[见图 13-9(c)][50]。值得注意的是,机械剪切法是一种合成具有复杂表面组成和形态的核壳颗粒的简单方法。但是,由于剪切力的不对称性,机械剪切法并不是制造具有均匀尺寸分布的纳米粒子的最佳技术。

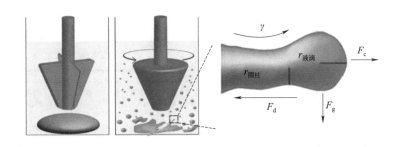

(a)机械剪切法的原理

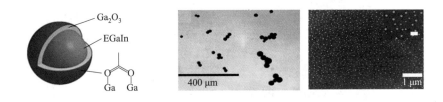

(b)液态金属颗粒的结构图　　　　　(c)液态金属颗粒的电镜图

图 13-9　机械剪切法制备液态金属微纳米颗粒

### 13.2.4　超声法

将超声探头插入液态金属和水或有机溶剂的两相体系中,探头的超声能量在水或有机溶剂中引起超声空化,使熔融液态金属转化为液态金属微纳米颗粒[见图 13-10(a)和图 13-10(b)]。在超声处理下,颗粒尺寸取决于超声功率、超声处理时间和超声的环境温度。随着超声处理时间和输出功率增加,平均直径和达到最小尺寸水平的时间均减少[见图 13-10(c)]。较低的环境温度也会获得更小的液态金属颗粒[见图 13-10(d)]。此外,液态金属纳米颗粒的可逆聚结和破裂可以通过改变 pH 或切换温度实现[见图 13-10(e)][51]。如果超声体系中缺乏表面活性剂,颗粒表面的氧化层将被超声能量逐渐剥离;随后,新暴露的液态

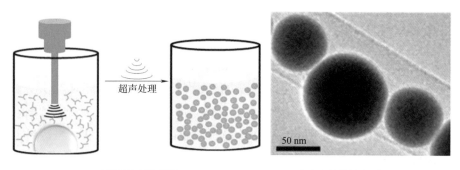

(a)超声处理示意图　　　　　　　　(b)液态金属微纳米颗粒的电镜图

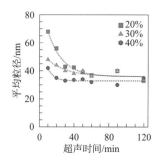

(c)不同超声功率下超声时间与
平均粒径的关系

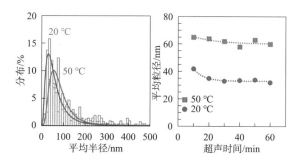

(d)不同超声处理温度下平均粒径和超声处理时间的关系

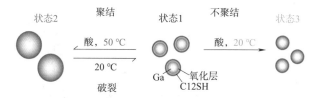

(e)液态金属微纳米颗粒实现可逆的尺寸控制

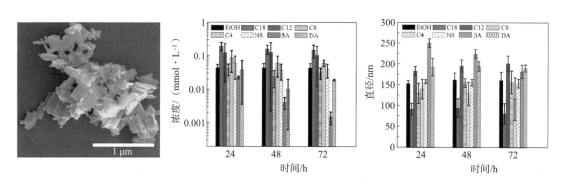

(f)片状结构的 $\alpha$-$Ga_2O_3$ 的电镜图　　　(g)在多种表面活性剂中超声获得的液态金属纳米颗粒的浓度和稳定性

图 13-10　超声法制备液态金属微纳米颗粒

C8—辛硫醇；C13—十二烷硫醇；C18—十八烷硫醇；C4—丁硫醇；N8—辛胺；SA—十八烷酸；DA—十二烷酸

金属液滴表面将被迅速氧化,形成新的氧化层。这种重复的过程使颗粒状的镓颗粒转化为纳米片状的 $Ga_3O_3$[见图 13-10(f)][52,53]。在溶液中加入氧化剂后,液态金属颗粒将被氧化并在超声处理下由球状转化为纳米片状($Ga_3O_3$),随后这些纳米片会自发地卷成纳米棒[25]。发现调节反应参数,如超声处理时间和温度,对此类纳米棒的形成过程有重要影响[54]。

液态金属颗粒的稳定性与两个因素密切相关:氧化层和表面活性剂。覆盖表面的氧化层和在溶液中加入表面活性剂以确保颗粒稳定分散已成为两种最常用的方法。通常,氧化层足够坚固,以应对表面张力驱动的颗粒团聚,保证了液态金属颗粒在中性溶液中的短暂地稳定分散。但是,如果氧化膜不断地溶解或剥离,分散粒子之间的平衡很快被打破,从而进一步诱发粒子的聚结或融合。当 pH 值升高或降低时,氧化层会迅速溶解。此外,Kurtjak 等[56]证明即使在中性溶液中,氧化层也会被外加的机械力破坏。因此,为保持液态金属纳米颗粒稳定,在超声处理前应在混合溶液中添加表面活性剂(如酒精、1-十二烷硫醇)[55,57]。在之前的研究中,发现硫醇基表面活性剂,尤其是巯基十八烷($C18H37-SH$),不仅可以有效地稳定液态金属颗粒,还可以提高纳米颗粒的产率。在基于硫醇的表面活性剂中,$C18H37-SH$ 能最大限度地提升液态金属的产率,同时产生更小的液态金属颗粒(80 nm)[见图 13-10(g)][37,51,52,55]。超声波是当前最常用的大规模生产液态金属微纳米颗粒的方法,但如何通过超声进一步获得更小的液态金属纳米颗粒(小于 10 nm)仍需要进一步研究。

## 13.2.5 物理气相沉积

物理气相沉积技术是制造液态金属颗粒的新兴方法。以制备镓铟共晶合金的纳米粒子的制造过程为例[见图 13-11(a)和图 13-11(b)]。首先,将放置在钨舟中的大块共晶合金高温下蒸发为合金蒸气,这些原子扩散并相互碰撞在冷靶基板(硅、玻璃或云母)上形成稳定的成核点,随后从下方源源不断涌上的原子在成核点上生长。液态金属颗粒在这个过程中逐渐长大。沉积 100 s 后,所形成的液态金属颗粒的平均粒径约为 25 nm[见图 13-11(c)]。进一步将沉积时间增加到 500 s 后,颗粒融合生长到约 100 nm[见图 13-11(d)]。这些纳米颗粒是单分散的,在没有表面活性剂的情况下可以保持稳定[58]。然而,共晶合金的高蒸气压和较高的沸点妨碍了物理气相沉积技术的推广。

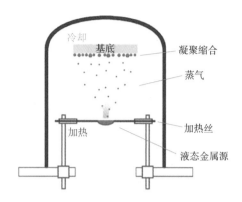

(a)制备原理

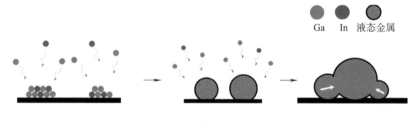

(b)制备过程

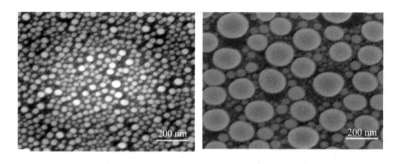

(c)镓铟合金纳米颗粒电镜图像

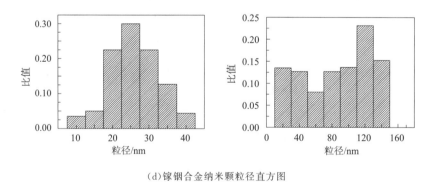

(d)镓铟合金纳米颗粒粒径直方图

图 13-11　物理气相沉积法制备液态金属纳米颗粒

## 13.3 液态金属微纳米材料的应用

### 13.3.1 生物医学中的液态金属颗粒

#### 1. 癌症治疗

液态金属纳米颗粒有诸多独特的特性,如低毒、增强渗透,光热转换和可变形性等,使其成为可将化学疗法与物理疗法结合用于癌症治疗的新型材料[12]。功能性液态金属微纳米颗粒能够通过 EPR 效应或其他主动靶向在肿瘤部位积聚。在外部激光照射下,液态金属微纳米颗粒聚集并阻塞局部血管以切断肿瘤的血液供应,同时将激光能量转化为热量以杀死肿瘤细胞。对于其他作为药物载体的液态金属微纳米颗粒可以通过内吞作用进入癌细胞,并通过变形刺穿溶酶体膜以加速药物的释放。下面讨论液态金属微纳米颗粒在癌症治疗中的三个重要方向:易控的可生物降解的药物载体,用于可控的药物递送;刺破溶酶体的可变形的液态金属载药体;光热疗法中的液态金属敏化剂。

(1)易控的可生物降解的药物载体。

和固态纳米颗粒载药体相比,液态金属微纳米载药体具有更大的灵活性和适应性。此外,液态金属纳米颗粒在弱酸性的细胞微环境中显示出明显的生物降解优势。Lu 等[27]通过超声介导的方法,合成一种通过酸性触发,可实现 Dox 在核膜附近的有效释放和富集的液态金属载药体。这种平均直径为 107 nm 的功能性液态金属颗粒包含一个液态金属核和一个硫醇化聚合物壳,其中 MUA-CD 和 m-HA 作为配体嵌入。负载 Dox 的液态金属颗粒通过内吞作用进入靶癌细胞后,在酸性环境内(pH=5),液态金属表面氧化膜破裂,触发了形态融合,随后,表面配体与液态金属颗粒解离。然后,嵌入配体中的 Dox 被释放到细胞质中,导致细胞核周围的 Dox 浓度增加。最终,导致进入细胞核的 Dox 的浓度上升。通过超声处理,可以获得具有靶向功能的液态金属纳米颗粒,当在肿瘤部位积累时,功能性液态金属纳米颗粒可以与受体结合并进入癌细胞。在溶酶体中,酸性环境会触发液态金属纳米颗粒的融合和降解,这将促进药物 Dox 释放,如图 13-12(a)所示。图 13-12(b)中,红色箭头表示促进药物释放的融合纳米球,绿色箭头表示单个纳米球分散在酸性内体外。

通过体内抗癌实验的评估进一步表明,用生理盐水、Dox、液态金属/Dox(无靶向配体)和液态金属/Dox-L 处理的小鼠中收集的肿瘤体积存在显著差异,这表明液态金属药物载体提供比阴性对照和游离 Dox 治疗组更优异的抗肿瘤功效。图 13-12(c)中,四只小鼠用四种不同类型的药物治疗,从左到右依次为:①生理盐水;②Dox;③液态金属/Dox;④液态金属/Dox-L。图 13-12(d)显示,液态金属/Dox-L 与其他组之间存在显著差异。此外,小鼠的体重在治疗期间没有显著下降,表明液态金属纳米颗粒的毒性较低。

（2）刺破溶酶体的可变形的液态金属载药体。

虽然抗癌药物可以通过液态金属微纳米颗粒的融合实现可控的富集，但突破溶酶体/内体膜的限制仍然很困难。Lu 等[25]研究了一种光触发的可刺破溶酶体的液态金属载药体，用于实现有效的细胞内部的药物运输。暴露在光线下时，涂有石墨烯量子点的液态金属纳米颗粒可以有效地吸收和转换近红外光子能量以产生热量和活性氧（ROS）。热量和 ROS 为镓和水之间的反应提供动力，并将液态金属载药体的形状从球形转变为棒状（反应式可以表达为 Ga ＋ $H_2O \xrightarrow{\text{热量}} (GaO)OH$）。这种形状变化会破坏溶酶体/内体膜，以促进药物分子的内体逃逸。如图 13-13（a）所示，液态金属颗粒被 GQDs 和药物分子包裹。当液态金属载药体暴露于激光时，会发生剧烈的形状变化并促进药物逃逸。此外，另一个积极的结果是 ROS 可以通过脂质氧化去除脂质体，这也有助于药物逃逸。值得注意的是，ROS 对细胞的毒性不容忽视，但液态金属颗粒的形态转换可以消耗有毒的 ROS 来完成，从而使 ROS 处于合适的浓度范围内[59]。

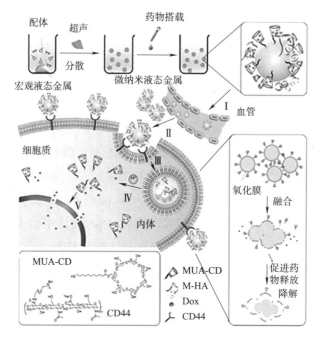

（a）可变形的液态金属载药体的示意图设计

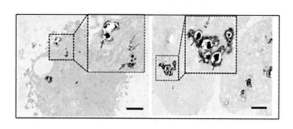

（b）氧化膜溶解引起的颗粒融合

图 13-12　功能性液态金属微纳米颗粒实现可控的药物递送

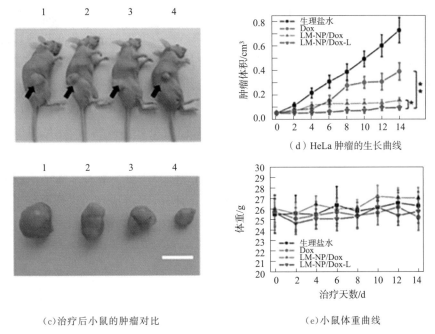

(c)治疗后小鼠的肿瘤对比　　　　　　　(e)小鼠体重曲线

图 13-12　功能性液态金属微纳米颗粒实现可控的药物递送(续)

　　将小鼠分为四组,按如下四种不同类型进行治疗:①生理盐水和光照射;②Dox 和光照射;③Dox/液态金属载药体;④Dox/液态金属载药体和光照射。每只大鼠静脉注射药物,剂量为 3 mg/kg,光照射波长为 635 nm。图 13-13(b)所示为未经光处理的液态金属载药体在细胞内的电镜图。图中,绿色箭头表示在没有光照射的情况下完整的膜;红色箭头表示被液态金属载药体刺破膜。为了验证光触发内体逃逸的增强效果,选择 Dox 和牛血清白蛋白作为模型分子。在体内测试期间,溶酶体/内体膜在光照下被液态金属载药体完全刺破,确保了 Dox 和牛血清白蛋白的逃逸。在光照射下,液态金属颗粒的药物递送显示出抑制 HeLa 肿瘤生长的巨大潜力。最终,肿瘤在第 14 天完全消除[见图 13-13(d)],小鼠的体重在治疗期间也没有显著降低[见图 13-13(e)]。

　　(3)光热疗法中的液态金属敏化剂。

　　光热疗法将热能集中于肿瘤处是一种有效的物理抗癌疗法,与化学疗法结合可以提供一种有效的抑制耐药性的方法。Chechetka 等[26]研究了一种包含液态金属核和双功能层的光热敏化剂。

　　为了提高液态金属颗粒在水性溶剂中的稳定性和溶解性,将 DSPE-PEG2000-Amine 和 DC(8,9)PC 覆盖在液态金属颗粒表面,这些功能性的液态金属纳米胶囊的平均直径约为 110 nm[见图 13-14(a)]。在到达激光照射点后,液态金属纳米胶囊立即聚集[见图 13-14(b)]并将光子转化为热能,在 129 $\mu$W/$\mu$m$^2$ 的激光功率下,激光靶点的温度从 20 ℃ 急剧上升到 34 ℃[见图 13-14(c)],图中红色三角形和蓝色三角形分别代表激光"开"和"关"状态。在激光存在的情况下,液态金属纳米颗粒的温度会迅速升高。同时,能量和电子转移会产生ROS[25]。接下来,癌细胞可以通过三种方式被清除:第一,产生的活性氧可以通过脂质氧化破坏脂质体;第二,光热效应产生的热能提供了足够的热量杀死癌细胞;第三,液态金属纳米胶囊的聚集堵塞肿瘤血管来切断肿瘤细胞的营养供应。为了提高液态金属纳米胶囊的靶向递送能力,表皮生长因子受体抗体(anti-EGFR)被涂覆在液态金属纳米胶囊的表面[见图 13-14(d)]。在体内研究中,该胶囊表现出比没有激光照射的对照组更好的限制功效[见图 13-14(e)和图 13-14(f)]。

此外,在被波长 680~1 170 nm 的 NIR 激光照射后,注射了液态金属纳米胶囊的小鼠在肿瘤中显示出强烈的光声信号[见图 13-14(g)]。此外,光声信号的线性取决于液态金属纳米胶囊的浓度。因此,液态金属纳米胶囊可能是一种有前途的浓度依赖性光声造影剂,并为肿瘤检测和治疗一体化提供有效途径。

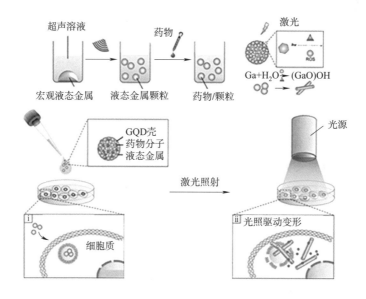

(a)液态金属载药体示意图

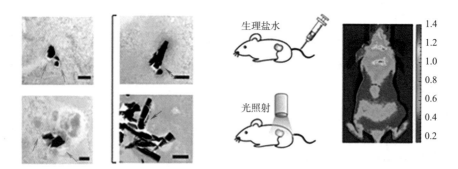

(b)未经光处理的液态金属载药体在细胞内的电镜图　　(c)生理盐水和光照射

图 13-13　可变形的液态金属载药体破坏溶酶体

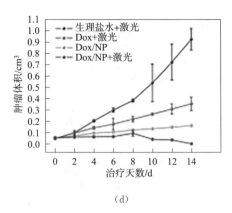

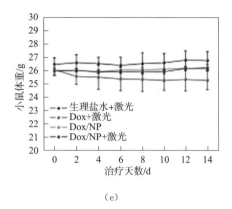

（d）

（e）

图 13-13　可变形的液态金属载药体破坏溶酶体（续）

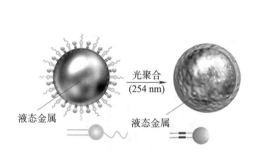

（a）液态金属的核壳结构

（b）在激光照射下直接观察液态金属纳米颗粒聚集

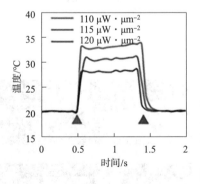

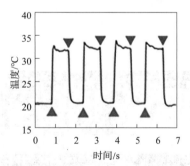

（c）液态金属的温度动态变化的曲线

图 13-14　液态金属光热敏化剂

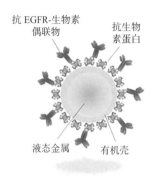

抗 EGFR-生物素偶联物
抗生物素蛋白
液态金属
有机壳

（d）液态金属敏化剂结构

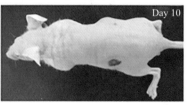

（e）液态金属敏化剂用于靶向肿瘤消除和成像 1

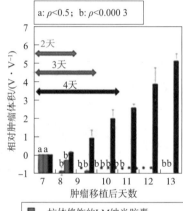

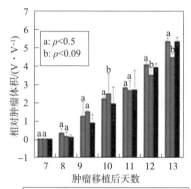

（f）液态金属敏化剂用于靶向肿瘤消除和成像 2

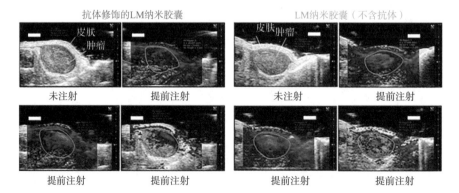

（g）液态金属敏化剂用于靶向肿瘤消除和成像 3

图 13-14　液态金属光热敏化剂（续）

2. 液态金属抗菌材料

表现出优异抗菌性的纳米材料通常对细胞也表现出高毒性。为了解决这个问题,Kurtjak 等[56]开发了一种生物相容性优异的纳米复合材料(Ga@HAp),其中包含镓基的抗菌纳米球(Ga,质量分数 16%)和生物活性的羟基磷灰石纳米棒(HAp,质量分数 84%)[见图 13-15(a)]。在细菌培养皿中添加 Ga@HAp 明显减少了铜绿假单胞菌的数量。对于暴露于 Ga@HAp 的死细菌,其细胞壁出现许多孔洞,细胞膜完全破裂。相比之下,暴露于 HAp 的死细菌仅表现出细胞膜或细胞壁完整性的降低[见图 13-15(b)]。为了验证 Ga@HAp 的优越性,选择银纳米复合材料作为阴性对照。结果表明,Ga@HAp 抑制细菌生长的最低质量浓度为 0.1 g/L,低于银纳米复合材料的质量浓度(0.3 g/L)[见图 13-15(c)和图 13-15(d)]。银被认为是最好的无机抗菌材料之一,因此,镓基纳米颗粒更好的性能表明液态金属可能成为一种高效的无机抗菌材料。

尽管 Ga@HAp 取得了优异的抑菌活性,但其抗菌机制仍旧存疑。主流观点认为纳米粒子释放的 $Ga^{3+}$ 离子可以抑制细菌生长或杀死细菌。Choi 等[60]合成了六种不同类型的 $Ga^{3+}$ 离子以抑制强毒结核分枝杆菌的生长。此外,基于 $Ga^{3+}$ 离子的化合物还说明了它们对分枝杆菌和 HIV 共同感染的人类巨噬细胞中的生长的有效抑制活性[61]。总体而言,有许多直接和间接证据表明 $Ga^{3+}$ 离子有明显的抑菌效果[62,63]。然而,证据显然表明抗菌活性不仅仅是 $Ga^{3+}$ 离子的结果。如图 13-15(e)所示,$Ga^{3+}$ 离子浓度与 Ga@HAp 相似的两个对照组并没有展现出更优的抑菌性能,尤其是单独的 $Ga^{3+}$ 离子组。相比之下,Ga@HAp 在 30 h 后表现令人满意。由于基材的表面粗糙度可能对细菌的生命周期有重要影响,因此纳米颗粒的加入是否会改变表面粗糙度并进一步抑制细菌的生长尚不确定。迄今,对于镓纳米颗粒的抗菌机制尚无合理系统的解释。当前可以确定的是,$Ga^{3+}$ 离子对于抑菌有关键作用,但镓纳米粒子、$Ga_2O_3$ 或其他因素是否也能有效抑制细菌生长,还需要进一步研究。

3. 液态金属纳米颗粒的毒性

尽管小剂量的宏观液态金属已被证明具有生物相容性,但液态金属纳米颗粒的毒性仍然存在争议。然而,越来越多的证据表明液态金属纳米颗粒在体外和体内都表现出优异的生物安全性。

与其他刚性纳米材料相比,如单壁碳纳米管、多壁碳纳米管和金纳米棒,液态金属纳米颗粒即使在高质量浓度下也表现出低毒性(超过 90% 的 HeLa 细胞在 1 600 $\mu$g/mL 的质量浓度中存活)[见图 13-16(a)]。王等[64]证明,即使在 300 mg/L 的质量浓度下,超过 80% 的肝细胞仍然存活。体内实验表明,注射了高质量浓度(330 $\mu$g/mL)液态金属纳米颗粒的小鼠的生存能力和体重并没有出现明显变化[见图 13-16(b)],19 天后,高质量浓度的液态金属纳米颗粒对小鼠的生存能力和体重没有负面影响[26]。此外,陆等系统评价了液态金属颗粒对小鼠的毒性,液态金属颗粒对肝功能的重要指标,包括丙氨酸转氨酶、天冬氨酸转氨酶、碱性磷酸酶和白蛋白浓度均无影响。此外,接受治疗的小鼠血液中的尿素水平(肾功能的重要指标)也在正常范围内[见图 13-16(c)]。研究者还对主要器官(肝、脾和肾)进行了组织学评估,并未发现明显的器官损伤[见图 13-16(d)]。这些结果证明了液态金属纳米颗粒的生物相容性[27]。

液态金属纳米颗粒对生物体表现出低毒性的机制仍然难以确定,当前仅能从以下几个方面进行解释:一是液态金属纳米颗粒在暴露于酸性环境时会被逐渐降解,即细胞中的液态金属纳米颗粒会在酸性环境中转化为 $Ga^{3+}$ 离子;二是残留的液态金属纳米颗粒可以通过粪便和肾脏排泄物去除,排泄监测试验表明,镓和铟的排泄浓度随时间稳定下降[27]。总之,液态金属纳米颗粒的毒性的系统评估尚未建立,但越来越多的证据表明液态金属纳米颗粒可能是理想的治疗诊断生物材料。

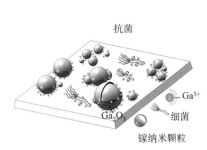

(a)Ga@HAp 纳米复合材料的示意图和抗菌原理

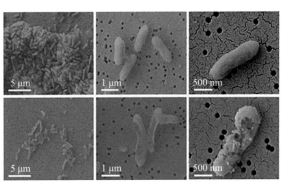

(b)被 Ga@HAp 抗菌材料杀死的细菌形态特征

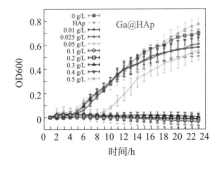

(c)Ga@HAp 和其他材料的效果对比 1

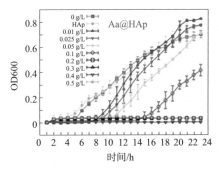

(d)Ga@HAp 和其他材料的效果对比 2

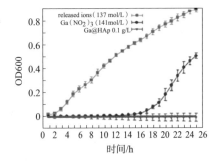

(e)Ga@HAp 和其他材料的效果对比 3

图 13-15　液态金属纳米颗粒作为抗菌生物材料

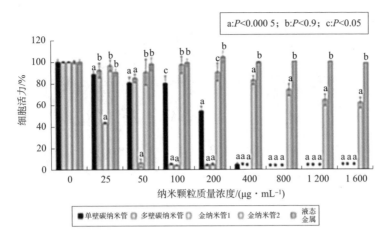

（a）被不同纳米材料处理的细胞的活力

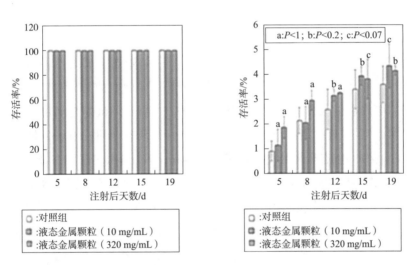

（b）被不同质量浓度的液态金属纳米颗粒处理的小鼠的生存能力和体重

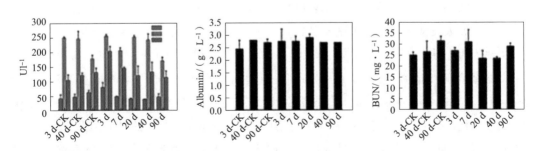

（c）液态金属颗粒对多种重要的指标的影响

图 13-16　液态金属纳米颗粒的毒理学评估

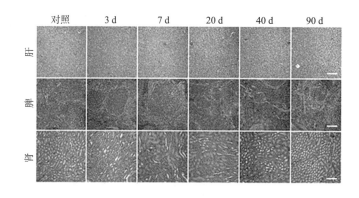

(d)小鼠主要器官的组织切片

图 13-16 液态金属纳米颗粒的毒理学评估(续)

### 13.3.2 液态金属微纳米电子电路

**1. 液态金属印刷电路**

在医疗健康、柔性机器人、灵巧传感与执行器等领域,液态金属柔性印刷电子正日益受到广泛关注[65]。作为一种新兴材料,液态金属由于其优异的性能,如较高的导电性、变形性和化学稳定性,已经被引入各种电子产品的制造中[66]。可利用液态金属墨水来制作印刷电子产品,如直接书写、掩模印刷和喷雾印刷[67,68]。然而,液态金属在电子领域的大规模应用仍然困难重重。例如,液态金属的高表面张力($>400$ mN/m)限制了液态金属打印技术的发展[69,70],此外,液态金属印刷电路的厚度通常大于 $100\ \mu m$,这阻碍了其在高精度电子器件中的应用。相比之下,利用液态金属颗粒可以巧妙地解决这些问题。Kramer 小组[33]提出了"机械烧结"的方法,克服了液态金属颗粒烧结难题。他们利用针尖对液态金属颗粒的挤压使粒子表面的氧化层断裂,内部的未被氧化的液态金属融合,从而获得导电的路径。"机械烧结"的方法使液态金属颗粒的印刷电路具有高导电性能,而无须特殊工艺和大量的能量输入。根据此原理,采用自下而上的方法来制作液态金属基电路是提高印刷导线分辨率的合适方法。

一些研究人员使用超声法来制备粒径可调的液态金属颗粒,并对其进行烧结以实现导电。实现绝缘向导电转换方法主要有两种:一种是在弹性体表面沉积一层液态金属颗粒,并使用尖端直接施加压力[见图 13-17(a)];另一种是将含有液态金属颗粒的有机溶液注入微流控通道,然后进行溶剂蒸发和机械烧结[见图 13-17(b)]。烧结应力由图 13-17(c)所示的实验装置进行加载和测量。然而,在实际应用中,用前一种方法制作的导电图形无法承受较大的形变,如拉伸,因为在施加烧结应力的同时也会导致非目标区域产生导电通路,从而导致电子器件中的短路。此外,由于这种方法要求微流控通道自始至终是连续的,因此很难制备复杂的微结构来设计功能电路。为了解决这些问题,引入了一种从图案化的液态金属电路中浇铸和剥离聚合物的策略,以在聚合物基体表面嵌入金属[见图 13-17(d)][35]。

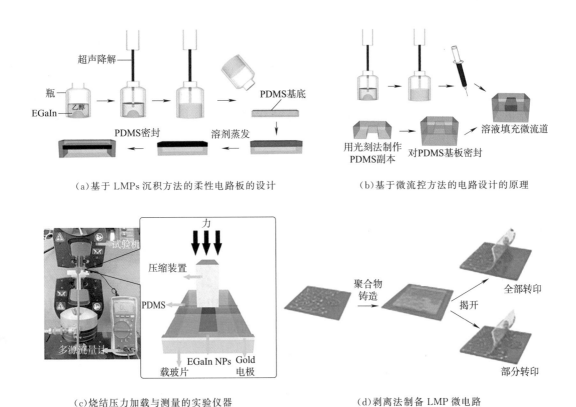

（a）基于 LMPs 沉积方法的柔性电路板的设计　　　　（b）基于微流控方法的电路设计的原理

（c）烧结压力加载与测量的实验仪器　　　　　　（d）剥离法制备 LMP 微电路

（e）制造和循环使用纸基 LMP 电路的示意图

图 13-17　基于 LMP 的电路的制造过程

　　此外,为了减少液态金属在印刷电路中的消耗,进一步拓展其应用,采用机械烧结和超声处理等机械方法在纸上制造了可回收电路[71]。通过选择性机械烧结获得所需的 LM 电路后,通过将宏观液态金属(电路)转移回乙醇溶剂中超声重新获得液态金属颗粒,可以实现材料的重复使用,如图 13-17(e)所示。通过这种方式,基于液态金属的电路可以很容易地回收利用,并且再生电路在变形下表现出与原始电路几乎相同的电学稳定性。

**2. 液态金属喷墨打印电路**

直接印刷[70]、丝网印刷[72]和喷雾印刷[73,74]已被用于制备液态金属柔性印刷电子产品。刘等[70]发明了世界上第一台液态金属打印机,以宏观液态金属为原料实现液态金属电路打印。这种印刷技术要求对薄膜进行预氧化,以增加薄膜与基板之间的附着力,从而抵抗较大的表面张力。为了跳过预氧化过程并提高电路的分辨率,可引入喷雾印刷和丝网印刷来制造更细的电线。如图 13-18(a)所示,LMPs 是通过气流的注入产生的,在掩模的辅助下,只有通过掩模槽的粒子才能到达基板,从而形成图形化电路。在猪皮表面(右上)制作 LM 的数字阵列微电极,在普通 PVC(右下)上印制 LM 电路;如图 13-18(b)所示,获得的 LMMPs 被喷在网孔的区域上,直到间隙被 LM 墨水填充,因此形成电子图案。SEM 图像显示了在 PVC 衬底上丝网印刷的 LM 轨道的宽度,代表了该方法的分辨率(右上)和在硅片衬底上用该方法印刷的电路图(右下)[72,74]。

上述印刷方法的机理可以描述为:通过对喷枪中的液态金属墨水施加气流,将墨水雾化成液态金属微粒,然后通过预先设计的掩模/丝网对其进行图案化。雾化液态金属颗粒暴露于空气中而被迅速氧化,保证了油墨沉积层和基底之间的黏附。然而,印刷电子器件的分辨率受到本方法中所需工具(掩模或丝网)尺寸的限制。

此外,分辨率(通常用最小导电线宽来衡量)也受打印过程中粒子大小的影响。为了进一步提高图案分辨率,研究人员试图将喷墨方法与更小的液态金属颗粒结合。Boley 等[33]通过超声硫醇自组装制备了液态金属纳米颗粒,然后利用喷墨印刷和机械烧结的方法来制备电路。图 13-19(a)展现出通过该方法制作的具有高扩展性和高集成度的电路,证明了机械烧结 EGaIn 纳米颗粒的可行性。实验证明,机械烧结可形成最小导电通路宽度约为 $1~\mu m$ [见图 13-19(b)]。此外,液态金属颗粒还展示了将刚性部件连接到柔性电路板上的潜力 [见图 13-19(c)]。如图 13-19(d)所示,通过扩展导电通道,证明在微通道中注入天线,然后逐步进行机械烧结,可以制备频率可调谐的天线(3~1.8 GHz)[34]。此外,Mohammed 等[75]开发了一种自动化的多模态印刷工艺,该工艺具有大规模生产、可重复和可扩展的特性,可用于复杂的柔性可拉伸电子设备的电路制造。使用此工艺制备的电路对于使用宏观液态金属制备的电路具有相同的数量级的电阻率。这种自动打印方法不仅可以实现具有复杂功能的电路板的打印,而且可以基于液态金属的电阻与压力之间的作用关系,制造出具有强健壮性、可扩展性和灵活性的可穿戴传感器。利用这种原理,打印了图 13-19(f)所示的应变和压力传感器,以通过其测量的输出电阻作为手指施加的压力的变化关系来显示可穿戴设备的传感能力。

采用喷墨打印和机械烧结相结合的方法制备的导电图案不能承受较大的变形。通常需要一个细小的尖端来烧结液态金属颗粒以获得导电导线。尖端的大小也会影响后续电路的分辨率。此外,通常还需要液态金属粒子的沉积层,从而导致使用该技术的粒子利用率低。一种无须尖端或者喷嘴,高分辨率($15~\mu m$)的剥离印刷技术可以用于导

电线路的制备。图 13-20 所示为用这种方法制成的导体被用于制造可拉伸电路和可穿
戴手套键盘。

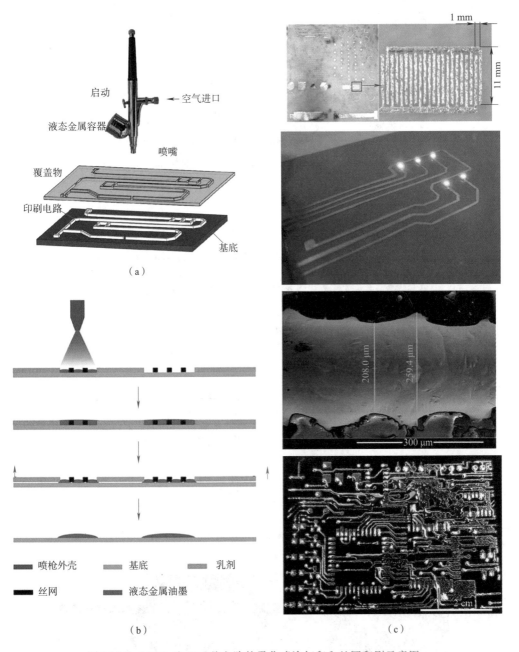

图 13-18 LMPs 和 LM 基电路的雾化喷涂打印和丝网印刷示意图

(a)通过喷墨印花功能化腈手套制备可拉伸电子器件

(b)由 LMNPs 机械烧结形成的导线

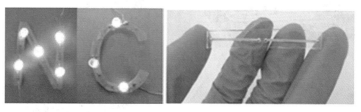

(c)通过施加外部压力,形成了一个带 LED 的"NC"图形软电路板,以显示导电性　(d)通过机械烧结形成的可调谐偶极子天线

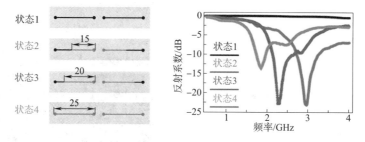

(e)偶极子天线的表征

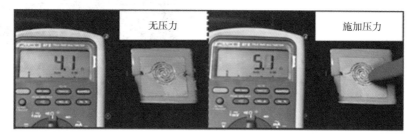

(f)使用 LMPs 制备的电阻随施加压力变化的压力传感器

图 13-19　由 LMPs 制造的印刷电子设备

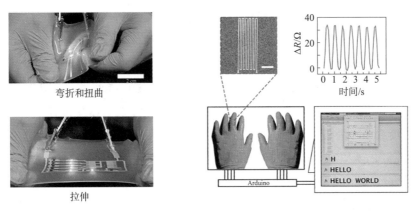

(a)可拉伸电路　　　　　　　　　　(b)可穿戴手套键盘[31]

图 13-20　通过剥离技术制造的印刷软电子设备

　　除了具有平面二维柔性电子设备的微流体设备外,具有图案化三维(3D)微结构的微流体设备由于其微制造系统的效率和可靠性的提高,在各种新兴领域中也很重要。然而,传统的 3D 打印技术主要用于制造非功能性结构,而不是有用的微流体组件。在由氧化镓组成的氧化物层薄壳的帮助下,液态金属在图案化时保持稳定的非平衡状态。仍然存在一些缺点,如劳动强度密集、几何形状限制以及不容易扩展到微加工中的自动化大批量制造。为了消除大尺寸和低纵横比的限制,Tang 等[76]提出了一种使用介电泳创建 3D 微结构的方法。首先,将液态金属颗粒固定在平面金微电极垫上。然后,使用碱性溶液来聚结微粒。最后,在施加高流速以洗掉多余颗粒后获得液态金属微结构,如图 13-21(a)所示。与平面微电极相比,这种微结构显示出更好的捕获悬浮纳米粒子的能力,如图 13-21(b)所示。此外,通过将 3D 微结构放置在热点附近,这些结构充当微翅片,并且与没有这种液态金属微结构的结构相比,表现出更好的性能来改善对流传热,如图 13-21(c)所示。

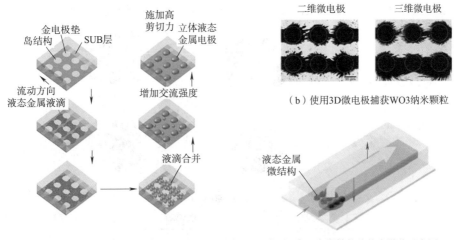

(a)制造 3D LM 微结构示意图　　　　(c)应用 3D LM 微结构从热点散热示意图

图 13-21　用介电泳法由 LMPs 制成的 3D 微结构

3. 基于液态金属颗粒的自愈合导电体

液态金属是一种杰出的自修复导电体，它具有良好的流动性、高表面张力和高导电性。

使用高度可变形的液态金属材料可能是解决锂电池充放电循环性能损耗的难题，如图 13-22(a)所示。稳定在碳骨架中的镓锡合金纳米粒子(50~500 nm)形成了稳定的三维结构，以减弱由可逆锂化和脱锂循环引起的体积变化。在充放电一体化过程中，由于液态材料的自愈特性，没有明显的裂纹形成，如图 13-22(b)所示。据报道，这种新型负极具有优异的容量(200 mA/g 时为 775 Ah/kg)和稳定的循环性能(在 4 000 次循环内保持近 100% 的容量)，如图 13-22(c)和图 13-22(d)所示。

众所周知，电路元件正朝着小体积和高集成的方向发展。因此，对具有更高输入/输出(I/O)电流密度和更小特征尺寸的电子设备的需求越来越高。然而，由于不良的热管理和可能面临的机械损坏，此类电子元件的耐用性受到导电通路故障的限制[78]。为了提升高度集成电路中导电通路的健壮性，Palleau 等[19]引入了一种愈合电线，可以通过将液态金属注射到可愈合聚合物中，以重新连接电子电路。与传统的抢救措施相比，该方法操作简单且效率更高。在微观尺度上，可利用平均直径为 10 $\mu$m 的脲醛覆盖的液态金属微米颗粒。切割或挤压引爆液态金属颗粒胶囊，然后将内部的液态金属输送到破裂区域，导致电通路的有效恢复。通过使用这种类型的材料，钙钛矿太阳能电池的可靠性和耐用性都可以得到提高。

为了监测此类电路的重构效果，Blaiszik 等[79]在试样上使用惠斯通电桥作为桥臂来跟踪电压的变化，表明在 20 $\mu$s 内电学性能恢复。破坏电路的电阻从 0.82 $\Omega$ 增加到 1.421 $\Omega$，而没有的对照组则增加到 1.213×10$^{10}$ $\Omega$[80]。

尽管软材料(弹性体、聚电解质凝胶和液态金属)具有优异的变形能力，但它们容易被撕裂、刺穿而导致电气故障。Markvicka 等[81]介绍了一种由悬浮在软弹性体中的液态金属颗粒组成的材料结构。其机制在于破损位点周围的液态金属颗粒在损坏时倾向于与原位相邻的颗粒相结合，从而重新配置导电通路并在机械损坏下不中断地传输电信号。

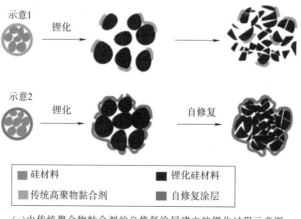

(a)由传统聚合物粘合剂的自修复涂层建立的锂化过程示意图

图 13-22 锂离子电池中的自愈概念

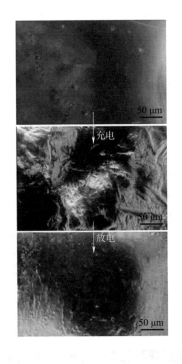

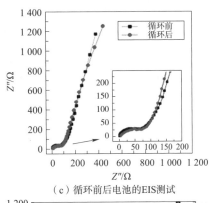

（c）循环前后电池的EIS测试

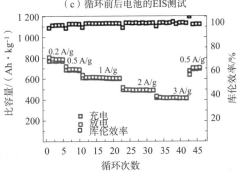

（b）使用自制透明 LIB 的原位显微镜图像 显示充电/放电过程中的表面变化

（d）充放电次数后的倍率能力[77]

图 13-22 锂离子电池中的自愈概念（续）

### 13.3.3 液态金属热管理材料

高导热性和可调节的导电性使液态金属颗粒适用于热界面材料。同时,柔性和可变形性更有利于液态金属颗粒与传统材料之间更好地耦合。因此,液态金属颗粒正成为热界面材料中重要的组成部分。

液态金属微纳米颗粒通常用作软填充颗粒来制造高性能热界面材料。与固体颗粒填料相比,液态金属颗粒可以避免热界面材料内部应力集中,同时,柔软且可变形的液态金属颗粒赋予导热油脂或有机硅弹性体高导热性。虽然导热硅脂具有良好的热稳定性和润湿性,有利于电子封装,但其固有的导热性差一直限制了其应用。为了解决这个问题,Mei 等[22]在空气中搅拌液态金属和导热油脂试图在复合材料内部构建传热路径,如图 13-23（a）和图 13-23（b）所示。图 13-23（b）中,LMMP 填充导热油脂的 SEM 特性。该方法使复合材料热导率和体积电阻率分别优化至 5.37 W/(m·K)和 1.07×107 Ω·m,如图 13-23（c）所示。应该提到的是,保持均匀分散体的最大体积分数是 81.8%。当前以金属颗粒夹杂物的商业可用的导热膏的导热系数通常不超过 7 W/(m·K),因此液态金属颗粒复合导热膏具有很强的竞争力。需要注意的是,液态金属复合热界面材料几乎没有腐蚀作用,因为导热硅脂使液态金属与电子产品相互隔离。

此外,优于传统的固体填料,液态金属颗粒填料可以随着软介电材料变形和拉伸。通过将液态金属颗粒分散到有机硅弹性体中,Bartlett 等[82]获得了具有极端变形和类似金属的导热性的弹性垫,如图 13-23(d)所示。这种液态金属嵌入的弹性体(LMEE)的热导率在变形方向上增加,最终在 400% 应变下达到(9.8±0.8)W/(m·K),如图 13-23(e)~(g)所示,这可能是因为内部的多数液态金属微颗粒在拉伸过程中相互接触,从而产生有效的热传输通道,如图 13-23(h)和图 13-23(i)所示。

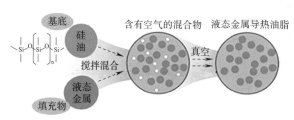

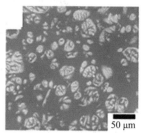

(a)LMMP 润滑油脂的制备　　　　　(b)由 71.4%(体积分数)LMMPs 组成的导热油脂的平视 SEM 图像

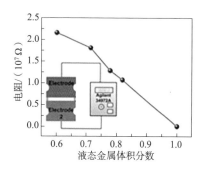

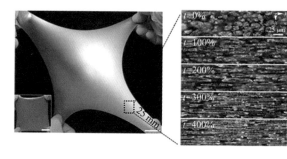

(c)微型 LM 导热油脂和液态金属的电阻率　　(d)高度可变形的 LMEE　　(e)具有 0~400% 应变的 30% LMEE 的显微照片

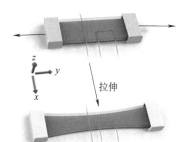

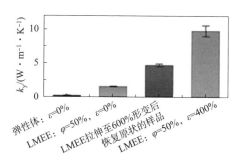

(f)利用瞬态热线法测量 LMEE 变形　　　　(g)不同 LM 体积分数和应力情况下的各向异性热导率　　　　　　状态的热导率比较

图 13-23　基于 LMMPs 的导热和电绝缘界面材料

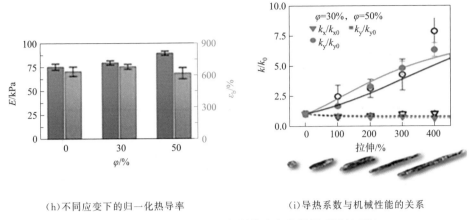

(h)不同应变下的归一化热导率　　　　(i)导热系数与机械性能的关系

图 13-23　基于 LMMPs 的导热和电绝缘界面材料(续)

　　为了获得更连续的结构并进一步优化电绝缘性能,液态金属纳米颗粒也被尝试添加到聚合物中。引入了具有高导热性和电绝缘性的纳米液态金属使复合材料的体积电阻率在 330 V 时达到 $3.09 \times 109\ \Omega \cdot m$,最大热导率也达到 $(6.73 \pm 0.04)\,W/(m \cdot K)$,这比基础聚合物高的热导率高了约 50 倍,如图 13-24(a)所示。

　　值得注意的是,nLM-THEMs 在热导率和体积电阻率方面表现出比采用相同原理制造的微米颗粒填充的导热硅脂复合材料更好的性能[83]。这可能是因为纳米粒子确保了更连续的传热路径,同时,纳米颗粒的氧化层切断了单个颗粒之间的电子传输通路。此外,nLM-THEM 也没有由于热油脂屏蔽层而产生的腐蚀作用,如图 13-24(b)～(d)所示[84]。

### 13.3.4　柔软且可变形的液态金属微马达

　　迄今,已有多项工作聚焦于宏观液态金属马达,液态金属因其固有的柔软性和可变形性被认为是未来软机器人的理想材料[45,46,85,86]。然而,与液态金属微纳米颗粒相比,宏观液态金属不能在一些狭窄的环境中发挥作用。因此,开发柔软、可变形以适应血管和肿瘤微环境等复杂环境的微型液态金属马达(TLMM)迫在眉睫。

　　2015 年,Liu 等[87]揭示了自供能的液态金属微马达(马达 1)的宏观布朗运动,开创了液态金属微马达的研究方向。这种亚毫米级的微型马达在碱性溶液中以与 3 cm/s 的速度随机移动,与经典的布朗运动相似,如图 13-25(a)所示。与大型自驱动液态金属不同,这些微马达的动力来源于底部产生的 $H_2$ 气泡。然而,这种微型液态金属马达只能通过在溶液中"游泳"来实现平面运动。2016 年,Tang 等[88]发现在 NaOH 溶液中将镍颗粒与液态金属颗粒接触会诱导液态金属颗粒在不同的基板上跳跃或滚动,从而实现三维运动(称之为马达 2)。上述奇异的运动源于液态金属颗粒与镍颗粒之间的点接触会导致电子放电效应,该放电反应促使溶液环境中产生大量 $H_2$ 生成并生成向上的推力 $F_1$,如图 13-25(b)所示,图中左图显示了导致表面电荷积累的点接触;右图显示了镍颗粒与液态金属颗粒接触的受力分析。$H_2$

气泡倾向于黏附在疏水性基质上并从亲水性基质中逸出。因此,聚集在疏水性聚丙烯(PP)基材上的气泡会引起液态金属微米颗粒间歇性跳跃。相比之下,在亲水石英基板上可以观察到滚动而不是跳跃,如图 13-25(c)和图 13-25(c)所示。然而,这种类型的电机转速低,因为推进力的来源 $H_2$ 主要源于微弱的电子放电效应。

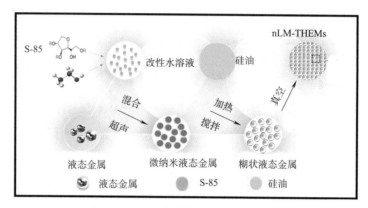

(a) nLM-THEM的制造过程的分步示意图

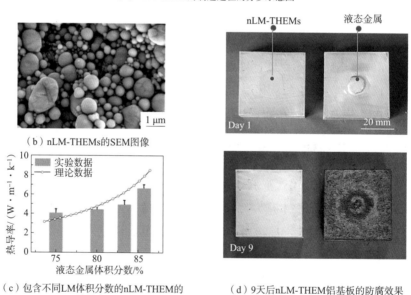

(b) nLM-THEMs的SEM图像

(c) 包含不同LM体积分数的nLM-THEM的热导率

(d) 9天后nLM-THEM铝基板的防腐效果

图 13-24 具有高稳定性、支持 LMNP 的 TIM

上面列出的液态金属微马达的动力源于瞬间产生的大量 $H_2$ 气泡,以克服流动阻力和摩擦力,这使它们可以在碱性或水溶液中进行简单的运动。然而,由于 $H_2$ 产生的无序和不可控过程,它们无法控制自己的方向、速度和区域。迄今,只能在存在外部电场或磁场的 NaOH 溶液中控制液态金属微马达实现可控运动。下面详细介绍其原理。通常,Ga 与 NaOH 溶液自发反应。该反应会产生镓酸盐,如$[Ga(OH)_4]^-$,而使液态金属微纳米颗粒的表面带负电。然后,这些负电荷将试图吸引溶液的正离子并导致扩散层-双电层(EDL)的建立,这是实现液态金属微马达可控运动的关键要素。例如,电场力($F_2$)驱动的微型液态金属马达移动到正极。同时,表面电荷的分布也发生了变化,这对表面张力产生了影响,并进一步影响了微型液态金属马达的运动。这个过程可以解释如下:

根据李普曼方程

$$\gamma = \gamma_0 - \frac{1}{2}c \cdot V^2 \tag{13-2}$$

式中,$\gamma$ 为表面张力值;$\gamma_0$ 为最大值;$c$ 为微型液态金属马达的单位面积的电容;$V$ 为施加在微型液态金属马达和溶液界面上的电压。

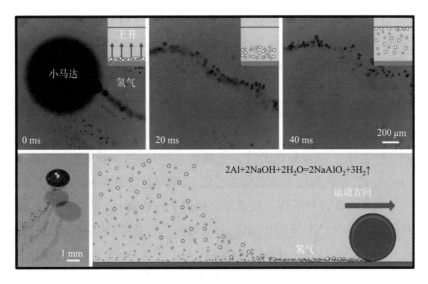

(a)马达 1 的原理示意图

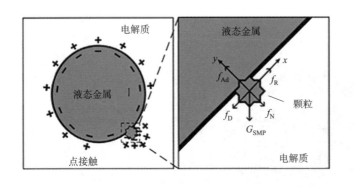

(b)马达 1 的电镜图像

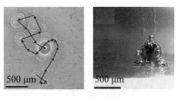

(c)马达 2 在亲水石英基板上滚动

(d)马达 2 在疏水性 PP 基材上跳跃

图 13-25 马达 1 和 马达 2 的示意图和运动轨迹

$\gamma$ 的值由 $V$ 的值决定,因为 $\gamma_0$ 和 $c$ 是常数,所以,如果电荷在电机表面上分布不均,则表面张力将是不对称的。表面张力与微型液态金属马达的形状密切相关。因此,如图 13-26(a) 所示,微型液态金属马达的形状将被重塑,右半球的半径将增加。根据杨-拉普拉斯方程,$P = \gamma \cdot (2/r)$($P$ 是压力,$r$ 是曲率半径),液滴内部会产生压力差,这提供了一个弱力($F_3$)来推动电机向前。除了外电场,在液态金属中加入铝也会影响表面电荷的分布。这是因为液态金属和铝会形成短路电池,其中铝电极会聚集大量负电荷。谭和袁[89]首次使用电气方法控制铝动力的液态金属马达的运动速度和方向(马达 3),如图 13-26(b)所示,在施加外部电场后,马达的运动从随机运动(右侧)转变为朝向阳极(左侧)的特定运动。此外,马达的速度在 20 V 下达到 43 cm/s。

与电场类似,磁场也会影响液态金属微马达的运动。谭和崔[90]设计了一个区域磁场来限制马达的运动区域(马达 4)。一般来说,大多数马达将沿着永磁体的边界移动,有些则向内部移动。然而,如图 13-26(e)所示,少数小马达可以越过边界,因为洛伦兹力足够强,可以改变试图进入内部的马达的 $F_1$ 方向。

上面列出的四种液态金属微马达主要由 $F_1$ 驱动,在 $F_2$ 和 $F_3$ 的协助下实现可控运动。然而,运动过程中的主要副产物 $H_2$ 却是一种对生理有害的气体,阻碍了其在生物系统中的应用。Wang 等[60]提出了一种棒状的液态金属微马达(马达 5),其直径范围为 400 nm～6 $\mu$m,如图 13-27(a)。与四种都是自驱动的马达不同,马达 5 只有在声场产生的悬浮力($F_4$)存在的情况下才能实现旋转和平移。在 $Z$ 方向作用于马达的 $F_4$ 与重力抵消,使小马达漂浮在悬浮液态环境中。同时,$XY$ 平面中的 $F_4$ 会引起电机的旋转,从而推动它们前进。这是因为马达 5 的两端尺寸不同,这种不对称的形状导致 $F_4$ 不平衡,如图 13-27(b)所示。当施加的超声场频率为 420 kHz 时,直径为 400 nm 的电机的速度可以达到 23 $\mu$m/s,如图 13-27(c)所示。如图 13-27(d)和图 13-27(e)所示,马达 5 已经接近并进入目标细胞,并最终进入细胞内。由于其低毒、柔软、变形和出色的移动能力,马达 5 可以在生物医学应用中实现理想的性能。

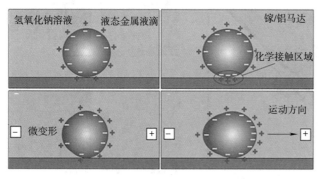
(a)小马达受力分析

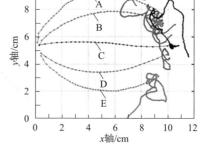
(b)马达 3 在施加外部电场前后的运动轨迹

图 13-26　控制液态金属小马达运动的示意图

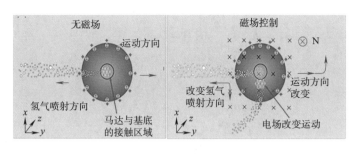
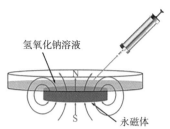

（c）受外部磁场影响的电荷变化示意图

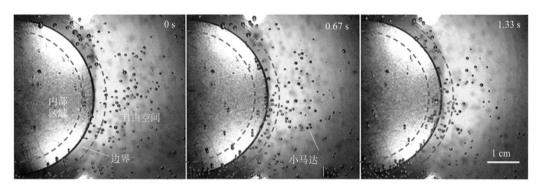

（d）控制马达 4 运动 1    （e）控制马达 4 运动 2

图 13-26　控制液态金属小马达运动的示意图（续）

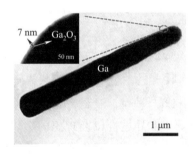
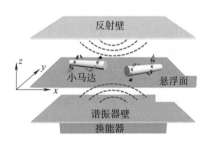

（a）电镜图像显示了马达 5 的微观结构    （b）马达 5 在悬浮平面内的运动示意图

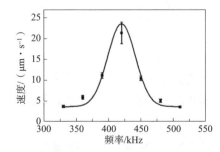

（c）马达 5 的速度与声场频率的关系    （d）马达 5 进入细胞的全过程示意

图 13-27　棒状的超声驱动马达 5

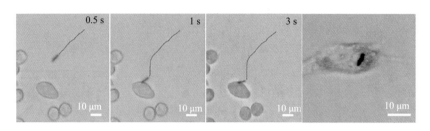

（e）延时图像显示了马达 5 主动寻找和定位细胞的过程

图 13-27　棒状的超声驱动马达 5（续）

# 13.4　液态金属纳米流体

纳米流体或液体通常是将纳米颗粒装入水、油或更多工程液体等基础流体中，形成各种稀释的功能化悬浮液[91]。这些组成部分在广泛的重要领域发挥着越来越重要的作用[23,92-99]。迄今，纳米流体的基础研究和实际应用已经取得了突破性的进展，包括纳米颗粒的种类[92]、浓度[93]、形状[94,95]、大小[100,101]、基液[102-104]、工作温度[100]、涂层[101]和机理解释[105-110]等。尽管纳米颗粒的加入确实增强了原始流体在其他方面较差的性能，但由于所采用的传统基础流体的固有特性，这种改进的程度有限。另外，提出了一种称为纳米液态金属的新概念策略，以彻底改变现有的纳米流体[111]。通过将纳米颗粒悬浮在液态金属中，可以使所制备的纳米流体具有一组不同的非常规能力[112]。

室温液态金属及其合金最初于 2002 年被引入到高热流计算机 CPU 的冷却中[113]，后来被扩展到许多不同的领域，如热管理[114-116]、废热回收[117]、动能收集[118]、热界面材料[119]、印刷电子[120]、3D 打印[121]、生物医学技术[122,123]和软机械[124]等。液态金属纳米流体的多能性体现在液态金属基液的突出特性，如低熔点、大热导率和导电性以及理想的金属物理或化学性质。通过充分利用纳米技术，液态金属可以被塑造成许多优秀的纳米流体材料。根据特定的需要和制备工艺，这种新型概念液体复合材料可以表现出比现有纳米流体更好的流体、热、电、磁、化学、机械和生物医学性能。这保证了纳米液态金属材料的多种适应性。

## 13.4.1　纳米液态金属流体材料类型

液态金属具有比传统流体高得多的密度和更大的表面张力，使得纳米颗粒的添加比例和负载选择范围大得多。任何的创新都将导致非传统材料的出现，而传统流体很难与之竞争。在众多候选金属中，镓是最为人所知的低熔点金属，从室温到 2 300 ℃的温度区间内，一直保持液态并且在熔点 29.8 ℃以下表现出强烈的过冷倾向。液态金属的高导热性和高导电性使其在能源管理、转换、存储和印刷电子等领域有着广泛的应用前景[125]。

可以负载的纳米粒子一般由金、银、铜、铝、铁和镍等金属，铜、铝、硅、钛的氧化物，以及碳纳米管、石墨烯、氮化物和碳化物[106,126,127]等不同形状的纳米粒子组成,尺寸和浓度对液态金属及其合金的改性、形成具有多种性能和相关功能的复合材料起着重要作用。当纳米颗粒尺寸接近光波和德布罗意波的波长、投影深度和物理特性的其他维度时,周期性边界条件被破坏,并对电、磁、声学、光学和热力学性质产生新的尺寸效应[128]。因此,将具有所需特性的纳米材料装入液态金属中,很可能显示出多功能能力,其可在电、磁、声、光、化学和热方面进行优化。常规基液和典型低熔点金属物理性质比较见表 13-1。

表 13-1　常规基液和典型低熔点金属物理性质比较[38-40]

| 物质 | 热导率/<br>($W \cdot m^{-1} \cdot K^{-1}$) | 比热容/<br>($J \cdot kg^{-1} \cdot K^{-1}$) | 密度/<br>($kg \cdot m^{-3}$) | 表面张力/<br>($mN \cdot m^{-1}$) | 熔点/<br>℃ | 沸点/<br>℃ |
|---|---|---|---|---|---|---|
| 水 | 0.6 | 4 183 | 1 000 | 72.8 | 0 | 100 |
| 乙二醇 | 0.258 | 2 349 | 1 132 | 48.4 | −12.6 | 197.2 |
| 镓 | 29.4① | 370① | 5 907① | 707① | 29.8 | 2 204.8 |
| 铟 | 36.4② | 230 | 7 030② | 550⑥ | 156.6 | 2 023.8 |
| 汞 | 8.34③ | 139③ | 13 546③ | 455③ | −38.87 | 356.65 |
| 铯 | 17.4④ | 236④ | 1 796④ | 248④ | 28.65 | 2 023.84 |
| 钠 | 86.9④ | 1 380④ | 926.9④ | 194④ | 97.83 | 881.4 |
| 钾 | 54.0⑥ | 780⑥ | 664⑥ | 103⑥ | 63.2 | 756.5 |
| GaIn₂₀ | 26.58⑤ | 403.5⑤ | 6 335⑤ | 16 | — | — |

注:①表示 50 ℃;②表示 160 ℃;③表示 25 ℃;④表示 100 ℃;⑤表示 20 ℃;⑥表示在熔点。

迄今,只有非常有限的纳米液态金属被制造出来。一些粒子已经成功地装载到液态镓[129-132]和汞[133-135]中。然而,"裸"金属通常不容易以粉末形式直接分散在液态金属中。因此,提出用二氧化硅等特殊材料包覆金属粉末来制备纳米液态金属[136]。在纳米液态金属的合成中,通常采用超声、机械振动等传统的物理分散方法。此外,据报道,将 Galinstan 合金暴露在空气中会在表面形成固态氧化镓薄膜,并影响其与其他材料的附着力[137,138]。为了更好地制备纳米液态金属材料,可以研究更多的可调方法。

## 13.4.2　纳米液态金属流体的应用

### 1. 能源管理

能源管理在电力、材料和冶金、石油、化学工业以及航空航天等许多工程领域都很重要。液态金属及其合金具有优异的传热性能,由于其优越的导热性、电磁场可驱动性和极低的功耗,因此在冷却高热流密度设备[129,139-144]方面工作得非常好。除了在流体中的应用外,Gao 和 Liu[145]还开发了一种高黏性的镓基热界面材料,并证明其导热系数可以达到 13.07 W/(m·K)。室温下,这明显高于最好的传统热润滑脂。显然,在这种液态金属润滑脂中加入纳米颗粒将进一步提高其传热性能。

除导热系数外,其他流体动力学特性如黏度、润湿性以及比热容也是重要因素。热导率的增加可能会被有效热容的降低、黏度的增加或润湿性的变化所抵消[146]。除了热导率外,还采用了几种方法来改善纳米流体的性能。例如,PAO(聚 α-烯烃)纳米流体中的铟被设计为使用相变纳米颗粒而不是普通的固体纳米颗粒,并且含有 8%(体积分数)铟纳米颗粒的纳米流体的有效体积热容增加了 20%[147]。

### 2. 能量转换

纳米液态金属也是一种理想的工作流体,能够在各种能量形式之间进行转换。近年来,以液态金属为基础的磁性流体特别受到人们的关注。一个典型的例子是使用磁性纳米液态金属。以前,大多数用于制备磁性纳米流体的基础流体是有机溶剂或水[148]。作为替代方案,液态金属提供了优于传统流体的导热性和/或导电性。液态金属如镓流体通常具有极高的沸点和极低的蒸气压。这使得磁性纳米流体即使在高温下也能保持稳定的性能。磁性纳米液态金属在磁能转换装置中有着广阔的应用前景。磁流体在磁场中的闭合回路可以改变角动量,影响航天器的旋转,这是由于磁能转化为机械能。此外,磁性纳米液态金属可以注入音圈磁气隙中,由于其冷却和阻尼效应,从而提高扬声器的性能[149]。众所周知,磁流体扬声器具有功率高、效率高、失真小、低频性能好等优点。磁性纳米液态金属有望提高电磁能的转换效率。

当前关于镓基磁流体的报道很少。在这些工作中,铁合金、微米或亚微米镍或铁颗粒已成功地与镓混合[148-151]。利用化学合成的 FeNbVB 纳米颗粒,在纳米颗粒表面包覆一层 SiO$_2$,制备了稳定的纳米液体镓基磁流体。在 293~353 K 的温度范围内,磁流变液的磁化强度随温度变化[149],而悬浮液在外加磁场梯度下的运动也受温度影响[152]。此外,通过轻微的氧化处理,镓与各种材料的润湿性和相容性可以得到显著改善。通过这一原理,熊等[151]开发了一种含有部分氧化镓及其合金和镍纳米颗粒的磁性纳米流体。

### 3. 储能

低熔点液态金属作为相变材料(PCM)具有传热能力大、相变可逆性好、相膨胀小等优点。有人指出,这些液态金属在凝固过程中可能会释放大量的热量,这需要快速散热,从而具有较高的导热性。因此,低熔点金属或其与纳米粒子的合金被引入作为 PCM 元件,用于 USB 闪存[154]和智能手机[155]等电子设备的热管理。镓的单位体积比热容为 2 385.6 J/(m³·K),远高于 Na$_2$SO$_4$·10H$_2$O、正二十烷和石蜡等常规相变材料[153]。这种低熔点金属热导率高,导电性好,蒸气压低,相变时体积膨胀小,有望成为下一代工业换热器的相变材料。此外,选择性负载相变纳米颗粒可以提高热容,并通过相变提供一种更优越的储热液体材料。另外,在液态金属中加入高导电性的纳米材料,可以提高相变材料的快速导热性能。

# 13.5　前景与展望

　　总的来说,纳米液态金属的高性能可在许多领域获得广泛应用。然而,在工业上推广应用之前,必须解决几个基本问题和技术挑战。例如,悬浮颗粒会带来额外的问题,如颗粒沉积、聚集、易结垢、溶液质量退化和通道可能堵塞[105-110]。纳米流体悬浮液的稳定性问题包括热力学稳定性、流体稳定性和聚集稳定性。悬浮纳米颗粒之间的相互作用导致了颗粒的团聚。粒子一旦聚集,就很难分离,进一步的聚集导致纳米颗粒团簇的形成,进而降低粒子的均匀分散性。以纳米液态金属为例,由于液态金属与纳米颗粒难以共混,影响了分散的均匀性,在纳米流体的合成上还存在许多问题。基于这些考虑,解决这些问题的策略有:纳米粒子表面的处理和改性,开发性能优良的分散剂和稳定剂,探索分散条件,优化制备工艺。而且,由于液态金属对某些固体金属的腐蚀性,金属颗粒应小心地装入基液中并涂上隔离层[155]。

　　此外,为了保证纳米液态金属的应用,需要对其物理机制进行基础研究,对这种高导电纳米流体的深入研究将加速其实际应用。当前对纳米流体的认识还比较有限,纳米液态金属作为一种被严重忽视的创新材料,需要建立更多的理论模型。现有的纳米流体方程可以进行修正,以适应纳米液态金属。另外,从不同的物理或化学角度来理解纳米液态金属将是非常必要的。

　　纳米液态金属作为一种新兴的功能材料具有巨大的发展潜力,它为工程师开发各种非传统技术提供了巨大的机会。同时,还有许多科学和技术挑战需要解决,这需要纳米材料、物理、化学和工程之间的跨学科合作。纳米液态金属的合成方法、悬浮稳定性、表征、特殊性质以及与相关材料的相互作用等都需要进一步的研究。为了有效地拓展纳米液态金属的应用,需要付出巨大的努力来更好地理解其中所涉及的物理或化学机制。特别是由于纳米液态金属的基本性质和应用在过去一直被忽视,未来几年纳米液态金属技术还有很大的探索空间。

---

**参考文献**

［1］ SUN X,YUAN B,SHENG L,et al. Liquid metal enabled injectable biomedical technologies and applications[J]. Applied Materials Today,2020,20.

［2］ LI D D,LIU T Y,YE J,et al. Liquid metal enabled soft logic devices[J]. Advanced Intelligent Systems,2021,3:2000246.

［3］ YUAN B,SUN X,WANG H,et al. Liquid metal bubbles[J]. Applied Materials Today,2021,24.

［4］ ZHANG M,YAO S,RAO W,et al. Transformable soft liquid metal micro/nanomaterials［J］. Materials Science and Engineering：R：Reports,2019,138:1-35.

［5］ CAO L,YU D,XIA Z,et al. Ferromagnetic liquid metal plasticine with transformed shape and reconfigurable polarity［J］. Advanced Materials,2020,32:2000827.

［6］ LIU T,SEN P,KIM C J. Characterization of nontoxic liquid-metal alloy galinstan for applications in microdevices［J］. Journal of Microelectromechanical Systems,2012,21:443-450.

［7］ TABATABAI A,FASSTER A,USIAK C,et al. Liquid-phase gallium-indium alloy electronics with microcontact printing［J］. Langmuir the Acs Journal of Surfaces & Colloids,2013,29:6194-6200.

［8］ KHOSHMANESH K,YANG S Y,ZHU J Y,et al. Liquid metal enabled microfluidics［J］. Lab Chip,2017,17:974-993.

［9］ WANG Q,YU Y,PAN K,et al. Liquid metal angiography for mega contrast X-ray visualization of vascular network in reconstructing in-vitro organ anatomy［J］. IEEE transactions on bio-medical engineering,2014,61:2161.

［10］ SUN X,YUAN B,RAO W,et al. Amorphous liquid metal electrodes enabled conformable electrochemical therapy of tumors［J］. Biomaterials,2017,146:156-167.

［11］ YI L,LIU J. Liquid metal biomaterials：a newly emerging area to tackle modern biomedical challenges［J］. International Materials Reviews,2017,62:1-26.

［12］ LIU J,YI L. Liquid metal biomaterials：principles and applications［M］. Berlin：Springer,2018.

［13］ WANG L,LIU J. Ink spraying based liquid metal printed electronics for directly making smart home appliances［J］. Ecs Journal of Solid State Science & Technology,2015,4(4):3057-3062.

［14］ TANG S Y,KHOSHMANESH K,SIVAN V,et al. Liquid metal enabled pump［J］. Proceedings of the National Academy of Sciences,2014,111:3304-3309.

［15］ JEONG S H,HAGMAN A,HJORT K,et al. Liquid alloy printing of microfluidic stretchable electronics［J］. Lab Chip,2012,12:4657-4664.

［16］ CHENG S,WU Z. A microfluidic,reversibly stretchable,large-area wireless strain sensor［J］. Advanced Functional Materials,2011,21:2282-2290.

［17］ ZHENG Y,HE Z,GAO Y,et al. Direct desktop printed-circuits-on-paper flexible electronics［J］. Scientific Reports,2013,3:1786.

［18］ OTA H,CHEN K,LIN Y,et al. Highly deformable liquid-state heterojunction sensors［J］. Nature Communications,2014,5:5032.

［19］ PALLEAU E,REECE S,DESAI S C,et al. Self-healing stretchable wires for reconfigurable circuit wiring and 3D microfluidics［J］. Advanced Materials,2013,25:1589-1592.

［20］ GE H,LI H,MEI S,et al. Low melting point liquid metal as a new class of phase change material：an emerging frontier in energy area［J］. Renewable and Sustainable Energy Reviews,2013,21:331-346.

［21］ DING Y,DENG Z,CAI C,et al. Bulk expansion effect of Gallium-based thermal interface material［J］. International Journal of Thermophysics,2017,38:91.

［22］ MEI S,GAO Y,DENG Z,et al. Thermally conductive and highly electrically resistive grease through homogeneously dispersing liquid metal droplets inside methyl silicone oil［J］. Journal of Electronic Packaging,2014,136:011009.

［23］ ZHANG Q,LIU J. Nano liquid metal as an emerging functional material in energy management, conversion and storage[J]. Nano Energy,2013,2:863-872.

[24] MEI S,GAO Y,LI H Y,et al. Thermally induced porous structures in printed gallium coating to make transparent conductive film[J]. Applied Physics Letters,2013,102.

[25] LU Y,LIN Y,CHEN Z,et al. Enhanced endosomal escape by light-fueled liquid-metal transformer [J]. Nano Letters,2017,17:2138.

[26] CHECHETKA S A,YU Y,ZHEN X,et al. Light-driven liquid metal nanotransformers for biomedical theranostics[J]. Nature Communications,2017,8.

[27] LU Y,HU Q,LIN Y,et al. Transformable liquid-metal nanomedicine[J]. Nature Communications, 2015,6:10066.

[28] GUISBIERS G,MEJIA-ROSALES S,DEEPAK F L. Nanomaterial properties：size and shape dependencies[J]. Journal of Nanomaterials,2012,2012:1-2.

[29] TANG S Y,AYAN B,NAMA N,et al. On-chip production of size-controllable liquid metal microdroplets using acoustic waves[J]. Small,2016,12:3861-3869.

[30] LIN Y,LIU Y,GENZER J,et al. Shape-transformable liquid metal nanoparticles in aqueous solution[J]. Chemical Science,2017,8:3832-3837.

[31] ZHANG W,OU J Z,TANG S Y,et al. Liquid metal/metal oxide frameworks[J]. Advanced Functional Materials,2014,24:3799-3807.

[32] SIVAN V,TANG S Y,O'MULLANE A P,et al. Liquid metal marbles[J]. Advanced Functional Materials,2013,23:144-152.

[33] BOLEY J W,WHITE E L,KRAMER R K. Mechanically sintered gallium-indium nanoparticles[J]. Advanced Materials,2015,27:2355.

[34] LIN Y,COOPER P,WANG M,et al. Handwritten,soft circuit boards and antennas using liquid metal nanoparticles[J]. Small,2016,11:6397-6403.

[35] TANG L,CHENG S,ZHANG L,et al. Printable metal-polymer conductors for highly stretchable bio-devices[J]. iScience,2018,4:302-311.

[36] KUMAR V B,GEDANKEN A,PORAT Z. Facile synthesis of gallium oxide hydroxide by ultrasonic irradiation of molten gallium in water[J]. Ultrasonics Sonochemistry,2015,26:340-344.

[37] REN L,ZHUANG J,GASILLAS G,et al. Nanodroplets for stretchable superconducting circuits[J]. Advanced Functional Materials,2016,26.

[38] LEAR T R,HYUN S H,BOLEY J W,et al. Liquid metal particle popping：macroscale to nanoscale[J]. Extreme Mechanics Letters,2017,13:126-134.

[39] KUMAR V B,PORAT Z E,GEDANKEN A. DSC measurements of the thermal properties of gallium particles in the micron and sub-micron sizes,obtained by sonication of molten gallium[J]. Journal of Thermal Analysis and Calorimetry,2015,119:1587-1592.

[40] MOHAMMED M G,XENAKIS A,DICKEY M D. Production of liquid metal spheres by molding [J]. Metals,2014,4:465-476.

[41] YU Y,WANG Q,YI L,et al. Channelless fabrication for large-scale preparation of room temperature liquid metal droplets[J]. Advanced Engineering Materials,2013,16:255-262.

[42] THELEN J,DICKEY M D,WARD T. A study of the production and reversible stability of EGaIn liquid metal microspheres using flow focusing[J]. Lab Chip,2012,12:3961-3967.

［43］ HUTTER T,BAUER W A C,ELLIOTT S R,et al. Formation of spherical and non-spherical eutectic gallium-indium liquid-metal microdroplets in microfluidic channels at room temperature[J]. Advanced Functional Materials,2012,22:2624-2631.

［44］ KUMAR V B,GEDANKEN A,KIMMEL G,et al. Ultrasonic cavitation of molten gallium: formation of micro- and nano-spheres[J]. Ultrasonics Sonochemistry,2014,21:1166-1173.

［45］ YUAN B,TAN S,ZHOU Y,et al. Self-powered macroscopic brownian motion of spontaneously running liquid metal motors[J]. Science Bulletin,2015,60:1203.

［46］ SHENG L,HE Z,YAO Y,et al. Transient state machine enabled from the colliding and coalescence of a swarm of autonomously running liquid metal motors[J]. Small,2015,11:5253-5261.

［47］ GOL B,TOVAR-LOPEZ F J,KURDZINSKI M E,et al. Continuous transfer of liquid metal droplets across a fluid-fluid interface within an integrated microfluidic chip[J]. Lab Chip,2015,15:2476-2485.

［48］ TANG S Y,JOSHIPURA I D,LIN Y,et al. Liquid-metal microdroplets formed dynamically with electrical control of size and rate[J]. Advanced Materials,2016,28:604.

［49］ TANG S Y,QIAO R,YAN S,et al. Microfluidic mass production of stabilized and stealthy liquid metal nanoparticles[J]. Small,2018,14:1800118.

［50］ TEVIS I D,NEWCOMB L B,THUO M. Synthesis of liquid core-shell particles and solid patchy multicomponent particles by shearing liquids into complex particles (SLICE)[J]. Langmuir the Acs Journal of Surfaces & Colloids,2014,30:14308-14313.

［51］ AKIHISA Y,YU M,TOMOKAZU I. Reversible size control of liquid-metal nanoparticles under ultrasonication[J]. Angewandte Chemie,2015,54:12809-12813.

［52］ SYED N,ZAVABETI A,MOHIUDDIN M,et al. Sonication-assisted synthesis of gallium uxide suspensions featuring trapstate absorption: test of photochemistry[EB/OL]. https://doi.org/ 10.1002/adfm.201702295,2017.

［53］ WANG Q,YU Y,LIU J. Preparations,characteristics and applications of the functional liquid metal materials[EB/OL]. https://doi.org/10.1002/adem.201700781,2017.

［54］ YAN J,KANG Y,YANG M,et al. Shape-controlled synthesis of liquid metal nanodroplets for photothermal therapy[J]. Nano Research,2019,12(6):8.

［55］ FINKENAUER L R,LU Q,HAKEM I F,et al. Analysis of the efficiency of surfactant-mediated stabilization reactions of EGaIn nanodroplets[J]. Langmuir,2017,33:9703-9710.

［56］ KURTJAK M,VUKOMANOVIC M,KRAMER L,et al. Biocompatible nano-gallium/hydroxyapatite nanocomposite with antimicrobial activity[J]. Journal of Materials Science Materials in Medicine, 2016,27:170.

［57］ HOHMAN J N,KIM M,WADSWORTH G A,et al. Directing substrate morphology via self-assembly: ligand-mediated scission of gallium-indium microspheres to the nanoscale[J]. Nano Letters,2011,11: 5104.

［58］ VARGHESE K,ADHYAPAK S. Materials used for vascular embolization[EB/OL]. https:// doi.org/10.1007/978-3-319-42494-1_2,2017.

［59］ LUO D,LI N,CARTER K A,et al. Rapid light-triggered drug release in liposomes containing small amounts of unsaturated and porphyrin-phospholipids[J]. Small,2016,12:3039.

［60］ CHOI S R,BRITIGAN B E,MORAN D M,et al. Gallium nanoparticles facilitate phagosome maturation and inhibit growth of virulent Mycobacterium tuberculosis in macrophages[J]. PloS One,2017,12:e0177987.

[61] NARAYANASAMY P,SWITZER B L,BRITIGAN B E. Prolonged-acting,multi-targeting gallium nanoparticles potently inhibit growth of both HIV and mycobacteria in co-infected human macrophages [J]. Scientific Reports,2015,5:8824.

[62] CHOI S R,BRITIGAN B E,NARAYANASAMY P. Ga(Ⅲ) nanoparticles inhibit growth of both TB and HIV and telease of IL-6 and IL-8 in co-infected macrophages[J]. Antimicrobial Agents & Chemotherapy,2017,61:AAC. 02505-02516.

[63] SOTO E R,O'CONNELL O,DIKENGIL F,et al. Targeted delivery of glucan particle encapsulated gallium nanoparticles inhibits HIV growth in human macrophages[J]. Journal of Drug Delivery,2016,2016:8520629.

[64] WANG D,GAO C,WANG W,et al. Shape-transformable,fusible rodlike swimming liquid metal nanomachine[EB/OL]. https://doi. org/10. 1021/acsnano. 8b05203,2018.

[65] WANG X L,LIU J. Recent advancements in liquid metal flexible printed electronics:Properties,technologies,and applications[J]. Micromachines,2016,7:206.

[66] ROGERS J A,GHAFFARI R,KIM D H. Stretchable bioelectronics for medical devices and systems [EB/OL]. https://doi. org/10. 1007/978-3-319-28694-5,2016.

[67] BOLEY J W,WHITE E L,CHIU G T C,et al. Direct writing of gallium-indium alloy for stretchable electronics[J]. Advanced Functional Materials,2014,24:3501-3507.

[68] KRAMER R K,MAJIDI C,WOOD R J. Masked deposition of gallium-indium alloys for liquid-embedded elastomer conductors[J]. Advanced Functional Materials,2013,23:5292-5296.

[69] QIAN W,YANG Y,JUN Y,et al. Fast fabrication of flexible functional circuits based on liquid metal dual-trans printing[J]. Advanced Materials,2016,27:7109-7116.

[70] ZHENG Y,HE Z Z,YANG J,et al. Personal electronics printing via tapping mode composite liquid metal ink delivery and adhesion mechanism[J]. Sci. Rep. ,2014,4:4588.

[71] LI F,QIN Q,ZHOU Y,et al. Recyclable liquid netal-based circuit on paper[J]. Advanced Materials Technologies,2018,3:1800131.

[72] WANG L,LIU J. Pressured liquid metal screen printing for rapid manufacture of high resolution electronic patterns[J]. Rsc Advances,2015,5:57686-57691.

[73] GUO C,YU Y,LIU J. Rapidly patterning conductive components on skin substrates as physiological testing devices via liquid metal spraying and pre-designed mask[J]. Journal of Materials Chemistry B,2014,2:5739-5745.

[74] ZHANG Q,GAO Y,LIU J. Atomized spraying of liquid metal droplets on desired substrate surfaces as a generalized way for ubiquitous printed electronics[J]. Applied Physics A,2014,116:1091-1097.

[75] MOHAMMED M G,KRAMER R. All-printed flexible and stretchable electronics[J]. Advanced Materials,2017,29:1604965.

[76] TANG S Y,ZHU J,SIVAN V,et al. Creation of liquid metal 3D microstructures using dielectrophoresis[J]. Advanced Functional Materials,2015,25:4445-4452.

[77] WU Y,HUANG L,HUANG X,et al. A room-temperature liquid metal-based self-healing anode for lithium-ion batteries with an ultra-long cycle life[J]. Energy & Environmental Science,2017,10.

[78]　CHAN Y C, YANG D. Failure mechanisms of solder interconnects under current stressing in advanced electronic packages[J]. Progress in Materials Science,2010,55:428-475.

[79]　BLAISZIK B J, KRAMER S L, GRADY M E, et al. Autonomic restoration of electrical conductivity[J]. Adv. Mater. ,2012,24:398-401.

[80]　CHU K, SONG B G, YANG H I, et al. Smart passivation materials with a liquid metal microcapsule as self-healing conductors for sustainable and flexible perovskite solar cells[EB/OL]. https://doi. org/10. 1002/adfm. 201800110,2018.

[81]　MARKVICKA E J, BARTLETT M D, HUANG X, et al. An autonomously electrically self-healing liquid metal-elastomer composite for robust soft-matter robotics and electronics[J]. Nature Materials, 2018,17:618.

[82]　BARTLETT M D, KAZEM N, POWELLPALM M J, et al. High thermal conductivity in soft elastomers with elongated liquid metal inclusions[J]. Proceedings of the National Academy of Sciences of the United States of America,2017,114:2143.

[83]　FAN P, SUN Z, WANG Y, et al. Nano liquid metal for the preparation of a thermally conductive and electrically insulating material with high stability[J]. Rsc Advances,2018,8.

[84]　SUN S, CHEN S, LUO X, et al. Mechanical and thermal characterization of a novel nanocomposite thermal interface material for electronic packaging[J]. Microelectronics Reliability, 2016, 56: 129-135.

[85]　ZHANG J, GUO R, LIU J. Self-propelled liquid metal motors steered by a magnetic or electrical field for drug delivery[J]. Journal of Materials Chemistry B,2016,4:5349-5357.

[86]　LIU J. Liquid metal machine is evolving to soft robotics[J]. Science China Technological Sciences, 2016,59:1793-1794.

[87]　YUAN B, TAN S, ZHOU Y, et al. Self-powered macroscopic Brownian motion of spontaneously running liquid metal motors[J]. Science Bulletin,2015,60:1203-1210.

[88]　TANG J, WANG J, LIU J, et al. Jumping liquid metal droplet in electrolyte triggered by solid metal particles[J]. Applied Physics Letters,2016,108:223.

[89]　TAN S C, YUAN B, LIU J. Electrical method to control the running direction and speed of self-powered tiny liquid metal motors[J]. Proceedings of the Royal Society A Mathematical Physical &. Engineering Sciences,2015,471:32-38.

[90]　TAN S C, GUI H, YUAN B, et al. Magnetic trap effect to restrict motion of self-powered tiny liquid metal motors[J]. Applied Physics Letters,2015,18:13424.

[91]　CHOI S U S, EASTMAN J A. Enhancing thermal conductivity of fluids with nanoparticles[C]// San Francisco,1995 International mechanical engineering congress and exhibition,1995.

[92]　RAZI P, AKHAVAN-BEHABADI M A, SAEEDINIA M. Pressure drop and thermal characteristics of CuO-base oil nanofluid laminar flow in flattened tubes under constant heat flux[J]. International Communications in Heat and Mass Transfer,2011,38:964-971.

[93]　KWAK K Y, KIM C. Viscosity and thermal conductivity of copper oxide nanofluid dispersed in ethylene glycol[J]. Korea-Australia Rheology Kournal,2005,17(2):35-40.

[94]　EASTMAN J A, CHOI S, LI S, et al. Anomalously increased effective thermal conductivities of ethylene glycol-based nanofluids containing copper nanoparticles[J]. Applied Physics Letters,2001,78(6):

718-720.

[95] FET D ,ZHENG Q S . An analytical model of effective electrical conductivity of carbon nanotube composites[J]. Applied Physics Letters,2008,92(7):1340.

[96] GAO L,ZHOU X,DING Y. Effective thermal and electrical conductivity of carbon nanotube composites[J]. Chemical Physics Letters,2007,434:297-300.

[97] PATEL H E,DAS S K,SUNDARARAJAN T,et al. Thermal conductivities of naked and monolayer protected metal nanoparticle based nanofluids: manifestation of anomalous enhancement and chemical effects[J]. Applied Physics Letters,2003,83:2931-2933.

[98] WANG X,XU X,CHOI S U S. Thermal conductivity of nanoparticle - fluid mixture[J]. Journal of Thermophysics and Heat Transfer,1999,13:474-480.

[99] WEN D,DING Y. Experimental investigation into the pool boiling heat transfer of aqueous based γ-alumina nanofluids[J]. Journal of Nanoparticle Research,2005,7:265-274.

[100] DAS S K,PUTRA N,THIESEN P,et al. Temperature dependence of thermal conductivity enhancement for nanofluids[J]. Journal of Heat Transfer ,2003,125(4):567.

[101] PATEL H E,DAS S K,SUNDARARAJAN T,et al. Thermal conductivities of naked and monolayer protected metal nanoparticle based nanofluids: manifestation of anomalous enhancement and chemical effects[J]. Applied Physics Letters,2003,83(14):2931-2933.

[102] WANG X,XU X. Thermal conductivity of nanoparticle-fluid mixture[J]. Journal of Thermophysics & Heat Transfer ,2012,13(13):474-480.

[103] XIE H,LEE H,YOUN W,et al. Nanofluids containing multiwalled carbon nanotubes and their enhanced thermal conductivities[J]. Journal of Applied Physics,2003,94(8):4967-4971.

[104] HWANG Y,LEE J K,LEE C H,et al. Stability and thermal conductivity characteristics of nanofluids[J]. Thermochimica Acta,2007,455(1):70-74.

[105] LIU J. Micro/nano scale heat transfer (in Chinese)[M]. Beijing: Science Press,2001.

[106] XUAN Y M,LI Q. Energy transfer theory and application of nanofluids (in Chinese) [M]. Beijing: Science Press,2010.

[107] KEBLINSKI P,PHILLPOT S R,CHOI S,et al. Mechanisms of heat flow in suspensions of nano-sized particles (nanofluids)[J]. International Journal of Heat & Mass Transfer,2002,45(4): 855-863.

[108] WEI Y,XIE H,CHEN L,et al. Investigation on the thermal transport properties of ethylene glycol-based nanofluids containing copper nanoparticles[J]. Powder Technology,2010,197(3): 218-221.

[109] CHOI S,ZHANG Z G,YU W,et al. Anomalous thermal conductivity enhancement in nanotube suspensions[J]. Applied Physics Letters,2001,79(14):2252-2254.

[110] CHOI C,YOO H S,OH J M. Preparation and heat transfer properties of nanoparticle-in-transformer oil dispersions as advanced energy-efficient coolants[J]. Current Applied Physics,2008,8(6):710-712.

[111] MA K,LIU J. Liquid metal cooling in thermal management of computer chips[J]. Frontiers of Energy and Power Engineering in China,2007,1:384-402.

[112] MA K Q,LIU J. Nano liquid-metal fluid as ultimate coolant[J]. Physics Letters A,2007,361(3): 252-256.

［113］ LIU J,ZHOU Y X,LV Y G,et al. Liquid metal based miniaturized chip-cooling device driven by electromagnetic pump[C]// ASME 2005 International Mechanical Engineering Congress and Exposition, 2005.

［114］ ZHANG X-D,SUN Y,CHEN S,et al. Unconventional hydrodynamics of hybrid fluid made of liquid metals and aqueous solution under applied fields[J]. Frontiers in Energy,2018,12:276-296.

［115］ LUO M,LIU J. Experimental investigation of liquid metal alloy based mini-channel heat exchanger for high power electronic devices[J]. Frontiers in Energy,2013,7:479-486.

［116］ YANG X H,LIU J. Chapter four - advances in liquid metal science and technology in chip cooling and thermal management[J]. Advances in Heat Transfer,2018,20(50):187-300.

［117］ DAI D,ZHOU Y,LIU J. Liquid metal based thermoelectric generation system for waste heat recovery[J]. Renewable Energy,2011,36:3530-3536.

［118］ JIA D,LIU J,ZHOU Y. Harvesting human kinematical energy based on liquid metal magnetohydro-dynamics[J]. Physics Letters A,2009,373:1305-1309.

［119］ MEI S,GAO Y,LI H,et al. Thermally induced porous structures in printed gallium coating to make transparent conductive film[J]. Applied Physics Letters,2013,102:041905.

［120］ ZHENG Y,HE Z Z,YANG J,et al. Personal electronics printing via tapping mode composite liquid metal ink delivery and adhesion mechanism[J]. Scientific Reports,2014,4:4588.

［121］ ZHENG Y,HE Z,GAO Y,et al. Direct desktop printed-circuits-on-paper flexible electronics[J]. Scientific Reports,2013,3:1786.

［122］ WANG X,FAN L,ZHANG J,et al. Printed conformable liquid metal e-skin-enabled spatiotemporally controlled bioelectromagnetics for wireless multisite tumor therapy[J]. Advanced Functional Materials, 2019,29.

［123］ WANG X,YAO W,GUO R,et al. Soft and moldable Mg-doped liquid metal for conformable skin tumor photothermal therapy[J]. Adv Healthc Mater,2018,7:e1800318.

［124］ SHENG L,ZHANG J,LIU J. Liquid metals:diverse transformations of liquid metals between different morphologies[J]. Advanced Materials,2014,26:5889-5889.

［125］ ZHANG Q,ZHENG Y,LIU J. Direct writing of electronics based on alloy and metal（DREAM）ink:a newly emerging area and its impact on energy,environment and health sciences[J]. Frontiers in Energy,2012,6:311-340.

［126］ DING Y,ALIAS H,WEN D,et al. Heat transfer of aqueous suspensions of carbon nanotubes（CNT nanofluids）[J]. International Journal of Heat and Mass Transfer,2006,49:240-250.

［127］ MOHAMAD I S,CHITRAMBALAM S T,HAMID S,et al. A comparison study on the heat transfer behavior of aqueous suspensions of rod shaped carbon nanotubes with commercial carbon nanotubes[J]. Advanced Materials Research,2013,667:35-42.

［128］ LIU J P,HAP X Y. Modification of polymer-based materials（in Chinese）[M]. Beijing:Science Press,2009.

［129］ MA K Q,LIU J. Nano liquid-metal fluid as ultimate coolant[J]. Physics Letters A,2007,361: 252-256.

［130］ SHAPIRO B,MOON H,GARRELL R L,et al. Equilibrium behavior of sessile drops under surface tension,applied external fields,and material variations[J]. Journal of Applied Physics,2003,93(9):

5794-5811.

[131] MAJEE A,BIER M,DIETRICH S. Electrostatic interaction between colloidal particles trapped at an electrolyte interface[J]. Journal of Chemical Physics,2014,140(16):569.

[132] MIGELE F,BARET J C. Electrowetting: from basics to applications[J]. J. Phys. Condens. Matter,2005,17:R705-R774.

[133] BAKER H. ASM handbook volume 3-alloy phase diagrams[M]. US: ASM International,2008.

[134] LIM S K,CHO C J,CHANG H-M. Interfacial Reactions in Cu/Ga and Cu/Ga/Cu Couples [J]. Journal of Electronic Materials,2014,43(1):204-211.

[135] DENG Y G,LIU J. Corrosion development between liquid gallium and four typical metal substrates used in chip cooling device[J]. Applied Physics A,2009,95(3):907-915.

[136] KOZLOVA O,VOYTOVOYCH R,PROTSENKO P,et al. Non-reactive versus dissolutive wetting of Ag-Cu alloys on Cu substrates[J]. Journal of Materials Science,2009,45(8):2099-2105.

[137] NICHOLAS M G,OLD C F. Liquid metal embrittlement[J]. Journal of Materials Science,1979,14 (1):1-18.

[138] BECHSTEDT F. Principles of surface physics [M]. Berlin: Springer Science & Business Media,2012.

[139] MA K Q,LIU J. Heat-driven liquid metal cooling device for the thermal management of a computer chip[J]. Journal of Physics D: Applied Physics,2007,40:4722-4729.

[140] DENG Y,LIU J. Hybrid liquid metal-water cooling system for heat dissipation of high power density microdevices[J]. Heat and Mass Transfer,2010,46:1327-1334.

[141] DENG Y,LIU J. Design of practical liquid metal cooling device for heat dissipation of high performance CPUs[J]. Journal of Electronic Packaging,2010,132(3):031009.

[142] DENG Z S,LIU J. Capacity evaluation of a MEMS based micro cooling device using liquid metal as coolant[C] // 2006 1st IEEE International Conference on Nano/Micro Engineered and Molecular Systems(IEEE),2006.

[143] LI P,LIU J,ZHOU Y. Applications,design of a self-driven liquid metal cooling device for heat dissipation of hot chips in a closed cabinet[J]. Journal of Thermal Science & Engineering Applications, 2013,6(1):011009.

[144] LI P,JING L. Harvesting low grade heat to generate electricity with thermosyphon effect of room temperature liquid metal[J]. Applied Physics Letters,2011,99(9):539.

[145] GAO Y,LIU J. Gallium-based thermal interface material with high compliance and wettability[J]. Applied Physics A,2012,107:701-708.

[146] SARKAR J. A critical review on convective heat transfer correlations of nanofluids[J]. Renewable and Sustainable Energy Reviews,2011,15:3271-3277.

[147] HAN Z. Nanofluids with enhanced thermal transport properties[Z]. 2008.

[148] DODBIBA G,ONO K,PARK H S,et al. FeNbVB alloy particles suspended in liquid gallium: investigating the magnetic properties of the magnetic properties of the MR suspension[J]. International Journal of Modern Physics B,2011,25:947-955.

[149] ATHANAS L S. Loudspeaker utilizing magnetic liquid suspension of the voice coil[J]. The Journal of the Acoustical Society of America,1995,97:3215-3216.

［150］ POPPLEWELL J,CHARLES S W,HOON S R. Aggregate formation in metallic ferromagnetic liquids[J]. IEEE Transactions on Magnetics,1980,16(2):191-196.

［151］ XIONG M,GAO Y,LIU J. Fabrication of magnetic nano liquid metal fluid through loading of Ni nanoparticles into gallium or its alloy[J]. Journal of Magnetism and Magnetic Materials,2014,354:279-283.

［152］ GAO Y,JING L. Gallium-based thermal interface material with high compliance and wettability[J]. Applied Physics A,2012,107(3):701-708.

［153］ GE H,LIU J. Phase change effect of low melting point metal for an automatic cooling of USB flash memory[J]. Frontiers in Energy,2012,6:207-209.

［154］ GE H,JING L. Keeping smartphones cool with gallium phase change material[J]. Journal of Heat Transfer,2013,135(5):054503.

［155］ DENG Y G,LIU J. Corrosion development between liquid gallium and four typical metal substrates used in chip cooling device[J]. Applied Physics A,2009,95:907-915.

# 第 14 章　液态金属二维材料

二维材料(2D material)具有超薄厚度(单原子层或少原子层),丰富的表面化学特性和独特的电子结构,在电子、磁性、光学和催化材料等领域正日益发挥独特的优势,也是集成电路领域中极具发展潜力的后摩尔时代材料[1,2]。然而,二维材料的进一步发展面临着一些挑战,传统方法生长的二维材料的电学特性和重复性往往不尽如人意,本征缺陷密度也较高,远低于其理论的电子输运性能,难以制备大面积、均一性好的二维材料。此外,高成本的制备工艺和有限的成品率均限制了其发展。

近年来,液态金属在制备二维材料方面显示出巨大的潜力,在大气条件下,一些液态金属,如镓及其合金,会经历自限型氧化,在金属表面形成的天然氧化层是一种理想的二维平面材料,这种氧化层可以很好地附着于多种电子器件衬底(如 $SiO_2$ 和 Si)上,而母体金属则不能,液态金属也可以与所需的金属结合,根据金属氧化物形成的吉布斯自由能操纵液态金属合金的表皮,从而提供了制备各种二维材料的可能性。此外,由于其迷人的表面和体积特性,如弱界面力、化学反应性、良好的溶解度和流动性,液态金属可以作为界面、反应物和溶剂用于多种二维材料的制备。更重要的是,液态金属的液-固相转变可以形成具有各种结构的单晶金属,使其成为生长高质量二维单晶的对称匹配衬底。因此,液态金属由于具备从本体到界面的特殊性质,使其在各种二维材料的制备中具有广阔的应用前景。本章论述液态金属二维材料这一研究方向的最新进展,主要包括利用液态金属制作二维材料的策略,以及液态金属二维材料的各种结构以及电学特性;在此基础上对液态金属二维材料在电子功能器件领域的成功应用进行了阐释;最后展望了液态金属二维材料制备和应用的发展前景以及挑战。

## 14.1　液态金属二维材料的形成

液态金属及其合金具有很高的活性,因此在暴露于环境氧气时会迅速氧化。这种特性在二维材料的制备中起着关键的作用。本节将从两个角度讨论表面氧化,即单元素液态金属的表面氧化和液态金属合金的表面氧化。

单元素液态金属的表面氧化:液态金属暴露在含氧的大气中时,即使氧气量很小($>10^{-6}$),也会在其表面迅速形成氧化皮。氧化皮的这种瞬时生长过程可以用 Cabrera-Mott 模型来描述。当液态金属暴露在空气中时,其表面会立即吸附一层氧。由于隧道效应,金属中的电子从内核逸出,然后转移到被吸附的氧中。吸附的氧将被电离,在氧化剂氧化物和氧化物金属之间的界面上产生静电电势,即 Mott 电势。产生的电场明显降低了金属离子向自由界面扩散的能量势垒,促进了氧化皮的生长。Ga 是一种典型的具有自限氧化行为的液态金属,当暴露于不同的氧气浓度下时,氧化层的厚度基本保持不变。Ga 的表皮由 $Ga^{3+}$、$O^{2-}$ 的离子交替组成,并由 $O^{2-}$ 层终止,均匀、致密且完全覆盖的表皮可防止大块液态金属在没有外部扰动的情况下进一步氧化,形成的氧化层表皮体积大于耗尽的金属,防止新鲜金属暴露在氧气环境中。其他液态金属如 Sn、In、Bi 和 Gd 表现出完全不同的氧化行为,它们的表皮不断生长和增厚,即非自限性表面氧化。氧化行为的变化源于成形表皮的不同微观结构。在非自限氧化过程中,成形表皮疏松、多孔,无法阻止液态金属进一步氧化。

对于液态金属合金,如果活性金属(A)与贵金属(B)形成合金(AB),则发生选择性氧化,并且 A 优先被氧化,以在液态金属合金的表面上形成金属氧化物(AO),合金的表面主要由二元氧化物控制。AO 在 AB 合金表面的扩散控制生长遵循抛物线速率规律,其中 A 的氧化速率低于纯 A 的氧化速率。为了有效地降低氧化速率,合金贵金属 B 在合金中的扩散速率应较慢,且不溶于氧分子。相反,如果 B 不是贵金属,则 A 和 B 之间会发生竞争性氧化。考虑到动力学过程,B 将以金属氧化物(BO)或混合金属氧化物的形式与 A 一起引入氧化物相。通常,合金表面由二元金属氧化物控制,表面氧化的优先顺序由金属(A 和 B)的相对化学反应性决定。如图 14-1(a)所示,根据热力学定律,导致吉布斯自由能最大降低的金属氧化物将覆盖合金表面。值得注意的是,如果反应性较低的金属离子在占主导地位的表面氧化物中具有良好的溶解性,则会产生不同的结果。一方面,金属离子的溶解度会导致氧化皮产生更多的缺陷。这些缺陷作为离子的扩散路径,增强了离子通过皮肤的原子扩散通量,然后皮肤变厚。另一方面,溶解的金属离子将被氧化,然后与占主导地位的氧化物结合,形成三元氧化物甚至多元氧化物。

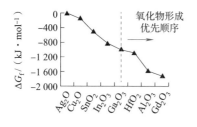

(a)在表面氧化层形成过程中,吉布斯
自由能决定了可选择的金属氧化物范围

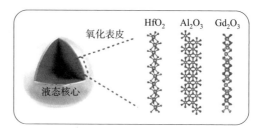

(b)液态金属表面氧化膜的形态示意图

图 14-1　液态金属表面氧化层形成的基本原理

当前,已有多种氧化物二维材料可被直接剥离制备,包括 $Ga_2O_3$[3,4]、$Bi_2O_3$[5]、$SnO$[6] 和 $SnO_2$[7]。通过适当的后续化学反应或其他处理,液态金属的表皮还可以用于制造晶圆级二维薄膜,如 $GaPO_4$[9]、$GaN$[10]、$GaS$[11]、$Ga_2S_3$[12] 及微米级二维单晶,如 $Mo_2GaC$[13]、$GaN$[14]。

Alsaif 等[8]采用不同液态金属表面氧化膜堆叠的方法,制备了p-SnO/n-In$_2$O$_3$异质结构。

　　液态金属二维材料在厚度方向上仅仅具有单个或者多个原子层,电子可以在二维平面内自由移动,但是,它们在第三方向上的运动受量子力学限制,因此比其他三维材料对外界的调控更敏感。且由于二维材料所有的原子都暴露在表面,其半导体器件沟道的厚度可以低至 1 个原子层,能够十分有效地抑制电子器件的短沟道效应,因此,基于二维材料的集成逻辑电路可以做得更小,具有更低的功耗和更快的处理速度。其次,因为二维材料表面的化学吸附特性好以及比表面积大,所以其可以成为敏感的气体分子探头和生物医药的检测传感器。

## 14.2　液态金属二维材料制备方法

　　液态金属二维打印工艺的基本原理是:由于母体金属与其氧化膜之间的相互作用比基质与氧化膜之间的相互作用弱,因此可以通过范德华(vdW)剥落技术轻松地将氧化膜与母体金属隔离并转移到所需基底上。区别于传统的需要高温、高真空、工艺复杂的化学气相沉积等方法,由液态金属创造的二维材料可以通过在衬底上滚压金属来获得,这种新的二维打印工艺简单稳定,成本低,效率高,且由于液态金属具有反应性、非极化和模板性质,可以提供很多全新且有效的方案来应对当前二维半导体无法大面积沉积的挑战。

　　Lin 等[15]基于此原理开发了一种利用液态金属表面氧化物与基板之间的冲击过程来印刷和制备硅片级二维 Ga$_2$O$_3$ 半导体薄膜的方法。如图 14-2 所示,将含有 EGaIn 的注射器连接到支架上,将硅片放在注射器尖端下方约 2 cm 处,慢慢地推动注射器,直到 EGaIn 液滴滴到硅晶圆上,然后使用 PDMS 擦拭去除液态金属。在擦拭过程中,由于 Ga$_2$O$_3$ 与衬底之间有很强的范德华黏附力,Ga$_2$O$_3$ 残留在硅片表面。然而,液态金属液滴对氧化镓的黏附力要弱得多,因此,可以通过擦拭多余的液态金属来轻松去除,留下一层薄且均匀的 Ga$_2$O$_3$ 薄膜。利用升降导轨调节液滴注射器的高度,来实现液态金属液滴降落的不同速度,如图 14-2(a)所示。由于表面张力和氧化层,液态金属液滴在被拉出后不会立即向下流动,直到其体积达到临界值,如图 14-2(b)所示,无论金属高度如何,液滴在硅衬底上的冲击过程均经历接触和扩散的过程。不同的降落高度使得液态金属和硅衬底之间具有不同的接触角,如图 14-2(c)所示。为获取更多关于在 SiO$_2$ 表面制备的 Ga$_2$O$_3$ 薄膜信息,笔者所在实验室研究了液体/SiO$_2$ 层的表面形貌。沉积的 Ga$_2$O$_3$ 的扫描电子显微镜(SEM)图像如图 14-2(f)所示,薄膜表面光滑致密,颗粒形状规则,平均粒径小且均匀,结晶质量好,实验结果与 X 射线衍射结果一致,薄膜可以形成有效的导电路径。

　　此外,还阐明了液态金属液滴下降高度和后处理温度对氧化物层形成的影响,利用原子力显微镜(AFM)进一步测量了不同滴高和加热温度下沉积的 Ga$_2$O$_3$ 薄膜,如图 14-2(g)和图 14-2(h)所示。图 14-2(g)中,不同液滴滴落高度下(从左至右依次为 0.5/2/4 cm), β-Ga₂O₃ 膜的原子力显微镜图像及典型膜厚，显示出滴落高度为 2 cm 时 β-Ga₂O₃ 膜致密性最佳，而滴落高度超过 4 cm 后 β-Ga₂O₃ 膜破碎化较为严重；图 14-2(f)中，不同后处理温度下(从左至右依次为 60/120/180 ℃)，β-Ga₂O₃ 膜的原子力显微镜图像及典型膜厚，显示出后处理温度为 120 ℃时，膜厚及膜厚均一性较为优秀。当滴落高度不同时，氧化膜裂纹密度也不同。如果滴落高度太低，液态金属液滴会在离开注射器针尖之前接触硅晶片。持续挤压液态金属和抽出注射器的过程将导致金属表面上的氧化膜破裂，使得难以在硅片表面形成完整的 Ga₂O₃ 膜。滴落高度过大时，冲击力强，也容易损坏金属液滴表面的氧化膜。另外，实验过程中的加热温度会影响所形成的二维 Ga₂O₃ 薄膜的厚度。在 60～180 ℃范围内，随着加热温度的升高，形成的 Ga₂O₃ 膜的厚度也增加。当温度为 120～180 ℃时，Ga₂O₃ 的厚度为 4～8 nm，比之前的工作更厚[3]，更适合半导体器件的应用，如晶体管。然而，当温度超过 150 ℃时，薄膜的均匀性降低。推测温度的升高加剧了液态金属液滴的氧化，从而增加了氧化膜的厚度，但温度的升高也加剧了分子的热运动，导致氧化膜均匀地减小。考虑到这些结果，认为在这种工艺中，液滴高度为 2 cm、加热温度为 120 ℃是最佳反应条件。

  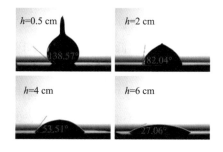

(a)金属液滴定高　　(b)悬挂在注射器尖端的液态　　(c)量化液态金属液滴
　注射装置示意图　　金属液滴及表面氧化层的数字图像　　接触角的数字图像

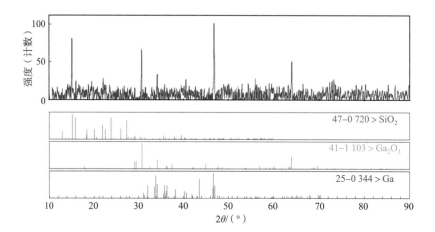

(d)β-Ga₂O₃ 单晶膜的 X 射线衍射(XRD)曲线

图 14-2　液态金属准二维材料打印及其刻画

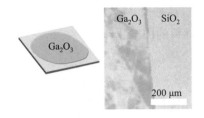
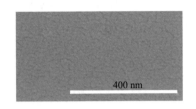

(e)SiO₂ 基板上沉积的大面积 β-Ga₂O₃　　(f)β-Ga₂O₃ 膜的扫描电子显微镜

膜的光学显微图像　　　　　　　　　　(SEM)图像

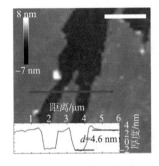
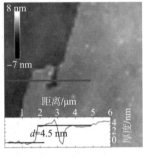
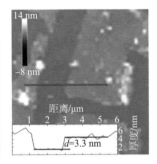

(g)不同液滴滴落高度下 β-Ga₂O₃ 膜的原子力显微镜图像及典型膜厚

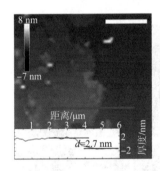
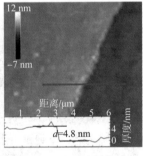
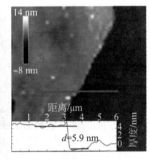

(h)不同后处理温度下 β-Ga₂O₃ 膜的原子力显微镜图像及典型厚度

图 14-2　液态金属准二维材料打印及其刻画(续)

　　除此之外,笔者所在实验室还开发了全新的液态金属二维打印技术(见图 14-3),在多种基底(SiO₂/Si、石英、玻璃)上实现了大尺度二维半导体 Ga₂O₃、In₂O₃、SnO 的快速印刷制备[16]。首先将纯金属置于基板加热熔化,然后通过简单的刮印过程将金属表面的氧化物薄层转移到目标基底上,类似于在丝网印刷中把油墨涂在纸或织物上的过程。利用这种印刷工艺,实验室成功在不同的基底上制备了大尺度、器件质量的均匀二维 Ga₂O₃、In₂O₃、SnO 半导体。区别于传统的需要高温、高真空、工艺复杂的化学气相沉积等二维材料的制备方法,这种液态金属二维打印工艺具有大面积、快速、低成本等优势,并且无须掩膜版、化学溶剂或者高能离子辅助,残留的金属易于去除,最终得到的样品表面与边界都极其洁净,与各种微加工工艺具有优异的兼容性。值得注意的是,这种打印工艺可以扩展到其他多种高柔性聚合物基板,并且同样适用于晶圆级尺寸二维材料的图案化印刷。

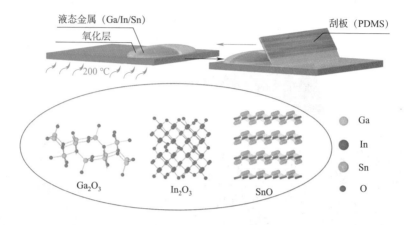

图 14-3　液态金属二维打印原理及工艺示意图

对在 $SiO_2/Si$ 衬底上印刷的三种二维半导体薄膜的形貌和结构特征进行了表征[16],如图 14-4 所示。所有的薄膜都显示出几毫米到近厘米的横向尺寸,通过该方法制备的每种类型的二维薄膜具有不同的厚度:$Ga_2O_3$ 为 4.1 nm,$In_2O_3$ 为 3.2 nm,SnO 为 4.4 nm。

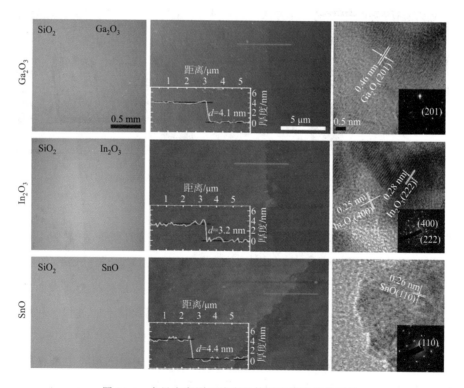

图 14-4　大尺度印刷二维半导体的形貌和晶体特性

除此之外,氮化类镓基半导体材料同样可以实现室温印制,此类材料的应用价值正日益增长。与第一代半导体材料硅(Si)和第二代半导体材料砷化镓(GaAs)相比,第三代半导体材料氮化镓(GaN)因具有禁带宽度大(3.39 eV)、高强度的击穿电场、高漂移速度的饱和电子、热高导率、较小的介电常数、耐高频、耐高压、耐高温、高光效、高功率、较强的抗辐射能力以及稳定的化学性质等优越性能,因而能制备出在高温下运行稳定,在高电压、高频率下更为可靠的半导体器件,该器件能以较少的电能消耗获得更强的运行能力。GaN 契合节能减排、智能制造、信息安全等国家重大战略需求而,成为未来电子信息产业的重要发展方向,也成为全球半导体研究的前沿和产业竞争的焦点。GaN 是制备高温、高频、大功率和高密度集成微波器件的首选材料之一,而因其存在特有的禁带宽度,可发射波长比红光更短的蓝光,能够制成高效的蓝、绿、紫、白光的发光二极管和光探测器件。GaN 作为第三代半导体材料的典型代表,是战略新兴光电子信息与集成电路产业的关键材料和核心器件,是 5G 通信技术、绿色节能环保技术以及国防军工安全的科技制高点,是战略性新兴产业高地。

当前,制约 GaN 在半导体功率器件中大规模应用的关键在于如何高效、低成本地制备高质量的 GaN。现阶段,GaN 薄膜主要通过金属有机化合物气相外延(MOCVD)和分子束外延(MBE)等方法在蓝宝石或 Si 衬底上沉积生长来获得。这些方法虽可生长出高质量的单晶 GaN 薄膜,但 GaN 薄膜生长速度缓慢。复杂的工艺、高昂的设备维护费及缓慢的薄膜生长速度使得这些方法制备的 GaN 薄膜成本很高,这显然不利于 GaN 功率器件的大规模工业化生产。笔者所在实验室首次提出一种可在室温下直接印刷二维 GaN 薄膜的原理和工艺路线[17,18](见图 14-5),原理性试验证实这种崭新方法可制造出厚度从 1 nm 到更大厚度的 GaN 薄膜,且过程可控,而 1 nm 厚度薄膜采用经典复杂的工艺也很难做到。这一方法的基本原理在于,通过在手套箱 $N_2$、$NH_3$ 和 Ar 混合气氛中配置室温 Ga 基液态金属,在表面无氧化膜的 Ga 基液态金属表面生成氮等离子体氛围,由此实现 GaN 薄膜在 Ga 基液态金属表面的生长;通过 Ga 基液态金属在衬底表面的直接刮印,在衬底表面获得了大面积高质量的 GaN 薄膜,成功首次实现了 GaN 薄膜便捷、高效、低成本的室温印刷制备。

此外,液态金属也可作为反应表面制作石墨烯 2D 材料。武汉大学付磊研究组[19]发现,液态金属的各向同性和可流变性能触发石墨烯的各向同性生长,具有高活性边缘的圆形石墨烯单晶之间能通过旋转实现平滑拼接。通过设计外场扰动和调节石墨烯单晶间的相互作用力,可实现石墨烯单晶在液态金属表面的超有序组装,获得二维单晶的超有序结构[20]。利用液态金属中氧化铝纳米粒子自组装形成的阵列作为成核点,可获得超大面积的石墨烯单晶有序阵列,这种超有序的单晶自组装行为还可拓展至其他二维材料单晶及异质结阵列的可控制备,如二维六方氮化硼单晶阵列[21]。

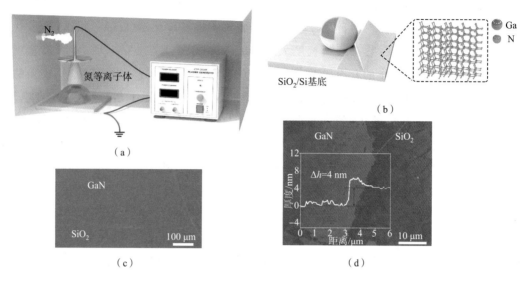

图 14-5　液态金属二维打印工艺制备大尺度 GaN 薄膜

## 14.3　液态金属二维材料特性

　　为了澄清液态金属二维材料在半导体及电子功能器件领域的应用潜力,笔者所在实验室从光吸收特性、禁带宽度、电子亲和势三个主要方面对二维 $Ga_2O_3$、$In_2O_3$、$SnO$ 半导体的本征的电学性能进行了深入探究和表征。首先探索了印刷法制备的三种二维氧化物材料的光吸收特性。三种薄膜的光吸收如图 14-6 所示。$Ga_2O_3$ 薄膜在小于 250 nm 的光谱范围内表现出强烈的吸收,在 $260\sim800$ nm 的光谱范围内几乎是透明的,表明其在紫外线区域,特别是在太阳盲区具有显著的吸收,是制作紫外探测器的优良材料。三种二维半导体均具有优异的本征电学特性。$Ga_2O_3$ 获得了高达 4.8 eV 的直接带隙,且其光响应峰值完美地落在日盲紫外波段,无须进行任何能带调控。$In_2O_3$ 和 $SnO$ 分别获得了 3.7 eV 和 3.1 eV 的带隙。

　　进一步对三种半导体进行了紫外光电子谱(UPS)实验,根据 UPS 谱图二次电子截止边及费米边的位置,计算获得了 $Ga_2O_3$、$In_2O_3$、$SnO$ 的电子亲和势,分别为 3.5 eV、2.9 eV 和 3.8 eV(见图 14-7)。在半导体理论中,功函数表示电子从材料逃逸到自由空间所需的最小能量,电子亲和势为电子从自由空间下落到半导体导带底部时释放的能量。这些参数是半导体本征电学特性的最直接表征,深入研究这些液态金属二维半导体的以上电学特性,对探究其在高集成度的电子器件和光电器件领域的应用和适用性具有重要意义。

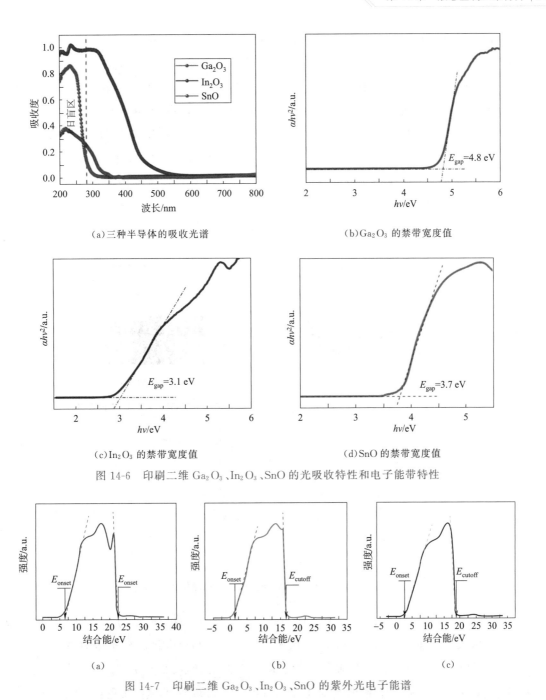

（a）三种半导体的吸收光谱　　　　　　　　　　（b）$Ga_2O_3$ 的禁带宽度值

（c）$In_2O_3$ 的禁带宽度值　　　　　　　　　　（d）SnO 的禁带宽度值

图 14-6　印刷二维 $Ga_2O_3$、$In_2O_3$、SnO 的光吸收特性和电子能带特性

（a）　　　　　　　　　　（b）　　　　　　　　　　（c）

图 14-7　印刷二维 $Ga_2O_3$、$In_2O_3$、SnO 的紫外光电子能谱

## 14.4　液态金属二维材料应用

　　理论上，液态金属二维半导体在电子功能器件和集成电路方面具有独特的优势和巨大的潜力，可以拓展出出色的新应用。然而，当前在国际上对这类二维材料在功能性器件制造方面

的探索刚刚开始,相关研究鲜有尝试。2017 年,澳大利亚 Kalantar-zadeh 小组构建了基于 W/WS$_2$/2D GaS 结构的晶体管,器件开关比为 $10^2 \sim 10^3$,迁移率为 0.2 cm$^2$ · V$^{-1}$ · s$^{-1}$[3];以及 Cr/Au/2D SnO 晶体管[6],性能在满足实际需求方面可望进一步提升。2020 年,澳大利亚的 Jannat 等[22]通过将 In 空位有序的嵌入晶体结构,实现了迁移率为 58 cm$^2$ · V$^{-1}$ · s$^{-1}$ 的 Cr/Au/2D InS FET。总体上,对于这类材料的电性能、电子器件的构建和探索其在电子领域的发展还处在初级阶段,迄今直接利用液态金属制造二维电子功能器件的研究和相关探索还相对鲜见。

笔者所在实验室基于所制备的液态金属二维 Ga$_2$O$_3$,通过比传统掺杂方法更容易、更快捷的方法成功实现了具有高迁移率(约 21 cm$^2$ · V$^{-1}$ · s$^{-1}$)和高开关比(约 $7 \times 10^4$)的晶体管器件[15](见图 14-8 和图 14-9),促进了基于液态金属二维材料的电子器件实用化。

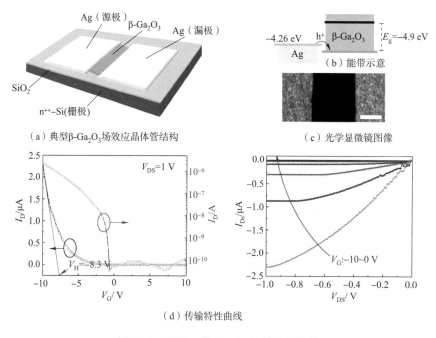

（a）典型β-Ga$_2$O$_3$场效应晶体管结构

（b）能带示意

（c）光学显微镜图像

（d）传输特性曲线

图 14-8　基于二维 Ga$_2$O$_3$ 材料的晶体管

基于二维 Ga$_2$O$_3$ 材料的晶体管如图 14-8 所示。图 14-8(a)所示为具有银电极的典型 β-Ga$_2$O$_3$ 场效应晶体管结构;图 14-8(b)所示为 β-Ga$_2$O$_3$ 和银电极间异质结构的能带示意;图 14-8(c)所示为晶体管沟道区域的光学显微镜图像(比例尺 200 $\mu$m);图 14-8(d)所示为典型 β-Ga$_2$O$_3$ 场效应晶体管的传输特性曲线(黑色:线性标度,红色:对数标度,$L = $ 400 $\mu$m,$W = 5\,000$ $\mu$m)。Ga$_2$O$_3$ 晶体管的性能均一性表征:同种方法制备 80 个器件的载流子迁移率和开关电流比散点图和直方图如图 14-9 所示。笔者所在实验室采用其所建立的原子层级厚度液态金属二维打印工艺[16],通过在 p 型 Si 基片上印刷 n 型 Ga$_2$O$_3$,成功构筑了 Ga$_2$O$_3$/Si p-n 结,实现了具有优异响应特性的基于 Ga$_2$O$_3$/Si 异质结的全印刷紫外探测器,如图 14-10 所示。器件具有优异的日盲区光谱响应特性。在 254 nm 紫外光照射及 10 V

偏置电压下,测得的响应度达到了 44.6 A/W,探测度为 $3.4\times10^{13}$ Jones,外部量子效率高达 $2.2\times10^4$,探测器响应时间分为两段,上升沿和下降沿的时间分别为 0.2 ms 和 2 ms,如图 14-11 所示。均优于之前报道的基于其他传统半导体的紫外光电探测器。

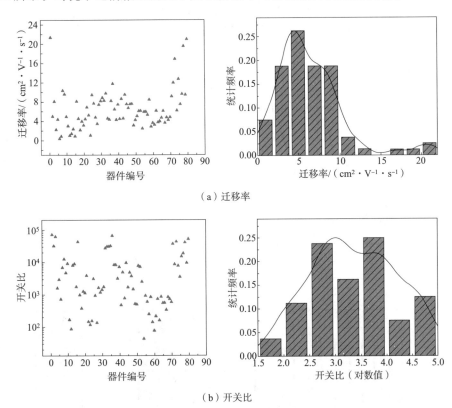

（a）迁移率

（b）开关比

图 14-9　$Ga_2O_3$ 晶体管的性能均一性表征

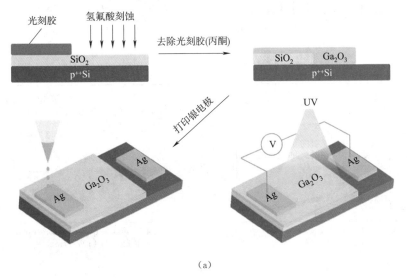

（a）

图 14-10　全印刷 $Ga_2O_3/Si$ p-n 结型紫外光电探测器结构及工作机理

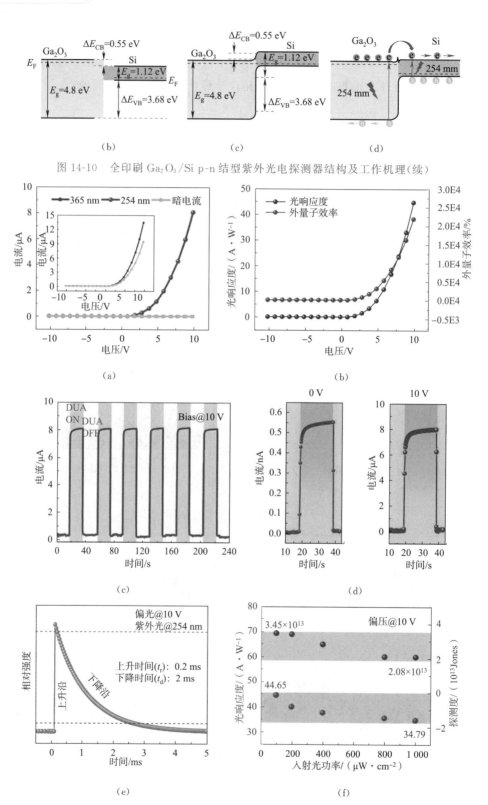

图 14-10　全印刷 Ga₂O₃/Si p-n 结型紫外光电探测器结构及工作机理(续)

图 14-11　Ga₂O₃ 紫外光电探测器的光电性能

进一步,笔者所在实验室测定了二维打印工艺所制备 GaN 的电学性能[17],采用热蒸镀方法在 GaN 薄膜上制备了银电极,形成的导电沟道长约为 50 $\mu m$,单条沟道宽约为 1 000 $\mu m$ 的二维场效应晶体管,如图 14-12(a)所示。图 14-12(b)为侧栅电极的 GaN 场效应晶体管的扫描电镜图像。器件半导体层中的 GaN 薄膜非常致密均匀。GaN 晶体管的典型转移特性曲线如图 14-12(c)所示,器件展现出了优异的 P 型导电特性。所制备的器件有效迁移率约为 53.1 $cm^2 \cdot V^{-1} \cdot s^{-1}$,开关比高达 $10^5$ 以上,且具有极小的亚阈值摆幅(SS),在栅压扫描范围为 $\pm 10$ V 时为 98 mV/s。对批量器件进行了测试,显示印刷的器件具有优异的均一性。

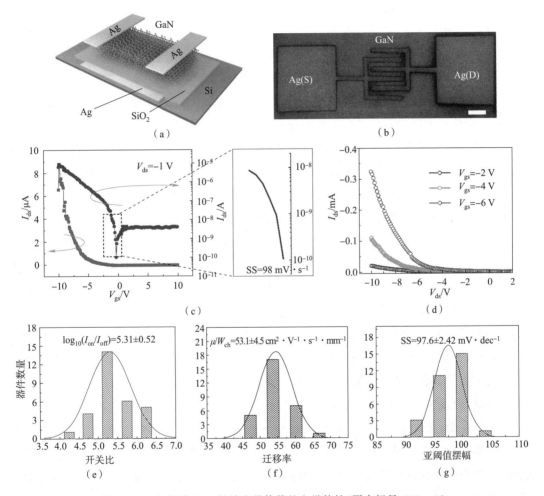

图 14-12　全印刷 GaN 场效应晶体管的电学特性(图中标尺:100 $\mu m$)

这些工作突破了晶圆级高质量半导体薄膜的原子层级厚度液态金属二维印刷技术,并为晶圆级大面积二维半导体及二维电子器件的发展提供了新的思路与技术基础,预期可以有效推动液态金属二维半导体材料在光电、电子器件和电路中的系统集成研发,继而推进印刷柔性电子技术的革新。

# 14.5 挑战与机遇

液态金属二维材料为实现下一代高性能的印刷电子以及集成电路提供了极具潜力的解决方案,如低功耗开关特性、晶体管尺寸的连续缩放、逻辑门与芯片的高效集成等。尽管当前液态金属在二维材料的制备方面取得了显著进展,但这一研究领域仍处于发展初期,面临着许多挑战,下面从材料、器件和系统三个层面讨论液态金属二维材料在器件以及集成电路领域面临的挑战和有前景的解决方案。

在材料层面上,利用单元素液态金属氧化物获得的二维材料的种类是有限的。选择合适的金属与液态金属进行合金化可以扩展二维材料的体系。当前常用的液态金属是镓及其合金。然而,从热力学角度考虑,$Ga_2O_3$ 生成的吉布斯自由能为 $-998.3$ kJ/mol。对于氧化物生成吉布斯自由能高于镓($Ga_2O_3$)的金属,这些金属氧化物无法与镓基液态金属共合金化。因此,应该扩大用于制造二维材料的液态金属的范围,以提供更多的选择,如铟($In_2O_3$,$-830.7$ kJ/mol)、锡($SnO_2$,$-515.8$ kJ/mol)和铋($Bi_2O_3$,$-493.7$ kJ/mol)。从基本原理来看,这种方法可以制备出过渡金属、后过渡金属和稀土金属氧化物等多种二维材料,值得进一步探索。此外,使用低熔点液态金属合金也使该方法可以推广到其他高熔点金属。

为了满足电子器件对晶体质量的要求以及在高集成度二维器件和集成电路中的应用,高质量、大面积的单晶二维材料是非常必要的。大面积二维材料的制备有助于其在工业上的实际应用。然而,制备高质量的二维材料非常困难,特别是对于非层状材料。通过选择与生长的二维材料相匹配的表面对称性衬底,控制前驱体在衬底中的溶解度,可以很好地调控二维材料的生长过程。消除衬底中的孪晶,实现单取向二维材料的生长是实现晶圆级单晶二维材料生长的关键步骤。液态金属具有液-固相转变的能力,可以形成具有特定晶体取向的大单晶片,并在 CVD 过程中作为生长衬底,将逐步实现这一目标。非晶态液态金属可以作为基底来克服衬底对称性的限制。此外,所获得的二维单晶还可以作为衬底,通过层间耦合生长单晶,形成多层二维单晶或垂直异质结构。

在系统层面,大规模集成、高速、低功耗是下一代集成电路的目标。硅基结构的连续缩小在进一步提高性能方面取得了显著的效果,但由于基本的限制(如所需的最小沟道长度),这一过程变得越来越具有挑战性。基于液态金属二维材料的器件的设计将二维半导体集成到逻辑系统中,为优化功耗和节能提供了新的可能性。为了制备超小型器件和实现高密度异质结构集成,还需要做更多的工作,如选择性二维半导体刻蚀、精细自对准、二维和三维材料异质结构集成等。此外,现有集成系统要求零部件和单元堆码烦琐,导致面积效率低。液态金属二维半导体有望与无键悬挂晶格良好集成,可以显著提高系统的面积效率,从而提高集成电路的综合性能。

总的来说,基于液态金属的二维材料和印刷技术为下一代半导体以及电子功能器件乃至集成电路的革新提供了一条极具潜力的途径,将给二维电子产业注入新的发展动力,并有望成为全印刷器件工程和芯片原型设计领域的研究热点。笔者所在实验室已经成功实现了多种液态金属二维材料的印刷制备以及高性能二维器件的加工,为液态金属二维材料在半导体电子领域的应用提供了成功的开端,有力证实了它们在功能和集成电路应用中的巨大潜力,更多各种令人鼓舞的举措正逐步在领域内展开。

虽然在当前液态金属二维材料无法取代硅材料,但可以与现有的技术功能互补。微电子器件不断沿着速度更快、功耗更低、体积更小、价格更便宜和功能更完善的方向发展;在后摩尔时代,芯片汇集计算、存储、通信和信息处理等多种功能,这将推动信息技术发生变革。液态金属新型二维材料在信息、微纳光电子等方面已展现应用前景,一旦融入硅基半导体技术,将助力芯片技术进步。随着液态金属二维材料家族的不断扩大,越来越多新的二维材料将被陆续研发出来,从而满足更广阔的研究和应用需求,直至促成基于材料创新的产业变革。

## 参考文献

[1] THEIS T N,WONG H S P. Theend of Moore's law: a new beginning for information technology[J]. Computing in Science & Engineering,2017,19(2):41-50.

[2] SAHA P,BANERJEE P,DASH D K,et al. Exploring the short-channel characteristics of asymmetric junctionless double-gate silicon-on-nothing MOSFET[J]. Journal of Materials Engineering and Performance,2018,27:2708-2712.

[3] CAREY B J,OU J Z,CLARK R M,et al. Wafer-scale two-dimensional semiconductors from printed oxide skin of liquid metals[J]. Nature Communications,2017,8:14482.

[4] COOKE J, GHADBEIGI L,SUN R,et al. Synthesis andcharacterization of large-area nanometer-thin $\beta$-$Ga_2O_3$ films from oxide printing of liquid metal gallium[J]. Phys. Status Solidi A, 2020, 217:1901007.

[5] MESSALEA K A,CAREY B J,JANNAT A,et al. $Bi_2O_3$ monolayers from elemental liquid bismuth[J]. Nanoscale,2018,10:15615-15623.

[6] DAENEKE T, ATKIN P,ORRELL-TRIGG R,et al. Wafer-scale synthesis of semiconducting SnO monolayers from interfacial oxide layers of metallic liquid tin[J]. ACS Nano, 2017, 11 (11): 10974-10983.

[7] ATKIN P,ORRELL-TRIGG R,ZAVABETI A,et al. Evolution of 2D tin oxides on the surface of molten tin[J]. Chemical Communications,2018, 54:2102-2105.

[8] ALSAIF M M Y A,KURIAKOSE S,WALIA S,et al. 2D $SnO/In_2O_3$ van der Waals heterostructure photodetector based on printed oxide skin of liquid metals[J]. Advanced Materials Interfaces,2019, 6:1900007.

[9] SYED N,ZAVABETI A,OU J Z,et al. Printing two-dimensional gallium phosphate out of liquid metal[J].

Nature Communications,2018,9:3618.

[10] SYED N,ZAVABETI A,MESSALEA K A,et al. Wafer-sized ultrathin gallium and indium nitride nanosheets through the ammonolysis of liquid metal derived oxides[J].Journal of the American Chemical Society,2019,141(1):104-108.

[11] ALSAIF M M Y A,PILLAI N,KURIAKOSE S,et al. Atomicallythin $Ga_2S_3$ from skin of liquid metals for electrical,optical,and sensing applications[J].ACS Applied Nano Materials,2019,2(7):4665-4672.

[12] ZENG M,CHEN Y,ZHANG E,et al. Molecular scaffold growth of two-dimensional, strong interlayer-bonding-layered materials[J].CCS Chemistry,2019,1:117-127.

[13] CHEN Y,LIU K,LIU J,et al. Growth of 2D GaN single crystals on liquid metals[J].Journal of the American Chemical Society,2018,140(48):16392-16395.

[14] ZAVABETI A,OU J Z,CAREY B J,et al. A liquid metal reaction environment for the room-temperature synthesis of atomically thin metal oxides[J].Science,2017,358:332-335.

[15] LIN J,LI Q,LIU T Y,et al. Printing of quasi-2D semiconducting β-$Ga_2O_3$ in constructing electronic devices via room-temperature liquid metal oxide skin[J].Physica Status Solidi-Rapid Research Letters,2019,13:1900271.

[16] LI Q,LIN J,LIU T Y,et al. Gas-mediated liquid metal printing toward large-scale 2D semiconductors and ultraviolet photodetector[J].NPJ 2D Materials and Applications,2021,5(36):1-10.

[17] LIU J,LI Q,DU B D,et al. Room-temperature printing of 2D GaN semiconductor via liquid metal gallium surface confined nitridation reaction[Z].DOI:10.21203/rs.3.rs-1007329/v1.

[18] 杜邦登,李倩,刘静.一种室温印刷的 GaN 薄膜及其制备方法:CN2021112656308[P].2022-04-22.

[19] ZENG M,TAN L,WANG L,et al. Isotropic growth of graphene toward smoothing stitching[J].ACS Nano,2016,10(7):7189-7196.

[20] ZENG M,WANG L,LIU J,et al. Self-assembly of graphene single crystals with uniform size and orientation: the first 2D super-ordered structure[J].Journal of the American Chemical Society,2016, 138(25):7812-7815.

[21] TAN L,HAN J,MENDES R G,et al. Self-aligned single-crystalline hexagonal boron nitride arrays: toward higher integrated electronic devices[J].Advanced Electronic Materials,2015,1(11):1-6.

[22] JANNAT V,YAO Q,ZAVABETI A,et al. Ordered-vacancy-enabled indium sulphide printed in wafer-scale with enhanced electron mobility[J].Materials Horizons,2020,7:827-834.

# 第 15 章　液态金属复合材料

液态金属具有极佳导电性、高导热性、优异的生物相容性和非凡的流动性,已成为一类颇有前途的功能材料。然而,因为当前可用的液态金属种类还很有限,所以其应用仍然面临许多实际挑战。这种情况下,液态金属与其他物质的协同作用将带来众多机会和可能,基于此,协同作用构造的液态金属复合材料成为研究的前沿和重点。这是因为基于液态金属与功能材料(如金属纳米粒子、聚合物和药物分子)的可控复合与集成将可根据需要来调整液态金属的内在特性,这使其在解决各个领域的难题方面具有巨大的潜力,包括热管理、生物医学、化学催化、柔性电子、软体机器等[1]。本章将系统总结和回顾液态金属复合材料发展的基本脉络及最新进展。为更好地展示内容,本章将液态金属复合材料分为三类,分别是具有核壳结构的液态金属复合材料、液态金属-聚合物复合材料以及液态金属-颗粒复合材料。最后,本章梳理并展望了开发液态金属复合材料的挑战和前景,以更好指导未来的研究与实践。

## 15.1　液态金属复合材料的兴起

材料是人类生存和发展的基础,被公认为是推动现代文明的三大支柱之一。千百年来,人类创造了无数的材料。在这些材料中,金属是其中重要的组成部分,已广泛应用于各行各业。由于金属的重要作用,人类历史上的几个时期被命名为青铜时代和铁器时代。进入信息时代,金属基新型材料快速增长。在这个过程中,研究人员更关注金属的强度、硬度和韧性,并习惯于金属具有高熔点的事实。与那些刚性金属不同,汞(Hg)是一种众所周知的室温液态金属,但其明显的毒性严重限制了其应用,并且很大程度上阻碍了对液态金属的研究。由于这种思维惯性,镓基液态金属在很长一段时间内都没有得到有效的关注,也即镓基液态金属的科学和应用价值并未得到充分认可,导致国际上相应研究长期处于沉寂状态。事实上,镓基液态金属不仅熔点低,而且几乎无毒,因为镓在室温下基本上没有蒸气压[3]($<10^{-6}$Pa 在 500 ℃下)。21 世纪初,笔者所在实验室首次将其引入市场巨大的消费电子领域,以期解决计算机芯片散热的"热障"问题[4],由此逐渐使液态金属走进了人们的视野。近年来,在相关研究人员的不断推动下,结合流体和金属双重特性的镓基液态金属受到越来越多的关注。

在研究镓基液态金属之前,我们将视野扩展到整个金属范围,可以发现铯(Cs)、钫

(Fr)和汞(Hg)的熔点也相当低。事实上,这也是仅有的四种常压下熔点低于 30 ℃ 的纯金属。汞因其毒性而不适合应用。铯作为典型的碱金属元素,由于其最外层电子极不稳定,极易被氧化和爆炸(与水发生剧烈反应)。钫不仅稀有而且具有放射性[11]。因此,镓成为研究低熔点金属的极佳选择。从几个方面来看,镓确实是一种很特别的金属,它具有非常低的熔点(29.8 ℃),并且在液态中的密度比在稳定的固相中的密度要高[12]。这种不同的密度意味着镓在凝固时会异常膨胀,这类似于被称为生命之源的水的相变,但不同于大多数金属的相变。镓的奇异特性源于电子和原子结构,一系列研究表明,αGa 是镓各相中最稳定的相,表现为金属分子晶体特性。$Ga_2$ 内部共价键强,但 $Ga_2$ 之间分子间作用力较弱,也即 $Ga_2$ 之间的相互作用比通常的金属相互作用小,这就部分解释了镓熔点低的原因。另外,当镓蒸发时需要破坏两个镓原子内部的强共价键,这个过程需要大量的能量,因此镓的沸腾温度相当高(>2 000 ℃)[12]。因此,镓具有极宽的液体温度区,有利于潜在的诸多应用。

镓与其他金属(铟 In、锡 Sn 等)合金化可以得到熔点更低的液态金属。通常,共晶镓铟合金(EGaIn)和共晶镓铟锡合金(Galinstan)是应用最广泛的两种镓基液态金属。这些不同成分的合金具有相似的物理和化学性质,因此,本章在此不作区分,统称为液态金属。除此之外,与水相比,镓基液态金属具有相当高的热导率,这是液态金属被应用于热管理的主要原因。出色的流动性是液态金属的另一个显著特性[见图 15-1(b)],这主要是由于其黏度低(大约是水的两倍[15])。更重要的是,液态金属显示出卓越的导电性,据我们所知,其导电性是当前所有室温流体中最大的。结合了电导率、黏度和杨氏模量的表格已在图 15-1(c)中显示,可以更好地表达液态金属性能的出色组合。此外,液态金属是一种具有最高表面张力(>550 mN/m)的室温流体,基于此,研究人员已经实现了电场下对液态金属的灵活操纵[见图 15-1(d)][17]。此外,因其出色的生物相容性,研究人员还将液态金属作为血管造影剂[18]。由于其可调节的黏附力,液态金属也可以直接印刷在基板上[19]。除了上述优异性能外,液态金属还具有出色的变形能力,这为柔性机器领域的创新提供了新思路。由此可知,液态金属具有优异的性能组合,这是当前其获得广泛关注的根本原因。

因此,将液体的变形能力与金属的导电性能完美结合,液态金属在许多领域受到了广泛关注。通常,液态金属因其优异的导热性而被广泛用于传热。由于优异的界面特性,液态金属也在化学催化领域兴起[24]。在当前得到大量关注的柔性电子领域,液态金属也发挥着越来越重要的作用。液态金属也因其可变的光热特性和优异的生物相容性而在生物医学领域受到关注。此外,液态金属因其天生的具有科幻感的外观,在软体机器领域也有着巨大的应用空间。作为一种性能优异的材料,液态金属更多崭新的应用场景正在不断发现中。将液态金属引入这些领域带来了新的视野和思路,有望解决许多现有的瓶颈。未来,液态金属的进一步应用场景值得探索和期待。

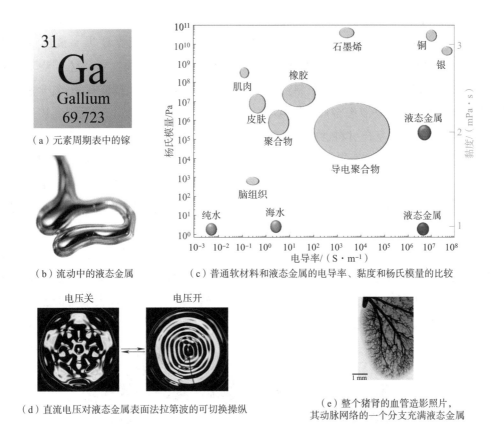

（a）元素周期表中的镓

（b）流动中的液态金属

（c）普通软材料和液态金属的电导率、黏度和杨氏模量的比较

（d）直流电压对液态金属表面法拉第波的可切换操纵

（e）整个猪肾的血管造影照片，其动脉网络的一个分支充满液态金属

图 15-1　液态金属优异的基础特性

如前所述,应用于多领域的液态金属具有优异的性能,在某种意义上可被视为一种多能材料。即便如此,面对各种应用,将其与其他材料进行复合也是至关重要的,这可以弥补液态金属的不足或进一步增强其优势。通过复合策略提高液态金属的性能已为研究人员所熟知和采用,液态金属复合材料的概念逐渐应运而生。复合材料是一种新型材料体系,一般由两种或两种以上不同的物质采用特殊的方法和技术复合而成。通过复合,每种成分物质都可以发挥各自的优势,使整个体系达到最佳性能。同样,液态金属复合材料是一类以液态金属为基体或者利用了液态金属本身的优异性能的材料。通过复合策略,液态金属的性质可得到显著增强或完善,应用得以成功拓展。为了更好地指导液态金属复合材料的制备和应用,我们将构建液态金属复合材料的复合策略分为三类,由此得到的三类液态金属复合材料分别为液态金属-聚合物复合材料、液态金属-颗粒复合材料以及具有核壳结构的液态金属复合材料,如图 15-2 所示。

我们对液态金属复合材料的完整进展进行总结和整理,梳理了液态金属复合材料具有里程碑意义的学术成果。在遍历了现有的关于液态金属的文献后,我们发现,早在 2005 年,液态金属-颗粒复合材料的研究就已经开展[36]。在这项研究中,液态金属被用作磁性颗粒的载体来制备磁流体。2007年,笔者所在实验室系统地引入了多种导热颗粒来提高纯液态金属的导热性,并首次提出纳米液态金属流体的概念以研制自然界导热率最高的液态材料[37]。更进一步,研究分别获得了基于胞吞作用的液态金属-铜颗粒复合材料[38]和通过非氧化方法的液态金属-铁颗粒复合材料[39]。2012年,液态金属-UF(脲醛树脂)复合材料被制备用于自修复电路,这是液态金属-聚合物复合材料的较早尝试[40]。不久之后,用于热界面材料的液态金属-硅油复合材料也成功被制备[41]。沿着这条路径,研究人员实现了具有导电性的液态金属-PDMS复合材料[42]。此外,研究人员制备了液态金属-弹性体复合材料,以提高弹性体的韧性[43]。研究人员还探索了具有核壳结构的液态金属复合材料。早期涉及核壳结构的代表性工作是VO₃(Al₂O₃,CuO)包覆的液态金属弹珠,可用于重金属离子传感[44]。此后,研究人员对自然形成的具有催化作用的液态金属/氧化物框架进行了深入探索[45]。以液态金属为内核的可拉伸导电纤维也已成功开发[46]。在充分利用这三种策略的基础上,研究人员还开发了多相液态金属复合材料[47],可以看作一种掺杂有颗粒的液态金属-聚合物复合材料。迄今为止,对液态金属复合材料的研究仍在继续。梳理过去取得的里程碑式进展,将有助于研究人员更好地了解液态金属复合材料的发展路径,从而取得更大的进展和突破。

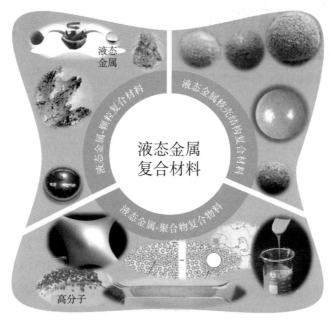

图 15-2　液态金属复合材料

## 15.2　具有核壳结构的液态金属复合材料

一般而言,核壳结构属于一种纳米级有序组装结构,由一种纳米材料通过化学键或其他作用力包覆另一种材料而形成。由于其独特的结构特性,核壳结构集合了内外两种材料的多种性质,相得益彰。由于这些优异的特性,具有核壳结构的液态金属复合材料近年来受到持续关注并取得重大进展,主要可分为天然存在的液态金属氧化物核壳结构和人工制备的液态金属核壳结构。对于核壳结构,界面是一个非常重要的概念,它分隔不同的相,而且在界面处具有特别的性质。具体到液态金属的界面,其天然存在的氧化物不容忽视,对液态金属的应用有着非常重要的影响。研究发现,这种氧化物极大地改变了液态金属和基板之间的润湿性和黏附性[50],利用这种增强的黏附性,氧化物可以附着在基板上以制备二维材料。氧化物的另一个重要应用是可使液态金属保持稳定,由此保证分散的液态金属液滴不会团聚[52]。此外,这种核壳结构也对液态金属的催化行为产生重要影响,这种自然形成的核壳结构对于液态金属的性质有着重要影响。

　　液态金属的氧化物具有黏附性,影响着液态金属的流变行为,其可使氧化的液态金属良好沉积到目标基底[见图 15-3(a)][50]。一旦液态金属表面接触空气,其表面就会发生自限性氧化,由此得到的金属氧化物厚度仅为几纳米[见图 15-3(b),图中展示了液态金属液滴的核壳结构,其中黑色核心是液态金属,较亮的部分是外壳][55]。根据氧化物形成的趋势,研究人员可以制备多种二维金属氧化物,如 $HfO_2$、$Al_2O_3$ 等[见图 15-3(c)][33]。为了剥离这种二维金属氧化物,原始液态金属液滴首先暴露在含氧环境中。然后,用合适的基板接触氧化后的液态金属[33],以转移界面处的氧化物层[见图 15-3(d)]。基于类似的制备方法,研究人员提出了基于低温液态金属的二维印刷合成策略,实现了传统方法无法实现的磷酸镓的剥离[56]。此外,研究发现超声波会影响液态金属表面氧化物的形态[见图 15-3(e),处理时间分别为 2 min、5 min、20 min,下方图为其相应的放大图像],这也使得液态金属具有优异光催化性能[见图 15-3(f)][45]。

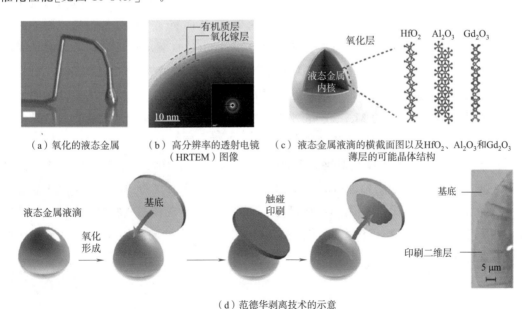

（a）氧化的液态金属　　（b）高分辨率的透射电镜　（c）液态金属液滴的横截面图以及$HfO_2$、$Al_2O_3$和$Gd_2O_3$
　　　　　　　　　　　　　　（HRTEM）图像　　　　　　　　　　薄层的可能晶体结构

（d）范德华剥离技术的示意

图 15-3　自然形成的液态金属复合材料呈现由氧化物外壳和液态金属内核组成的核壳结构

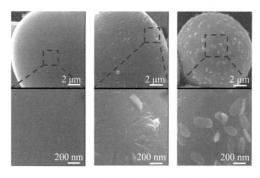

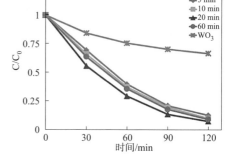

（e）超声处理后球体的SEM图像　　　　　　（f）液态金属/氧化物骨架的光催化性能

图 15-3　自然形成的液态金属复合材料呈现由氧化物外壳和液态金属内核组成的核壳结构（续）

　　传统上，纯液态金属可以由各种外部场来驱动。具有核壳结构的液态金属有助于实现更多驱动行为或解决先前驱动策略中存在的问题。在此前研究中，研究者提出了具有核壳结构的液态金属弹珠[44]。通过在粉末床上滚动以使 $WO_3$ 粉末涂覆在液态金属液滴表面[见图 15-4（a）]。此外，通过 $VO_3$ 在 15％ $H_2O_2$ 溶液中的催化作用，研究实现了光驱动的液态金属液滴运动[57]。如图 15-4（b）所示（图中黄色箭头表示弹珠，驱动方向），当 100％的光强度从左侧接近液态金属时，液态金属弹珠获得 4.5 mm/min 的恒定速度。基于核壳策略，研究人员使用荧光粒子包覆液态金属液滴，创造了一种可以通过电场操纵的彩色液态金属液滴[见图 15-4（c），图中 ⅰ 为彩色液态金属液滴示意，ⅱ 为彩色液态金属液滴实物，ⅲ 为彩色液滴由电场驱动][57]。此外，局部涂钛的镓铝复合材料可作为产氢剂制备微型马达，由于氢的不均匀释放而在水中实现定向移动，如图 15-4（d）所示[58]。通过调整外壳的特性，研究人员在液态金属液滴表面通过电镀镀上了一层金属镍，从而实现了由外部磁场控制的液态金属自驱动运动，如图 15-4（e）所示[59]。液态金属在水中的自驱动运动同样可以利用壳的作用来实现，研究人员将 PVC 改性的 DMF 包覆在液态金属液滴表面，由此构造了一种核壳结构并实现了液态金属在水面的自驱动运动，如图 15-4（f）所示[60]，其背后的驱动机制便可归因于表面张力梯度引起的 Marangoni 效应。具有核壳结构的液态金属复合材料的另一个重要功能是将液态金属与周围环境隔离。基于此，研究人员已经实现了具有核壳结构的磁性液态金属复合材料，其可以在基板上运动而不粘基板[61][见图 15-4（g），图中 ⅰ 为磁控液态金属弹珠；ⅱ 为经 NaOH 处理的 PE 包覆的液态金属弹珠的实物；ⅲ 为经 NaOH 处理的 FN 包覆的液态金属弹珠的实物图，比例尺为 1 mm；ⅳ 为移动的液态金属弹珠不再粘在纤维基材上[61]]。总而言之，核壳结构除了解决了以往驱动所存在的问题外，还提供了液态金属更多的驱动方法。

| 接触表面 | 硅 | 特氟隆 |
|---|---|---|
| 液态金属液滴 | | |
| 盐酸处理后的液态金属液滴 | | |
| VO₃颗粒（约80 nm） | | |

(a) 液态金属液滴图像[44]

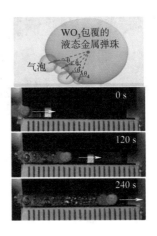

(b) 2 mm 直径 WO₃ 包覆的液态金属弹珠运动的连续快照[57]

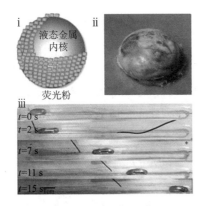

(c) 可变形的彩色液态金属液滴覆盖着荧光颗粒[57]

(d) 具有局部核壳结构的水驱动微马达[58]

(e) 基于表面镀镍策略的磁控液态金属运动[59]

(f) 基于液态金属核壳结构的水面自驱动运动[60]

图 15-4　可用于液滴驱动的液态金属核壳结构

(g)液态金属核壳结构实现磁控运动且不粘基板

图 15-4　可用于液滴驱动的液态金属核壳结构(续)

由于壳的强化作用,具有核壳结构的液态金属复合材料可表现出优异的性能。例如,不粘液态金属液滴是通过将聚四氟乙烯(PTFE)颗粒涂覆到 NaOH 处理的液态金属液滴的表面上来制造的[63]。并且,由此得到的液态金属复合材料的弹性也大大增强。此外,药物可以通过形成核壳结构加载到液态金属表面,从而实现疾病治疗。这些优异的性能源于壳和内核的综合作用。遵循这一策略,许多后续研究也在进行中,具有核壳结构的液态金属复合材料在催化领域也发挥着重要作用。结合化学气相沉积(CVD),纯液态金属可以催化碳纳米材料(石墨烯、单臂碳纳米管[70])的生长。利用液态金属的金属特性构建的核壳结构可以实现很好的催化功能。比如,基于其金属特性的界面氧化还原反应是实现液态金属核壳结构的一种相当有效的策略。研究发现置于金盐溶液中的液态金属将逐渐覆盖一层沉淀的金颗粒[71],这主要是由于镓和金的电位不同。此外,研究人员成功地利用镓和氧化铜之间的氧化还原反应制备了镀铜的液态金属球[72]。同样,通过使用高锰酸根离子和液态金属之间的电置换反应,在液态金属表面产生原子级别薄的水合 $MnO_2$,制备了另一种具有高效光催化作用的液态金属核壳结构[24]。总体而言,通过界面氧化还原反应制备具有催化功能的液态金属核壳结构是非常有效的,沿着这一策略还有很多工作要做。

总之,具有核壳结构的液态金属复合材料在许多领域都有重要的应用。未来,要实现更丰富的功能和更广泛的应用,探索更多具有特殊属性的外壳至关重要。同时,外壳和液态金属内核需要很好的连接。但应注意到,该方向高速发展背后的隐患亟待解决,其中之一便是缺乏对核壳结构界面的深入研究。对于这样一个电子丰富的系统,对电子行为的定量研究仍然很少,特别是精确测量和表征。

## 15.3　液态金属-聚合物复合材料

近年来,柔性电子产品受到持续关注和长足发展。与传统电子相比,柔性电子显示出更大的柔性,可以适应复杂的工作条件,满足设备的变形要求[73]。然而,相应的技术要求限制了柔性电子的发展,包括制造工艺和性能上的不足。多功能软材料是构建柔性可穿戴电子设备和软件智能机器的关键材料。对于常用的高分子材料,为了实现其应用,高导电性的填料是必要的。然而,这些传统的导电颗粒降低了聚合物基体的机械性能和变形能力。在这种情况下,具有优异导电性、良好化学稳定性和优异生物相容性的液态金属在柔性电子领域受到广泛关注。与硬质材料和刚性材料相比,具有优异流动性的液态金属填充物具有明显的优势。

用于自修复电路的液态金属-聚合物复合材料受到了广泛关注。已知较早的液态金属-聚合物复合材料研究始于 2012 年[40]。在这项早期研究中,研究人员利用液态金属优异的流动性制备了自修复电路。潜在的机制是液态金属在聚合物复合材料中的释放和流动。液态金属通过直接混合封装在脲醛树脂(UF)中,形成液态金属-UF 复合材料。此外,可以通过改变加工条件来控制胶囊尺寸。对于任何对照样品,包括纯环氧树脂、玻璃珠填充物和固体镓胶囊,均未观察到电导率的恢复,这充分说明了该策略的有效性。基于类似的方法,研究人员还研究了具有自修复能力的可拉伸线材[78]和自修复储能装置[79]。

2014 年,笔者所在实验室首次正式引入了液态金属添加物概念[41],与传统的“固体颗粒填料”完全不同,“液态金属填料”在具有优异的导热导电性能的同时,保持了完全的柔性。在这项研究中,填充了液态金属的复合导热硅脂是通过在空气中直接混合它们来制备的。室温下呈流态的液态金属用作填充材料,硅油用作基体材料。通过实验测量分析了液态金属-硅油复合材料的导热性、导电性、黏度和腐蚀性能,并通过微观形态进行比较分析。此外,本研究还利用接触温差试验平台验证了液态金属-硅油复合材料优异的界面导热性能,结果表明液态金属填料的加入大大提高了硅油的导热系数同时由于硅油的隔离作用,这种复合材料是电学绝缘,因而在电子封装方面具有独特优势。值得一提的是,该研究中获得的复合材料仍是液体。对于固态液态金属-聚合物复合材料而言,液态金属与聚合物基体间存在各种各样的配对选项,可由此打开诸多研究和应用前沿。

大量实践表明,将液态金属分散成大量液滴是制备性能优异的液态金属-聚合物复合材料的关键步骤。当前获得液态金属液滴的方法很多。具备宏观尺寸的液态金属液滴相对容易获得,经典的制备方法包括通过注射器直接注射[80]、电场激发射流[81]等。而微纳米尺度的液态金属液滴的制备则相对比较困难。一般而言制备微纳米液滴的策略包括两条路径:自上向下和自下向上。对于前者,超声波方法和微流体方法被广泛使用,超声波是一种非热力学过程,用于将块状液态金属破碎成纳米尺寸的液滴,被认为是一种重要的方法,特别是对于低熔点合金。实际上,在超声波作用下,液态金属液滴的破碎和团聚之间的平衡可以通过改变温度或通过加酸来调节。因此,超声波除了会分散液滴,还会在特定条件下将它们重新聚集,改进超声波分散方法的研究也一直在进行。为了获得粒径均匀的液态金属液滴,通常使用微流体通道[88]。从本质上讲,液滴破碎是一个需要能量输入来破坏整体结构的过程。基于此,研究人员提出了 SLICE 方法[89]和基于液体的雾化方法[90],这些方法的原理主要是由于施加了来自旋转或空化的外力。

成核和生长是用于制造纳米粒子的通用的自下而上的典型方法,尽管在尺寸和表面复杂性方面有限制。对于液态金属液滴,也进行了类似的研究。研究人员报告了一种全新的方法,可以通过简便的物理气相沉积方法在各种基材上合成粒径可控的无表面活性剂液态金属纳米粒子[91]。在获得液态金属均匀分散方面取得了另一项成就,研究人员结合基础科学和工程专业知识,设计了一种将液态金属均匀集成到弹性体中的方法。具体而言,使用单体刷通过原子转移自由基聚合(ATRP)附着液态金属液滴的表面,这样刷子可以连接在一起以便与液滴形成牢固的结合。由此,液态金属均匀地分散在整个弹性体中,从而形成具有高弹性和高导热性的材料。研究人员通过液态金属和反应溶液之间的相互作用,成功地实现了液态金属液滴的自发分散[93]。当前,即使已经对液态金属液滴进行了大量研究,但该领域仍存在有待解决的问题[94]。

液态金属液滴和聚合物相互混合形成液态金属复合材料,其中聚合物为基体,液态金属液滴为填料。一般来说,液态金属基复合材料根据其应用可分为结构复合材料和功能复合材料两大类。对于结构复合材料,基于液态金属-聚合物复合结构,研究人员通过将微米级悬浮液和高变形液态金属液滴植入柔性弹性体中,实现了柔性基材的多模量增强[43]。此外,与未填充的聚合物相比,断裂能显著增加了 50 倍。对于一些植入液态金属的弹性体组合物,强度远远超过先前报道的柔性弹性材料的最大值,这归因于能量耗散增加、裂纹自适应运动和裂纹尖端的有效消除。对于功能复合材料,研究人员制备了一种由柔性材料和液态金属液滴的混合物组成的导热橡胶,在室温下可以预拉伸其原始长度的 6 倍。并且这种材料具有绝缘性,有利于其在热界面材料领域的应用。此外,用于可拉伸介电材料的液态金属-弹性体复合材料也已实现[27]。

具备导电功能的聚合物基复合材料是一种重要的新型材料,而液态金属因其优异的导电性特别适合制备导电聚合物。在早期的探索中,液态金属被注入基于聚合物的微通道中以形成导电路径[96,97]。严格地说,液态金属和聚合物的这种组合不属于复合材料的范围。随着研究的进展,以聚合物为基体,液态金属为填料的液态金属-聚合物复合材料已成为主流和热点。为了应用方便,液态金属-聚合物复合材料可以制备成电子墨水[97],这不仅增加了液态金属的加工能力(如印刷电子技术),而且大大增加了柔性基板与电子墨水的亲和力。之后,液态金属墨水根据应用可被塑造成不同的形状。随后的固化方法包括多种策略,其中最典型的是降温冷却[98,99]。液态金属-聚合物复合材料显示出优异的性能,如基于液态金属固有的流动特性的自修复能力,选择性创建的导电电路在遭受严重损坏的情况下仍可重新形成导电路径。

然而,液态金属-聚合物网络内的液态金属液滴被其表面氧化物隔开,导致液态金属-聚合物复合材料通常具有绝缘性能。毫无疑问,实现液态金属-聚合物复合材料的导电性对于许多未来的实际应用至关重要。近年来,研究者已经提出了各种导电策略来实现这一目标。在这里,我们总结了这些策略,以指导未来对该问题的探索。机械烧结是实现这一目标的早期代表性方法[100],如图 15-5(c)所示,其中绘制线的 SEM 图像揭示了从纳米颗粒网络到液体团聚线的接触区域的形态变化。基于类似的原理,拉伸和压缩[图 15-5(a),比例尺 10 $\mu$m;

图 15-5(b)，比例尺 10 μm]以及剪切摩擦[103]同样可以使该复合材料实现导电。如上所述，由于表面氧化，液态金属液滴的行为类似于弹性材料，直到它经历临界表面应力，此时它容易屈服并流动。因此，施加的机械力会破坏液态金属的表面氧化物，使液滴破裂并释放出内部的液态金属，从而形成导电路径。由此可以得出，基于这种方法实现导电的具体机制很大程度上是由于液态金属液滴的破碎和接触。基于同样的原理，激光烧结也被用来实现这一目标。研究人员发现脉冲激光驱动的热机械冲击动量会使液态金属液滴破裂并结合，从而形成机械稳定的导电图案[见图 15-5(e) i 为跨越图案边缘的烧结到未烧结过渡区域的 SEM 图像，比例尺长度为 10 μm；ii 为激光烧结后未聚结的液态金属纳米颗粒和聚合的液态金属纳米颗粒的详细视图，比例尺的长度为 1 μm[105]]。此外，激光照射可以在各种表面诱导液态金属液滴转变为稳定且可拉伸的固液双相。这种独特的固液复合相的形成极大地改变了各种基材上图案的润湿行为，从而提供了机械和热可靠性，显示出比传统机械烧结更好的控制性能。特别地，因为液滴在烧结前需要保持固态，这种策略对温度有一定的要求。

前述方法是需要后处理的技术，其消耗外部能量并且在许多应用中具有局限性。实现液态金属-聚合物复合材料无须后处理的直接导电具有重要的理论和实际意义。此前，研究人员通过制备液态金属海绵实现了其直接导电[108]。最近，研究人员发现浸入生物基纳米纤维（如纤维素纳米纤维、几丁质纳米纤维、丝纳米纤维等）中的液态金属可以通过超声波形成稳定的分散体[106]。混合溶液在常温常压下干燥后，液态金属微纳米液滴可以烧结成具有层状结构的连续导电液态金属[见图 15-5(d)]。值得注意的是，由于原始结构的破坏，上述用于实现液态金属-聚合物复合材料导电性的这些策略均是不可逆的。在这种情况下，研究人员创造性地利用金属镓在固-液相变过程中的反常体积膨胀来实现液态金属-聚合物复合材料的温控导电-绝缘体转变[109]，研究发现复合材料内的液态金属液滴凝固时会发生反常膨胀行为，从而导致分离的液态金属液滴接触并形成导电路径[见图 15-5(f)]。更重要的是，这种液态金属-聚合物复合材料的温度转变点可以根据其中所含液态金属液滴的相变点进行调节，被认为是一种具有宽温区的导电-绝缘转变材料。未来，仍有必要探索更多的策略以使液态金属-聚合物复合材料在温和条件下具有可逆的导电性。

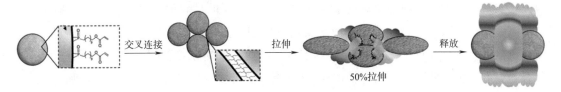

交叉连接　　拉伸　　50%拉伸　　释放

(a)在网络形成和导电的不同阶段液态金属液滴[101]

图 15-5　实现液态金属-聚合物复合材料导电的策略

0%,拉力　　　　10%,拉力

(b)液态金属-聚合物复合材料在10%
应变之前和期间的SEM表征[97]

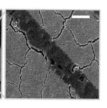

(c)观察局部机械烧结现象

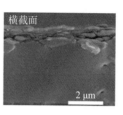

(d)具有(顶部)和无CNF(底部)
的液态金属液滴涂层的
横截面SEM图像[106]

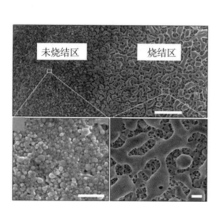

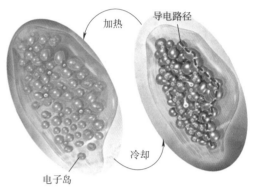

(e)跨越图案边缘的烧结到未烧结过渡区域的SEM图像　　(f)液态金属-聚合物复合材料的导体-绝缘转变示意图[107]

图15-5　实现液态金属-聚合物复合材料导电的策略(续)

在实现液态金属-聚合物复合材料导电的基础上,赋予液态金属-聚合物复合材料更多的特性越来越成为研究的重点(见图15-6),将液态金属与特殊聚合物相结合是一个明显而有效的策略。如图15-6(a)所示,研究人员充分利用聚合物的水解特性,成功实现了瞬态电路[110]。此外,研究表明液态金属-弹性体复合材料具有更好的驱动效果[见图15-6(b),图中所示为具有未填充弹性体和液态金属-弹性体纳米复合材料的介电弹性体致动器(DEA)的一个致动周期图像,比例尺为5 mm][27]。利用液态金属复合材料中的聚合物对环境中的湿度等刺激的响应性,这种液态金属复合材料可以提供额外的驱动功能[见图15-6(c)][106]。研究还实现了通过基于液态金属的柔性热致变色弹性体的材料触觉逻辑[见图15-6(d),填充液态金属的热致变色弹性体中的图案染料可以创建多色伪装皮肤,其颜色会随施加的电流而改变][111]。常见的液态金属-聚合物复合材料掺杂有热致变色颜料,从而提供液态金属复合物具有变色的能力。作为一种流体,液态金属的可变形性导致焦耳热被几何加热,从而实现可调节的热机械着色和感知触觉和应变,其被用作触觉逻辑。此外,将液态金属与液晶弹性体(LCE)相结合,研究人员创造了一种前所未有的多功能、灵活、可拉伸的复合材料,具有光启动形状编程的能力[见图15-6(e),比例尺为1 cm][112]。LCE是用于制备软体机器人或人造肌肉的非常有吸引力的候选材料,但它缺乏形状记忆激活的电刺激所需的导电性和导热性。

为了解决这个问题,LCE 被嵌入软的液态金属填充物,以增强导电性并保持 LCE 基体的机械性能和变形能力。研究表明,高导电、导热和驱动能力的组合不同于任何其他软复合材料。根据这一战略,在未来的日子里,将会出现无数具有各种独特性能的液态金属-聚合物复合材料。

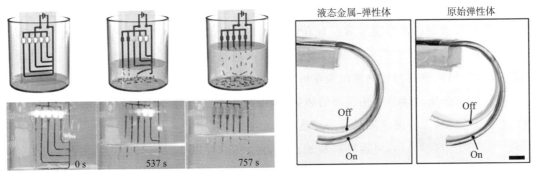

（a）显示瞬态LED电路工作原理的示意图　　　　（b）介电弹性体致动器(DEA)的一个致动周期图像[27]

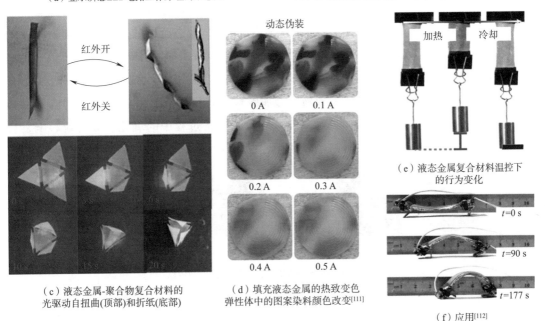

（c）液态金属-聚合物复合材料的
光驱动自扭曲(顶部)和折纸(底部)

（d）填充液态金属的热致变色
弹性体中的图案染料颜色改变[111]

（e）液态金属复合材料温控下
的行为变化

（f）应用[112]

图 15-6　具有更多功能的液态金属-聚合物复合材料

研究已经实现了更多具有特殊功能的液态金属-聚合物复合材料。例如,通过相应的结构设计,制备出各向异性液态金属-聚合物复合材料[113]。液态金属复合材料可以通过将聚合物与乙醇和液态金属混合来进行热驱动[114]。利用液态金属的过冷特性,分别制造了低温自供电可穿戴热电装置[115]和机械触发刚度可调液态金属复合材料[116]。在更多领域,液态金属复合材料可用作锂离子电池的新型柔性负极,并表现出令人满意的倍率容量[117]。未来,随着软件机器人或柔性可穿戴领域的快速发展,新型软材料需要能够自适应地改变形状。在这种情况下,将液态金属与各种聚合物相结合,创造出一种前所未有的多功能、灵活、可拉伸的复合材料,恰逢其时,前景可期。

## 15.4　液态金属-颗粒复合材料

添加微量元素会对合金的化学和物理性能产生深远的影响。因此将颗粒掺杂到液态金属内部是调节液态金属性能的重要且有效的策略。考虑到这一想法，可以将各种颗粒掺入液态金属中，从而形成液态金属-颗粒复合材料，而通过选择不同功能的掺杂粒子，可以赋予液态金属以磁性、更高的导热性以及更好的光热转换性能等。

即使液态金属已经具有相当高的热导率，提高液态金属的热导率依然具有重要的意义。在以往的研究中，为了提高液态金属导热性，在液态金属中加入了一些具有高导热性的金属颗粒。如图 15-7(a)所示，将铜颗粒添加到液态金属中可以获得更高的热导率[118]。其实早在 2007 年，笔者所在实验室就提出了这种掺杂策略，并定义了"纳米液态金属"的基本概念[37]，如图 15-7(b)和图 15-7(c)所示，研究人员在进行一系列分析和实验后发现随着掺杂不同粒子（包括铜、银、金和碳纳米管）的体积分数的增加，液态金属的热导率逐渐增强。最近，研究人员提出了液态金属颗粒复合材料的氧化介导制备策略[见图 15-7(d)]，图中显示显示研钵中液态金属-钨复合材料和液态金属-银复合材料的糊状形态[119]，LM 代表液态金属[119]，这再一次证实氧化有助于形成液态金属颗粒（如银和钨）混合物。综上所述，颗粒掺杂可以有效提高液态金属复合材料的热导率。然而，制备过程中的氧化会显著地影响复合材料性能的提高，需要在以后的研究中着重关注。

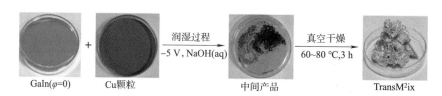

(a)TransM²ix(液态金属-铜复合材料)制备的两阶段[118]

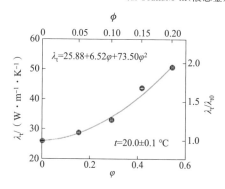

(b)液态金属悬浮液中不同纳米颗粒体积分数 $\varphi$
与热导率 $\lambda$ 及增强率 $\lambda_t/\lambda_{t_0}$ 的关系[37]

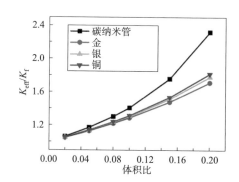

(c)掺杂不同的粒子以提高热导率[37]

图 15-7　具有更高的热导率液态金属-颗粒复合材料

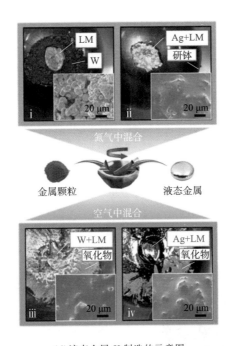

（d）液态金属-X 制造的示意图

图 15-7　具有更高的热导率液态金属-颗粒复合材料（续）

　　磁性在许多应用中都很重要。基于复合策略，液态金属可以被很好地赋予磁性。在之前的研究中，磁性颗粒（如 Fe、Ni）被直接添加到液态金属中[120]，从而形成磁性液态金属。此外，在酸的帮助下可以直接将铁颗粒添加到液态金属中，该酸用于去除液态金属和铁颗粒的氧化层[39]。这种方法避免了液态金属的氧化，并显示出独特的优势，这也为后续研究所继承。通过这种方式获得的磁性液态金属复合材料被用作磁响应材料，其刚度会随着磁场的变化而改变。通过直接在空气中不断搅拌混合物，将镍粉末添加到液态金属中以赋予液态金属的磁性。进一步研究揭示了液态金属-镍复合材料的磁屏蔽特性，并证实液态金属-镍复合材料显示出优异的电磁屏蔽特性[123]。考虑将更多种类的颗粒与液态金属结合，研究人员发现加入 Gd 颗粒会导致液态金属的磁热制冷[124]。具体到应用场景，通过使用外部磁场控制，可以制备一个在磁场控制下的自修复电路[125]。在磁场的驱动下，磁性液态金属可以被图案化[126]。研究人员还实现了对磁性液态金属的灵活操纵[127,128]。显然，上述液态金属颗粒复合材料的所有功能都是基于磁性颗粒赋予液态金属的磁性而实现的。因为材料之间的相互作用，液态金属颗粒复合材料的磁性会随着使用而逐渐减弱，所以，提高磁性液态金属的长时间使用稳定性具有重要的理论和实际意义，应在进一步研究中给予应有的重视。

　　在液态金属软体机器领域，液态金属与其他金属的结合也给人们带来了惊喜，包括以铝为燃料的自驱动运动、铝协助的液态金属液滴高频振荡[130]以及电场控制的液态金属微马达[131]。同样，掺杂策略，液态金属-颗粒复合材料可以应用于生物医学领域的疾病治疗。例如,研究人员通过在液态金属中掺杂镁颗粒,取得了更好的光热治疗效果(见图 15-8)[30]。由此产生的液态金属-镁复合材料被认为是可以适应不规则皮肤表面的生物医学材料。此外,研究实现了与纯液态金属相比光热转化率(PTC)增加 61.5% 的优异光热效应。新金属间相 $Mg_2Ga_5$ 的形成和可调节的表面粗糙度保证了激光照射时温度的快速升高[见图 15-8(c)],这有助于光热效应增强。此外,研究通过实验证实了液态金属-镁复合材料的极低生理毒性[见图 15-8(d)],这有利于未来的应用。这项典型研究清楚地表明,充分利用液态金属与其他物质(包括化学物质或金属颗粒)之间的协同作用有利于其在生物医学领域中的应用。构建液态金属-粒子复合材料便是其中一种典型的方法,沿着这个方向,在生物医学领域还需要做更多的工作。

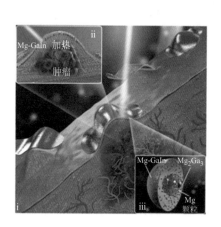

(a)用于皮肤肿瘤的液态金属-镁复合材料的示意图

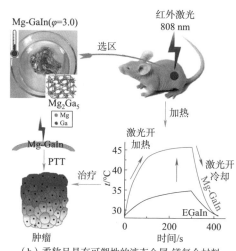

(b)柔软且具有可塑性的液态金属-镁复合材料应用于皮肤肿瘤的光热治疗

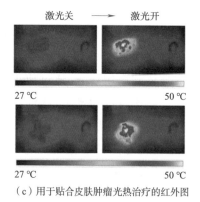

(c)用于贴合皮肤肿瘤光热治疗的红外图

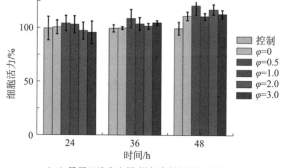

(d)暴露于液态金属-镁复合材料浸泡过的细胞培养基的C8161细胞的细胞活力

图 15-8 用于生物医学应用的液态金属-颗粒复合材料

液态金属具有丰富的电子,流动性好,表面会随着反应的进行而自动更新,有利于催化反应。此外,液态金属表面的异质结,无论是由于表面张力差异导致的单元素富集[132],还是氧化物-金属异质结的形成[133],都为催化提供了极好的环境。即便如此,纯液态金属的催化性能也受到其有限性质的束缚。因此,通过液态金属与其他匹配材料的协同作用来实现更好的催化效果是完全合理和必要的。在之前的研究中,掺杂铈(Ce)的液态金属被用作电催化系统,在室温下成功地将 $CO_2$ 转化为碳质和石墨产品[134]。此外,考虑到液态金属的高沸点,研究人员对其作为高温多相催化剂的应用表现出广泛的兴趣。总之,将液态金属与匹配的物质结合,可以极大地释放其催化潜力。

## 15.5 基于多种策略的液态金属复合材料

为了获得更好的性能,基于多种策略创建的液态金属复合材料,自然而然地为研究者所关注。基于这种多重策略,研究人员系统地研究了液态金属多相复合材料[47]。如图 15-9(a)~(c)所示,研究人员首先将一系列球形固体微粒,包括铁(Fe)、铜(Cu)、银(Ag)和将镍(Ni)掺杂到液态金属中,然后将该悬浮液分散在柔软、高度可延展的有机硅弹性体中。进一步,研究人员绘制了拉伸模量与断裂应变的关系图,以总结多种复合材料的结果。实验结果表明,更刚性的复合材料显示出更低的断裂应变,并且仅由液态金属和弹性体组成的复合材料在给定的体积载荷下表现出最低的模量。此外,如图 15-9(d)所示(LM 代表液态金属),液态金属是唯一填料或主要填料的材料占据图的右下象限,表现出低拉伸模量和高断裂应变的组合。计算由拉伸模量归一化的应变极限,用于评估材料的整体柔顺性和评估材料的机械热响应,结果表明,含有大量固体颗粒的复合材料总体柔顺性较低,热导率相对较低,如图 15-9(e)所示(LM 代表液态金属)。简而言之,液态金属复合材料的优势是双重的。首先,与主要为固体填料的材料相比,液体填料使材料能够保持相对柔软和可延展的特性。此外,由于液态填料可以实现更高的体积负载量加入,液态金属复合材料的热导率可以提高到超过固态填料。液态金属填料提供了高导热性和软机械响应的理想组合,进一步,添加具有磁性、光学或热响应的微颗粒为材料的多功能设计提供了巨大的机会。

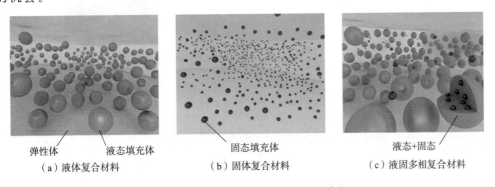

（a）液体复合材料      （b）固体复合材料      （c）液固多相复合材料

图 15-9 液态金属基多相复合材料[47]

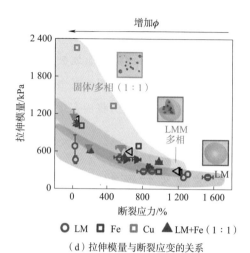

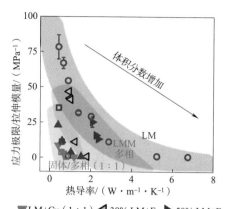

（d）拉伸模量与断裂应变的关系

（e）复合材料的断裂应变与拉伸模量之比与热导率之间的关系

图 15-9 液态金属基多相复合材料[47]（续）

　　此外，研究人员制备了液态金属填充磁流变弹性体，其电阻会在周期性磁场中发生变化。与传统液态金属-聚合物复合材料相比，该研究在复合材料中加入了磁性颗粒，从而赋予了液态金属-聚合物复合材料额外的磁性能。多功能液态金属复合材料的制造过程如图 15-10（a）所示。就像之前介绍的系列研究一样，研究人员将聚二甲基硅氧烷（PDMS）、铁颗粒和液态金属均匀混合并固化。从多功能液态金属复合材料的显微照片[见图 15-10（b），铁颗粒的直径为 2～5 μm]可以看出，液态金属分散成大量微液滴，这种液态金属复合材料表现出正压电效应，其电阻率将随着任何机械变形（包括拉伸、压缩）的应用而呈现指数下降[见图 15-10（c）]。此外，研究人员比较了掺杂不同磁性颗粒时电阻的变化，表明镍-液态金属对机械变形更为敏感[见图 15-10（d）]。还有一点不容忽视的是，这种复合材料具有磁响应性，可以大大降低其在磁场中的电阻率，并且该过程具有出色的可重复性[见图 15-10（e），图中 PDMS 代表聚二甲基硅氧烷，EGaIn 代表共晶镓铟合金]。

（a）液态金属复合材料的制备过程示意图

图 15-10 具有正压电性的液态金属填充磁流变弹性体（LMMRE）

（b）获得的液态金属填充磁流变弹性体的扫描电子显微镜（SEM）图像

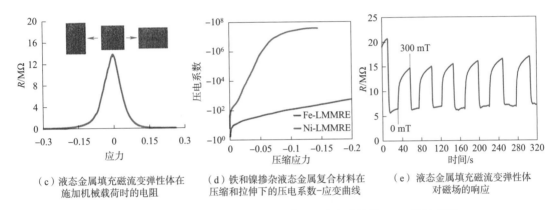

（c）液态金属填充磁流变弹性体在　　　（d）铁和镍掺杂液态金属复合材料在　　　（e）液态金属填充磁流变弹性体
　　施加机械载荷时的电阻　　　　　　　　压缩和拉伸下的压电系数-应变曲线　　　　对磁场的响应

图 15-10　具有正压电性的液态金属填充磁流变弹性体（LMMRE）（续）

　　基于此策略,液态金属的一些缺点有望通过多种材料的合作得到解决。例如,液态金属会通过渗透、脆化和合金化损坏与其接触的其他金属。为了解决这些关键问题,研究将单壁碳纳米管添加到液态金属-聚合物复合材料中[137],以实现长期保存底层金属而不会降解。基于多种策略制备的液态金属复合材料,有望表现出特殊的特性或者可以解决一些存在的问题,如外部添加石墨烯有助于实现液态金属-聚合物复合材料的导电性。此外,将液态金属与银薄片和热塑性弹性体相结合,开发了一种高导电性、极易拉伸和可愈合的复合材料作为摩擦纳米发电机的可拉伸导体。预计会发现或发明更多出色的液态金属复合材料,这也应该成为未来研究的重点。

　　由于结合了金属和流体的特性,因此液态金属在许多领域都得到了相当广泛的关注。随着需求的多样化,单一的液态金属在使用中面临着不可避免的局限性,复合策略成为解决这一挑战的关键。并且,基于复合策略构造的液态金属复合材料体系将大大拓展液态金属的应用场景。尽管液态金属复合材料的研究已取得了诸多里程碑式的进展,但一些挑战依旧存在。在此列出以下主要挑战,以助力未来的应用。

　　（1）提高液态金属复合材料的可靠性。新材料只有可靠才有效。这些液态金属复合材料具有很大的应用前景,但由于制备方法上的局限,制备的材料成分不均匀,性能不够可靠。

在实际应用中,液态金属-聚合物复合材料自修复特性的稳健性需要改进。制备均匀的液态金属复合材料至关重要,而由于液态金属与材料之间差的相容性,这项工作仍具有挑战。

(2)提高液态金属复合材料的性能永远值得追求。例如,提高液态金属复合材料的导热性、导电性、机械性能和化学性能。特别是对于液态金属-聚合物复合材料,增强液态金属-聚合物复合材料的耐热能力具有非常现实的意义。

(3)液态金属液滴由于其在液态金属-聚合物复合材料中的潜在应用而越来越受到持续关注。分散的液态金属液滴的特性极易受到周围环境的影响,使其失去一些优良的特性。例如,在纳米级制备具有优异导电性的液态金属液滴仍然有待完全解决。

(4)界面处的性质显著影响液态金属复合材料的性能。深入研究液态金属和协同材料之间的界面是必不可少的。此类界面是指液态金属核与外壳之间的界面、液态金属与颗粒之间的界面以及液态金属与聚合物之间的界面。

(5)基于复合策略,可以制备出更多功能丰富的液态金属复合材料(如液态金属梯度复合材料),以实现液态金属在芯片、量子、能源等更多领域的应用。结合人工智能和大数据技术,构建液态金属复合材料的基因组计划,这将导致真正的人工设计材料的实现。

总之,液态金属是许多科技前沿领域的新兴尖端功能材料,正在酝酿基础发现和非常规应用方面的革命。然而,由于当前可用的物理或化学特性有限,纯液态金属或其合金在应用于解决各种需求时会遇到实际的瓶颈。作为一种重要的替代方案,液态金属复合材料将有助于解决此类挑战,因为可以通过将液态金属与许多不同的匹配材料(如纳米颗粒、聚合物等)集成来设计目标材料。事实上,复合策略已成为开发新材料的主旋律,复合材料战略往往是创新材料性能的核心关键。随着学术界的不断努力,液态金属复合材料逐渐进入研究人员的视野,并取得了一些里程碑式的进展。很明显,当前迫切需要进一步推动该方向的研究。本章内容便是致力于对复合材料策略进行系统的解释,旨在帮助找到更先进的液态金属复合材料,总结了过去几年液态金属复合材料取得的进展,并提出了三种主要的复合策略,以助力未来的研究。尽管存在的挑战仍有待解决,但近年来液态金属复合材料的快速发展为这种新一代功能材料的光明前景做出了很好的预测。沿着这个令人兴奋的方向持续的研究工作有望实现它们的实际应用,如软体机器人、人造皮肤和柔性可穿戴设备等。相信对液态金属复合材料的研究有望催生出更多突破性的科学和技术。

**参考文献**

[1] CHEN S,WANG H Z,ZHAO R Q,et al. Liquid metal composites[J]. Matter,2020,2(6):1446-1480.

[2] EPSTEIN L F,POWERS M D. Liquid metals . 1. The viscosity of mercury vapor and the potential function for mercury[J]. Journal of Physical Chemistry,1953,57(3):336-341.

[3] LIU T,SEN P,KIM C J. Characterization of nontoxic liquid-metal alloy galinstan for applications in

microdevices[J]. Journal of Microelectromechanical Systems,2012，21(2):443-450.

[4]　YANG X H,LIU J. Advances in liquid metal science and technology in chip cooling and thermal management[J]. Advances in Heat Transfer,2018,50:187-300.

[5]　ZHANG M,YAO S,RAO W,et al. Transformable soft liquid metal micro/nanomaterials[J]. Materials Science and Engineering：R：Reports,2019,138:1-35.

[6]　YAN J,LU Y,CHEN G,et al. Advances in liquid metals for biomedical applications[J]. Chemical Society Reviews,2018,47(8):2518-2533.

[7]　CHEN S,LIU J. Pervasive liquid metal printed electronics：from concept incubation to industry[J]. iScience,2021,24(1):102026.

[8]　ZHU L,WANG B,HANDSCHUH-WANG S,et al. Liquid metal-based soft microfluidics[J]. Small，2019,16(9):e1903841.

[9]　YI L T,LIU J. Liquid metal biomaterials:a newly emerging area to tackle modern biomedical challenges[J]. International Materials Reviews,2017,62(7):415-440.

[10]　ZHANG Q,LIU J. Nano liquid metal as an emerging functional material in energy management[J]. Conversion and Storage,Nano Energy,2013,2:863-872.

[11]　UUSITALO J,LEINO M,ENQVIST T,et al. Alpha decay studies of very neutron-deficient francium and radium isotopes[J]. Physical Review C,2005,71(2):024306.

[12]　LIDE D R. CRC handbook of chemistry and physics[M]. Boca Raton:CRC Press,2004.

[13]　GONG X G,CHIAROTTI G L,PARRINELLO M,et al. Alpha-gallium-a metallic molecular-crystal[J]. Physical Review B,1991,43(17):14277-14280.

[14]　GONG X G,CHIAROTTI G L,PARRINELLO M,et al. Coexistence of monatomic and diatomic molecular fluid character in liquid gallium[J]. Europhysics Letters,1993，21(4):469-475.

[15]　SPELLS K E. The determination of the viscosity of liquid gallium over an extended range of temperature[J]. Proceedings of the Physical Society,1936,48:299-311.

[16]　HANDSCHUH-WANG S,CHEN Y,ZHU L,et al. Analysis and transformations of room-temperature liquid metal interfaces-a closer look through interfacial tension[J]. Chem Phys Chem,2018,19(13):1584-1592.

[17]　ZHAO X,TANG J,LIU J. Electrically switchable surface waves and bouncing droplets excited on a liquid metal bath[J]. Physical Review Fluids,2018,3(12):124804.

[18]　WANG Q,YU Y,PAN K Q,et al. Liquid metal angiography for mega contrast x-ray visualization of vascular network in reconstructing in-vitro organ anatomy[J]. IEEE Transactions on Biomedical Engineering,2014,61(7):2161-2166.

[19]　GUO R,YAO S Y,SUN X Y,et al. Semi-liquid metal and adhesion-selection enabled rolling and transfer(smart)printing:a general method towards fast fabrication of flexible electronics[J]. Science China-Materials,2019,62(7):982-994.

[20]　ZHU J Y,TANG S Y,KHOSHMANESH K,et al. An integrated liquid cooling system based on galinstan liquid metal droplets[J]. Acs Applied Materials & Interfaces,2016,8(3):2173-2180.

[21]　CHEN S,LIU J. Liquid metal enabled unconventional heat and flow transfer[J]. ES Energy & Environment,2019,5:8-21.

[22]　LI T,LV Y G,LIU J,et al. A powerful way of cooling computer chip using liquid metal with low

melting point as the cooling fluid[J]. Forschung Im Ingenieurwesen-Engineering Research,2006, 70 (4):243-251.

[23] PENG H,GUO W,LI M. Thermal-hydraulic and thermodynamic performances of liquid metal based nanofluid in parabolic trough solar receiver tube[J]. Energy,2019,192:116564.

[24] GHASEMIAN M B,MAYYAS M,IDRUS-SAIDI S A,et al. Self-limiting galvanic growth of mno2 monolayers on a liquid metal-applied to photocatalysis[J]. Advanced Functional Materials,2019,29 (36):1901649.

[25] WANG Q,YU Y,YANG J,et al. Fast fabrication of flexible functional circuits based on liquid metal dual-trans printing[J]. Advanced Materials,2015,27(44):7109-7116.

[26] ZHENG Y,HE Z Z,YANG J,et al. Personal electronics printing via tapping mode composite liquid metal ink delivery and adhesion mechanism[J]. Scientific Reports,2014,4:4588.

[27] PAN C,MARKVICKA E J,MALAKOOTI M H,et al. A liquid-metal-elastomer nanocomposite for stretchable dielectric materials[J]. Advanced Materials,2019,31(23):1900663.

[28] YUN G,TANG S Y,SUN S,et al. Liquid metal-filled magnetorheological elastomer with positive piezoconductivity[J]. Nature Communications,2019,10(1):1300.

[29] LU Y,HU Q,LIN Y,et al. Transformable liquid-metal nanomedicine[J]. Nature Communications, 2015,6:10066.

[30] WANG X L,YAO W H,GUO R,et al. Soft and moldable mg-doped liquid metal for conformable skin tumor photothermal therapy[J]. Advanced Healthcare Materials,2018,7(14):1800318.

[31] SHENG L,ZHANG J,LIU J. Diverse transformations of liquid metals between different morphologies[J]. Advanced Materials,2014,26(34):6036-6042.

[32] CHEN S,YANG X, CUI Y,et al. Self-growing and serpentine locomotion of liquid metal induced by copper ions[J]. Acs Applied Materials Interfaces,2018,10(27):22889-22895.

[33] ZAVABETI A,OU J Z,CAREY B J,et al. A liquid metal reaction environment for the room-temperature synthesis of atomically thin metal oxides[J]. Science,2017,358(6361):332-335.

[34] WISSMAN J,DICKEY M D,MAJIDI C. Field-controlled electrical switch with liquid metal [J]. Advanced Science,2017,4(12):1700169.

[35] CHEN Y,LIU K,LIU J,et al. Growth of 2D gan single crystals on liquid metals[J]. Journal of the American Chemical Society,2018,140(48):16392-16395.

[36] ITO R, DODBIBA G, FUJITA T. MR fluid of liquid gallium dispersing magnetic particles [J]. International Journal of Modern Physics B,2005,19(7-9):1430-1436.

[37] MA K Q,LIU J. Nano liquid-metal fluid as ultimate coolant[J]. Physics Letters A,2007,361(3): 252-256.

[38] TANG J,ZHAO X,LI J,et al. Liquid metal phagocytosis:Intermetallic wetting induced particle internalization[J]. Advanced Science,2017,4(5):1700024.

[39] CARLE F, BAI K L, CASARA J, et al. Development of magnetic liquid metal suspensions for magnetohydrodynamics[J]. Physical Review Fluids,2017,2(1):013301.

[40] BLAISZIK B J,KRAMER S L B,GRADY M E,et al. Autonomic restoration of electrical conductivity[J]. Advanced Materials,2012,24(3):398-401.

[41] MEI S,GAO Y,DENG Z,et al. Thermally conductive and highly electrically resistive grease through

homogeneously dispersing liquid metal droplets inside methyl silicone oil[J]. IEEE Journal of Electronic Packaging,2014,136(1):011009.

[42] FASSLER A,MAJIDI C. Liquid-phase metal inclusions for a conductive polymer composite[J]. Advanced Materials,2015,27(11):1928-1932.

[43] KAZEM N,BARTLETT M D,MAJIDI C. Extreme toughening of soft materials with liquid metal[J]. Advanced Materials,2018,30(22):1706594.

[44] SIVAN V,TANG S Y,O'MULLANE A P,et al. Liquid metal marbles[J]. Advanced Functional Materials,2013, 23(2):144-152.

[45] ZHANG W,OU J Z,TANG S Y,et al. Kalantar-zadeh,Liquid metal/metal oxide frameworks [J]. Advanced Functional Materials,2014,24(24):3799-3807.

[46] ZHU S,SO J-H,MAYS R,et al. Ultrastretchable fibers with metallic conductivity using a liquid metal alloy core[J]. Advanced Functional Materials,2013,23(18):2308-2314.

[47] TUTIKA R, ZHOU S H, NAPOLITANO R E, et al. Mechanical and functional tradeoffs in multiphase liquid metal,solid particle soft composites[J]. Advanced Functional Materials,2018,28 (45):1804336.

[48] LI Z,ZHANG Y,JIANG S. Multicolor core/shell-structured upconversion fluorescent nanoparticles[J]. Advanced Materials,2008,20(24):4765-4769.

[49] SUN X M,LI Y D. Colloidal carbon spheres and their core/shell structures with noble-metal nanoparticles[J]. Angewandte Chemie International Edition,2004,43(5):597-601.

[50] GAO Y,LIU J. Gallium-based thermal interface material with high compliance and wettability[J]. Applied Physics A,2012,107(3):701-708.

[51] CAREY B J,OU J Z,CLARK R M,et al. Wafer-scale two-dimensional semiconductors from printed oxide skin of liquid metals[J]. Nature Communications,2017,8:14482.

[52] PENG H,XIN Y,XU J,et al. Ultra-stretchable hydrogels with reactive liquid metals as asymmetric force-sensors[J]. Materials Horizons,2019,6(3):618-625.

[53] ZHANG W,NAIDU B S,OU J Z,et al. Liquid metal/metal oxide frameworks with incorporated ga$_2$o$_3$ for photocatalysis[J]. ACS Applied Materials & Interfaces,2015,7(3):1943-1948.

[54] LIANG S T, WANG H Z, LIU J. Progress,mechanisms and applications of liquid-metal catalyst systems[J]. Chemistry-a European Journal,2018,24(67):17616-17626.

[55] REN L,ZHUANG J,CASILLAS G,et al. Nanodroplets for stretchable superconducting circuits[J]. Advanced Functional Materials,2016,26(44):8111-8118.

[56] SYED N, ZAVABETI A, OU J Z, et al. Printing two-dimensional gallium phosphate out of liquid metal[J]. Nature Communications,2018,9:3618.

[57] TANG X, TANG S Y,SIVAN V,et al. Photochemically induced motion of liquid metal marbles[J]. Applied Physics Letters,2013,103(17):174104.

[58] GAO W,PEI A,WANG J. Water-driven micromotors[J]. ACS Nano,2012,6(9):8432-8438.

[59] ZHANG J,GUO R,LIU J. Self-propelled liquid metal motors steered by a magnetic or electrical field for drug delivery[J]. Journal of Materials Chemistry B,2016,4(32):5349-5357.

[60] CHEN S,DING Y,ZHANG Q,et al. Controllable dispersion and reunion of liquid metal droplets [J]. Science China-Materials,2019,62(3):407-415.

［61］ CHEN R,XIONG Q,SONG R Z,et al. Magnetically controllable liquid metal marbles［J］. Advanced Materials Interfaces,2019,6(20):1901057.

［62］ LIANG S,RAO W,SONG K,et al. Fluorescent liquid metal as a transformable biomimetic chameleon［J］. ACS Applied Materials & Interfaces,2018,10(2):1589-1596.

［63］ CHEN Y,LIU Z,ZHU D,et al. Liquid metal droplets with high elasticity,mobility and mechanical robustness［J］. Materials Horizons,2017,4(4):591-597.

［64］ CHECHETKA S A,YU Y,ZHEN X,et al. Light-driven liquid metal nanotransformers for biomedical theranostics［J］. Nature Communications,2017,8:19.

［65］ KIM D,HWANG J,CHOI Y,et al. Effective delivery of anti-cancer drug molecules with shape transforming liquid metal particles［J］. Cancers(Basel),2019,11(11):31717881.

［66］ HU J-J,LIU M-D,GAO F,et al. Photo-controlled liquid metal nanoparticle-enzyme for starvation/photothermal therapy of tumor by win-win cooperation［J］. Biomaterials,2019,217:119303.

［67］ XIA N,LI N,RAO W,et al. Multifunctional and flexible zro2-coated egain nanoparticles for photothermal therapy［J］. Nanoscale,2019,11(21):10183-10189.

［68］ WANG J,CHEN L,WU N,et al. Uniform graphene on liquid metal by chemical vapour deposition at reduced temperature［J］. Carbon,2016,96:799-804.

［69］ FUJITA J I,HIYAMA T,HIRUKAWA A,et al. Near room temperature chemical vapor deposition of graphene with diluted methane and molten gallium catalyst［J］. Scientific Reports,2017,7(1):12371.

［70］ Rao R,EYINK K G,MARUYAMA B. Single-walled carbon nanotube growth from liquid gallium and indium［J］. Carbon,2010,48(13):3971-3973.

［71］ HOSHYARGAR F,CRAWFORD J,O'MULLANE A P. Galvanic replacement of the liquid metal galinstan［J］. Journal of the American Chemical Society,2017,139(4):1464-1471.

［72］ TANG J,ZHAO X,LI J,et al. Thin,porous,and conductive networks of metal nanoparticles through electrochemical welding on a liquid metal template［J］. Advanced Materials Interfaces,2018,5(19):1800406.

［73］ DICKEY M D. Stretchable and soft electronics using liquid metals［J］. Advanced Materials,2017,29(27):1606425.

［74］ GAO S,WANG R,MA C,et al. Wearable high-dielectric-constant polymers with core-shell liquid metal inclusions for biomechanical energy harvesting and a self-powered user interface［J］. Journal of Materials Chemistry A,2019,7(12):7109-7117.

［75］ KAZEM N,HELLEBREKERS T,MAJIDI V. Soft multifunctional composites and emulsions with liquid metals［J］. Advanced Materials,2017,29(27):1605985.

［76］ CHU K,SONG B G,YANG H I,et al. Smart passivation materials with a liquid metal microcapsule as self-healing conductors for sustainable and flexible perovskite solar cells［J］. Advanced Functional Materials,2018,28(22):1800110.

［77］ YANG Y,SUN N,WEN Z,et al. Liquid-metal-based super-stretchable and structure-designable triboelectric nanogenerator for wearable electronics［J］. ACS Nano,2018,12(2):2027-2034.

［78］ PALLEAU E,REECE S,DESAI S C,et al. Self-healing stretchable wires for reconfigurable circuit wiring and 3d microfluidics［J］. Advanced Materials,2013,25(11):1589-1592.

［79］ PARK S,THANGAVEL G,PARIDA K,et al. A stretchable and self-healing energy storage device based on mechanically and electrically restorative liquid-metal particles and carboxylated polyurethane composites[J]. Advanced Materials,2019,31(1):e1805536.

[80]　YU Y,WANG Q,YI L,et al. Channelless fabrication for large-scale preparation of room temperature liquid metal droplets[J]. Advanced Engineering Materials,2013,16(2):255-262.

[81]　FANG W Q,HE Z Z,LIU J. Electro-hydrodynamic shooting phenomenon of liquid metal stream[J]. Applied Physics Letters,2014,105(13):134104.

[82]　TANG S Y,QIAO R,YAN S,et al. Microfluidic mass production of stabilized and stealthy liquid metal nanoparticles[J]. Small,2018,14(21):1800118.

[83]　TANG S Y,AYAN B,NAMA N,et al. On-chip production of size-controllable liquid metal microdroplets using acoustic waves[J]. Small,2016,12(28):3861-3869.

[84]　YAMAGUCHI A,MASHIMA Y,IYODA T. Reversible size control of liquid-metal nanoparticles under ultrasonication[J]. Angewandte Chemie, International Edition in English, 2015, 54 (43): 12809-12813.

[85]　KUDRYASHOVA O,VOROZHTSOV A,DANILOV P. Deagglomeration and coagulation of particles in liquid metal under ultrasonic treatment[J]. Archives of Acoustics,2019,44(3):543-549.

[86]　CENTURION F,SABORIO M G,ALLIOUX F-M,et al. Liquid metal dispersion by self-assembly of natural phenolics[J]. Chemical Communications,2019,55(75):11291-11294.

[87]　YAN J,ZHANG X,LIU Y,et al. Shape-controlled synthesis of liquid metal nanodroplets for photothermal therapy[J]. Nano Research,2019,12(6):1313-1320.

[88]　HUTTER T,BAUER W A C,ELLIOTT S R,et al. Formation of spherical and non-spherical eutectic gallium-indium liquid-metal microdroplets in microfluidic channels at room temperature[J]. Advanced Functional Materials,2012,22(12):2624-2631.

[89]　TEVIS I D,NEWCOMB L B,THUO M. Synthesis of liquid core-shell particles and solid patchy multicomponent particles by shearing liquids into complex particles (slice)[J]. Langmuir,2014,30 (47):14308-14313.

[90]　TANG S Y,QIAO R,LIN Y,et al. Functional liquid metal nanoparticles produced by liquid-based nebulization[J]. Advanced Materials Technologies,2018,4(2):1800420.

[91]　YU F,XU J,LI H,et al. Ga-in liquid metal nanoparticles prepared by physical vapor deposition[J]. Progress in Natural Science-Materials International,2018,28(1):28-33.

[92]　YAN J,MALAKOOTI M H,LU Z,et al. Solution processable liquid metal nanodroplets by surface-initiated atom transfer radical polymerization[J]. Nature Nanotechnology,2019,14(7):684-690.

[93]　CHEN S,LIU J. Spontaneous dispersion and large-scale deformation of gallium-based liquid metal induced by ferric ions[J]. Journal of Physical Chemistry B,2019,123(10):2439-2447.

[94]　SONG H,KIM T,KANG S,et al. Ga-based liquid metal micro/nanoparticles: recent advances and applications[J]. Small,2019,16(12):1903391-1903391.

[95]　BARTLETT M D,KAZEM N,POWELL-PALM M J,et al. High thermal conductivity in soft elastomers with elongated liquid metal inclusions[J]. Proceedings of the National Academy of Sciences of the United States of America,2017,114(9):2143-2148.

[96]　PARK Y L,MAJIDI C,KRAMER R,et al. Hyperelastic pressure sensing with a liquid-embedded elastomer[J]. Journal of Micromechanics and Microengineering,2010,20(12):125029.

[97]　TANG L,MOU L,ZHANG W,et al. Large-scale fabrication of highly elastic conductors on a broad

range of surfaces[J]. ACS Applied Materials & Interfaces,2019,11(7):7138-7147.

[98] XIN Y,PENG H,XU J,et al. Ultrauniform embedded liquid metal in sulfur polymers for recyclable, conductive,and self-healable materials[J]. Advanced Functional Materials,2019,29(17):1808989.

[99] MARKVICKA E J,BARTLETT M D,HUANG X,et al. An autonomously electrically self-healing liquid metal-elastomer composite for robust soft-matter robotics and electronics[J]. Nature Materials, 2018,17(7):618-624.

[100] BOLEY J W,WHITE E L,KRAMER R K. Mechanically sintered gallium-indium nanoparticles, Advanced Materials,2015,27(14):2355-2360.

[101] THRASHER C,FARRELL Z,MORRIS N,et al. Mechanoresponsive polymerized liquid metal networks[J]. Advanced Materials,2019,31(40):1903864.

[102] SABORIO M G,CAI S,TANG J,et al. Liquid metal droplet and graphene co-fillers for electrically conductive flexible composites[J]. Small,2019,16(12):1903753.

[103] ZHANG P,WANG Q,GUO R,et al. Self-assembled ultrathin film of cnc/pva-liquid metal composite as a multifunctional janus material[J]. Materials Horizons,2019,6(8):1643-1653.

[104] DENG B W,CHENG G J. Pulsed laser modulated shock transition from liquid metal nanoparticles to mechanically and thermally robust solid-liquid patterns[J]. Advanced Materials, 2019, 31 (14):1807811.

[105] LIU S L Z,YUEN M C,WHITE E L,et al. Laser sintering of liquid metal nanoparticles for scalable manufacturing of soft and flexible electronics[J]. ACS Applied Materials & Interfaces, 2018, 10 (33):28232-28241.

[106] LI X,LI M,XU J,et al. Evaporation-induced sintering of liquid metal droplets with biological nanofibrils for flexible conductivity and responsive actuation[J]. Nature Communications, 2019, 10:3618.

[107] CHEN S,WANG H Z,SUN X Y,et al. Generalized way to make temperature tunable conductor-insulator transition liquid metal composites in a diverse range[J]. Materials Horizons,2019,6(9):1854-1861.

[108] LIANG S,LI Y,CHEN Y,et al. Liquid metal sponges for mechanically durable,all-soft,electrical conductors[J]. Journal of Materials Chemistry C,2017,5(7):1586-1590.

[109] WANG H Z,YAO Y Y,HE Z Z,et al. A highly stretchable liquid metal polymer as reversible transitional insulator and conductor[J]. Advanced Materials,2019,31(23):1901337.

[110] TENG L,YE S,HANDSCHUH-WANG S,et al. Liquid metal-based transient circuits for flexible and recyclable electronics[J]. Advanced Functional Materials,2019,29(11):1808739.

[111] JIN Y,LIN Y,KIANI A,et al. Materials tactile logic via innervated soft thermochromic elastomers[J]. Nature Communications,2019,10:4187.

[112] FORD M J,AMBULO C P,KENT T A,et al. A multifunctional shape-morphing elastomer with liquid metal inclusions[J]. Proceedings of the National Academy of Sciences, 2019, 116 (43): 21438-21444.

[113] ZHU L,CHEN Y,SHANG W,et al. Anisotropic liquid metal-elastomer composites[J]. Journal of Materials Chemistry C,2019,7(33):10166-10172.

[114] WANG H,YAO Y,WANG X,et al. Large-magnitude transformable liquid-metal composites[J]. Acs Omega,2019,4(1):2311-2319.

[115]　MALAKOOTI M H，KAZEM N，YAN J，et al. Liquid metal supercooling for low-temperature thermoelectric wearables[J]. Advanced Functional Materials，2019，29(45)：1906098.

[116]　CHANG B S，TUTIKA R，CUTINHO J，et al. Mechanically triggered composite stiffness tuning through thermodynamic relaxation(st3r)[J]. Materials Horizons，2018，5(3)：416-422.

[117]　WEI C，FEI H，TIAN Y，et al. Room-remperature liquid metal confined in mxene paper as a flexible，freestanding，and binder-free anode for next-generation lithium-ion batteries[J]. Small，2019，15(46)：1903214.

[118]　TANG J，ZHAO X，LI J，et al. Gallium-based liquid metal amalgams：transitional-state metallic mixtures(TransM2ixes)with enhanced and tunable electrical，thermal，and mechanical properties[J]. ACS Applied Materials & Interfaces，2017，9(41)：35977-35987.

[119]　KONG W，WANG Z，WANG M，et al. Oxide-mediated formation of chemically stable tungsten-liquid metal mixtures for enhanced thermal interfaces[J]. Advanced Materials，2019，31(44)：1904309.

[120]　XIONG M，GAO Y，LIU J. Fabrication of magnetic nano liquid metal fluid through loading of ni nanoparticles into gallium or its alloy[J]. Journal of Magnetism and Magnetic Materials，2014，354：279-283.

[121]　WANG H，YUAN B，LIANG S，et al. Plusm：a porous liquid-metal enabled ubiquitous soft material[J]. Materials Horizons，2018，5(2)：222-229.

[122]　REN L，SUN S S，CASILLAS-GARCIA G，et al. A liquid-metal-based magnetoactive slurry for stimuli-responsive mechanically adaptive electrodes[J]. Advanced Materials，2018，30(35)：1802595.

[123]　ZHANG M K，ZHANG P J，WANG Q，et al. Stretchable liquid metal electromagnetic interference shielding coating materials with superior effectiveness[J]. Journal of Materials Chemistry C，2019，7(33)：10331-10337.

[124]　CASTRO I A D，CHRIRNES A F，ZAVABETI A，et al. A gallium-based magnetocaloric liquid metal ferrofluid[J]. Nano Letters，2017，17(12)：7831-7838.

[125]　GUO R，SUN X，YUAN B，et al. liquid metal(fe-egain)based multifunctional electronics for remote self-healing materials，degradable electronics，and thermal transfer printing[J]. Advanced Science，2019，6(20)：1901478.

[126]　MA B，XU C，CHI J，et al. A versatile approach for direct patterning of liquid metal using magnetic field[J]. Advanced Functional Materials，2019，29(28)：1901370.

[127]　LI F X，KUANG S L，LI X P，et al. Magnetically-and electrically-controllable functional liquid metal droplets[J]. Advanced Materials Technologies，2019，4(3)：1800694.

[128]　CHANG H，GUO R，SUN Z，et al. Direct writing and repairable paper flexible electronics using nickel-liquid metal ink[J]. Advanced Materials Interfaces，2018，5(20)：1800571.

[129]　ZHANG J，YAO Y Y，SHENG L，et al. Self-fueled biomimetic liquid metal mollusk[J]. Advanced Materials，2015，27(16)：2648-2655.

[130]　CHEN S，YANG X，WANG H，et al. Al-assisted high frequency self-powered oscillations of liquid metal droplets[J]. Soft Matter，2019，15(44)：8971-8975.

[131]　YUAN B，TAN S，ZHOU Y，et al. Self-powered macroscopic brownian motion of spontaneously running liquid metal motors[J]. Science Bulletin，2015，60(13)：1203-1210.

[132]　SHPYRKO O G，GRIGORIEV A Y，STREITEL R，et al. Atomic-scale surface demixing in a eutectic

liquid bisn alloy[J]. Phys Rev Lett,2005,95(10):106103.

[133] ZHANG W,NAIDU B S,OU J Z,et al. Liquid metal/metal oxide frameworks with incorporated $ga_2o_3$ for photocatalysis[J]. ACS Applied Materials & Interfaces,2015,7(3):1943-1948.

[134] ESRAFILZADEH D,ZAVABETI A,JALILI R,et al. Room temperature $CO_2$ reduction to solid carbon species on liquid metals featuring atomically thin ceria interfaces[J]. Nature Communications,2019,10(1):865.

[135] KETTNER M,MAISEL S,STUMM C,et al. Pd-ga model scalms:characterization and stability of Pd single atom sites[J]. Journal of Catalysis,2019,369:33-46.

[136] BAUER T,MAISEL S,BLAUMEISER D,et al. Operando drifts and dft study of propane dehydrogenation over solid-and liquid-supported gaxpty catalysts[J]. ACS Catalysis,2019,9(4):2842-2853.

[137] OH E,KIM T,YOON J,et al. Highly reliable liquid metal-solid metal contacts with a corrugated single-walled carbon nanotube diffusion barrier for stretchable electronics[J]. Advanced Functional Materials,2018,28(51):1806014.

[138] PARIDA K,THANGAVEL G,CAI G,et al. Extremely stretchable and self-healing conductor based on thermoplastic elastomer for all-three-dimensional printed triboelectric nanogenerator[J]. Nature Communications,2019,10(1):2158.